21 世纪高等院校计算机网络工程专业规划教材

无线网络

U0274260

安全技术（第2版）

姚琳 林驰 王雷 编著

清华大学出版社

北 京

内 容 简 介

本书对无线信息安全涉及的各个层面知识进行了梳理和论证,并讨论了与安全技术和产品相关的内容,介绍了信息安全领域的最新研究进展和发展趋势。结构上每章先进行安全协议的分析,然后是实践案例的设计,最后是情景分析运用。本书共分为 9 章,从不同层面介绍无线网络安全相关内容。第 1 章概要介绍了无线网络及无线网络安全方面的知识;第 2 章介绍无线局域网的安全内容;第 3 章主要介绍移动通信安全;第 4 章介绍移动用户的隐私与安全;第 5 章介绍无线传感器网络安全问题;第 6 章介绍移动 Ad Hoc 网络设计的安全问题;第 7 章介绍车载网络中面临的安全问题与保护机制;第 8 章介绍社交网络中面临的安全威胁与社交网络安全机制;第 9 章介绍容迟网络设计的安全问题。

本书适合作为高等院校计算机、软件工程、网络工程专业高年级本科生、研究生的教材,同时可供对无线网络安全感兴趣的开发人员、广大科技工作者和研究人员参考。

图书在版编目(CIP)数据

无线网络安全技术/姚琳,林驰,王雷编著. —2 版. —北京:清华大学出版社,2018(2021.7重印)
(21 世纪高等院校计算机网络工程专业规划教材)
ISBN 978-7-302-47824-9

Ⅰ. ①无… Ⅱ. ①姚… ②林… ③王… Ⅲ. ①无线网—安全技术—高等学校—教材 Ⅳ. ①TN92

中国版本图书馆 CIP 数据核字(2017)第 170457 号

责任编辑:刘向威 薛 阳
封面设计:何凤霞
责任校对:焦丽丽
责任印制:丛怀宇

出版发行:清华大学出版社
   网 址:http://www.tup.com.cn,http://www.wqbook.com
   地 址:北京清华大学学研大厦 A 座   邮 编:100084
   社 总 机:010-62770175   邮 购:010-83470235
   投稿与读者服务:010-62776969,c-service@tup.tsinghua.edu.cn
   质量反馈:010-62772015,zhiliang@tup.tsinghua.edu.cn
   课件下载:http://www.tup.com.cn,010-83470236
印 装 者:三河市君旺印务有限公司
经 销:全国新华书店
开 本:185mm×260mm 印 张:19.5   字 数:476 千字
版 次:2013 年 10 月第 1 版 2018 年 1 月第 2 版 印 次:2021 年 7 月第 5 次印刷
印 数:4001～4500
定 价:59.00 元

产品编号:074699-01

前　言

在网络信息技术高速发展的今天,信息安全已变得至关重要,信息安全已成为信息科学的热点课题。"无线信息安全"是信息安全专业、软件工程专业及物联网工程专业的一门重要的专业课。本课程讲解各种无线网络中的安全问题及其基本对策,内容全面,包括局域网、广域网、传感网、车载网、社交网等。本课程对培养和提高学生无线安全协议方面的分析和设计能力、综合知识运用能力和创新能力有重要作用。

第 1 章概述无线网络的历史、分类、未来发展和挑战,对无线网络的安全也进行了概要介绍。第 2 章主要介绍无线局域网安全的内容。其中主要分析了无线局域网中常见的WEP 与 WAPI 协议,以及这两种协议存在的一些安全问题;另外也介绍 IEEE 802.1x 的协议原理以及其中的一些安全问题。第 3 章主要介绍了移动通信安全。本章开篇详细列举出了移动通信网络所面临的各种安全威胁,让读者对当前的通信网络安全情况有很好的了解;而后详细介绍了 UMTS 系统的安全情况、第 3 代移动通信系统概况以及现在移动通信网络的发展热点,即第 4 代、第 5 代移动通信系统的安全机制。第 4 章主要介绍了移动用户的隐私与安全。本章开篇概括了移动用户目前面临的安全问题,让读者对当前移动用户的安全情况有所了解;然后详细介绍移动用户间的实体认证机制、信任管理机制以及移动用户的位置隐私保护。第 5 章主要介绍了无线传感器网络安全问题,详细介绍了无线传感网络中的几个主要安全问题,包括密钥管理、认证机制、安全路由以及隐私问题等,最后介绍了节点俘获攻击的主要机制。第 6 章主要介绍了移动 Ad Hoc 网络设计的安全问题,并介绍了该网络的特点、安全问题和安全目标。然后分别从安全路由协议、密钥管理、认证机制和入侵检测等几个方面对移动 Ad Hoc 网络涉及的安全问题进行了详细的分析和说明。第 7 章主要介绍了车载网络中面临的安全问题与保护机制,对车载网络的特点、面临的安全威胁以及安全目标进行了介绍。然后分别从路由安全、污染攻击、隐私保护两个方面对车载网络涉及的安全问题以及相应的安全策略进行了详细介绍。第 8 章主要介绍了社交网络中面临的安全威胁与社交网络安全机制,介绍了社交网络的发展历史、特点、面临的安全威胁以及安全目标。然后分别从路由安全与隐私保护两个方面介绍了社交网络安全方面的研究进展。第 9 章主要介绍了容迟网络设计的安全问题,介绍容迟网络的特点、面临的安全威胁以及安全目标,并分别从路由安全、密钥管理机制、网络认证机制、数据隐私保护、位置隐私方面介绍了容迟网络安全的最新研究进展,最后介绍了容迟网络中一种较好的路由方式——机会网络的路由安全与隐私保护机制。

本书的内容是国家自然科学基金项目(61672129,61402078)部分研究成果的体现。在项目研究和本书撰写的过程中,得到了大连理工大学软件学院、辽宁省泛在网络与服务软件重点实验室相关领导和同事的关心和支持。特别要感谢徐遣、宋奇、张天宇、张家宁、何丹阳、傅曼青、万柳夥等同学为本书撰写和收集资料、编写程序、文字校对等方面的贡献。

在本书撰写过程中,参考了大量国内外文献资料,并在书中尽量注明和列出,再次向相关作者表示衷心感谢!

由于作者水平有限,时间仓促,书中存在不足之处在所难免,恳请专家及读者批评指正!

姚琳　林驰　王雷

2017 年 4 月于大连理工大学

目　录

第1章　无线网络导论 …………………………………………………………………… 1

1.1　无线网络概述 ………………………………………………………………… 1

1.1.1　无线网络的历史背景 ………………………………………………… 1

1.1.2　无线网络的分类 ……………………………………………………… 2

1.1.3　无线网络未来的发展和挑战 ………………………………………… 5

1.2　无线网络安全概述 …………………………………………………………… 9

1.2.1　无线网络的安全要求 ………………………………………………… 10

1.2.2　无线网络与有线网络的区别 ………………………………………… 10

1.2.3　无线网络安全威胁 …………………………………………………… 11

1.2.4　无线网络安全研究现状 ……………………………………………… 14

1.3　本书结构 ……………………………………………………………………… 16

思考题 ………………………………………………………………………………… 17

参考文献 ……………………………………………………………………………… 17

第2章　无线局域网安全 ……………………………………………………………… 18

2.1　无线局域网基本概念 ………………………………………………………… 18

2.2　WEP 分析 …………………………………………………………………… 20

2.2.1　WEP 原理 ……………………………………………………………… 21

2.2.2　WEP 安全分析 ………………………………………………………… 23

2.3　IEEE 802.1x 协议分析 ……………………………………………………… 24

2.3.1　IEEE 802.1x 协议原理 ……………………………………………… 25

2.3.2　IEEE 802.1x 安全分析 ……………………………………………… 28

2.4　WAPI 协议分析 ……………………………………………………………… 30

2.4.1　WAPI 协议原理 ……………………………………………………… 30

2.4.2　WAPI 安全分析 ……………………………………………………… 32

2.5　IEEE 802.11i 协议分析 ……………………………………………………… 33

2.5.1　IEEE 802.11i 协议原理 ……………………………………………… 33

2.5.2　IEEE 802.11i 安全分析 ……………………………………………… 36

2.6　IEEE 802.11r 协议分析 ……………………………………………………… 37

2.6.1　基于 IEEE 802.11r 的快速切换方案 ……………………………… 38

2.6.2 IEEE 802.11r 安全分析 ……………………………………… 40
2.7 IEEE 802.11s 协议分析 ……………………………………… 41
2.7.1 IEEE 802.11s 协议原理 ……………………………………… 41
2.7.2 IEEE 802.11s 安全分析 ……………………………………… 45
小结 ……………………………………………………………………… 46
思考题 …………………………………………………………………… 47
参考文献 ………………………………………………………………… 47

第 3 章 移动通信安全 …………………………………………………… 48
3.1 移动通信系统概述 ……………………………………………… 48
3.2 GSM 系统安全 …………………………………………………… 49
3.2.1 GSM 系统简介 …………………………………………… 49
3.2.2 GSM 安全分析 …………………………………………… 53
3.2.3 GSM 系统的安全问题 …………………………………… 55
3.3 GPRS 安全 ……………………………………………………… 56
3.4 UMTS 系统的安全 ……………………………………………… 59
3.4.1 UMTS 系统简介 ………………………………………… 59
3.4.2 UMTS 安全分析 ………………………………………… 62
3.5 第 3 代移动通信系统安全 ……………………………………… 67
3.5.1 第 3 代移动通信系统简介 ……………………………… 67
3.5.2 第 3 代移动通信系统安全分析 ………………………… 70
3.6 第 4 代移动通信系统安全 ……………………………………… 76
3.6.1 第 4 代移动通信系统简介 ……………………………… 76
3.6.2 第 4 代移动通信系统安全分析 ………………………… 78
3.7 第 5 代移动通信系统安全 ……………………………………… 80
3.7.1 第 5 代移动通信系统简介 ……………………………… 80
3.7.2 第 5 代移动通信系统安全分析 ………………………… 82
3.8 未来移动通信系统展望 ………………………………………… 84
小结 ……………………………………………………………………… 84
思考题 …………………………………………………………………… 85
参考文献 ………………………………………………………………… 85

第 4 章 移动用户的安全和隐私 ………………………………………… 87
4.1 移动用户面临安全问题概述 …………………………………… 87
4.2 实体认证机制 …………………………………………………… 88
4.2.1 域内认证机制 …………………………………………… 88
4.2.2 域间认证机制 …………………………………………… 93
4.2.3 组播认证机制 …………………………………………… 97
4.3 信任管理机制 …………………………………………………… 105

    4.3.1   信任和信任管理 ·· 105

    4.3.2   基于身份策略的信任管理 ································ 109

    4.3.3   基于行为信誉的信任管理 ································ 112

  4.4 位置隐私 ··· 115

    4.4.1   基于位置服务的位置隐私 ································ 116

    4.4.2   位置隐私保护举例 ·· 121

小结 ··· 124

参考文献 ··· 124

第 5 章   无线传感器网络安全 ·· 126

  5.1 无线传感器网络概述 ······································ 126

    5.1.1   无线传感器网络的特点 ·································· 127

    5.1.2   无线传感器网络的安全威胁 ·························· 128

    5.1.3   无线传感器网络的安全目标 ·························· 130

  5.2 无线传感器网络安全路由协议 ························· 131

    5.2.1   安全路由概述 ··· 131

    5.2.2   典型安全路由协议及安全性分析 ··················· 132

  5.3 无线传感器网络密钥管理及认证机制 ··············· 135

    5.3.1   密钥管理的评估指标 ···································· 135

    5.3.2   密钥管理分类 ··· 136

    5.3.3   密钥管理典型案例 ······································· 138

  5.4 无线传感器网络认证机制 ······························· 139

    5.4.1   实体认证机制 ··· 140

    5.4.2   信息认证机制 ··· 143

  5.5 无线传感器网络位置隐私保护 ························· 145

    5.5.1   位置隐私保护机制 ······································· 145

    5.5.2   典型的无线传感器网络位置隐私保护方案 ········ 146

  5.6 入侵检测机制 ·· 148

    5.6.1   入侵检测概述 ··· 148

    5.6.2   入侵检测体系结构 ······································· 149

  5.7 节点俘获攻击 ·· 150

    5.7.1   模型定义 ·· 151

    5.7.2   基于矩阵的攻击方法 ···································· 153

    5.7.3   基于攻击图的攻击方法 ································· 155

    5.7.4   基于最小能耗的攻击方法 ······························ 156

    5.7.5   动态网络攻击方法 ······································· 157

小结 ··· 158

思考题 ··· 159

参考文献 ··· 160

V

第 6 章　移动 Ad Hoc 网络安全 ·· 162

　　6.1　移动 Ad Hoc 网络概述 ·· 162
　　　　6.1.1　移动 Ad Hoc 网络特点 ·································· 162
　　　　6.1.2　移动 Ad Hoc 网络安全综述 ·························· 163
　　　　6.1.3　移动 Ad Hoc 网络安全目标 ·························· 164
　　6.2　移动 Ad Hoc 网络路由安全 ···································· 165
　　　　6.2.1　路由攻击分类 ·· 165
　　　　6.2.2　安全路由解决方案 ······································ 168
　　6.3　移动 Ad Hoc 网络密钥管理 ···································· 169
　　　　6.3.1　完善的密钥管理的特征 ································ 169
　　　　6.3.2　密钥管理方案 ·· 169
　　6.4　入侵检测 ·· 172
　　　　6.4.1　入侵检测概述 ·· 172
　　　　6.4.2　传统 IDS 问题 ··· 173
　　　　6.4.3　新的体系结构 ·· 173
　　6.5　无线 Mesh 网络安全 ·· 174
　　　　6.5.1　无线 Mesh 网络概述 ·································· 174
　　　　6.5.2　Mesh 安全性挑战 ······································ 176
　　　　6.5.3　Mesh 其他应用 ··· 180
　　小结 ··· 182
　　思考题 ·· 182
　　参考文献 ·· 182

第 7 章　车载网络安全 ·· 185

　　7.1　车载网络概述 ·· 185
　　　　7.1.1　车载网络特点 ·· 185
　　　　7.1.2　车载网络安全综述 ······································ 186
　　7.2　车载网络路由安全 ·· 188
　　　　7.2.1　安全路由攻击概述 ······································ 189
　　　　7.2.2　安全路由解决方案 ······································ 189
　　7.3　车载网络污染攻击 ·· 197
　　　　7.3.1　污染攻击概述 ·· 197
　　　　7.3.2　污染攻击解决方案 ······································ 199
　　7.4　车载网络隐私攻击 ·· 206
　　　　7.4.1　车载网络隐私攻击原理 ································ 207
　　　　7.4.2　隐私攻击方案 ·· 208
　　小结 ··· 211
　　思考题 ·· 213

参考文献 ··· 213

第8章 社交网络安全 ································· 214

8.1 社交网络概述 ································· 214
8.1.1 社交网络的特点 ························· 214
8.1.2 社交网络安全综述 ······················· 215
8.1.3 社交网络安全目标 ······················· 217

8.2 社交网络路由安全 ····························· 217
8.2.1 安全路由算法概述 ······················· 218
8.2.2 安全路由解决方案 ······················· 220

8.3 社交网络隐私保护 ····························· 227
8.3.1 隐私保护概述 ··························· 227
8.3.2 K-匿名隐私保护机制 ····················· 229
8.3.3 随机扰动隐私保护机制 ··················· 230
8.3.4 基于泛化和聚类隐私保护机制 ··············· 231
8.3.5 差分隐私保护机制 ······················· 231

8.4 基于链路预测的隐私保护机制 ··················· 232
8.4.1 链路预测概述 ··························· 232
8.4.2 静态网络中隐私保护机制 ··················· 232
8.4.3 动态网络中隐私保护机制 ··················· 234

小结 ··· 239

思考题 ··· 240

参考文献 ··· 240

第9章 容迟网络安全 ································· 241

9.1 容迟网络概述 ································· 241
9.1.1 容迟网络的特点 ························· 241
9.1.2 容迟网络安全综述 ······················· 245
9.1.3 容迟网络安全目标 ······················· 245

9.2 容迟网络路由安全 ····························· 246
9.2.1 安全路由概述及网络攻击 ··················· 246
9.2.2 安全路由解决方案 ······················· 247

9.3 容迟网络密钥管理机制 ························· 248
9.3.1 对称密钥管理 ··························· 248
9.3.2 组密钥管理 ····························· 251
9.3.3 其他密钥管理体制 ······················· 253

9.4 容迟网络认证机制 ····························· 256
9.4.1 基于密钥的认证 ························· 256
9.4.2 基于身份的认证 ························· 258

9.4.3 其他认证机制 ·········· 261

9.5 数据隐私保护 ·········· 262

9.5.1 数据隐私概述 ·········· 262

9.5.2 数据隐私保护方案 ·········· 263

9.6 位置隐私 ·········· 264

9.6.1 位置隐私概述 ·········· 264

9.6.2 位置隐私保护方案 ·········· 265

9.7 机会网络 ·········· 266

9.7.1 机会网络概述 ·········· 266

9.7.2 机会网络的安全路由机制 ·········· 270

9.7.3 机会网络的隐私保护机制 ·········· 275

小结 ·········· 277

思考题 ·········· 278

参考文献 ·········· 278

附录 A 密码学基础 ·········· 279

A.1 基本知识 ·········· 279

A.2 对称密码机制 ·········· 280

A.2.1 古典密码 ·········· 280

A.2.2 序列密码 ·········· 282

A.2.3 分组密码 ·········· 284

A.2.4 分组加密工作模式 ·········· 289

A.3 公钥密码算法 ·········· 293

A.3.1 公钥密码算法简介 ·········· 294

A.3.2 RSA ·········· 294

A.3.3 Diffie-Hellman ·········· 295

A.4 密码学数据完整性算法 ·········· 296

A.4.1 密码学 Hash 函数 ·········· 296

A.4.2 消息认证码 ·········· 299

小结 ·········· 301

思考题 ·········· 301

参考文献 ·········· 301

第1章 无线网络导论

1.1 无线网络概述

在过去的十多年中,整个世界逐渐走向移动化,连接世界的传统方式已经无法应对日益加快的生活节奏和全球化的步伐所带来的挑战。因此,一个新的概念"无线网络"便应运而生。

无线网络是采用无线通信技术实现的网络。目前,家庭、企业(商业机构)和电信网络都大量地采用无线网络连接,目的是避免在楼房内安装光纤电缆,或者是在不同地区的设备之间建立连接而产生巨大的开销。无线通信网络通常是通过无线电通信来实现和管理的,这是在 OSI 网络模型结构的物理层实现的。如果必须通过实体电缆才能够连接到网络,用户的活动范围势必大幅缩小。无线网络却无此限制,用户可以享有较宽广的活动空间。因此,无线技术正逐渐侵占传统的"固定式"或"有线式"网络所占有的领域。

1.1.1 无线网络的历史背景

无线网络的历史背景可以追溯到无线电波的发明。1888 年,海因里希·赫兹发现并率先提出了无线电波的概念。1896 年,古列尔默·马可尼实现了通过电报光纤传送信息。他在 1901 年把长波无线电信号从康沃尔(位于英国的西南部)跨过大西洋传送到 3200km 之外的圣约翰(位于加拿大)的纽芬兰岛。他的发明使双方可以通过彼此发送用模拟信号编码的字母数字符号来进行通信。

第二次世界大战期间,美国军队率先在数据传输中使用无线电信号。这给之后的科学研究提供了灵感:1971 年,夏威夷大学的研究小组基于无线电通信网络 ALOHNET 设计了第一个报文。ALOHNET 是第一个无线局域网(Wireless LAN,WLAN)。第一个WLAN 包含 7 台计算机,它们构成了一个双流向的星状拓扑以实现相互通信。

第一代的 WLAN 技术采用了未经许可的频带(902~928MHz ISM),这一频带随后被小型的应用和工业机械的通信干扰所阻塞。一种扩频技术随后被用来减小这种干扰,它每秒可以传输 50 万比特。第二代的 WLAN 技术的传输速率达到了 2Mb/s,是第一代的4 倍。第三代的 WLAN 技术和第二代 WLAN 运行在同样的频带上,这也是人们今天仍然用到的 WLAN 技术。

1990 年,IEEE 802.11 执行委员会建立了 820.11 工作小组来设计无线局域网(WLAN)标准。这一标准规定了在 2.45GHz ISM 频带下的工作频率。1997 年,工作小组批准 IEEE 802.11 成为世界上第一个 WLAN 标准,规定的数据传输速率是 1Mb/s 和2Mb/s。

除 WLAN 之外,无线网络还衍生出了多种应用:无线网络技术使商业企业能够发展广域网(WAN)、城域网(MAN)和个域网(PAN)而无须电缆设备;IEEE 开发了作为无线局域网标准的 802.11;蓝牙(Bluetooth)工业联盟也在致力于能提供一个无缝的无线网络技术。

蜂窝或移动电话是马可尼无线电报的现代对等技术,它提供了双方的、双向的通信。第一代无线电话使用的是模拟技术,这种设备笨重且覆盖范围是不规则的,然而它们成功地向人们展示了移动通信的固有便捷性。现在的无线设备已经采用了数字技术。与模拟网络相比,数字网络可以承载更高的信息量并提供更好的接收和安全性。此外,数字技术带来可能的附加的服务,诸如呼叫者标识。更新的无线设备使用能支持更高信息速率的频率范围连接到 Internet 上。

无线技术为人类社会带来了深刻的影响,而且这种影响还会继续。没有几个发明能够用这样的方式使整个世界"变小"。定义无线通信设备如何相互作用的标准很快就会有一致的结果,人们不久就可以构建全球无线网络,并使之提供广泛的服务。

1.1.2　无线网络的分类

无线网络可根据数据传输的距离分为下面几种不同类型。

1. 无线个域网

个域网(Personal Area Network,PAN)是计算设备之间通信所使用的网络,这些计算设备包括电话、个人数据助手(PDA)等。PAN 可以使用在私人设备之间的通信,或者与更高级别的网络或者 Internet(向上连接)取得连接。无线个域网(WPAN)是采用了多种无线网络技术的个域网,这些网络技术包括:IrDA,无线 USB,蓝牙,Z-Wave,ZigBee,甚至是人体域网。WPAN 的覆盖范围从几厘米到几米不等。IEEE 802.15 工作组为 WPAN 制定了相关的物理层和 MAC 层标准,这类网络包括 HomeRF 和 Bluetooth 等,也包括与 IEEE 802.11 局域网共同存在的问题。

HomeRF 是关于 PC 与各类电器之间语音和数字通信的技术标准。它可以连接 PC、打印机、电话、互联网等,如图 1.1 所示。Bluetooth 是小范围语音和数据通信的技术标准。

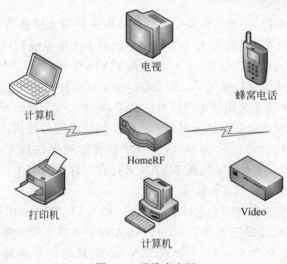

图 1.1　无线个人网

Bluetooth 的应用包括 PC 使用的无线连接键盘和鼠标等设备、小范围的无线局域网、蜂窝网络、有线网络和卫星网络的 AP 等。Bluetooth 制定了协议栈以支持各种传输介质和各种各样的应用。Bluetooth 物理层采用 FHSS 和 GFSK,工作频率为 2.402～2.480GHz,数据传送速率是 1Mb/s。Bluetooth 的 MAC 层采用 FH-CDMA/TDD 机制。

2. 无线局域网

无线局域网(Wireless LAN,WLAN)采用一些分布式无线措施(通常是扩频或 OFDM 无线电技术)来连接两个或更多的设备,并且在一个接入点向更大的互联网范围提供连接。像广域网一样,局域网是一种由各种设备相互连接,并在这些设备间提供交换信息手段的通信网络。这给用户提供了更多的移动性,使得他们可以在局域性的覆盖区域内移动的同时接入网络。而相对于广域网,局域网的范围较小,通常是一栋楼或一片楼群,但是局域网内的数据传输率通常要比广域网的高得多,大多数的现代 WLAN 技术都是基于 IEEE 802.11 标准,以 Wi-Fi 提供商的品牌名字命名并运营。WLAN 曾经被美国国防部称为 LAWN(在本地区提供无线网络)。

无线局域网因其易于安装的优势,在家用网络中得到了非常广泛的应用,并且在很多商业场所都向客户提供免费的接入服务。

IEEE 802.11 是关于无线局域网(WLAN)的标准,它主要涉及物理层和介质访问子层(MAC 层)。通过 IEEE 802.11 标准,无线用户可通过接入点(AP)连接到网络,每个用户终端使用无线网卡与 AP 连接。无线网卡和 AP 支持 IEEE 802.11 物理层和 MAC 层标准,同样 AP 也负责连接这些用户到像 IEEE 802.3 那样的网络。图 1.2 显示了 WLAN 和 LAN 连接。

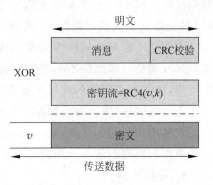

图 1.2　WLAN 和 LAN 连接

3. 无线 Mesh 网

无线 Mesh 网(Wireless Mesh Network,WMN)是由无线 Mesh 节点设备动态地、自动组成的通信网络。无线 Mesh 网络通常是由 Mesh 客户端、网格路由器和网关组成。网络的客户端往往是笔记本电脑、手机和其他无线设备,而 Mesh 路由向网关转发流量可能不需要连接到互联网。为一个单一的网络而工作的无线节点的覆盖区域有时也被称为 Mesh 云。访问此 Mesh 云是依赖于彼此和谐工作的节点所建立的无线网络。Mesh 网络是可靠的,并提供冗余。当一个节点不能工作的时候,其余的节点仍然可以直接或通过一个或多个中间节点互相通信。无线 Mesh 网络可以通过各种无线技术,包括 IEEE 802.11、IEEE 802.15、IEEE 802.16、蜂窝技术或多种类型的组合来实现。

无线 Mesh 网络可以被看作是一种特殊类型的无线 Ad Hoc 网络,如图 1.3 所示。一个无线 Mesh 网络通常有多个计划好的配置,可以将其部署到超过特定的地理区域中来提供动态的和划算的连接。无线 Ad Hoc 网络是临时的无线设备在彼此通信范围内形成的。Mesh 路由器是可以移动的,并且可以根据具体的要求在网络中移动。Mesh 路由器通常不受节点的资源限制,因此可以用来执行更多资源密集型的功能。由于 Ad Hoc 网络中的节点通常受资源约束,所以无线 Mesh 网络与 Ad Hoc 网络有所不同。

图 1.3 Ad Hoc 网

4. 无线城域网

城域网(MAN)是连接多个局域网的计算机网络。MAN 经常覆盖一个城市或者是大型的校园。MAN 通常采用大容量骨干技术,例如光纤链路来连接多个局域网。此外,MAN 还能向更大的网络(如广域网)提供向上连接服务。

人们之所以对城域网感兴趣,是因为用于广域网中的传统的点到点连接和交换网络技术不足以满足一些组织不断增长的通信需求。局域网标准中的高度共享媒体技术具有很多的优点,这些都可以在构建城市范围的网络中实现。

无线城域网(Wireless MAN,WMAN)的主要市场是那些在城市范围内对高容量通信有需求的用户。相比于从本地电话公司那里获得的同样服务,一个无线城域网就是要以更低的成本和更高的效率为用户提供所需容量的通信服务。

5. 无线广域网

无线广域网(Wireless WAN,WWAN)是无线网络的一种。相比于局域网,广域网覆盖了更大的地理范围。它可能需要通过公共信道,或者至少有一部分依靠的是公共载波电路进行传输的网络。一个典型的无线广域网包括多个相互连接的交换节点。所有的传输过程都是从一个设备出发,途经这些网络节点,最后到达所规定的目的设备。所有规模的无线网络都为电话通信、网页浏览和串流视频影像等应用提供数据传输服务。

WWAN 采用了无线通信蜂窝网络技术来传输数据,例如 LTE、WiMAX(通常也称为无线城域网,WMAN)、UMTS、CDMA2000、GSM 等。GSM 数字蜂窝系统是由欧洲电信公司提出的标准,CDMA 接入技术采用 TDMA 和 FDMA,调制采用 GMSK 技术。WLAN 也可以采用局域多点分布式接入服务(LMDS)或者 Wi-Fi 来提供网络连接。这些技术是区域性、全国性甚至是全球性的,并且是由无线服务提供商负责提供。WWAN 的联通性使得持有便携式计算机和 WWAN 上网卡的用户可以浏览网页、收发邮件,或者接入虚拟私人网络(VPN)。只要用户处在蜂窝网络服务的区域范围之内,就都能够享受到 WWAN 带来的服务。不同的计算机有着统一的 WWAN 性能。

目前,中国可供选择的无线广域通信服务,有联通 CDMA1X 服务、移动公司的 GPRS 服务、中国卫星通信公司的专线服务等。

6. 蜂窝网络

蜂窝网络(或移动网络)是一个分布在陆地区域的无线电网络,称为"细胞",每一个"细胞"都由一个固定的无线电收发机提供服务,这也被称为行动通信基地台或者基站。在蜂窝网络中,每一个"细胞"都典型地采用与其他邻居"细胞"相同的无线电频率来避免干扰。

当共同加入网络后,这些"细胞"在广阔的地理区域内提供无线电覆盖。这使得大多数便携的无线电收发机(例如:移动电话,寻呼机等)可以相互之间或者是与网络中任意固定的电话和收发机通过基站进行通信。即使一些收发机在多个"细胞"之间移动,通信也不会受到影响。

尽管蜂窝网络最初是为移动电话设计的,但随着智能手机的发展,蜂窝电话网络在电话对讲之外还照常携带数据进行传输。

(1) 全球移动通信系统(GSM)。全球移动通信系统网络可以分为三个主要系统:交换系统,基站系统和运营支持系统。连接到基站的移动电话可以再连接入运营支持系统站点;再接入交换系统站点,在这里,通话可以被转发到它需要去的地方。GSM 是目前最常用的标准,并且它在绝大多数的移动电话中得到了使用。

(2) 个人通信服务(PCS)。PCS 是一种无线电波段,它在北美和南亚地区的移动电话中得到使用。Sprint 成为第一个创立 PCS 的服务提供商。

(3) 数字高级移动电话服务(D-AMPS)。D-AMPS 是 AMPS 的一种升级版本,由于技术的更新,AMPS 正逐渐被淘汰。

1.1.3 无线网络未来的发展和挑战

1. 无线局域网的应用前景

作为无线网络中应用最广的技术,无线局域网技术(WLAN)经过不断的发展,目前正逐渐趋于成熟,但仍在产生着意义重大的革新,目的是在与有线网络和蜂窝网络的竞争中处于优势。此外,WLAN 也在不断产生分化,尽管其核心特征正逐渐商品化并且服务提供商正逐渐趋于统一。例如,WLAN 的传输速度正呈指数增长。所有的无线网络服务提供商正逐渐走在一起,致力于提升所部属服务的可信赖性和安全性,这在之前几乎是纸上谈兵的事,而现在即将变成现实。

商业领域产生的对于 WLAN 性能的新要求正逐渐提高,特别是在移动设备变得更流行和多样化的今天。这种发展趋势的关键驱动在于商业用户对所用设备的可用性和功能性提出了严苛的要求。这意味着对于智能手机、便携式计算机和多媒体应用设备在商务环境下的要求更高,并且对于企业级的 WLAN 也有着不同的严格要求。

技术的发展同样也在支持着 WLAN 的进步:便携式计算机和平板电脑都依赖于Wi-Fi 的发展。此外,随着无线热点、酒店接入点和其他形式的公共无线接入点等更广泛的应用,商务人士和其他职场雇员会越来越多地利用 Wi-Fi,并在他们的办公场所对 Wi-Fi 的服务质量有同样高的期待。这将会使得相关 WLAN 服务提供组织的建立,它们具备更快适应新的无线网络技术的能力,以更好地服务于移动用户。这与商务人士开始严格要求无线网络下的无打扰的连接、高速传播的多媒体应用和所有形式的基于云的功能等需求密切相关。

与此同时,不断进步的工业化标准以及服务提供商的技术革新使得 WLAN 速率显著提高,并且更加可信也更加安全。现行的 IEEE 802.11n 标准相比于之前的 IEEE 802.11g 版本在数据吞吐量方面有着 10 倍的提升,从 54Mb/s 提高到将近 GBE。这有助于弥合有线和无线环境的性能差距。事实上,企业应该考虑的是 IEEE 802.11n 而不是工作站的电缆分支,如果该标准能够有效部署,这将创建一个真正的无线办公室,而伴随着这些优点的同时也满足了带宽的要求。

2. 无线传感网的发展

无线传感网(Wireless Sensor Networks,WSN)在过去几年已经成为最受关注的研究领域之一。WSN 是由若干无线传感器节点形成的一个传感器区域和一个接收器。这些有能力感知周围环境的大量节点,执行有限的计算和无线通信进而形成了 WSN。最近无线和电子技术的进步已经使无线传感网在军事、交通监视、目标跟踪、环境监测和医疗保健监控等方面有了很广阔的应用。随之而来有许多新的挑战已经浮出水面,无线传感网要满足各种应用的要求,如检测到的传感器数量、节点大小、节点的自主权等。因此需要改进当前的技术,更好地迎接这些挑战。未来传感器必须功能强大并节约成本,让应用程序使用它们,如水下声学传感器系统、基于传感器的信息物理系统、对时间有严格要求的应用、认知传感和频谱管理、安全和隐私管理等。无线传感器在如下几个典型领域得到了广泛应用。

1) 认知感应

认知传感器网络通过部署大量智能的和自治的传感器来获取本地的和周围环境的信息。管理大量的无线传感器是一项复杂的任务。认知感应两个众所周知的例子是群智能和群体感应:群智能是从人工智能发展而来的,用来研究分散的自组织系统中的集体行为;群体感应是仿生传感网络的一个例子。群体感应是细菌沟通协调、通过信号分子合作的能力。

2) 频谱管理

低功耗无线应用协议越来越多,人们可以设想未来的无线设备,如无线键盘、投影片演示器、手机耳机和健康监测传感器等将无处不在。但是这些设备的普及会导致网络内的干扰和拥塞的增加,因为这些设备的物理频率会重叠。认知无线电和多频 MAC 的一些方法已经发展到利用多个并行的通信频率。一个通用的解决方案是由周(2009 年)提出的称作 SAS:WSNs 下的一个自适应无线传感网络中间件,它可以很容易地通过现存的单频率集成得到。

3) 水下声学传感器系统

Akyildiz 在 2005 年提出了一个完整的水下传感器网络调查。水下传感器网络的设计使得应用程序可以对海洋数据进行收集,实现污染监测、海上勘探、灾害预防、辅助导航和战术监控等应用。水下传感器也被应用于勘探天然海底资源和科学数据的收集。因此,需要水下设备之间产生通信。水下传感器节点和车辆应协调运作,交换它们的位置和运动信息,最终将监测到的数据转播到陆上的基站。新的水下无线传感器网络(UWSN)相比于陆基无线传感器网络也带来了其他挑战,如传播延迟大、节点的移动性问题和水下声音信道的错误率高。Domingo 在 2008 年提出一种叫做 DUCS(分布式水下聚类计划)的协议,这是一个 GPS 的免费路由协议。它最大限度地减少了主动路由信息交换并且不会导致洪泛问题。它还使用了数据的聚合,从而消除冗余信息。

4）异构网络中的协调

由于受到传感器节点的能源制约，所以与其他网络合作的主要障碍就是传感器节点的能量有限。传感器网络对应用程序是非常有用的，例如健康监测、野生动物栖息地的监测、森林火灾探测与楼宇控制。为了监测无线传感器网络，传感器节点所产生的数据应该可以被访问。这可以通过 WSN 与现有的网络基础设施连接而形成，如全球互联网、局域网或私人网络。

3. 其他网络技术的发展

本节将列举并介绍三种正在得到不断扩大的研究、开发和应用的创新技术，它们是 WiMAX、ZigBee 和 Ultra-Wideband。

1）WiMAX

WiMAX 代表着无线网络标准 IEEE 802.16 家族中一种彼此协作的实施方式，这些实施方式是被 WiMAX 研讨会所批准通过的（例如，Wi-Fi 代表着被 Wi-Fi 联盟认证许可的 IEEE 802.11 无线局域网标准）。WiMAX 研讨会的认证允许卖家销售 WiMAX 认证的固定的或者移动的产品。只要这些产品在外形上彼此融合，那么就可以确保这些产品有一定级别的彼此协作性。

最初的 IEEE 802.16 标准（现在称为"固定的 WiMAX"）是在 2001 年出版的。WiMAX 从 WiBro 采用了一些技术，WiBro 是一种在韩国市场推广的服务。移动 WiMAX（最初在 2005 年是基于 IEEE 802.16e 标准）是在很多国家部署的修订版服务，也是很多修订版服务（例如 2011 年的 IEEE 802.16m）的基础。

WiMAX 有时也被称作"类固醇的 Wi-Fi"，并且也可以在很多的应用中得到使用，例如宽带连接、蜂窝回程、热点等。它与 Wi-Fi 相似，二者均可建立热点，但它可以在更远的距离中得到应用。Wi-Fi 覆盖的范围是几百米，WiMAX 可以有 40～50 000m 的覆盖范围。因而，WiMAX 可以为用于最后 1km 宽带接入的有线、DSL 和 T1/E1 方案提供一种无线的技术选择。它也作为附赠技术可用于连接 IEEE 802.11 热点和 Internet。

2）ZigBee

ZigBee 是一套高层次通信协议规范，它是基于 IEEE 802 标准的小型、低功耗的数字无线电技术，应用于个域网。ZigBee 设备通常用在 Mesh 网中，通过中间设备在相对较长的距离下进行数据传输，这使得 ZigBee 网络可以形成 Ad Hoc 网络，并且没有能够到达网络中的所有设备的中心控制或高功率发射器/接收器，任何 ZigBee 设备都可以运行网络任务。

ZigBee 是针对于需要低数据速率、电池寿命长和高安全性的网络应用程序。ZigBee 规定的速率为 250kb/s，最适合应用于从传感器或输入装置传输周期性、间歇性或一个单一信号的数据传输。它的应用包括无线光开关、电表与家庭显示、交通管理系统以及其他需要短距离、无线数据传输率相对较低的工业设备上。ZigBee 规范的目的是比其他的 WPAN 更为简洁和便宜，例如蓝牙或 Wi-Fi。

与 Wi-Fi 相比，ZigBee 是在一个相对短的距离上提供一个相对低的数据速率。其目标是开发低成本的产品，具有非常低的功率消耗和数据速率。ZigBee 技术使得在数千个微型传感器之间的通信能够协调进行，这些传感器可以散布在办公室、农场或工厂地区，用于收集有关温度、化学、水或运动方面的细微信息。根据设计要求，它们使用非常少的电能，因为会放置在那里 5 年或 10 年,而且还要持续供电。ZigBee 设备的通信效率非常高,它们通过无线电波传送数据的方式,就像人们在救火现场排成长龙依次传递水桶那样。在这条长龙的末端,可以将数据传递给计算机用于分析,或通过另一种像 Wi-Fi 或 WiMAX 的无线技术将数据接收。

3) Ultra-WideBand

Ultra-WideBand(UWB,超宽带)是最早由 Robert A. Scholtz 等人提出的无线电波技术,这种技术可以在低能耗的条件下,实现短距离、高带宽通信,并且占用大范围的无线电波频谱。UWB 在非合作的雷达成像方面有很多传统应用。最近的应用是针对传感器数据采集、精确定位和追踪的应用。

与扩频技术类似,UWB 可以在与传统的窄带和载波通信互不干扰的情况下传输,并且可以使用同样频率的波段。UWB 是一种在高带宽($>500\mathrm{MHz}$)传输信息的技术,这在理论上和特定的情况下是可以和其他传输方式共享频谱的。通常情况下,由美国联邦通信委员会(FCC)制定的标准其目的在于提供一种对无线电波带宽正确、有效的使用方式,并且可以允许高速率的个域网的无线连接,以及更长的距离、更低数据速率的应用和雷达成像系统。

UWB 之前被称为脉冲无线电,但是 FCC 和国际通信联盟的无线电通信分支(ITU-R)目前将 UWB 定义为一种从天线发出的传播信号,其信号带宽超出这二者之间的较小值:$500\mathrm{MHz}$ 或者是中心频率的 20%。所以,基于脉冲的系统中每一个传输的脉冲都占据 UWB 带宽(或者是至少 $500\mathrm{MHz}$ 的窄带载波,例如正交频分复用(OFDM)可以在这种规则下进入 UWB 频谱)。脉冲的重复率可高可低。基于脉冲的 UWB 雷达和成像系统趋向于使用低重复率脉冲(通常是每秒 $1\sim100\mathrm{M}$ 脉冲)。在另一方面,通信系统更倾向于高的重复率(通常是每秒 $1\sim2\mathrm{G}$ 脉冲),所以这使得短程的 Gb/s 的通信系统传输成为可能。在基于脉冲的 UWB 系统中,每一个脉冲都占据着整个 UWB 带宽(所以这收获到了对于多路径衰落的相对抵抗性,但不是码间干扰),这与受制于深度衰落和码间干扰的载波系统有所不同。

Ultra-WideBand 与在这一节所提到的其他技术相比则很不同。Ultra-WideBand 可以使人们在短距离内以较高的数据速率移动大量文件。例如,在家庭中,Ultra-WideBand 可使用户不需要任何凌乱的线缆就可将几小时的视频从一台 PC 传送到 TV 上。在行车途中,乘客可以将笔记本电脑放在行李箱内,通过 Mobile-Fi 接收数据,然后再利用 Ultra-WideBand 将这些数据拖到放在前座的一台手持式计算机上。

4. 无线网络未来将遇到的挑战

无线设备在 Wi-Fi 技术领域的不断进步和广泛传播改变了人们对无线网络的期望。各个领域的消费者和专业人员:从教育到医疗,再到零售和制造,都越来越多地依赖无线网络来实现工作和与其他人的交流,并且人们都需要更高的性能和可靠性。

从 IT 和网络行业的管理者的观点来看,在接下来的几年里,满足上述这些期望是具有挑战性的。特别是现在有三种主流的趋势正对 Wi-Fi 网络产生影响,这将会使得在网络管理行业一线的工作者面临挑战。

1) 不断生产的无线设备对网络环境造成不利影响

Wi-Fi 设备的大量生产以及非 Wi-Fi 设备在射频频谱中占据着相同的份额,这对于网络造成了一定的干扰。人们何曾想到一个无线视频摄像机会干扰网络性能？抑或是 Xbox、微波炉等。检测和降低射频频谱影响的方法将会在维持 IEEE 802.11n 网络的高性能上有重要作用。此外，多媒体和无线实时视频传输将需要巨大的带宽和智能机制来充分压缩视频/多媒体，但是信号又要在接收端快速地解码。这要在未来 5～7 年内完全解决。

2）Wi-Fi 服务方式的转型

在不断增加的机构和组织中，Wi-Fi 的部署已经完成从"尽力而为服务"到"以任务为关键"的转型。然而 Wi-Fi 之前是一种新型或者是便捷的奢侈享受，在技术方面的提升使得很多组织机构在"以任务为关键"的数据和应用中采用 Wi-Fi。这意味着这个网络中的性能、可靠性和安全性会比以往更加重要。

3）无线网络专业知识的缺乏

很多机构组织都缺乏专业知识、资源或者工具来应付上述两种趋势。正如同决定射频干扰的源、分布和影响是非常困难的，适应一个无线网络的"健康"与否会对整个组织机构产生影响的世界也是非常困难的。正因为这些趋势是新产生的，所以在这些组织机构中并没有建立相应的专业技术支持和内部解决机制。

4）无线设备的能源优化

目前，iPhone 在连续使用下，电池也只能使用 5～6h。试想一下，如果有一个装置，它会自动从环境中获取能源，这并不仅限于太阳能或热能，还可以有一些其他机制，像从声学中提取能量（可能不会有前途）和敲击按键的能量（有很好的节能潜力），所以，获取能源和使设备自由地获取能源仍然是一个非常长期的挑战。

5）异构无线网络间的无缝通信

目前仍然不能做到在不同的网络下进行无缝连接。人们需要一个单一的机制可用于在不同网络之间进行切换（Wi-Fi、WiMAX 或任何其他的 3G 网络），将有可能与上述的多媒体和无线实时视频传输进行连接。

6）将无线电认知整合到无线网

目前这个领域已经有人做了很多的工作，尤其是 Linda Doyle 教授（CTVR，柏林）、Petri Manohen 教授（RWTH Aachen）和 CWC 等。但认知无线电是一片汪洋大海，人们仍然处在频谱感知/频谱管理的阶段。如今，有几个挑战，例如对环境的自动理解能够将整个带宽用于用户设置（即使是很短的时间），节点的自配置形成网络（更像是 Ad Hoc，但正如我们所知道的，Ad Hoc 仍旧在研究出版物中居多而在现实世界开发中应用得少）。

1.2 无线网络安全概述

无线网络的应用扩展了网络用户的自由空间，其具有覆盖面积广、经济、灵活、方便、增加用户以及改变网络结构等特征。但是这种自由也给人们带来了新的挑战，其中最重要的问题就是安全性。由于无线网络通过无线电波在空中传输数据，在数据发射机覆盖区域内的任何一个无线网络用户，都能接触到这些数据。只要具有相同频率就可能获取所传递的信息，因此要实现有线网络中一对一的传输是不可能的。另一方面，由于无线设备在计算、存储以及供能等方面的局限性，使得原本在有线环境下的许多安全方案和安全技术不能直接应用于无线环境。所以，研究出新的安全方案和安全技术迫在眉睫。

1.2.1 无线网络的安全要求

在通常的网络系统中,安全在不同的应用下有不同的定义。在这些应用中最重要的要求是数据的机密性、完整性、认证性和可用性。

1. 数据的机密性和完整性

网络必须提供强大的数据机密性和完整性,以及对于每一个传输信息的回复消息的安全保护。数据机密性和完整性有助于对在不安全环境下通信的用户建立一个安全的信道。这意味着专用通信中的用户可以理解收到的消息,并生成和修改重要消息。此外,尽管回复的消息会通过完整性的检查,但这些消息仍然应该被确认和丢弃。这些要求可以通过设计良好的加密函数和适当的回复保护机制来满足。

2. 相互认证

网络必须提供相互认证,这意味着通信双方必须互相认证对方的身份。如果有必要,认证过程必须结合密钥生成、分发和管理,以向加密函数提供密钥。根据认证结果,灵活地认证和接入控制方针可以被部署,目的是阻止用户的特权。

3. 可用性

可用性是健壮性的一种形式,也是安全要求的另一重要种类。网络要能够阻止攻击者切断合法用户与整个系统的联系。换句话说,拒绝服务(DoS)攻击应该被消除,或者至少是减轻。

1.2.2 无线网络与有线网络的区别

目前已经有很多安全技术应用于有线网络,由于有线和无线的特点不同,在无线网中安全性的挑战要比有线情况下大得多。无线网络安全与有线网络相比,区别主要体现在以下几个方面。

(1) 无线网络的开放性使得网络更容易受到被动窃听或主动干扰等各种攻击。有线网络的网络连接是相对固定的,具有确定的边界,可以通过将电线隐藏在墙内避免接触外部的方式来确保安全连接。通过对接入端口的管理可以有效地控制非法用户的接入。攻击者必须物理地接入网络或经过物理边界,如防火墙和网关,才能进入有线网络。而无线网络则没有一个明确的防御边界,无线媒体的接口在它的传输范围内对每个人都是开放的。这种开放性带来了信息截取、未授权使用服务、恶意注入信息等一系列信息安全问题,如无线网络中普遍存在的 DoS 攻击问题。

(2) 无线网络的移动性使得安全管理难度更大。有线网络的用户终端与接入设备之间通过线缆连接,终端不能在大范围内移动,对用户的管理比较容易。而无线网络终端不仅可以在较大范围内移动,还可以跨区域漫游,这增大了对接入节点的认证难度。例如,在WLAN 中限制无线传输的范围是很困难的,一个外来者在没有管理员确认的情况下就可以获得通信信息,因为他不需要把他的设备插到插座上或者是出现在管理员的视线范围内。

(3) 无线网络动态变化的拓扑结构使得安全方案的实施难度更大。有线网络具有固定的拓扑结构,安全技术和方案容易部署;而在无线网络环境中,动态的、变化的拓扑结构缺乏集中管理机制,使得安全技术(如密钥管理、信任管理等)更加复杂(可能是无中心控制节点、自治的)。例如,WSN 中的密钥管理问题,MANET 中的信任管理问题。另一方面,无线网络环境中做出的许多决策是分散的,许多网络算法(如路由算法、定位算法等)必须依赖大量节点的共同参与和协作来完成。例如,MANET中的安全路由问题。攻击者可能实施新的攻击来破坏协作机制(于是基于博弈论的方法在无线网络安全中成为一个热点)。

(4) 无线网络传输信号的不稳定性带来无线通信网络及其安全机制的鲁棒性(健壮性)问题。有线网络的传输环境是确定的,信号质量稳定,而无线网络随着用户的移动其信道特性是变化的,会受到干扰、衰落、多径、多普勒频移等多方面的影响,造成信号质量波动较大、丢包率和错误率高,甚至无法进行通信的情况。无线信道的竞争共享访问机制也可能导致数据丢失。因此,这对无线通信网络安全机制的鲁棒性(健壮性、高可靠性、高可用性)提出了更高的要求。无线网中的协议也应该考虑到信息丢失和损坏的情况,这能够让攻击者进行攻击所需尝试的次数变得更多。

(5) 无线网络终端设备具有与有线网络终端设备不同的特点。有线网络的网络实体设备,如路由器、防火墙等一般都不能被攻击者物理地接触到,而无线网络的网络实体设备,如访问点(AP)可能被攻击者物理地接触到,因而可能存在假的AP。无线网络终端设备与有线网络的终端(如PC)相比,具有计算、通信、存储等资源受限的特点,以及对耗电量、价格、体积等的要求。一般在对无线网络进行安全威胁分析和安全方案设计时,需要考虑网络节点(终端)设备的这些特点。加密操作需要适应无线设备的计算和能量限制。认证和密钥管理协议针对于使用者的移动性应该是可扩展的和普遍存在的。此外,由于无线频道的固有易损性,在无线环境下去抵御DoS的攻击是更加困难的。

(6) 无线设备之间的连接应该根据使用者的移动性和链路质量进行灵活的适应,这是有线网络所不具有的优势,但是需要一个更加信任的关系才行。在有线网络中,终端使用者对他们有效连接的安全性比较有信心,例如,在一个公司里当一个使用者将他的设备插入墙上的插座时,显然这个网络是由公司提供的。然而,在无线网络中,使用者对他所连接的网络是看不到的,很有可能是恶意的。

1.2.3 无线网络安全威胁

因为无线网络是一个开放的、复杂的环境,所以它面临的安全威胁相对有线网络来说也更多,概括起来,主要有以下几个方面。

1. 被动窃听和流量分析

由于无线通信的特征,一个攻击者可以轻易地窃取和储存WLAN内的所有交通信息。甚至当一些信息被加密,判断攻击者是否从特定消息中学习到部分或全部的信息同样至关重要。如果众多消息领域是可预知且剩余的,这种可能性是存在的。除此之外,加密的消息会根据攻击者自身的需求来产生。在人们的分析中,考虑到被记录的消息和/或明文的知识是否会被用来破解加密密钥、解密完整报文,或者通过流量分析技术获取其他有用信息。

2. 消息注入和主动窃听

一个攻击者能够通过使用适当的设备向无线网络中增加信息,这些设备包括拥有公共的无线网络接口卡(NIC)的设备和一些相关软件。虽然大多数的无线NIC的固件会阻碍接口构成符合IEEE 802.11标准的报文,攻击者仍然能够通过使用已知的技术控制任何领域的报文。因此,可以推断出一个攻击者可以产生任何选定的报文,修改报文的内容,并完整地控制报文的传输。如果一个报文是要求被认证的,攻击者可以通过破坏数据的完整性算法来产生一个合法有效的报文。如果没有重放保护或者是攻击者可以避免重放,那么攻击者就同样可以加入重放报文。此外,通过加入一些选定好的报文,攻击者可以通过主动窃听从系统的反应中获取更多的消息。

3. 消息删除和拦截

如果假定攻击者可以进行消息删除,这意味着攻击者能够在报文到达目的地之前从网络中删除报文。这可以通过在接收端干扰报文的接收过程来完成。例如,通过在循环冗余校验码中制造错误,使得接收者丢弃报文。这一过程与普通的报文出错相似,但是可能是由攻击者触发的。

消息拦截的意思是攻击者可以完全地控制连接。换句话说,攻击者可以在接收者真正收到报文之前获取报文,并决定是否删除报文或者将其转发给接收者。这比窃听和消息删除更加危险。此外,消息拦截与窃听和重发还有所不同,因为接收者在攻击者转发报文之前并没有收到报文。消息拦截在无线局域网中可能是难以实现的,因为合法接收者会在攻击者刚一拦截之后检测到消息。然而,一个确定的攻击者会用一些潜在的方式来实现消息拦截。例如,攻击者可以使用定向天线,在接收端通过制造消息碰撞来删除报文,并且同时使用另一种天线来接收报文。由于消息拦截是相对较难实现的,只考虑当造成很严重损害时的可能性。另外,攻击者想要通过制造"中间人攻击"来进行消息拦截是没有必要的。

4. 数据的修改和替换

数据的修改或替换需要改变节点之间传送信息或抑制信息并加入替换数据,由于使用了共享媒体,这在任何局域网中都是很难办到的。但是,在共享媒体上。功率较大的局域网节点可以压过另外的节点,从而产生伪数据。如果某一攻击者在数据通过节点之间的时候对其进行修改或替换,那么信息的完整性就丢失了(例如,就像一间房子中挤满了讲话的人,假定 A 总是等待其旁边的 B 开始讲话。当 B 开始讲话时,A 开始大声模仿 B 讲话,从而压过 B 的声音。房间里的其他人只能听到声音较高的 A 的讲话,但他们认为他们听到的声音来自 B)。采用这种方式替换数据在无线局域网上要比在有线网上更容易些。利用增加功率或定向天线可以很容易地使某一节点的功率压过另一节点。较强的节点可以屏蔽较弱的节点,用自己的数据进行取代,甚至会出现其他节点忽略较弱节点的现象。

5. 伪装和无线 AP 欺诈

伪装即某一节点冒充另一节点。因为 MAC 地址的明文形式是包含在所有报文之中,并通过无线链路传输,攻击者可以通过侦听来学习到有效 MAC 地址。攻击者同样能够将自己的 MAC 地址修改成任意参数,因为大多数的固件给接口提供了这样做的可能。如果一个系统使用 MAC 地址作为无线网络设备的唯一标识,那么攻击者可以通过伪造自己的 MAC 地址来伪装成任何无线基站;或者是通过伪造 MAC 地址并且使用适当的自由软件正常工作可以伪装成接入点(AP)(例如,主机接入点)。

无线 AP 欺诈是指在 WLAN 覆盖范围内秘密安装无线 AP,窃取通信、WEP 共享密钥、SSID、MAC 地址、认证请求和随机认证响应等保密信息的恶意行为。为了实现无线 AP 的欺诈目的,需要先利用 WLAN 的探测和定位工具,获得合法无线 AP 的 SSID、信号强度、是否加密等信息。然后根据信号强度将欺诈无线 AP 秘密安装到合适的位置,确保无线客户端可在合法 AP 和欺诈 AP 之间切换，当然还需要将欺诈 AP 的 SSID 设置成合法的无线 AP 的 SSID 值。恶意 AP 也可以提供强大的信号并尝试欺骗一个无线基站使其成为协助对象，来达到泄露隐私数据和重要消息的目的。

6. 会话劫持

无线设备在成功验证了自己之后会被攻击者劫持一个合法的会话。下面是一个场景。首先，攻击者使一个设备从会话中断开，然后攻击者在不引起其他设备注意的情况下伪装成这个设备来获取连接。在这种攻击下，攻击者可以收到所有发送到被劫持的设备上的报文然后按照被劫持的设备的行为进行发送报文。这种攻击可以令人信服地包围系统中的任何认证机制。然而，当使用了数据的机密性和完整性时，攻击者必须将它们攻克来读取加密信息并发送正当的报文。因此，通过充分的数据机密性和完整性机制可以很好地阻止这种认证攻击。

7. 中间人攻击

这种攻击与信息拦截不同，因为攻击者必须不断地参加通信。如果在无线基站和 AP 之间已经建立了连接，攻击者必须要先破坏这个连接。然后，攻击者伪装成合法的基站与 AP 进行联系。如果 AP 对基站之间采取了认证机制，攻击者必须欺骗认证。最后，攻击者必须伪装成 AP 来欺骗基站，和它进行联系。类似地，如果基站对 AP 采取了认证机制，攻击者必须欺骗到 AP 的证书。

8. 拒绝服务攻击

WLAN 系统是很容易受到 DoS 攻击的。一个攻击者能够使得整个基本服务集不可获取或者扰乱合法的连接。利用无线网的特性，一个攻击者可以用几种方式发出 DoS 攻击。例如，伪造出没有受保护的管理框架（例如，无认证和无法连接），利用一些协议的弱点或者直接人为干扰频带使得合法使用者的服务被拒绝。然而，如果只考虑 DoS 攻击，需要在攻击者的部分进行合理的努力。例如，删除所有的报文，在威胁 3 中提到的使用信息删除技术，消耗大量的资源并且不会认为它是 DoS 攻击，因为它看起来就像是一个频带。

9. 病毒

与有线互联网络一样，移动通信网络和移动终端也面临着病毒和黑客的威胁。首先，携带病毒的移动终端不仅可以感染无线网络，还可以感染固定网络，由于无线用户之间交互的频率很高，病毒可以通过无线网络迅速传播，再加上有些跨平台的病毒可以通过固定网络传播，这样传播的速度就会进一步加快。其次，移动终端的运算能力有限，PC 上的杀毒软件很难使用，而且很多无线网络都没有相应的防毒措施。另外，移动设备的多样化以及使用软件平台的多种多样，给防范措施带来很大的困难。

威胁 1～3 都是在链路层框架下的，试图破坏 WLAN 的数据机密性和完整性。威胁 4～7 打破了相互之间的认证。总的来说，它们是由威胁 1～3 在管理框架下组合产生的。威胁 8 干预了连接的可获得性，是由威胁 1～3 在任意形式框架下导致的。

从信息安全的 4 个基本安全目标（机密性、完整性、认证性及可用性）的角度来看，可将安全威胁相应地分成 4 大类基本威胁：信息泄露、完整性破坏、非授权使用资源和拒绝服务攻击。围绕着这 4 大类主要威胁，在无线网络环境下，可实现的各种主要的具体威胁有无授权访问、窃听、伪装、篡改、重放、重发路由信息、删除应转发消息、网络泛洪等。

从网络通信服务的角度而言，主要的安全防护措施称为安全业务。有 5 种通用的安全业务,即认证业务、访问控制业务、保密业务、数据完整性业务和不可否认业务。具体而言,在无线网络环境下,具体的安全业务可以分为访问控制、实体认证、数据来源认证、数据完整性、数据机密性、不可否认、安全警报、安全响应和安全性审计等。

总之,各种针对无线网络的攻击方式目前已经不仅出现在国内外一些大型的黑客安全会议上,在一些站点以及安全讨论群中,已经出现了涉及手机犯罪、诈骗、非法监听等技术的演示和交易。对于无线网络的安全研究已经成为制约无线网络更好发展的一个关键瓶颈。

1.2.4　无线网络安全研究现状

美国国家标准技术研究所(NIST)手册中将一般性的安全威胁分为 9 类,对于无线通信更值得担忧的是设备被偷窃、服务被拒绝、恶意黑客、恶意代码、服务被窃取以及工业或外国间谍活动。由于无线设备的便携性,它们似乎很容易被盗。被授权的和未经授权的系统用户都可能会进行欺骗以及窃取。然而,被授权的用户更明白系统有什么资源,以及系统的安全缺陷,因此他们更容易进行欺骗和盗取。恶意黑客,有时候也称作 Crackers,指那些单兵作战,不通过验证方式进入系统的人,通常这些做法只是为了他们自己的个人利益或者只是为了造成一些破坏。恶意黑客一般不属于特定的机构或者组织,都是个人行动(尽管那些机构或者组织里的用户同样可以成为威胁)。黑客通过窃听无线设备通信来获取接入无线网络 AP 的方式。恶意代码包括病毒、蠕虫、木马、逻辑炸弹以及其他被设计为破坏文件或关闭系统的不必要软件。服务窃取发生在当一个未经认证的用户接入网络并消耗网络资源时。工业和外国间谍活动包括通过窃听从公司收集独有数据或从政府部门来获取情报,在无线网络中,间谍活动威胁起源于相比较更为容易的无线传输窃听。

这些威胁如果成功的话,可以将一个机构的系统,以及更为重要的数据置于非常危险的境地。因而,保证机密性、完整性、可信赖性、可利用性是所有政府安全和实践的首要目标。NIST 特刊 800-26,“信息技术系统中的安全自我评价向导(*Security Self-assessment Guide for Information Technology Systems*)”中陈述到:信息必须被保护,使之免遭未经认证的、未意料到的或者无意识的修改。安全需求包括以下几点。

(1) 可信赖性——第三方必须能够确认消息在传输的过程中没有被篡改过。

(2) 不可抵赖性——特定消息的来源或者是否已被接收必须可以被第三方验证。

(3) 可说明性——一个实体的行为必须可以被唯一追溯。

无线网络的部署成本低,这对使用者来说很具有吸引力。然而,结构简单和廉价的设备使得攻击者可以用工具攻击网络。IEEE 802.11 标准的安全机制在设计上的缺陷,也提高了潜在的被动和主动攻击的可能。这些攻击使入侵者能够窃听或篡改无线传输。

1.“停车场”攻击

接入点在一个循环模式下发射无线信号,并且信号总是超出它们打算覆盖区域的物理界限。信号可以被外面的设备截获,甚至是间隔多层建筑的楼层。其结果是,攻击者可以实现“停车场”攻击,他们坐在有组织的停车场里,并尝试通过无线网络访问内部主机。如果网络被泄露,攻击者已经渗透到网络很高的级别。他们现在通过防火墙,并具有与公司内值得信赖的员工相同的网络访问级别。攻击者也可能会欺骗合法的无线客户端来连接到攻击者自己的网络,通过在靠近无线客户端的地方放置一个具有更强信号未经授权的访问点。其目的是当用户尝试登录这些流氓服务器时,捕获到用户的密码或其他敏感数据。

2. 共享密钥认证的缺陷

共享密钥认证可以很容易地通过在接入点和认证用户之间进行窃听挑战和响应。这样的攻击是可能的,因为攻击者可以捕获明文(挑战)和密文(响应)。

WEP(Wired Equivalent Privacy)使用 RC4 流加密作为它的加密算法。流密码通过生成密钥流来进行工作,即一个基于共享密键的伪随机比特序列,连同一个初始化向量(IV)。然后对密钥异或明文产生密文。流密码的一个重要特性是,如果明文和密文是已知的,密钥流可以通过简单地将明文和密文进行异或而恢复,恢复的密钥流可以被攻击者用来加密任何随后产生的挑战文字,这些文字是通过接入点产生的经过将两个值进行异或所得到的有效认证。其结果是攻击者可以得到无线接入点的认证。

3. 服务集标识符的缺陷

接入节点如 AP,当采用默认的服务集标识符 SSID(Service Set Identifier)时,因为这些单位被视为低配置设备,将会更容易受到攻击。而且,SSID 通常以明文形式被嵌入到管理帧中,攻击者通过对网络上捕获到的信息进行分析很容易得到网络的服务集标识符,从而执行下一步的攻击。

4. WEP 的漏洞

当无线局域网不启用 WEP 时(这是大多数产品的默认设置),很容易受到主动和被动攻击。即使启用了 WEP,但由于 WEP 固有的缺陷,无线通信的保密性和完整性仍处于风险中,因此安全性受到了削弱。WEP 易受到以下几种类型的攻击。

(1) 已知部分明文的攻击。

(2) 唯密文攻击。

(3) 从未经授权的移动站获取信息流,进行主动攻击。

(4) 通过欺骗接入点,将信息发给攻击者的机器。

5. 针对 TKIP 的攻击

对 TKIP(Temporal Key Integrity Protocol)攻击类似于对 WEP 的攻击,通过多路重放尝试在每一个时间段内解密一个字节。通过这种攻击手段,攻击者可以对类似于 ARP 帧长度的小型报文在 15min 内成功解密,甚至可以针对每个解密出的报文,再注入多达 15 个任意长度的帧。潜在的攻击还包括 ARP 毒害、DNS 服务抵抗攻击等。虽然这不属于密钥再生攻击,并且也不会导致 TKIP 的密钥泄露,但仍然会对网络造成一定威胁。

无线网络中所遇的风险可以等同于操作一个有线网络的风险加上由无线协议的弱点所引入的新风险。为了减小这些风险,政府机构需要采纳那些能将风险控制在可控水平之内的安全措施及行为。比如说,需要在具体实施前进行安全评估,以此来确定无线网络可能会引入当前环境的具体威胁以及漏洞。在进行评估的时候,应该考虑到现有的安全策略、已知的威胁和漏洞、法律和法规、安全性、可靠性、系统性能、安全措施的生命周期成本以及技术要求。一旦完成这个风险评估,政府机构就可以开始计划并实施这些方法来保护系统并将安全风险降低到可控的水平。政府机构还应该定期地重新评估那些生效的策略和方法,因为计算机技术和恶意威胁都无时无刻不在变化着。总而言之,不断变化的无线网络安全形势和不断增多的攻击与威胁对无线网络的研究提出了更高的要求,政府和研究机构必须紧跟安全形势的变化,采取应对措施。

1.3　本书结构

本书针对现今的无线网络进行归纳总结,除了第1章绪论以外,从第2章开始将全书分为8个章节。

第2章主要介绍无线局域网的安全内容。其中主要分析了无线局域网中常见的WEP以及WAPI协议,以及这两种协议存在的一些安全问题;另一方面也介绍了IEEE 802.1x的协议原理以及其中的一些安全问题,最后对IEEE 802.11i以及IEEE 802.11r做了详细的介绍。通过这一章的学习,希望读者可以对现今的无线局域网络的安全情况有一个很好的了解,为读者进行这一方面的深入学习打好基础。

第3章主要介绍了移动通信安全。移动通信是无线网络最为广泛的应用。本章开篇就详细地列举出了移动通信网络所面临的各种安全威胁,让读者对当前的通信网络安全情况有个很好的了解;而后详细介绍了UMTS系统的安全情况、第3代移动通信系统概况以及现在移动通信网络的发展热点,即第4代、第5代移动通信系统的安全机制;最后,带领读者对未来移动通信系统的安全性做了展望。通过这一章的学习,读者可以了解到当前移动通信的主要系统机制,以及正在发展中的4G、5G网络的安全特点。

第4章主要介绍了移动用户的隐私与安全。本章开篇概括了移动用户目前面临的安全问题,让读者对当前移动用户的安全情况有所了解;然后详细介绍了移动用户间的实体认证机制、信任管理机制以及移动用户的位置隐私保护情况。通过这一章的学习,读者可以了解到保障移动用户隐私安全的主要机制。

第5章主要介绍了当前的研究热点以及无线传感器网络中可能出现的安全问题。在这一章中,首先介绍了无线传感网络面临的安全问题的研究现状,然后详细介绍了无线传感网络中的主要几个安全问题,包括密钥管理、认证机制、安全路由以及隐私问题等,最后介绍了节点俘获攻击的主要机制。通过这一章的学习,读者对当前的无线传感网络的安全情况会有一个很好的理解。

第6章主要介绍了移动Ad Hoc网络设计的安全问题。在这一章里,首先对移动Ad Hoc网络进行了概述,介绍了该网络的特点、安全问题和安全目标。然后分别从安全路由协议、密钥管理、认证机制和入侵检测等几个方面对移动Ad Hoc网络涉及的安全问题进行了详细的分析和说明。通过这一章的学习,读者会更好地了解移动Ad Hoc网络的安全问题。

第7章主要介绍了车载网络中面临的安全问题与保护机制。在这一章里,首先对车载网络的特点、面临的安全威胁以及安全目标进行了介绍。然后分别从路由安全与隐私保护两个方面对车载网络涉及的安全问题以及相应的安全策略进行了详细介绍。通过这一章的学习,读者会对车载网络当前的应用情况以及安全状况以及当今的前沿研究有很好的了解,理解车载网络安全机制的核心思想与方法。

第8章主要介绍了社交网络中面临的安全威胁与社交网络安全机制。在这一章里,首先简要介绍了社交网络的发展历史、特点、面临的安全威胁以及安全目标。然后分别从路由安全与隐私保护两个方面介绍了社交网络安全方面的研究进展。通过这一章的学习,读者会对社交网络面临的主要安全威胁有清晰的认识并提高社交网络安全意识,同时了解主要的安全路由机制以及多种隐私保护机制。

第 9 章主要介绍了容迟网络设计的安全问题。在这一章里,首先对容迟网络的特点、面临的安全威胁以及安全目标进行了详细介绍,并分别从路由安全、密钥管理机制、网络认证机制、数据隐私保护、位置隐私方面介绍了容迟网络安全的最新研究进展,最后介绍了容迟网络中一种较好的路由方式——机会网络的路由安全与隐私保护机制。通过这一章的学习,读者会对容迟网络安全情况有很好的了解,并能够掌握当今容迟网络安全机制的前沿技术。

在附录中,主要介绍无线网络安全中所需的密码学基础,希望读者可以对无线网络中需要的密码知识有一个大致的了解。

思 考 题

1. 无线网络按照距离分类可分为哪几类?
2. 简要描述无线网络在发展中遇到的问题。
3. 无线网络安全与有线网络安全的主要区别体现在哪几个方面?并分别进行简要描述。
4. 无线网络面临的主要威胁有哪些?分别简述其造成威胁的方式。
5. 举例说明伪装对无线网络安全构成威胁的途径及其后果。
6. 分别阐述不同无线网络规模下安全问题的研究现状。

参 考 文 献

[1] William Stallings. 无线通信与网络[M]. 北京:清华大学出版社,2005.

[2] Mattbew S Gast. 802.11 无线网络权威指南[M]. 南京:东南大学出版社,2007.

[3] 付立. 无线网络概述[J]. 科技资讯,2007(17):95-96.

[4] 任伟. 无线网络安全问题初探[J]. 理论研究,2012,1:10-13.

[5] 张洪. 浅谈校园无线网络的安全现状与解决方案[J]. 职教研究,2011,2(3):48-50.

[6] 赵琴. 浅谈无线网络的安全性研究[J]. 机械管理开发,2008,23(1):89-90.

[7] 朱建明. 无线网络安全方法与技术研究[D]. 西安:西安电子科技大学,2004.

[8] 王文彬. 无线网络安全的相关技术研究与改进[D]. 济南:山东大学,2007.

[9] 李兴华. 无线网络中认证及密钥协商协议的研究[D]. 西安:西安电子科技大学,2006.

[10] 牛静媛. 移动通信系统安全性分析[D]. 北京:北京邮电大学,2008.

[11] 仇芒仙. 无线网络的安全技术的探讨[J]. 电脑开发与应用,2007,20(4):43-47.

[12] 杜帼瑶. 无线局域网若干安全性问题的研究[D]. 广州:华南理工大学,2008.

[13] 郑玉峰. 无线局域网安全通信的研究与设计[D]. 兰州:兰州理工大学,2003.

[14] J Kate, Y Lindell. 现代密码学——原理与协议[M]. 任伟,译. 北京:国防工业出版社,2010.

[15] Radomir Prodanovi, Dejan Simi. A Survey of Wireless Security[J]. Journal of Computing and Information Technology-CIT15,2007,3,237-255.

[16] Tom Karygiannis,Les Owens. Wireless network security[J]. NIST Special Publication,2002,800,48.

[17] The Government of the Hong Kong Special Administrative Region[J]. Wireless Networking Security,2010.

[18] Changhua He. Analysis of Security Protocols for Wireless Networks[D], Standford University,2005.

第 2 章　无线局域网安全

　　无线局域网和传统的有线局域网相比,可以为用户提供更加灵活和便携的服务。传统的有线局域网要求用户的计算机必须通过网线和网络相连接;然而,无线局域网中的用户或者其他的网络组成设备只需要通过一个访问节点设备即可。一个访问节点设备只需要一个无线网络适配器;它通过一个 RJ-45 端口连接到有线的局域网络中。访问节点设备一般的覆盖范围在 100m 左右。这个覆盖范围被称为一个 Cell(或者一个 Range)。用户在一个 Cell 内,可以很方便地通过他们的便携式计算机或者其他的网络设备来连接网络。如果将多个访问点连接起来可以轻易地使得一个网络覆盖在一个建筑甚至多个建筑之间。

2.1　无线局域网基本概念

　　摩托罗拉公司因为其 Altair 产品,而开发了第一个商业 WLAN 系统。然而,早期 WLAN 技术存在许多问题,正是因为这些问题制约着其被广泛应用。首先,架设这些无线局域网是非常昂贵的,而且其所能提供的数据传输速率低,容易产生无线电干扰,这样的局域网主要被设计用来针对 RF 技术。IEEE 于 1990 年发起 IEEE 802.11 项目,主要是"通过开发一个媒体访问控制层(MAC)和物理层(PHY)规范来达到在一个区域内为所有的固定或者便携移动的设备提供无线连接的目的"。1997 年,IEEE 首次批准了 IEEE 802.11 国际标准。1999 年,IEEE 又先后批准了 IEEE 802.11a 和 IEEE 802.11b 无线网络通信标准。目标是建立一个基于标准的技术,这项技术支持多种物理编码类型、频率以及应用程序。IEEE 802.11a 标准使用正交频分复用(Orthogonal Frequency Division Multiplexing, OFDM)技术,主要是为了减少干扰。该技术采用 5GHz 频率频谱,可以处理高达 54Mb/s 的数据。

　　在本书中侧重于 IEEE 802.11 无线局域网标准,但是也关注一些消费者可以选择的其他 WLAN 技术和标准,包括 HiperLAN、HomeRF 等同样重要的技术。想要了解更多关于标准协会(ETSI)制定的 HiperLAN,可以访问 HiperLAN 联盟网站;而有关 HomeRF 的更多信息,可以访问 HomeRF 的工作组网站。

　　IEEE 802.11 标准为无线网络提供了一种类似于有线网络中以太网(Ethernet)的技术。IEEE 802.11a 标准是最被广泛采用的 IEEE 802.11 WLAN 中的成员。它工作在 5GHz 频段并且使用 OFDM 技术。流行的 IEEE 802.11b 标准则运行在未授权的 2.4～2.5GHz 工业、科学和医疗(ISM)频段,采用直接序列扩频技术。ISM 频段已成为最为广泛的无线连接,因为它在全球范围内都是可用的。IEEE 802.11b 无线局域网技术支持的传输速度最高可达 11Mb/s。这使得它的速度比原来的 IEEE 802.11 标准(数据的传输速度最高达 2Mb/s)更快,也稍快于标准的以太网络。

无线局域网设备主要可以分为两种类型:无线站点和访问接入点(Access Point,AP)。一个无线站点或者访问接入客户端,最为典型的是一台拥有无线网卡的笔记本电脑。当然,一个无线局域网络客户端也可能是在一个生产车间或者其他公开访问区域内的一个台式计算机或者手持设备(例如,PDA 或者一个定制的移动设备,比如一个条形码扫描仪)。无线网卡通常插在 PCMCIA(Personal Computer Memory Card International Association)插槽或者 USB(Universal Serial Bus)接口上。无线网卡使用无线电信号连接到 WLAN。一个访问接入点可以看成是无线网络和有线网络之间的桥梁,它通常由一个无线的软件以及一个有线的网络接口(比如 IEEE 802.3)的桥接软件组成。访问接入点是一个无线网络中最为基础的部分,主要是将多个无线网络的基站和有线网络结合起来。

IEEE 802.11 无线局域网可靠的覆盖范围取决于几个因素,包括数据率要求和容量、射频干扰、物理区域的特点、电源、连接、天线的使用等。IEEE 802.11 无线局域网的覆盖范围理论上从一个密闭的 29m 内的 11Mb/s 到一个开放区域内的 485m 的 1Mb/s。但是,通过实证分析,在室内典型 IEEE 802.11 无线局域网的范围约 50m。在户外,802.11 无线局域网的覆盖范围大约是 400m,这个范围使得 WLAN 成为许多校园最为理想的选择。另外,如果和高增益天线配合使用的话,可以将无线网络的覆盖范围再增加几千米。

访问接入点提供了一个连接的功能。它将两个或者多个网络连接起来,允许它们之间相互通信,增加了网络功能。这个连接功能主要使用的是点对点或者多点访问的技术来实现的。在一个点对点的架构中,两个无线网络通过它们各自的访问接入点相互连接。在多点连接的模式下,局域网中的一个子网通过各自的子访问接入点和局域网中的其他子网相互连接。例如,如果子网 A 中的计算机需要和子网 B、C、D 中的计算机相互连接,那么子网 A 的访问接入点需要和子网 B、C、D 中各自的访问接入点相连接。企业可以在不同的建筑物之间通过桥接来建立一个局域网络。桥接访问接入设备通常放置在建筑物顶部,以实现更大的天线接收。一个访问接入点设备与另外一个访问接入点设备的距离通常为 3.2km。

无线局域网络主要实现了以下 4 大优点。

(1)用户的移动性:用户不需要使用网线来连接到网络中,就可以访问文件、网络资源和互联网。用户可以在移动过程中,仍高速、实时访问企业局域网。

(2)快速安装:安装所需的时间大大减少,因为无线网络连接,不需要移动或增加电线,不需要将网线拉到墙上或天花板上,不需要修改电缆等基础设备。

(3)灵活性:企业还可在需要的时候方便地安装或者卸载无线局域网络。用户可以在需要的时候快速地安装实现一个小的临时的无线局域网络,比如在发布会、行业展会或标准的会议情况时。

(4)可扩展性:从小规模的点对点网络到非常巨大的企业网络,都可以很容易地配置无线局域网的拓扑结构来满足特定的应用条件。

这些优势使得 WLAN 市场在过去的十几年内一直稳步扩大,无线局域网正在成为传统的有线网络一个可行的替代方案。例如,医院、大学、机场、酒店和零售商店已经使用无线技术来进行其日常业务运作。

对于无线局域网,主要面临的安全问题有如下几点。

之前介绍过,因为典型的无线局域网的架设需要专门的设备,所以,对于无线局域网来

20

说,它有特殊的针对其自己设备的物理安全要求。这里主要表现在两个方面。第一,由于用来搭建无线局域网络的无线网络设备有许多较为苛刻的要求和限制,这对于使用这些设备进行数据存储、转发、接收的数据来说都会产生影响。与传统的计算机相比较,一般移动较为便捷的无线设备,比如,最为常见的手机,存在一些如电池的续航时间无法使其进行长时间的工作处理,并且显示器的尺寸过小不能很好地满足一些客户需求等问题。第二,对于常见的搭建无线网络的设备来说,它们具有一定的安全保护措施,但是这些安全保护措施都或多或少地存在各种各样的安全漏洞问题,并不能很好地为无线网络提供良好的保护,因此,加强无线网络设备的各种安全防护措施也势在必行。

无线网络和传统的有线网络相比较,因为其使用电磁波来传输数据的特殊性质,所以,数据在传输过程中会表现出更多的不确定性,同时受到环境的影响也更大,安全问题更加突出,这主要表现在以下几个方面。

(1) 窃听,这是无线网络和传统网络都会遭遇的攻击方式,但是无线网络更为严重。这主要是由于无线网络的开放性特征所决定的,在无线网络的环境中,任何用户都可以通过带有无线网络信号接入设备的移动终端来连接无线网络进行非法的窃听行为,在这种情况下,无线网络中的使用者无法察觉到网络中是否有人在进行非法窃听。因此,窃听成为无论是有线通信还是无线通信中都极为常见的非法行为。

(2) 修改或者替换数据内容。由于无线网络的特殊性,在无线网络环境中,会出现各个接入用户的连接信号不一致的情况,离访问接入点距离近的用户的信号强,而距离访问接入点远的用户的信号则相对较弱。那么在这种情况下,极有可能出现,在数据传输的过程中,信号强的用户设法截取、屏蔽信号相对更弱的用户,自己伪装成受害用户来进行数据交互。

(3) 系统漏洞。这种攻击方式贯穿了有线和无线网络。无论什么网络都是用来为用户提供服务的,所以就会需要一个服务软件,那么,由于软件自身的漏洞或者在软件使用过程中出现的配置不当等相关问题,为恶意攻击用户提供了攻击的机会,最终造成系统主机被攻陷,整个网络沦为僵尸网络。由于这种问题是有一定存在可能的,所以针对这类问题,只能采取被动的安全保护,不断升级系统,保证系统相对安全,尽可能地减少造成的损失。

(4) 拒绝服务攻击。这种攻击方式是有线网络中极为常见的攻击方式,但是在无线网络中,除了面临有线网络可能发生的情况外,由于其自身的特殊性,还可能出现的情况是,恶意攻击者通过伪造发送和无线网络中使用的通信频率相同的电磁波来干扰无线局域网中各个节点之间的数据传输,通过这样的方式来使得局域网在某个时间内瘫痪,无法为网络覆盖范围内的用户提供服务,造成拒绝服务攻击。

(5) 伪装基站攻击。在这种攻击模式下,恶意攻击者通过伪装成无线局域网中的基站,来骗取局域网中的用户通过自己来进行相关的数据传输,通过前面的介绍知道,无线网络中的所有数据都会通过基站进行传送,所以,基站可以获得用户的相关账号密码等敏感信息,攻击者可以通过这些敏感信息来窃取用户的隐私。

2.2 WEP 分析

综上所述,无线局域网极其容易被非法用户窃听和侵入,为了解决这个问题,WEP 协议应运而生。WEP 是 Wired Equivalent Privacy 的简称,即有线等效保密。WEP 协议是对在两台设备间无线传输的数据进行加密的方式,用以防止非法用户窃听或侵入无线网络。WEP 安全技术源自于名为 RC4 的 RSA 数据加密技术,以满足用户更高层次的网络安全需求。

2.2.1 WEP 原理

WEP 是目前 IEEE 802.11 协议中保障数据传输安全的核心部分。它是一个基于链路层的安全协议,设计目标是为 WLAN 提供与有线网络相同级别的安全性,保护传输数据的机密性和完整性,并提供对 WLAN 的接入控制和对接入用户的身份认证。WECA (Wireless Ethernet Compatibility Alliance,无线以太网兼容性联盟)在制定 WEP 时就指出:WEP 用来防止明文数据在无线传输中被窃听,它并不足以对抗具有专门知识、充足计算资源的黑客对使用 WEP 加密后的数据进行的攻击。实施 WEP 并不能取代其他的安全措施,WECA 建议在使用 WEP 的同时采用其他安全技术如 VPN 等来共同保护 WLAN 中的传输数据。

WEP 设计的思想是:通过使用 RC4 序列密码算法加密来保护数据的机密性;通过移动站(Station)与访问点(AP)共享同一密钥实施接入控制;通过 CRC-32 循环冗余校验值来保护数据的完整性。

采用 WEP 时对数据包的封装过程如下:计算原始数据包中明文数据的 CRC-32 冗余校验码,明文数据与校验码一起构成传输载荷。在移动站 Station 与访问点 AP 之间共享一个密钥 Key,长度可选为 40b 或 104b。为每一个数据包选定一个长度为 24b 的数,这个数称为初始化矢量(Iinitialized Vector,IV)。将 IV 与密钥 Key 连接起来构成 64b 或 128b 的种子密钥,送入采用序列密码算法 RC4 的伪随机数发生器生成与传输载荷等长的随机数,该随机数就是加密密钥流,将加密密钥流与传输载荷按位异或,就得到了密文。例如,将原始明文记为 P,对 P 计算 CRC-32 循环冗余校验得到的 32b 校验和记为 ICV,则传输载荷为 {P,ICV}。采用 RC4 算法由 IV 和 Key 得到的随机数记为 RC4(IV,Key),密文记为 C,则有下式成立:

$$C = \{P, \text{ICV}\} \oplus \text{RC4}(\text{IV}, \text{Key})$$

发送方将 IV 以明文形式和密文 C 一起发送,在密文 C 传送到接收方以后,接收方从数据包中提取出 IV 和密文,将 IV 和持有的密钥 Key 一起送入采用 RC4 算法的伪随机数发生器得到解密密钥流,该解密密钥流实际上与加密密钥流相同,再将解密密钥流与密文相异或,就得到了原始明文 P 和它的 CRC 校验和 ICV。解密过程可以表示为下式:

$$\{P, \text{ICV}\} = C \oplus \text{RC4}(\text{IV}, \text{Key}) = \{P, \text{ICV}\} \oplus \text{RC4}(\text{IV}, \text{Key}) \oplus \text{RC4}(\text{IV}, \text{Key})$$

加密过程如图 2.1 所示。

为了防止数据在无线传输过程中遭到篡改,WEP 采用 CRC-32 循环冗余校验和来保护数据的完整性。发送方在发出数据包前要计算明文的 CRC-32 校验和 ICV,并将明文 P 与 ICV 一起加密后发送。接收方收到加密数据以后,先对数据进行解密,然后计算解密出的明文的 CRC-32 校验和,并将计算值与解密出的 ICV 进行比较,若两者相同则认为数据在传输过程中没有被篡改,否则认为数据已被篡改过,丢弃该数据包。

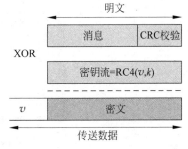

图 2.1　WEP 对数据包的封装过程

　　使用 WEP 的移动站 Station 与访问点 AP 之间通过共享密钥来实现数据加密和身份认证,但是 WEP 并没有具体规定共享密钥是如何生成、如何向外分发的,也没有说明如果密钥泄露以后,如何更改密钥,如何定期实现密钥更新,以及如何实现密钥备份和密钥恢复。WEP 将这些在实际应用中的重要问题留给设备制造商去自行解决,这是 WEP 的一个不足之处。在市面上的 WLAN 产品中,有相当多的密钥是通过用户口令生成的,甚至就直接是用户口令。设备制造商对于信息安全的轻视导致生产出了大批在密钥管理中留有隐患的产品。

　　WEP 中只有很少的篇幅涉及密钥管理,它允许移动站 Station 与访问点 AP 之间共享多对密钥,通过在数据包的初始化矢量 IV 和密文之间加入一个密钥标志符域(Key ID Byte)来指定加密当前包使用的是哪一个密钥,此时的数据包格式如图 2.2 所示。

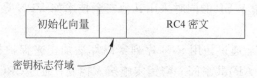

图 2.2　WEP 的密钥管理数据包格式

　　但是在 WEP 中依然没有具体规定在何时使用不同的密钥,所有的细节问题都留给了设备制造商处理。

　　WEP 规定了两种认证方式:开放系统认证和共享密钥认证。开放系统认证的实质是不进行用户认证,任何接入 WLAN 的请求都被允许。共享密钥认证是通过检验 AP 和 Station 是否共享同一密钥来实现的,该密钥就是 WEP 的加密密钥。此认证采用 Challenge-Response 方式,当移动站 Station 想要接入无线网络时,它搜索距离最近的访问点 AP。找到访问点 AP 以后,移动站 Station 向访问点 AP 发送一个接入请求,访问点 AP 接收到 Station 的请求以后向 Station 发送一个随机数,Station 用双方的共享密钥和上述的加密方法对收到的随机数加密,将密文回送给访问点 AP。AP 再用双方的共享密钥对密文进行解密,将解密结果与发送的随机数相比较,若相同则验证了 Station 是合法用户,允许其接入;否则拒绝该 Station 的接入请求。认证过程如图 2.3 所示。

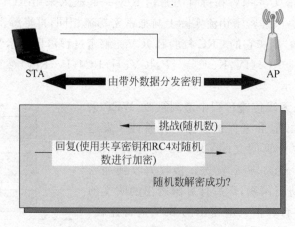

图 2.3　WEP 共享密钥认证过程

2.2.2　WEP 安全分析

WEP 主要用于无线局域网中链路层信息数据的保密。WEP 加密使用共享密钥和 RC4 加密算法。访问点 AP 和连接到该访问点的所有工作站必须使用同样的共享密钥,即加密和解密使用相同密钥的对称密码。对于往任意方向发送的数据包,传输程序都将数据包的内容与数据包的校验和组合在一起。然后,WEP 标准要求传输程序创建一个特定于数据包的初始化向量 IV,与密钥相组合在一起,用于对数据包进行加密。接收器生成自己的匹配数据包密钥并用之对数据包进行解密。在理论上,这种方法优于单独使用共享私钥的显式策略,因为这样增加了一些特定于数据包的数据,使对方更难以破解。

WEP 支持 64b 和 128b 加密,对于 64b 加密,加密密钥为 10 个十六进制字符(0~9 和 A~F)或 5 个 ASCII 字符;对于 128b 加密,加密密钥为 26 个十六进制字符或 13 个 ASCII 字符。64b 加密有时称为 40b 加密;128b 加密有时称为 104b 加密。152b 加密不是标准 WEP 技术,没有受到客户端设备的广泛支持。WEP 依赖通信双方共享的密钥来保护所传的加密数据帧。其数据的加密过程如下。

(1) 将 24b 的初始化向量和密钥连接形成 64b 或 128b 的密钥。在每个信息包中把 IV 加到密钥里以确保各信息包的密钥不同。

(2) 将这个密钥输入到虚拟随机数产生器(RC4 PRNG)中,它对初始化向量和密钥的校验和计算值进行加密计算。

(3) 经过完整性校验算法计算的明文与虚拟随机数产生器的输出密钥流进行按位异或运算得到加密后的信息,即密文。

(4) 将初始化向量附加到密文上,得到要传输的加密数据帧,在无线链路上传输。

在安全机制中,加密数据帧的解密过程只是加密过程的简单取反。

应该说,任何系统中实现加密和认证都应该考虑以下三个方面的内容。

(1) 用户对保密的需求程度。用户对保密需求的不断膨胀以及对保密要求的不断提高是促进加密和认证技术发展的源动力,很大程度上,加密和认证技术的设计思路是综合分析用户对保密的需求程度的结晶。

(2) 实现过程的易操作性。如果安全机制实现过于复杂,那么就很难被普通用户群接受,也就必然很难得到广泛的应用。

(3) 政府的有关规定。许多政府(比如美国政府)都认为加密技术是涉及国家安全的核心技术之一,许多专门的加密技术仅限应用于国家军事领域中,因此几乎所有的加密技术都是禁止或者限制出口的。

在 IEEE 802.11 标准中采用的 WEP 同样均衡考虑了上述所有因素。但是,WEP 的设计并不是无懈可击的,自 2000 年 10 月以来,不断有黑客及安全研究人员披露 WEP 密钥设计的种种缺陷,这使得 IEEE 802.11 标准只能提供非常有限的保密性支持;而且 IEEE 802.11 标准委员会在标准的制定过程中也留下许多疑难的安全问题,例如,不能实现更为完善的密钥管理和强健的认证机制。下面就描述几个主要的缺陷。

(1) RC4 算法本身就有一个小缺陷,攻击者可以利用这个缺陷来破解密钥。RC4 是一个序列密码加密算法,发送者用一个密钥序列和明文异或产生密文,接收者用相同的密钥序列与密文异或以恢复明文。如果攻击者获得由相同的密钥流序列加密后得到的两段密文,将两段密文异或,生成的也就是两段明文的异或,因而能消除密钥的影响。通过统计分析以及对密文中冗余信息进行分析,就可以推断出明文,因而重复使用相同的密钥是不安全的。这种加密方式要求不能用相同的密钥序列加密两个不同的消息,否则攻击者将可能得到两条明文的异或值,如果攻击者知道一条明文的某些部分,那么另一条明文的对应部分就可被恢复出来。

(2) IV(初始化向量)重用危机。WEP 标准允许 IV 重复使用,这一特性会使得攻击 WEP 变得更加容易。人们知道,密钥序列是由 IV 和密钥 K 共同决定的,而大部分情况下用户普遍使用的是密钥 K 为 0 的初始 KEY,密钥序列的改变就由 IV 来决定,所以使用相同 IV 的两个数据包其 RC4 密钥必然相同,如果窃听者截获了两个(或更多)使用相同密钥的加密包,他就可以用它们进行统计攻击以恢复明文。

而在无线网络中,要获得两个这样的加密包并不难。由于 IV 的长度为 24b,也就是说密钥的选择范围只有 224,这使得相同的密钥在短时间内将出现重用,尤其对于通信繁忙的站点。例如,对一个 IEEE 802.11b 的访问点 AP,若以 11Mb/s 的速率,发送长度为 1500B 的数据包,则在约 5h 之后将发生 IV 重用问题。实际上,因为许多数据帧长度小于 1500B,所以时间会更短,即 IV 冲突时间小于 5h,意味着攻击者 5h 之内可以收集到使用相同密钥的两个加密包。而且,测试中发现,部分 PCMCIA 802.11 无线网卡中,在初始化时 IV 复位成 0,然后每传输一帧 IV 就加 1。由于每次启动无线网卡时都会发生初始化,因而,IV 为低值的密钥将经常出现。在 IEEE 802.11 标准中,为每一个数据包更改 IV 是可选的,如果 IV 不变,将会有更多的密钥重用。如果所有的移动站共享同一 WEP 密钥,则使用同一密钥的数据包也将频繁出现,密钥被破解的机会就更大。更糟糕的是,IV 以明文的形式传递,可被攻击者用来判断哪些 IV 发生了冲突。

另外,因为 IV 向量空间较小,所以攻击者可以构造一个解密表,从而发起“字典攻击”。当攻击者得知一些加密包的明文,便可以计算 RC4 密钥,该密钥可用于对所有使用相同 IV 的其他数据包的解密。随着时间的推移,就可以构造一个 IV 和密钥的对应表,一旦该表建成,此后所有经无线网络发送的地址相同的数据包都可以被解密。此表包括 224 个数据项,每项的最大字节数为 1500,表的大小为 24GB。要完成构造这样一部“字典”需要积累足够多的数据,虽然繁杂,但一旦形成了表,以后的解密将非常快捷。

(3) 使用静态的密钥。WEP 没有完善密钥管理机制,它没有定义如何生成以及如何对它更新。AP 和它所有的工作站之间共享一个静态密钥,这本身就使密钥的保密性降低。同时,更新密钥意味着要对所有的 AP 和工作站的配置进行更改,而 WEP 标准不提供自动修改密钥的方法,因此,用户只能手动对 AP 及其工作站重新设置密钥;但是,在实际情况中,几乎没人会去修改密钥,这样就会将他们的无线局域网暴露给收集流量和破解密钥的被动攻击。

2.3 IEEE 802.1x 协议分析

IEEE 802.1x 出现之前,企业网上有线 LAN 应用都没有直接控制到端口的方法,也不需要控制到端口。但是随着无线 LAN 的应用以及 LAN 接入到电信网上的大规模开展,有必要对端口加以控制,以实现用户级的接入控制。IEEE 802.1x 就是 IEEE 为了解决基于端口的接入控制(Port-Based Access Control)而定义的一个标准。IEEE 802.1x 协议被称为基于端口的访问控制协议,是符合 IEEE 802 协议集的局域网接入控制协议。

2.3.1 IEEE 802.1x 协议原理

IEEE 802.1x 基于端口的接入控制利用了 IEEE 802 LAN 架构的物理接入特征,为连接到 LAN 端口并具有点对点连接特征的设备提供认证和授权,并且防止设备在认证和授权失败的情形下接入网络。IEEE 802.1x 定义了两类协议接入实体(Protocol Access Entity,PAE)——认证请求者 PAE(Supplicant PAE)和认证者 PAE(Authenticator PAE),它们是与端口相关联的协议实体,执行与认证机制相关的算法和协议。IEEE 802.1x 协议的体系结构主要有三个组成部分,分别是申请者系统(Supplicant System)、认证者系统(Authenticator System)和认证服务器(Authentication Server),如图 2.4 所示。

(1) 申请者系统(Supplicant System):申请者是一个希望接入网络的实体,它向认证者请求对网络服务的访问,并对认证者的协议报文进行应答。

(2) 认证者系统(Authenticator System):认证者控制申请者对网络服务的访问,并在认证过程中将请求者的认证请求转发至认证服务器,然后根据认证服务器的指示执行对请求者的授权,认证者通常为支持 IEEE 802.1x 协议的网络设备,如交换机等。

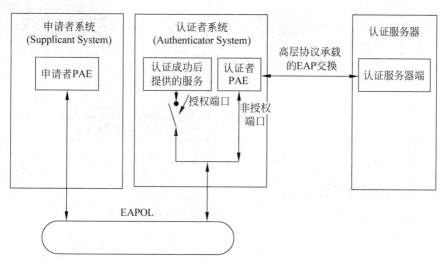

图 2.4　IEEE 802.1x 协议的体系结构

认证者系统和申请者系统之间采用 EAPOL(Extensible Authentication Protocol Over LAN)协议进行信息交换。

认证者系统对应于不同用户的端口,有两个逻辑端口:受控端口(Controlled Port)和非受控端口(Uncontrolled Port)。非受控端口始终处于双向连通状态,主要用来传送与认证相关的数据帧;受控端口只有在认证通过的状态下才打开,用于传递网络资源和服务,否则处于未授权状态而申请者无法访问认证系统提供的服务。

(3) 认证服务器(Authentication Server):通常为 RADIUS 服务器,该服务器可以存储有关用户的信息,认证服务器执行验证请求者身份的功能,并指明请求者是否通过验证允许其接入认证者的网络服务。认证者系统和认证服务器之间运行 EAP,其 EAP 交换承载在

无线局域网安全

高层协议中,通常为 EAP Over RADIUS。IEEE 802.1x 的结构如图 2.5 所示。

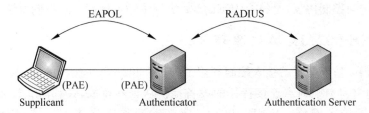

图 2.5　IEEE 802.1x 的结构

1) RADIUS

RADIUS(Remote Authentication Dial In User Service,远程接入用户认证服务)是一套由 IETF(Internet 工程任务组)颁布的协议规范,是 IEEE 802.1x 体系的认证和授权处理部分中必不可少的后台服务器。现在采用 C/S 模型,将 RADIUS 协议的数据封装在 UDP 数据报中实现远程的接入认证服务。

RADIUS 的认证过程如图 2.6 所示。

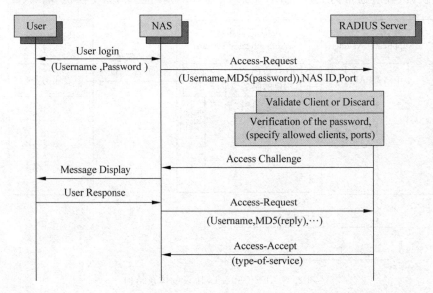

图 2.6　RADIUS 认证过程

2) EAPoL

扩展认证协议(Extensible Authentication Protocol,EAP),是一个认证框架,而不是一种特定的认证机制。EAP 提供一些公共的功能,并且允许协商认证机制(EAP 方法)。EAP 规定如何传输和使用由 EAP 方法产生的密钥材料(如密钥、证书等)和参数。

IEEE 802.1x 中定义了将 EAP 消息封装到 802 中的方法,所以 EAPoL 实际上是一种传送机制。实际的认证方法是由 EAP 方法来指定的。EAPoL 是通过扩展认证协议在一个有线的或无线的 LAN 上的标准。当采用 IEEE 802.1x 时,必须选择某种 EAP 类型,如传输层安全协议(EAP-TLS)或者 EAP(EAP-TTLS),它们定义了认证是如何发生的。

3) IEEE 802.1x 的认证流程

在基于 IEEE 802.1x 认证技术的网络系统中，在用户对网络资源进行访问之前必须先要完成如图 2.7 所示的认证过程(在 IEEE 802.1x 协议规范中，认证的发起者可以是申请者也可以是认证者，本流程以认证发起者为申请者为例)。

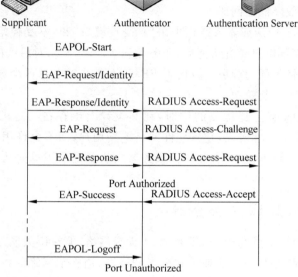

图 2.7　IEEE 802.1x 的认证流程

根据上述认证流程，对 IEEE 802.1x 的认证过程简要说明如下。

(1) 申请者启动客户端程序，发出请求认证报文 EAPOL-Start，认证过程开始。

(2) 认证者 PAE 收到消息后向申请者 PAE 发送 EAP-Request/Identity 消息，要求申请者 PAE 提供认证信息。

(3) 申请者 PAE 响应认证者 PAE 发出的请求，通过数据帧 EAP-Response/Identity 将用户名信息送给认证者 PAE。认证者 PAE 将申请者 PAE 送上来的数据帧经过封包处理后通过 RADIUS Access-Request 数据帧送给认证服务器进行处理。

(4) 认证服务器收到认证者 PAE 转发上来的用户名信息后，将该信息与数据库中的用户名表相比较，找到该用户名对应的口令信息并用随机生成的一个加密字对它进行加密处理，同时将此加密字通过 RADUIS Access-Challenge 帧传送给认证者 PAE，由认证者 PAE 通过 EAP-Request 帧传给申请者 PAE。

(5) 申请者收到由认证者传来的加密字后，用该加密字对口令部分进行加密处理(此种加密算法通常是不可逆的)，并通过 EAP-Response 帧交给认证者 PAE，认证者 PAE 通过 RADIUS Access-Request 帧再传给认证服务器。

(6) 认证服务器将送上来的加密后的口令信息和自己经过加密运算后的口令信息进行对比，如果相同，则认为该用户为合法用户，反馈认证通过的消息 RADIUS Access-Accept，将其传给认证者 PAE。认证者 PAE 发出打开端口的指令，并通过 EAP-Success 帧告知用户的业务流可通过端口访问网络。否则，反馈认证失败的消息，并保持认证者 PAE 端口的关闭状态,只允许认证信息数据通过而不允许业务数据通过。

(7) 当用户要求下线或者是用户系统关机等需要断开网络连接时,请求方发送一个断网请求 EAP-Logoff 给认证者,然后认证者即把端口设为非授权状态(Unauthorized Port),从而断开连接。

基于 IEEE 802.1x 的认证技术有如下特点。

(1) 协议实现简单:IEEE 802.1x 协议为二层协议,不需要到达三层,对设备的整体性能要求不高,可以有效降低建网成本。

(2) IEEE 802.1x 的认证体系结构中采用"受控端口"和"不受控端口"的逻辑功能,实现业务与认证的分离。用户通过认证后,业务流和认证流分离,对后续的数据包处理没有特殊的要求,可灵活支持不同的业务;简化了 PPoE 认证方式中对每个数据包进行拆包和封装等复杂过程,提高了封装效率。

(3) IEEE 802.1x 有上述优点的同时,在其设计上也存在一定的缺陷,主要表现在,IEEE 802.1x 是一个不对称协议,它只允许网络鉴别用户,而不允许用户鉴别网络,在其认证过程中,申请者和认证者,认证者和认证服务器之间都是采用单向认证策略,这给网络带来一定的安全隐患。

2.3.2 IEEE 802.1x 安全分析

IEEE 802.1x 协议虽然源于 IEEE 802.11 无线网络,但在以太网中的应用有效地解决了传统的 PPoE 和 Web/Portal 认证方式带来的问题,消除了网络瓶颈,减轻了网络封装开销,降低了建网成本。但同时也存在一些安全隐患和设计缺陷,使它提供的访问控制和认证功能并不如期望的那样强大,在其实现中主要表现在下面几个方面。

1. 中间人攻击

IEEE 802.1x 协议最重要的缺陷是申请者和认证者的状态机不平等。根据标准,当会话经过认证成功之后,认证者的端口才可以被打开。而对于申请者,他们的端口一直都处于已经通过认证的状态。由于申请者和认证者这样的单向认证造成了申请者会遭遇中间人攻击。

IEEE 802.1x 认证者状态机只能够发送 EAP-request 信息而且只能够接收 EAP-response 信息。而对于申请者状态机,则不能够发送 EAP-request 信息。很明显,状态机使用的是单向的认证,如果 IEEE 802.1x 上层的应用依然采用单向的认证,那么整个系统将会更加容易遭受攻击。

通过使用 EAP/TLS 可以提供强相互认证支持,但是,使用 EAP/TLS,恶意的攻击者依旧可以通过绕过 EAP/TLS 来进行中间人攻击。下面举一个简单的例子来说明中间人攻击。

认证者接收到由 RADIUS 服务器发送的 RADIUS-Access-Accept 消息以后,则会向申请者返回一个 EAP-success 消息,这个消息表示已经完成状态机认证,认证成功。实际上,这条信息并没有完整性保护,无论上层使用的是 EAP/TLS 还是 EAP-MD5 又或者是其他的认证。当申请者接收到 EAP-success 消息之后,其状态机不论当前处于何种状态,在何种情况下都会转换到已认证的状态。由于这个特性,恶意的攻击者可以通过伪装自己成一个认证者向申请者发送伪造的 EAP-success 消息实现中间人攻击。这样申请者会认为攻击者就是一个合法的认证者,会将所有相关数据包都发送给这个攻击者。

2. 会话劫持攻击

RSN 状态机共有 4 种状态,如图 2.8 所示,进行 IEEE 802.1x 认证。在整个过程中有两种状态机:RSN 状态机以及 IEEE 802.1x 状态机,这两种状态机一起表示认证的状态。然而,它们没有很明确的通信以及确认它们之间通信消息的真实完整的机制,所以很可能会遭遇会话劫持攻击。

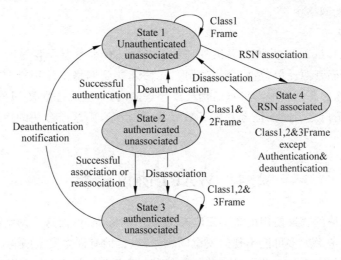

图 2.8 RSN 状态机

图 2.9 显示了在使用 IEEE 802.1x 认证过程中,如何实现会话劫持攻击。

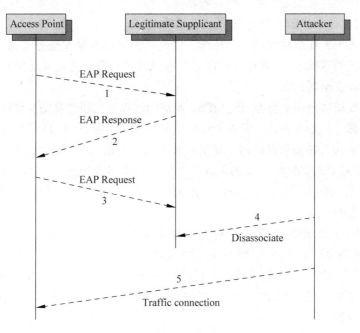

图 2.9 会话劫持攻击过程

(1) 消息 1,2 和 3:这里假设在使用 EAP 认证过程中,只有这样的三条消息,这三条消息表示申请者的认证消息。实际上,使用 EAP 认证过程中会多于三条消息。

（2）消息 4：恶意的攻击者将自己伪装成为一个访问接入点，通过修改自己的 MAC 地址发送一条 disassociate 管理帧给申请者。申请者在接收到 disassociate 管理帧之后，其状态改变为 disassociated。另外，这条消息还使得 RSN 状态机被设置为 unassociated，但 IEEE 802.1x 状态机的状态依旧是 authenticated。

（3）消息 5：这个时候，攻击者修改自己的 MAC 地址和申请者的相同，冒充申请者的 MAC 地址连接到网络中。

3. DoS 攻击

实际上，IEEE 802.1x 并没有提供任何的 DoS 保护，服务器很容易因为各种原因造成计算资源或者存储资源耗尽，造成合法的用户无法连接到网络中使用资源。DoS 攻击一个最简单的方式，比如恶意攻击者将自己伪装成合法的用户，这通过修改 MAC 地址就可以达到，伪装成合法用户之后向认证者发送 EAP-Logoff 消息，则这个合法的用户将无法再和认证者连接。

2.4 WAPI 协议分析

现在无线局域网普遍使用的是 IEEE 802.11 国际标准，然而这个网络标准中由于在设计初始阶段没有考虑太多可能出现的安全问题，所以目前有许多安全漏洞，无法为使用者提供很好的安全保护，因此，在此之后，国际上又开发了很多例如 WPA、IEEE 802.11x、IEEE 802.11i、VPN 等多种手段来保障 WLAN 的传输安全。但是这些额外的保护手段实际上都是将有线网络中的一些安全机制直接在技术上进行一些改进之后过渡转换到无线网络上来的，依旧存在着各种各样的安全隐患，十分容易被恶意攻击者利用。我国在 2003 年 5 月 12 日颁布了两项关于无线局域网的国家标准。这两项国家标准是在充分考虑当前无线局域网络产品使用情况的基础上，主要针对目前无线局域网中的各种主流安全问题，提出的详细的技术解决方案和安全规范。

我国的无线局域网国家标准《信息技术 系统间远程通信和信息交换局域网和城域网 所定要求 第 11 部分：无线局域网媒体访问控制和物理层规范》(GB 15629.11—2003)中提出的无线局域网鉴别与保密基础结构主要是用来模拟和实现无线局域网中的鉴别和加密的机制，这是我国针对 IEEE 802.11 中的多种安全问题提出的主要解决方案。这套方案已经通过了 ISO/IEC 授权的 IEEE Registration Authority 审查并且获得认可，是我国目前在该领域唯一获得批准的协议。

WAPI 可以分为无线局域网鉴别基础结构（WLAN Authentication Infrastructure，WAI）以及无线局域网保密基础结构（WLAN Privacy Infrastructure，WPI）两个主要部分。WAI 主要是通过使用公共密钥技术来实现基站和访问接入点两者的身份验证。WPI 则使用对称密码算法来实现对 MAC 子层的 MAC 数据服务单元进行加密/解密处理，以此实现对传输数据的保护。

2.4.1 WAPI 协议原理

WAI 的工作原理如图 2.10 所示。整个系统可以分成基站、接入点以及鉴别服务单元（Authentication Service Unit，ASU）三个组成部分。其中，基站主要是表示与无线媒体的

MAC 和 PHY 接口相互连接的各种设备；而访问接入点具有基站功能,除此之外,还是具有通过无线媒体为关联的站点提供访问分布式服务能力的实体；鉴别服务单元主要是负责证书管理,是整个信息认证系统的核心。

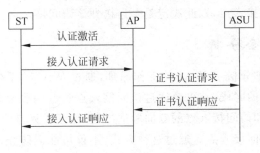

图 2.10　WAI 工作原理

在 WAI 整个工作系统中,公钥证书是必不可少的一个组成部分,它是每一个网络设备在整个网络环境中的身份象征,可以通过公钥证书来识别各个网络设备。WAI 的主要认证过程是：初始阶段,基站和访问接入点都需要安装鉴别服务单元所提供的公钥证书,通过这个颁发的证书来作为自己在这个网络环境中的身份凭证,之后所有的行为都靠这个证书来作为依据。访问接入点 AP 为 LAN 提供了受控端口以及非受控端口两类端口。基站首先通过访问接入点提供的非受控端口连接到鉴别服务单元,在鉴别服务单元进行验证,只有基站通过鉴别服务单元的验证之后,才能通过访问接入点提供的数据端口(受控端口)来访问网络资源。

下面详细介绍 WAI 的工作原理。WAI 的工作原理可以总结为以下 5 个步骤。

(1) 每次当站点连接或者重新连接到访问接入点的时候,访问接入点都会发送认证激活信息,以此来启动整个认证过程(如图 2.11 所示,认证分组类型为 0,数据为空)。

图 2.11　WAI 认证激活报文格式

(2) 当站点向访问接入点发送认证请求时,站点的身份凭证,这里主要是公钥证书以及站点的系统时间都会通过类似图 2.11 的数据结构发送给访问接入点,访问接入点在接收到站点发来的数据包之后,会自动将站点的系统时间作为接入认证请求时间。

(3) 在访问接入点接收到站点发来的认证请求证书之后,会首先记录认证请求时间,然后向鉴别服务单元发送公钥证书认证请求,这个主要是对象站点的证书、接入认证请求时间、访问接入点证书及访问接入点的私钥这样的信息进行签名,将签名之后的内容发送给鉴别服务单元。

(4) 鉴别服务单元在接收到访问接入点发送过来的证书认证请求之后,首先会鉴别访问接入点的签名以及证书的有效性。如果签名和证书中有一样是无效的,那么整个认证过程失败,否则就继续验证站点证书,验证完毕后,鉴别服务单元将站点证书认证结果信息(包括站点证书和认证结果)、访问接入点证书认证结果信息(包括访问接入点证书、认证结果、接入认证请求时间)和鉴别服务单元对它们的签名构成证书认证响应报文发回给访问接入点。

（5）访问接入点在接收到来自鉴别服务单元的反馈信息之后，分析得到站点证书的验证结果，通过这个结果来判断到底是否允许站点接入到无线网络中。最后，访问接入点会将接收到的证书验证结果返回给站点，站点可以分析返回结果上的签名，通过这个签名来判断是否为一个合法的访问接入点，以此决定是否连接到该访问接入点。

2.4.2　WAPI 安全分析

在 2.4.1 节中，详细分析了 WAI 的工作原理，通过 WAI 的工作原理，我们知道，当站点连接一个访问接入点的时候，首先会通过访问接入点和鉴别服务单元进行双向的身份验证，通过这样一个站点和访问接入点的双向验证过程，保证了只有持有合法证书的站点才能接入持有合法证书的访问接入点。通过这种方式，不仅可能以防止一些恶意攻击者连接上访问接入点来进行一些恶意活动，同时也可以防止普通的网络用户连上恶意的访问接入点造成隐私泄漏之类的不良结果。

但是，通过分析可以发现，这个认证系统还是存在漏洞的。在经过了密钥协商之后，WAPI 可以保证无线局域网通信的数据安全，但是在对站点和访问接入点的身份认证上还不够完善，恶意攻击者可使用类似中间人攻击的方法来对系统进行攻击，整个过程如图 2.12 所示。

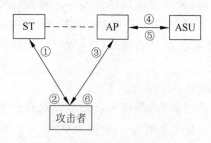

图 2.12　中间人攻击分析

（1）在 2.4.1 节中介绍了 WAI 的工作原理，首先，恶意攻击者假冒访问接入点来发送认证激活信息。在这个认证激活的信息中数据分组中不包含任何的数据内容，这样当站点收到信息时，因为没有任何和访问接入点身份有关系的有效信息，那么站点会认为这个信息是一个合法的访问接入点发送的。

（2）之后，站点会向攻击者伪装的访问接入点发送认证请求，这个认证请求中包含站点的证书和系统时间。

（3）攻击者在接收到站点发过来的认证请求之后，取得了站点的认证证书，这样在下一次访问接入点和攻击者进行信息交互的时候，攻击者可以假冒站点向正常的访问接入点发送认证请求。

（4）正常的访问接入点接收到攻击者发送过来的认证请求，将认证证书进行相关处理之后直接发送给认证服务单元。

（5）认证服务单元在确认接收到的访问接入点的证书的有效性之后，会验证站点的证书的有效性。因为访问接入点发送过来的证书是合法的，所以验证结果肯定是证书合法，访问接入点在接收到由鉴别服务单元发送的确认证书有效的报文之后，会将这个结果返回给站点，这样会允许伪装的站点接入。此时，恶意的攻击者连接上网络，就可以访问网络的内部资源了。

当然，通过访问接入点与站点之间的密钥协商过程还能在一定程度上防止攻击者获取信息，但是，由于攻击者的接入占用了系统的一个端口，这样总会对合法的访问用户造成一定的影响。如果恶意攻击者编写程序使用大规模这样的攻击，恶意抢占端口资源，会对正常用户的访问造成极其不良的影响。这是因为，虽然在理论上端口数量是无限的，但实际上访问接入点的数据处理能力总是一定的，当数据访问量超过一定范围，占用了过多的处理能力之后,它所提供的服务质量就会下降,通过这种方式可以产生 DoS 攻击。而且,攻击者利用这种手段,可以使得站点和访问接入点之间的信息交互必须全部都通过攻击者来转发,这个时候数据的安全性则仅依靠于信息加密安全,而没有进行认证这一环节。所以,在认证开始时如果不允许站点和访问接入点之间进行直接认证,将很容易给攻击者留有可乘之机,同时这样也会加重认证服务器的负担。

2.5 IEEE 802.11i 协议分析

根据前面的介绍,知道无线网常用的安全协议是基于 WEP 的 802.11 标准,这一安全体系主要包括开放认证机制、保密机制和数据完整性三个组成部分,之前章节中介绍了这一安全体系存在的各种各样的安全漏洞,为了解决这些问题,IEEE 委员会在 2004 年 6 月提出了新的 WLAN 安全标准 IEEE 802.11i,其中提出了无线局域网的新安全体系 RSN(Robust Security Network,强健网络安全),这样做目的是为了提高无线网络的安全性。

2.5.1 IEEE 802.11i 协议原理

IEEE 802.11i 标准的结构图如图 2.13 所示。

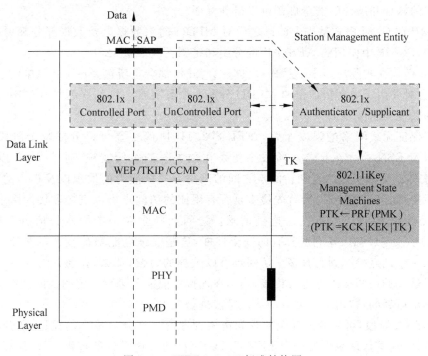

图 2.13 IEEE 802.11i 标准结构图

IEEE 802.11i 标准主要包含 802.1x 认证机制、基于 TKIP 和 AES 的数据加密机制以及密钥管理技术,通过使用这些技术来实现身份识别、接入控制、数据的机密性、抗重放攻击、数据完整性校验等目标,以此保障各个节点之间的通信安全。

1. TKIP

WEP 最为基本的内容实际上应该是 RC4 流加密算法,这个算法在附录 A 中有详细的介绍,这里只介绍一下这个加密算法的基本思想。它首先将密钥通过伪随机数产生器来产生一个伪随机的密钥序列,通过这个伪随机的密钥序列对原来的明文进行加密处理。

在制定 WEP 的时候,协议的制定者普遍认为 128b 长度的密钥足以抵抗当前计算机的暴力破解能力,但是,在实际情况下,由于分布式计算的广泛应用,128b 长度的密钥往往要抵抗的已经不是一台计算机的破解能力,最常见的情况是多个计算机组成的集群,这样,这个算法实际上是很不安全的。为了解决这样的问题,协议制定者们开发了 TKIP。

TKIP 最根本的思想是通过使用加密混合函数来处理在实际应用中遇到的初始向量过弱以及初始向量空间过小的问题。加密混合函数可以分成两个步骤,首先是通过使用 128b 的临时密钥 TK、发送者的 MAC 地址 TA 以及 48b 计数器 TSC 的高 32b 作为输入,使用混合函数 1 生成 80b 的 TTAK;其次,使用阶段一生成的 TTAK、TK 以及 TSC 的低 16b 作为混合函数 2 的输入,生成用于 WEP 加密的 128b 的密钥。

2. CCMP

CCMP 是在 AES 的 CCM 模式基础上改进而来的密码协议。实际上,CCM 模式结合了高级加密标准中的数据器加密模式以及密码分组链消息认证码这两种模式,即通过 AES 以计数器的方式对数据进行加密处理,将处理过的数据再以密码分组链的方式来计算消息的认证码,CCM 使用这两种方式不仅是因为这两种方式的密码特性很容易被理解,另外这两种模式的软件和硬件的安全性都可以得到保证。

CCMP 在 CCM 模式基础上改进之后对 MPDU 的头数据以及数据部分都可以进行完整性保护,CCMP 中使用的 AES 采用的分组和密钥长度都是 128b。

CCM 模式在实际应用中,在每一次创建会话时,都会重新选择一个新的临时密钥,同时 CCM 还会对使用历史密钥加密的 MPDU 分配一个具有唯一性的序列号,CCMP 规定临时序列号的长度为 48b。

为了保证无线网络的强安全性,IEEE 802.11i 协议主要可以分成两个阶段,即 Pre-RSNA 以及 RSNA。Pre-RSNA 阶段主要是在预关联的时候实施,通过 WEP 以及 IEEE 802.11 实体认证来实现站点和访问点之间的网络与安全能力的发现以及初步的认证。在这个阶段中,站点启动之后,会首先检查是否有现成的访问点可以直接连接入网络,如果有的话,站点会直接向访问点发送连接请求。访问点则会在一个固定的信道上通过广播 beacon 的手段来告知大家它所具有的安全性能,这些安全性能都被包含在 RSN 信息单元中。如果一个站点检测到它有多个访问点可以选择的时候,那么,在通常情况下,它会选择一个信号最好的访问接入点进行连接,当然在连接之前需要进行一定的认证,但是这个认证实际上是不可靠的,这需要在之后的认证阶段进行加强。

在 RSNA 阶段,可以分成安全关联和密钥管理两个部分。整个过程是,在开始阶段首先进行认证,这里认证采用的是 IEEE 802.1x 协议,通过这个认证过程,可以保证在第一阶段站点和访问点之间那种不具有很强安全性的认证的基础上,实现较为安全的用户身份认证,保证接入用户的安全有效性。同时生成主会话的安全密钥 MSK。之后,进入数据密钥的分发管理阶段,这个阶段在整个安全关联管理中十分重要,主要确定了使用何种方式将密钥 PTK 导出,以此保证密钥 PTK 每次产生的都不相同并且无法被预先估算出来;同时它还确保所有的信任方所产生的密钥都是相同的,并且不允许有攻击者参与到密钥产生的过程中来,或者防止攻击者以各种可能采取的手段来破坏整个密钥的产生过程。这整个阶段可以划分为以下三个步骤。

步骤 1：AS 通过可信隧道将 MSK 传输给 AP，AP 在接收到这个 MSK 之后，AP 与客户端将拥有一对完全相同的密钥，这个密钥被称为主密钥 PMK。

步骤 2：AP 和客户端之间进行一个四次握手的协商过程，在这个四次握手的过程中，它们需要完成从 PMK 到 PTK 的协商、验证及最终生成的整个过程。

步骤 3：通过使用组密钥握手协议来保证组密钥从 AP 到客户端的整个派发，这个组密钥主要是用来为多播消息报文进行加密以及为它们做完整性验证。

在完成了上面所叙述的三个步骤之后，各种用于不同目的的密钥都已经完全生成了。此外，由于在此之前在安全性能的检测过程中发现的 RSNIE 信息元素中包含了是使用 TKIP 还是 CCMP 来实现加密的约定，临时的密钥在长度和使用方式上都有可能会不太一样。

通过上面的介绍我们知道了，四次握手协议在 IEEE 802.11i 标准中主要用来处理访问接入点与客户端之间产生并且管理 PTK 临时密钥的一个协商过程。通过这个四次握手的协商过程，访问接入点与客户端将产生用在报文加密、完整性校验等各种保障通信安全性的密钥，所以，这个四次握手协议在组密钥握手协议标准中有着举足轻重的地位，下面将详细介绍这一过程。

每当有一个站点连接访问接入点的时候，都会重复密钥的计算和分发这一过程。为了保证临时密钥具有很好的即时性，在生成临时密钥的整个过程中，添加了一个申请者和认证者共同决定的被称为 Nonce 的属性。Nonce 属性的值是随机选择的。首先，申请者与认证者都需要计算生成一个 Nonce 属性值，并将这个值发送给对方，然后，双方通过计算，生成一个包含双方当前值的临时密钥，在计算过程中，为了确认绑定密钥的两个设备的身份，还添加了这两个设备各自的 MAC 地址，整个临时密钥的计算过程如图 2.14 所示。

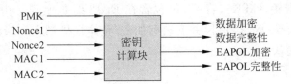

PTK = PRF-512(PMK,"Pairwise key expansion",Min(AA,SA) ‖ Max(AA,SA) ‖ Min(Snounce,Anonce) ‖ Max(SNonce,Anonce))

图 2.14　临时密钥计算

PRF 函数在计算过程中所有需要输入的内容都是使用 EAPOL-Key 帧来进行传输的，图 2.15 是 EAPOL-Key 帧的结构示意图。在图 2.14 中，Anonce 和 Snonce 分别表示的是访问接入点 AP 以及连接站点 STA 所产生的随机数，MIC 表示消息完整性码，KeyRSC 则是表示密钥的接收序列计数器。

申请者以及认证者在通信过程中相互之间为了确保对方都拥有合法的 PMK，这样可以保证数据交换安全同时彼此可以获得临时密钥的过程被称为四步握手密钥协商。

四步握手协议执行过程如下：

（1）AP→STA：EAPOL-KEY(Anonce)

AP 发送 EAPOL-Key 消息 1 给 STA，其中包含 Anonce，STA 接收后进行重放攻击检查,若通过,就利用 Anonce 和自己产生的 Snonce 调用 PRF 函数计算生成 PTK。

(2) STA→AP: EAPOL-KEY(Snonce,MIC,STA RSN IE)

Descriptor Type 1 octet	
Key Information 2 octets	Key Length 2 octets
Replay Counter 8 octets	
Key Nonce 32 octets	
EAPOL-Key IV 16 octets	
Key RSC 8 octets	
Key ID 8 octets	
Key MIC 16 octets	
Key Data Length 2 octets	Key Data n octets

图 2.15   EAPOL-Key 帧基本结构

STA 发送 EAPOL-Key 消息 2 给 AP,其中包含 Snonce,并在 KeyData 字段中放入 STA 的 RSNIE,并用计算出的 MIC 对此消息进行数据完整性保护。

(3) AP→STA: EAPOL-KEY(Pairwise,Anonce,Key RSC,RSN IE,MIC)

AP 收到消息 2 后把得到的 STA 的随机数 Snonce 和自己的 Anonce 采用 PRF 函数计算 PTK,再使用计算出的 PTK 中的 MK 对消息 2 进行数据完整性校验。如校验失败就放弃消息 2。若校验成功,AP 会将 STA 发来的 RSNIE 和在前一阶段建立关联时发送的 RSNIE 进行比较,若不同则说明该 STA 可能为假冒者,中断 STA 的关联,若相同则发 EAPOL-Key 消息 3 给 STA。其中包含 Anonce,KeyRSC,RSNIE,MIC。

(4) STA→AP: EAPOL-KEY(Pairwise,MIC)

STA 发送 EAPOL-Key 消息 4 给 AP,AP 收到后进行重放攻击检查。若通过就验证 MIC,验证通过就装载 PTK,而 STA 在发送完消息 4 后也装载相应的 PTK。

IEEE 802.11i 标准规定,为保证安全性,当 STA 加入或离开的时候必须更新组密钥,在四次握手结束后,就可通过组密钥握手协议更新 GTK,更新的基本思路是 AP 选择一个具有密码性质的 256b 随机数作为组主密钥(GMK),接着由 GMK、AP 的 MAC 地址直接推导出 256b 的组临时密钥(GTK),将 GTK 包含在 EAPOL-Key 消息中加密传送。STA 对收到的消息做 MIC 校验,解密 GTK 并安装到加密/整体性机制中。最后发送 EAPOL-Key 消息,对认证者进行确认。

具体执行过程如下。

(1) AP→STA: EAPOL-KEY(Key RSC,MIC,Gnonce,MIC,GTK)

AP 发送 EAPOL-Key 消息 1 给 STA,其中包括 GTK,Gnonce,KeyRSC 和 MIC,并置位 Key Type,表示该信息为组密钥分发,STA 接收后进行重放检查和 MIC 验证,若成功就装载最新的 GTK。

(2) STA→AP: EAPOL-KEY(MIC)

AP 收到消息 2 后进行重放检查和 MIC 验证,若通过则 AP 和 STA 的组密钥握手成功,装载 GTK。

组播密钥分发完成意味着 STA 和 AP 之间的密钥分发全部结束。此时 STA 和 AP 同时获得和装载了 PTK、STA,还获得 AP 的 GTK,并将其装载,用于接收 AP 的组播通信。密钥分发完成使得 STA 和 AP 之间可以进行安全的加密数据通信。

2.5.2   IEEE 802.11i 安全分析

通过 2.5.1 节的介绍,我们知道,在整个四次握手的过程中,请求者和认证者依据之前他们所共同拥有的 PMK 以及在四次握手过程中所需要的参数等内容,使用 PRF 函数分别生成 PTK,由于 PTK 在整个握手过程中并没有相互传输,所以可以确认其密钥的安全性得到了很好的保障。在整个握手过程完成之后,双方使用 PTK 中的 TK 来对通信数据进行加密,以此保障了数据在传输过程中的安全。每一次在握手过程中产生的 PTK 只会在接下来的一次会话过程中使用,如果需要建立新的会话的时候,那么则需要重新开始一个完整的 4 次握手过程建立新的 PTK。通过这种一次会话使用一个握手过程,重新建立 PTK 的方式,可以使得 WLAN 的通信安全得到更好的保护。

通过对整个握手过程的分析了解到,恶意的攻击者可以在四次握手的过程中 Message2 发送后,冒充 AP 向 STA 发送伪造的 Message1'。STA 将根据新的 Message1'中的 Anonce' 和本身产生的新的 Snonce,重新计算 PTK'。而 PTK'与认证者收到 Message2 后产生的 PTK 显然是不一致的,这样 STA 收到 Message3 后无法正确校验,就会导致四次握手过程被终止,造成了 DOS 攻击。具体过程如图 2.16 所示。

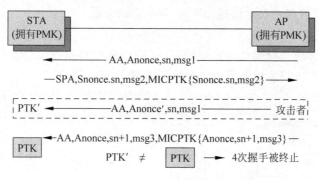

图 2.16　IEEE 802.11i 安全分析过程

对于这个问题,IEEE 802.11i 工作组提出了一个解决方案,在当前的四次握手协议上做了一部分改动。即 STA 将会保存所有可能的 PTK,这样,可以使用这些 PTK 对 Message3 的 MIC 进行认证,在做了这么一个改进之后,可以防止上面提到的攻击行为。

但是 STA 存储所有可能的 PTK 仍然存在致命的弱点。攻击者可以向请求者发送大量具有不同随机数的 Message1,而请求者为了能与合法的认证者完成握手,必须将根据接收的所有随机数计算出的相应的 PTK 存储起来,直到完成握手并得到合法 PTK。在攻击过程中,大量 PTK 的计算量可能不会对 CPU 造成致命的后果,但是数量极大的伪造 Message1 必将使 STA 要存储大量的 PTK,从而使得 STA 的存储器资源耗尽而造成系统瘫痪,无法开始新的合法会话,同样造成 DOS 攻击。

2.6　IEEE 802.11r 协议分析

在 IEEE 802.11r 协议提出之前,WLAN 的传统切换方式基于 IEEE 802.11i 协议。按照传统切换方式,终端(STA)在每次与新的 AP 进行关联后都要先后进行鉴权和密钥管理过程,其中还涉及与鉴权服务器的交互,使得通信密钥能够在 STA 和 AP 之间安全的共享,以保障后续会话的安全性。如果仅在 STA 和 AP 之间进行鉴权过程,将独立的密钥管理过程合并在关联和鉴权过程中,这必然能够减小切换时延。而按照传统切换方式进行的 QoS

接入控制,不仅会在时延方面影响会话质量,而且由于无法保障 QoS 资源的可用性,将有可能出现新 AP 无法提供原有业务而导致再次切换的情况发生,甚至通话中断。

基于上述原因,IEEE 802.11 委员会提出了 IEEE 802.11r 协议,设计了新的快速切换方案。新方案中将 IEEE 802.1x 鉴权、密钥管理和 QoS 接入控制在重关联之前或重关联过程中实现,优化了 STA 与 WLAN 间消息交互的过程,从而减小了切换带来的时延,提高了会话的连续性。

2.6.1 基于 IEEE 802.11r 的快速切换方案

IEEE 802.11r 协议规定了发生切换时 STA 与同一扩展服务集合(ESS)下的 AP 之间的通信流程,实现基于无线数据和无线语音的快速切换协议。协议对 IEEE 802.11 的 MAC 层机制进行了改进,缩短了 STA 在 AP 间进行切换时数据连接的中断时间。协议中定义了新的密钥管理方式和快速切换机制,同时增加了一些信息元素,使得 STA 与目标 AP 能在较短的时间内建立安全连接并完成 QoS 资源分配。

1. 密钥管理方式

为了增强密钥管理的安全性和实用性,并适应快速切换机制,IEEE 802.11r 协议定义了新的密钥管理方式。快速切换密钥管理体系如图 2.17 所示。

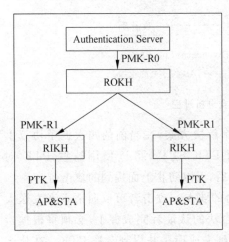

图 2.17 快速切换密钥管理体系

新的密钥管理方式将密钥分为三个等级,分别是一级密钥(PMK-R0)、二级密钥(PMK-R1)以及 PTK,保存密钥的存储器分别是 ROKH、R1KH、AP 与 STA,其中,ROKH 和 R1KH 的设备实体为 AP。

STA 初次接入 WLAN 时关联的 AP 中存储着 PMK-R0,也就是说 ROKH 的设备实体为初始关联的 AP。在切换前,当前 AP 会根据所有可能发生切换的 R1KH 以及上述参数为每个 R1KH 计算其相应的 PMK-R1,并负责将这些 PMK-R1 分别安全地传送到各个 R1KH 处。当 STA 选定目标 AP 后,根据目标 AP 的 PMK-R1 来进行密钥预计算,也就是根据 PMK-R1 计算 PTK。上述三级密钥机制相比于传统的两级密钥机制(PMK 和 PTK)具有以下两个优势:首先,新的密钥管理方式加速了切换过程中密钥的发布与计算。传统切换机制中每次切换必须重新进行802.1x 鉴权,即重新生成 PMK。而三级密钥机制采取预先计算并传送 PMK-R1 的方式,并在 STA 与目标 AP 进行重关联前预先计算密钥 PTK;其次,新的密钥管理方式增强了密钥管理的安全性,这是因为当一个密钥失效时,仅仅是由此密钥生成的密钥分支受到影响,而其他分支的密钥仍然可以继续使用,例如,当一个 AP 中的 PMK-R1 失效时,由同一PMK-R0 获得的其他 PMK-R1 可以照常在其他 AP 中使用。

2. 新增信息元素

快速切换机制要求在终端与网络间进行网络性能、QoS 支持能力等参数的交互,因此定义了一些额外的信息元素,包括 MDIE、FTIE、TIE、RIC、EAPKIE 等。

MDIE：包含标识移动域的标识符。STA 只能在同一移动域内进行快速切换。

FTIE：包含快速切换资源机制、ROKH 标识符、R1KH 标识符。FTIE 表示了 AP 支持的 QoS 资源机制和资源信息交互方式，AP 的安全策略信息，以及存储密钥的一级和二级存储器标识符。

TIE：包含重关联和密钥时限。重关联必须在时限内发起，否则失效；密钥时限为密钥的生存时间。

RIC：包含 RRIE、RDIE、TSPEC 等元素。RIC 用于表示请求业务的 QoS 参数；RRIE 为 RIC 的头部；RDIE 为 RIC 中可选的 QoS 资源类别；TSPEC 为每个 RDIE 类别中的 QoS 资源参数。

EAPKIE：包括 AP 和 STA 产生的随机数所封装的 802.1x 密钥消息。

根据网络架构对 QoS 支持能力的不同，IEEE 802.11r 协议定义了以下两种切换方式来实现快速切换。

（1）基本机制切换：该方式将资源请求分配及其他所需的信息交互在重关联过程中实现。这种方式适用于 AP 工作在轻载状态，STA 通过 Beacon 或 Probe 回答消息获得目标 AP 的资源状况，以及 WLAN 的 QoS 支持能力信息。基本机制切换不支持重关联前的资源预留。

（2）预留资源机制切换：该方式在重关联之前预先进行资源请求和分配。这种机制适用于 WLAN 支持资源预留及需要通过明确的资源预留保障业务 QoS 的场合。

3. WLAN 快速切换流程

为了获得足够的快速切换参数，STA 在与 WLAN 进行初始关联时，需要进行一系列快速切换参数的交互，使得 STA 获知 WLAN 的资源策略信息。与传统切换的初始关联过程不同的是，快速切换初始关联在关联过程中加入了 FTIE、MDIE、RSNIE 等信息元素，用来标识网络支持资源能力和网络安全策略信息，这些信息元素是 STA 从 AP 的 Beacon Probe 回答帧中获得的。通过初始关联，STA 可以获知网络策略以及安全信息，并存储相关信息以备后续切换使用。

在预留资源机制切换中，首先由 STA 进行切换决策，并选定目标 AP 进行切换。随后将进行快速切换信息交互，这其中包含 4 条消息：快速切换请求、快速切换回答、快速切换确认、快速切换 ACK。快速切换请求消息由 STA 发往目标 AP，用以初始快速切换。其中包含 FTIE（包含目标 AP 在 Beacon 帧或 Probe 回答帧中通告所支持的资源机制和 R1KH、初始关联中 STA 获得的 ROKH）、MDIE、RSNIE、EAP-KIE（其中包含用于计算密钥的随机数 SNonce，由 STA 随机生成）等信息。通过这些信息，目标 AP 能够判断 STA 是否具有快速切换的能力，以及能否生成密钥。快速切换回答消息由目标 AP 发往 STA，其中包含目标 AP 的 FTIE、MDIE、RSNIE、EAPKIE（包含用于计算密钥的随机数 ANonce，由 AP 随机生成）、TIE（标识密钥生存时间、重关联请求限制时间）等信息。此时 STA 和目标 AP 均获得了各自所需的密钥生成信息，并各自通过计算生成 PTK 以对后续的数据流进行加密。快速切换确认由 STA 发往目标 AP，用以确认 PTK 的有效性并请求 QoS 资源。其中包含 STA 的 FTIE、MDIE、RSNIE、EAPKIE、RIC（标识请求的 QoS 资源信息）等信息。快速切换 ACK 由目标 AP 发往 STA，用以确认 PTK 时限和资源可用性。其中包含目标 AP 的 FTIE、MDIE、RSNIE、EAPKIE、TIE（密钥生存时间、重关联请求限制时间）、RIC（标识资源预留的结果)等信息。

完成快速切换信息交互后,STA 应当在重关联时限内向目标 AP 发起重关联请求,其中包含上述已交互的信息参数及资源预留标识符,AP 接收到重关联请求后将按照资源预留分配 QoS 资源并向 STA 发送用于组播的会话密钥 GTK。

在 WLAN 不支持资源预留时,将采用基于基本机制的 WLAN 快速切换方式。基本机制切换在重关联前不需要预留资源,而是在重关联的同时进行资源分配,这样不仅进一步减少了切换过程中鉴权和分配资源的消息交互,还减小了会话时延。相对于基本机制切换而言,预留资源机制切换虽然增加了一些消息交互流程,但保证了资源在切换后的可用性,进一步保证了会话的连续性。

2.6.2　IEEE 802.11r 安全分析

在 IEEE 802.11r 快速切换认证帧的快速切换认证请求帧以及快速切换认证响应帧中,并没有对随机数的认证过程,这将导致 IEEE 802.11r 面临比 IEEE 802.11i 更加严重的 DOS 攻击。这里的 DOS 可以分成三种情况。

第一种 DOS 攻击:STA 可以只发送一条快速切换认证请求帧,但是 AP 必须接收所有到来的快速切换认证请求帧,以使协议进行下去,因此,攻击者可以轻易地发送篡改的快速切换认证请求帧。攻击者可以向 AP 发送大量快速切换认证请求帧,AP 接收到快速切换认证请求帧后,需要进行以下后继操作,包括:产生及发送 Anoce,预计算 PTK 以及保持一个连接状态等,但这有可能会使其内存及计算资源耗尽。

产生原因:快速切换认证请求帧中的随机数没有经过认证就发送,而 AP 必须接收该消息并进行相应处理。

解决办法:在快速切换认证请求帧中加入 MAC 值校验,MAC 的密钥可以取为 PMKR1 和某一单调增加值的运算式。

第二种 DOS 攻击:STA 向 AP 发送快速切换认证请求帧,其中包含 Snonce;AP 响应一条快速切换认证响应帧,其中包含 Anonce,同时计算 PTK。STA 收到此消息后,计算 PTK 以及 MIC 值。此时攻击者可以假冒 STA 向 AP 发送另一条包含 Snonce 的快速切换认证请求帧,AP 接收到此消息后,重新发送快速切换认证响应帧,包含 Anonce,并重新计算 PTK',从而导致 STA 与 AP 计算的 PTK 不匹配,致使 STA 发送的 IEEE 802.11 认证确认帧无法通过验证,致使 STA 无法接入网络。

产生原因:快速切换认证请求帧没有经过认证就发送,而 AP 必须接收并进行相应处理。

解决办法:在快速切换认证请求帧中加入 MAC 值校验,MAC 的密钥可以取为 PMKR1 和某一单调增加值的运算式。

第三种 DOS 攻击:STA 发送快速切换认证请求帧,其中包含 Snonce;攻击者假冒 AP 发送一条篡改的快速切换认证响应帧,其中包含 Anonce,导致 STA 和 AP 计算的 PTA 不匹配,IEEE 802.11 认证确认帧无法通过验证,使 STA 无法接入网络。

产生原因:快速切换认证响应帧中的随机数没有经过认证就发送,而 STA 必须接收并进行相应处理。

解决办法:AP 应该在快速切换认证响应帧中加入 MAC 值校验,该 MAC 的密钥可以取预计算的 PTK。

2.7 IEEE 802.11s 协议分析

2.7.1 IEEE 802.11s 协议原理

传统的 IEEE 802.11 标准定义了两种基本服务集(BSS),其中包括基础设施网络和独立网络或 Ad Hoc 网络。IEEE 802.11 的传统网络架构如图 2.18 所示,其中每个 BSS 中的 AP 通过分布式系统(DS)与其他 BSS 相连。因为在 Ad Hoc 网络中,每一个 STA 都是独立存在的,不可以接入 DS 中,所以,图中固定网络构架就限制了 IEEE 802.11 网络部署的灵活性。在相当长的一段时间内,工业界都认为由于 ESS 既不具有 IBSS 的自动配置能力又不具有 Ad Hoc 的组网优势,它无法满足既需要 Ad Hoc 又需要 Internet 接入的应用场景,需要将 ESS 和 IBSS 进行融合组成一个新型的多跳网络,这就是对 ESS 进行 Mesh 扩展的初衷。

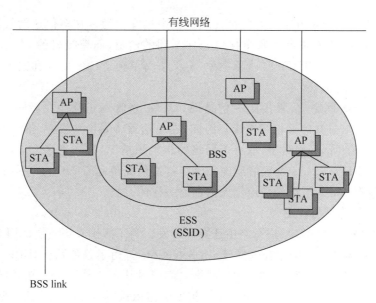

图 2.18 传统 IEEE 802.11 网络架构

实际上,为了满足这样的需求,在 IEEE Mesh 网络标准化工作启动之前,工业界就已经设计实现了多种基于 IEEE 802.11 的无线 Mesh 网络解决方案。这些解决方案具有很多公共的特点,例如,解决方案中都将所有的节点分成了三种类型:Mesh 路由器、客户端以及网关等。然而,这些解决方案虽然有很多公共特点,但是它们之间实际上是无法兼容的,为了解决兼容问题,必须要指定一个网络标准来解决这一问题。最终,IEEE Mesh 研究组于 2006 年 1 月制定了当前 IEEE 802.11s 标准草案的基本框架。

IEEE 802.11s 标准涉及 Mesh 拓扑发现和形成、Mesh 路径选择和转发、MAC 接入相关机制、信标与同步、Intra-Mesh 拥塞控制、功率控制、交互工作、安全和帧格式等内容。

1. Mesh 拓扑发现和形成

IEEE 802.11s 依据 Mesh 节点开机时的启动顺序来描述 Mesh 网络拓扑发现和形成过程。当 MP 开机后,首先主动或被动扫描来寻找 Mesh 网络;然后选择信道;进行 Mesh 同步;建立与邻居 MP 的链路,包括 IEEE 802.11 公开鉴权、建立关联和 IEEE 802.11i 鉴权与密钥交换等步骤;本地链路状态测量;路径选择初始化;如果是 MAP,还需进行 AP 的初始化。

IEEE 802.11s 定义了与 SSID 类似的 Mesh ID 来标识 Mesh 网络。新的 Mesh 节点与一个已有 Mesh 网络建立关联之前,需要检查它的 Mesh Profile 是否与已有 Mesh 网络匹配。每个 Mesh 设备至少支持一个由 Mesh ID、路径选择协议标识符和路径选择 Metric 标识符等组成的 Mesh Profile。如果匹配,则建立关联。如果不能找到一个已有 Mesh 网络,则创建一个 Mesh 网络。

新的 Mesh 节点加入一个 Mesh 网络后,在它能够发送数据包之前,需要与邻居节点建立对等链路。在 IEEE 802.11s 中,采用状态机来详细说明如何建立对等链路。一旦完成这一步,有必要对每个对等链路的链路质量进行度量,这涉及链路质量度量策略和如何在邻居节点间传播链路质量信息。注意,对等链路的链路质量信息是路由协议中路由 Metrics 的重要组成部分。

在单信道模式中,Mesh 节点在拓扑发现过程中选择信道。在多信道的情况下,具有多个射频接口的 Mesh 节点需要为每个接口选择不同的信道,而单接口的 Mesh 节点需要频繁切换信道。目前的 IEEE 802.11s 草案中,定义了简单信道统一协议和信道图切换协议,适用于慢信道切换的场景。

在多信道 Mesh 网络中,采用统一信道图(UCG)来管理拓扑。在同一 UCG 中,所有 Mesh 设备采用一个公共信道相互连接。因此,在单信道 Mesh 网络中,整个网络仅有一个 UCG。对于多信道 Mesh 网络中,取决于网络的自组织情况,存在着多个 UCG。为了协调不同的 UCG,IEEE 802.11s 设置信道优先值。信道优先值随着 UCG 的不同而不同,但在同一 UCG 中所有 Mesh 节点的信道优先值都是一样的。

2. Mesh 路径选择与转发

IEEE 802.11s 在 MAC 层进行路由选择和转发。为了区别在第三层使用 IP 地址路由,IEEE 802.11s 标准使用术语路径选择(Path Selection)。由于各种私有 IEEE 802.11 Mesh 网络采用了不同的路由协议,不同 Mesh 网络之间很难协同工作。为了在相同框架下支持各种的路由协议,IEEE 802.11s 中定义了可扩展的路由选择框架。在 IEEE 802.11s Draft 1.06 之前草案中定义了默认的 HWMP 和可选的 RA-OLSR 协议。从 Draft 1.07 开始,删去了可选的路径选择协议。草案中还定义了称为空时(Airtime)的路径选择 Metric。

在 HWMP 协议中,固定的网络拓扑采用基于树的先验式路由;变化的网络拓扑则采用按需路由协议。IEEE 802.11 Mesh 网络的节点趋向于弱移动性并主要承载来往于 Internet 的业务流,也存在着少量的移动 Mesh 节点和少量的 Mesh 网络内部业务流。因此,IEEE 802.11s 中的路由策略以基于树的路由为主、按需路由为辅,两种路由可以同时使用。基于树的路由便于为其他节点建立并保持距离向量树,从而避免不必要的路由发现及恢复的花费;按需路由协议是在 AODV 协议的基础上为 HWMP 特别设计的。IEEE 802.11s 采用空时(Airtime)作为默认的路由 Metric 来度量链路质量。可扩展的路由协议框架中还支持其他类型的 Metric,如 QoS 参数、业务流、功率消耗。但是,在同一个 Mesh 网络中仅能使用一种 Metric。

RA-OLSR 是在 OLSR 基础上开发的一种先验式链路状态路由协议,主要是对洪泛机制进行了改进。首先,一个 MP 仅有一个一跳邻居 MP 子集来中继控制信息,该邻居 MP 称作多节点中继(MPR)。第二,为了提供最短路由,RA-OLSR 仅洪泛局部状态信息。由于 RA-OLSR 不断地保持至网络中所有目的节点的路由,因此 RA-OLSR 特别适合于非常动态的源目的节点或者 Mesh 网络大且密的情形。RA-OLSR 是一个分布式协议,不需要控制信息的可靠交付。

3. MAC 接入相关机制

IEEE 802.11s 草案中与 MAC 层接入有关的内容有三部分:默认的增强分布式协调访问(EDCA)机制、可选的使用公共信道框架(CCF)的多信道协议和可选的确定访问(MDA)机制。由于有很多问题没有得到有效解决,在 IEEE 802.11s 之后的草案中删去了 CCF 协议,所以这里就不介绍了。

1) EDCA 机制

IEEE 802.11s 仅继承 IEEE 802.11e 中定义的 EDCA 机制作为 MAC 层基本接入机制,并没有考虑 IEEE 802.11e 中的混合控制信道访问机制(HCCA)。EDCA 机制的原理是在分布式协调功能(DCF)的基础上引入业务流分类(TC)来实现 QoS 支持,建立根据业务流种类分配带宽的概率优先机制。IEEE 802.11s 对 EDCA 相关的网络分配向量(NAV)机制进行改进,提出 NAV 清除机制来减少因 NAV 不能及时释放而造成的吞吐量损失。

2) MDA 机制(可选)

MDA 机制允许 MP 在某一期间以更低的竞争接入信道,这个期间称为 MDA 机会(MDAOP)。MDA 中定义了两种时间周期,MP 的邻居 MDAOP 时间是指在 MDAOP 期间,MP 要么是发送方要么是接收方的发送/接收(TX/RX)期间。邻居 MDAOP 干扰时间是指在邻居的 MDAOP 期间该 MP 既不是发送方也不是接收方的发送/接收(TX/RX)期间。当发送方想发送数据时,首先要建立一个 MDAOP 给接收方。此时检查它的邻居 MDAOP 时间、帧的 TX/RX 时间和接收方的邻居 MDAOP 干扰时间。如果没有发生重叠且没有 MDA 限制,则发送方给接收方发送 MDAOP 建立请求。接收方做同样的检查后,接收这个 MDAOP,从而建立一个 MDAOP。在 MDAOP 期间,发送方(MDAOP 的拥有者)使用与接收方不同的退避参数 MDACWmax、MDACWmin 和 MDAIFSN 来建立传输机会(TXOP)。

4. 信标和同步

在传统 IEEE 802.11 网络中,信标用于传播 STA 的同步时间信息,计时同步功能(TSF)提取同步时间信息并进行 STA 间的时钟同步。在基础设施网络中,AP 负责广播信标;在 Ad Hoc 网络中,所有节点都可以发送信标。为了避免信标碰撞,IEEE 802.11s 定义了 Mesh 信标冲突避免(MBCA)机制,原理是在给定时间周期内,指派某个 MP 广播信标。IEEE 802.11s 中除了信标帧,探测响应帧中也可以携带同步信息。与 IEEE 802.11 的 TSF 不同的是,不是所有的 MP 都需要同步,它们的信标间隔不必相同;不仅 TSF 计时器而且时间偏移值也需要同步。不需要同步的 MP,保持一个 TSF 计时器时间,当收到信标或探测响应时也不进行更新;对于需要同步的 MP,保持一个 Mesh TSF 时间,Mesh TSF 时间等于 TSF 计时器和同步 MP 中偏移值的总和。由于使用了偏移值,同步 MP 间的 TSF 计时器可以不同。

5．Intra-Mesh 拥塞控制

IEEE 802.11s 提出的可选的跳对跳 Mesh 域内拥塞控制策略包括本地拥塞监测、拥塞控制信令和本地速率控制等三部分内容。基本思想是 MP 通过主动监测本地信道应用条件来及时发现拥塞；上一跳 MP 收到"拥塞控制请求"后进行本地拥塞控制来缓解下游 MP 的拥塞，同时向邻居 MP 广播"邻居拥塞宣告"，从而使邻居 MP 也进行拥塞控制。本地拥塞监测策略包括比较发送数据包速率和收到需要转发数据包的速率，观察缓存区队列大小等；本地速率控制机制包括根据拥塞程度不同动态地调整 EDCA 参数，对不同 MAP 中的 BSS 设置不同的 EDCA 参数来控制本地速率。IEEE 802.11s 中还定义了在发生拥塞或信道使用不足的情况下目标速率的计算方法。

6．交互工作

IEEE 802.11s 中规定 MPP 实现 WLAN Mesh 网络与其他 802 LAN 的桥接，网络间交互工作(Interworking)必须与 IEEE 802.1d 标准兼容。MPP 参加生成树协议，同时维护一个节点表以确定通过哪个端口可以到达该节点。如图 2.19 中 MPP 的逻辑框架。MPP 事先告诉网络中所有 MP 该 MPP 的存在。出入 Mesh 网络的消息受到 MPP 的控制。出消息由 Mesh 网络内的 MP 产生。如果 MPP 知道目的节点是在 Mesh 网络内，则直接转发消息到目的节点；如果目的节点在 Mesh 网络外部，则转发消息到外部网络；如果 MPP 不知道目的节点，则 MPP 转发消息到 Mesh 网络内部和外部。入消息是由 MPP 从外部网络收到的消息。如果 MPP 知道目的节点，则 MPP 简单转发即可；否则，MPP 有两种选择：建立一条路由到目的节点或者在 Mesh 网络内广播这个消息。

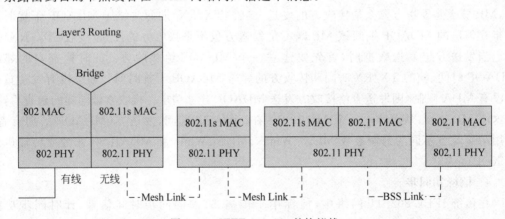

图 2.19　IEEE 802.11s 的协议栈

IEEE 802.11s 中考虑了节点的移动性。如果节点在 Mesh 网络内部移动，则路由协议处理移动带来的路径变化；如果节点从 Mesh 网络中移出，路由协议在检测到路径发生变化后修改路径；如果节点从 Mesh 网络外部移入，MPP 和路由协议协作建立一条新路径。MPP 在网络间的交互工作中起着重要作用，不仅支持 IEEE 802.1D 的桥接功能，也支持 IEEE 802.1q 中定义的 VLAN 功能。

7．帧格式

IEEE 802.11s 中定义了详细的帧格式以及帧域和信息元。帧的类型有数据帧、控制帧和管理帧三种。其中，控制帧包括 EDCA 机制的 RTS/CTS/ACK、CCF 协议的 RTX/CTX 帧等。管理帧涉及信标、探测和关联等。与传统 IEEE 802.11 包含两个 MAC 地址的帧结构不同,由于在 MAC 层实现路径选择并通过 MAC 地址转发数据包,因此 MAC 帧头中需要包含 4 个 MAC 地址,即比传统 MAC 帧多了源 MAP 和目的 MAP 的 MAC 地址。为了支持传统 STA 通过 Mesh WLAN 来发送数据包,传统节点的源 MAC 和目的 MAC 地址再加到 MAC 帧头,就构成了 IEEE 802.11s 的 6 个 MAC 地址机制。由于每个 MAP 保存有关联 STA 的 MAC 地址,因此 MAP 可以找到目的 STA。

2.7.2 IEEE 802.11s 安全分析

IEEE 802.11s 在最早设计的时候添加了 SAE 安全机制,同时允许使用传统的 IEEE 802.1x 来为网络提供安全接入功能。但是,协议并没有对节点在连接上网络之后的行为进行明确规定,所以这将使得 IEEE 802.11s 中的路由协议具有较为严重的安全漏洞。

HWMP 本质上是一个简单的距离矢量路由协议,在查找确定一条路径的过程中需要发送大量的广播帧,而网络中的每一个节点都需要对这些帧进行接收和分析处理;另外,路由的发现过程实际上是一个"以讹传讹"的过程,源节点的所有路由信息都是来自于和其距离一跳范围内的邻居节点。在设计这个协议的过程中,由于考虑到在 Ad Hoc 网络中,网络的带宽是极其有限的,所以整个协议的设计应该尽量简单,为了达到这一目的,协议的安全性几乎没有在考虑范围之内,最终的结果是,AODV 存在的安全问题,HWMP 几乎毫无保留地全部继承过来,针对这些安全问题,最典型的两种攻击方式就是洪泛攻击和黑洞攻击。

1. 洪泛攻击

从前文的说明中可以看到,HWMP 主要是依靠通过 PREQ 和 PREP 机制来建立多跳路由,所以整个无线网络能否正常运行的最为重要的一点是能否保证将 PREQ 数据包及时地发送出去。在一般情况下,节点每次收到一个 PREQ 帧,都会将这个帧保存在一个工作队列中,再经过调用相关的函数处理之后才会对这个帧进行转发或者进行回复,在这样一个过程中,不仅需要耗费空间来存储 PREQ 帧而且还需要耗费 CPU 时间对这些帧进行处理,但实际上却没有关于 PREQ 合理性进行判断。实际上,目前所有的按需路由协议都存在这样一个问题,并不是只存在于 HWMP 之中。PREQ Flooding 攻击就是利用这样一个漏洞,不停地向网络中传送大量的伪造的路由请求,这样网络中其他节点 Mesh 路由的工作队列会被这些虚假的路由请求占用,从而使得正常的路由请求无法得到即时处理,整个路由建立过程被阻塞。另外,网络中的虚假路由信息过多的时候,会占用大量的 CPU 资源来处理这些请求帧,造成响应时间延迟,网络中也由于充斥着无意义的 PREQ 而导致网络吞吐量下降。因为网络是通过广播帧来建立路由的,这样一个局部的洪泛效果将很快扩展至整个网络,使得瞬间网络数据的传输效率下降,严重的甚至会造成拒绝服务攻击。

2. 黑洞攻击

黑洞攻击就是在监听到网络中其他网络节点发送路由请求时,并不会进行常见的路径查找,而是直接为询问节点返回相关的路由回答(PREP),通知询问节点,网络的下一跳节点是其自身,同时,为了保证黑洞节点所返回的路径信息一定会被节点所采用,它会将这条路径的代价设置成为一个比较小的极端值,整个过程如图 2.20 所示。

节点 B 为黑洞节点,节点 D 和 B 均在 A 的一跳范围之内,HWMP 路由协议在计算路径优劣的时候并不计算跳数,而是单纯计算链路的 Metric 值的累加。这一点也是为什么黑洞节点能够在自己范围内影响其中所有的节点的原因之一。A 在初始状态不知道 C 节点

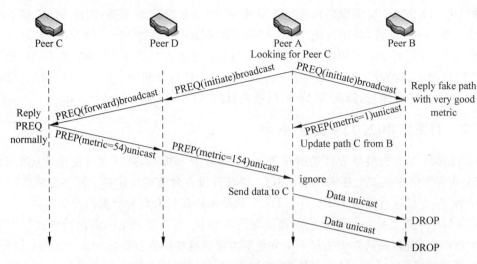

图 2.20　黑洞攻击示意图

的路径,而是通过洪泛的方式查找到 C 节点的路径,由于无线网路的广播特性,导致恶意节点 B 也能够收到 A 的 PREQ 路径查找帧。节点在更新同一条路径的时候不会因为时间先后而选择哪一条路径,所以即使 B 在 D 之后回复了 PREQ,只要保证 B 回复的 PREP 中所带的 Metric 足够低,就能保证 A 在收到 D 的回复时也不会采用正确的路径信息,而是采用黑洞节点回复的虚假的路径信息。之后 A 开始发送数据时,全部会由 B 转发,而 B 就会丢弃所有的数据包,产生路由黑洞。

小　　结

　　无线局域网就是在局部区域以无线媒体或介质进行通信的一种网络形态,它作为传统有线网络的延伸、补充或者代替,解决了有线局域网的很多不足。但由于无线局域网传输介质的特殊性,使得信息在传输过程中具有很多的不确定性,受到比有线网络更大的安全威胁。

　　无线局域网极其容易被非法用户窃听和侵入,为了解决这个问题,WEP 协议应运而生。有线等效保密(WEP)协议是对在两台设备间无线传输的数据进行加密的方式,用以防止非法用户窃听或侵入无线网络。IEEE 802.1x 协议源于 IEEE 802.11 无线网络,并且在以太网中的应用有效地解决了传统的 PPoE 和 Web/Portal 认证方式带来的问题,消除了网络瓶颈,减轻了网络封装开销,降低了建网成本。但同时也存在一些安全隐患和设计缺陷。无线局域网鉴别与保密基础结构(WAPI)是在中国无线局域网国家标准《信息技术　系统间远程通信交换局域网和城域网　特定要求　第 11 部分:无线局域网媒体访问控制和物理层规范》(GB 15629.11—2003)中提出的用来实现无线局域网中的鉴别和加密的机制,是针对 IEEE 802.11 中 WEP 的安全问题提出的 WLAN 安全解决方案。后来,IEEE 委员会提出了新的 WLAN 安全标准 IEEE 802.11i,在 IEEE 802.11i 中提出了无线局域网的新安全体系 RSN(Robust Security Network),即强健网络安全,旨在提高无线网络的安全性能。但在切换方式上,按照基于 IEEE 802.11i 切换方式进行的 QoS 接入控制,不仅会在时延方面影响会话质量,而且由于无法保障 QoS 资源的可用性,将有可能出现新 AP 无法提供原有业务而导致再次切换,甚至掉话的情况发生。基于上述原因,IEEE 802.11 委员会提出了 IEEE 802.11r 协议,设计了新的快速切换方案,优化了 STA 与 WLAN 间消息交互的过程,从而减小了切换带来的时延,提高了会话的连续性。

思　考　题

1. 什么是无线局域网?它有什么特点?
2. WEP 是为解决何种问题而产生的?它的原理是什么?
3. 基于 IEEE 802.1x 的认证技术有哪些特点?
4. 简述 WAI 的工作原理。
5. IEEE 802.11i 协议与 IEEE 802.11r 协议的联系和区别是什么?

参 考 文 献

[1]　李东瑀,余凯,张平.基于 802.11r 的 WLAN 快速切换机制研究[J].现代电信科技,2006(10).
[2]　罗军,刘卫国.WEP 协议安全分析[J].福建电脑,2006(11).
[3]　杨寅春,张世明,张瑞山.WAPI 安全机制分析[J].计算机工程,2005,31(10).
[4]　曹利,杨凌凤,顾翔.IEEE 802.11i 密钥管理方案的研究与改进[J].计算机工程与设计,2010,31(22).
[5]　杨寅春.无线局域网安全研究[D].上海:上海交通大学,2004.
[6]　张龙军.无线局域网安全技术研究[D].广州:中山大学,2003.
[7]　韩玮.无线局域网安全技术研究[D].西安:西安电子科技大学,2003.
[8]　彭清泉.无线网络中密钥管理与认证方法及技术研究[D].西安:西安电子科技大学,2010.
[9]　徐峻峰.基于 802.11 无线网络语音切换技术的研究[D].武汉:中国地质大学,2007.
[10]　孙璇.WAPI 协议的分析及在 WLAN 集成认证平台中的实现[D].西安:西安电子科技大学,2006.
[11]　马建峰,吴振强.无线局域网安全体系结构[M].北京:高等教育出版社,2008.
[12]　王颖天.浅谈无线局域网安全解决方案[J].计算机光盘软件与应用,2012,3(2).
[13]　张磊.无线局域网安全协议研究[J].通信技术,2011,44(9).

第3章 移动通信安全

随着半导体技术、微电子技术和计算机技术的发展,移动通信在短短的二十多年里得到了迅猛发展和应用。1978年,美国芝加哥开通第一台模拟移动电话,标志着第1代移动通信的诞生。1987年,我国首个TACS制式模拟移动电话系统建成并投入使用。1993年,我国首个全数字移动通信系统(GSM)建成开通,这使我国进入了第2代移动通信时代。2001年前后,多个国家相继开通了3G商用网络,标志着第3代移动通信时代的到来。

3.1 移动通信系统概述

从移动通信的发展历史来看,移动通信的发展不是孤立的,而是建立在与其相关的技术发展和人们需求增长的基础上的。第1代移动通信是在超大规模模拟集成电路的发展基础和人们对移动通话的需求上发展起来的。第2代移动通信是建立在超大规模数字集成电路技术和微计算机技术以及人们对通话质量的需求基础上。第3代移动通信是建立在互联网技术和数据信息处理技术以及人们对移动数据业务的需求基础上。第4代移动通信是建立在下一代互联网技术和多媒体技术以及人们对多媒体需求的基础上。

随着移动通信的普及,移动通信中的安全问题也受到越来越多的关注,人们对移动通信中的信息安全也提出了更高的要求。

安全威胁产生的原因来自于网络协议和系统的弱点,攻击者可以利用网络协议和系统的弱点非授权访问和处理敏感数据,或是干扰、滥用网络服务,对用户和网络资源造成损失。主要威胁方式有:窃听、伪装、流量分析、破坏数据的完整性、拒绝服务、否认、非授权访问服务和资源耗尽等。

第2代数字蜂窝移动通信系统(2G)的安全机制都是基于私钥密码体制,采用共享秘密数据(私钥)的安全协议,实现对接用户的认证和数据信息的保密,在身份认证及加密算法等方面存在着许多安全隐患。例如网络间的密钥是明传的;加密未达核心网络,导致部分网段有明文传输;对信道的保护依赖于加密技术;未提供数据完整性认证;升级改善安全功能无灵活性等。

随着第3代移动通信(3G)网络技术的发展,移动终端功能的增强和移动业务应用内容的丰富,各种无线应用将极大地丰富人们的日常工作和生活,也将为国家信息化战略提供强大的技术支撑,因而网络安全问题就显得更加重要。

3.2 GSM 系统安全

GSM 原意为"移动通信特别小组"(Group Special Mobile),是欧洲邮电主管部门会议(CEPT)为开发第二代数字蜂窝移动系统而在 1982 年成立的机构,开始制定适用于泛欧各国的一种数字移动通信系统的技术规范。1987 年,欧洲 15 个国家的电信业务经营者在哥本哈根签署了一项关于在 1991 年实现泛欧 900MHz 数字蜂窝移动通信标准的谅解备忘录(Memorandum of Understanding,MOU)。随着设备的开发和数字蜂窝移动通信网的建立,GSM 逐步成为欧洲数字蜂窝移动通信系统的代名词。后来,欧洲的专家们将 GSM 重新命名为"Global System for Mobile Communications",即"全球移动通信系统"。

目前,宣布采用 GSM 系统并参加 MOU 的国家早就不限于欧洲。在 1995 年年初,全世界就已有 69 个国家 118 个经营者签字参加了 MOU。

3.2.1 GSM 系统简介

1. 系统组成

GSM 系统由以下分系统构成:交换分系统(MSS),基站分系统(BSS),移动台(MS)和操作与维护分系统(OMS)。它包括从固定用户到移动用户(或相反)所经过的全部设备,如图 3.1 所示。

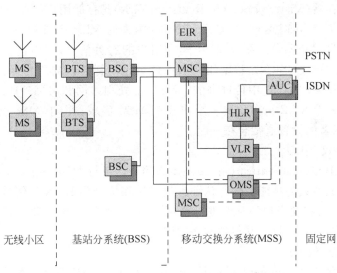

图 3.1 数字移动蜂窝网组成

1) 交换分系统

MSS 包括以下几个组成部分:移动交换中心(MSC),归属位置寄存器(HLR),拜访位置寄存器(VLR),认证(鉴权)中心(AUC),设备标志寄存器(EIR)。

(1) 移动交换中心。

移动交换中心(Mobile Service Switching Center,MSC)主要处理与协调 GSM 系统内部用户的通信接续。MSC 对位于其服务区内的移动台(MS)进行交换与控制,同时提供移动网与固定公众电信网的接口。作为交换设备,MSC 具有完成呼叫接续与控制的功能,同时还具有无线资源管理和移动性管理等功能,例如移动台位置登记与更新,MS 的越区转接控制等。移动用户没有固定位置,要为网内用户建立通信时,路由都先接到一个关口交换局(Gateway MSC,GMSC),即由固定网接到 GMSC。GMSC 的作用是查询用户的位置信息,并把路由转到移动用户当时所拜访的移动交换局(VMSC)。GMSC 首先根据移动用户的电话号码找到该用户所属的归属位置寄存器 HLR,然后从 HLR 中查询到该用户目前的VMSC。GMSC 一般都与某个 MSC 合在一起,只要使 MSC 具有关口功能就可实现。MSC通常是一个大的程控数字交换机,能控制若干个基站控制器(BSC)。GMSC 与固定网相接,固定网有公众电话网 PSTN、综合业务数字网 ISDN、分组交换公众数据网 PSPDN 和电路交换公众数据网 CSPDN。MSC 与固定网互连需要通过一定的适配才能符合对方网络对传输的要求,称其为适配功能(Inter Working Function,IWF)。

(2) 归属位置寄存器。

归属位置寄存器(Home Locate Register,HLR)是管理移动用户的数据库,作为物理设备,它是一台独立的计算机。每个移动用户必须在某个 HLR 中登记注册。在数字蜂窝网中,应包括一个或多个 HLR。HLR 所存储的信息分为两类:一类是有关用户参数的信息,例如用户类别、所提供的服务、用户的各种号码、识别码,以及用户的保密参数等;另一类是用户当前的位置信息,例如移动台漫游号码、VLR 地址等,用于建立至移动台的呼叫路由。HLR 不受 MSC 的直接控制。

(3) 拜访位置寄存器。

拜访位置寄存器(Visitor Location Register,VLR)是存储用户位置信息的动态链接库,当漫游用户进入某个 MSC 区域时,必须在 MSC 相关的 VLR 中进行登记,VLR 分配给移动用户一个漫游号(MSRN)。在 VLR 中建立用户的有关信息,其中包括移动用户识别码(MSI)、移动台漫游号(MSRN)、移动用户所在位置区的标志及向用户提供的服务等参数,而这些信息是从相关的 HLR 中传过来的。MSC 在处理入网和出网呼叫时需要查访 VLR中的有关信息。一个 VLR 可以负责一个或多个 MSC 区域。由于 MSC 与 VLR 之间交换信息很多,所以两者的设备通常合在一起。

(4) 认证(鉴权)中心。

认证(鉴权)中心(Authentication Center,AUC)直接与 HLR 相连,是认证移动用户身份及产生相应认证参数的功能实体。认证参数包括随机号码 RAND、信号响应 SREC 和密钥 KC。认证中心对移动用户的身份进行认证,将用户的信息与认证中心的随机号码进行核对,合法用户才能接入网络,并得到网络的服务。

(5) 设备标志寄存器。

设备标志寄存器(Equipment Identification Register,EIR)是存储有关移动台设备参数的数据库,用来实现对移动设备的识别、监视、闭锁等功能。EIR 只允许合法的设备使用,它与 MSC 相连接。

2) 基站分系统

BSS 包含 GSM 数字移动通信系统中无线通信部分的所有地面基础设施,通过无线接口直接与移动台实现通信连接。BSS 具有控制功能与无线传输功能,进而完成无线信道的发送、接收和管理。它由基站控制器和基站收发信台两部分组成。

(1) 基站控制器。

基站控制器(Base Station Controller,BSC)的一侧与移动交换分系统相连接,另一侧与

BTS 相连接。一个基站分系统只有一个 BSC,而有多套 BTS。它的功能是负责控制和管理,BSC 通过对 BTS 和 MS 的指令来管理无线接口,主要进行无线信道分配、释放以及越区信道的切换管理。

（2）基站收发信台。

基站收发信台(Base Transceiver Station,BTS)负责无线传输,每个 BTS 有多部收发信机(TRX),即占用多个频率点,每部 TRX 占用一个频率点,而每个频率点又分成 8 个时隙,这些时隙就构成了信道。BTS 是覆盖一个小区的无线电收发信设备。

BTS 还有一个重要的部件称为码型转换器（Transcoder）和速率适配器（Rate Adaptor），简称 TRAU。它的作用是将 GSM 系统中话音编辑信号与标准 64kb/s PCM 相配合,例如移动台(MS)发话,它首先进行语音编码,变为 13kb/s 的数字流,信号经 BTS 收信机的接收,其输出仍为 13kb/s 信号,需经 TRAU 后变为 64kb/s PCM 信号,才能在有线信道上传输。同时,要传送较低速率数据信号时,也需经过 TRAU 变成标准信号。

3）移动台

移动台靠无线接入进行通信,线路不固定,因此它必须具备用户的识别号码。GSM 系统采用用户识别模块(Subscriber Identity Module,SIM)将模块制成信用卡的形式。SIM 卡中存有用户身份认证所需的信息,并能执行一些与安全保密有关的信息。移动设备只有插入 SIM 卡后才能进网使用。

4）维护分系统

操作与维护管理的目的是使网络运营者能监视和控制整个系统,把需要监视的内容从被监视的设备传到网络管理中心,显示给管理人员;同时,应该使管理人员在网络管理中心能修改设备的配置和功能。

2. 主要特点

1）移动台具有漫游功能

GSM 给移动台定义了三种识别码:一个是 DN 码,是在公用电话号码簿上可以查到的统一电话号码;第二个是移动台漫游号码(MSRN),是在呼叫漫游用户时使用的号码,由 VLR 临时指定,并根据此号码将呼叫接至漫游移动台;第三个是国际移动台识别码(IMSI),是在无线信道上使用的号码,用于用户寻呼和识别移动台。根据上述三个识别码,可以准确无误地识别某个移动台。

漫游用户必须进行位置登记。当 A 区的移动台进入 B 区后,它会自动搜索该区基站的广播信道,从中获得位置信息。当其发现接收到的区域识别码与自己的号码不同时,漫游移动台会向当地基站发出位置更新请求,B 区的被访局收到此信号后,通知本局的 VLR,VLR 即为漫游用户指定一个临时号码 MSRN,并将此号码通过 CCS7 号信令通知移动台所在业务区备案。这样,当固定用户呼叫漫游移动用户时,拨移动台的 DN 码,DN 码首先经公用交换网络接至最靠近的本地 GSM 移动业务交换中心(GSMC),GSMC 利用 DN 码访问母局位置登记器即归属位置寄存器(HLR),从中获取漫游台的 MSRN 码,GSMC 根据此码将呼叫接至被访问的移动业务交换中心(VMSC),VMSC 接到 MSRN 号码后,证实漫游台是否仍在本区工作,经确认后,VMSC 将 MSRN 码转换成国际移动台识别码(IMSI),通过基站,在无线信道上向漫游台发出呼叫,从而建立通话。

2）可提供多种业务

除语音通话外,GSM 系统还能提供多种数据业务、三类传真、可视图文等,并能支持

ISDN 终端。

3) 具有较好的保密功能

保密措施通过"认证中心"实现,认证方式是一个"询问-响应"过程。在通信过程开始时,首先由网络向移动台发出一个信号并同时启动自己的"用户认证"单元,移动台收到这个信号后,连同内部的"电子密钥"一起来启动"用户认证"单元,并将结果返回网络;网络将这两个"用户认证"单元结果相比较,只有相同才为合法。

4) 越区切换功能

在微蜂窝移动通信网络中,高频率的越区切换是不可避免的。在 GSM 中,移动台应主动参与越区切换。移动台在通话期间,不断向所在工作区基站报告本区及相邻区的无线环境的详细数据,当需要越区切换时,移动台主动向本区基站发出越区切换请求。固定方(MSC 或 BSC)根据来自移动台的数据,查找是否有替补信道。如果不存在,则选择第二替补信道,直至选中一个空闲信道,使移动台切换到该信道上继续通信。

3. 业务功能

GSM 系统主要提供以下 4 大类业务。

1) 电话业务

紧急呼叫是由电话业务引申出来的一种特殊业务。移动台用户能通过一种简便而统一的手续接到就近的紧急业务中心(例如警察局或消防中心)。使用紧急业务不收费,也不需要认证使用者身份的合法性。

语音信箱能将话音存储起来,事后由被叫移动用户提取。

2) 数字业务

在 GSM 技术规范中列举了 35 种数字业务,主要是以下几类。

(1) 与公众电话通信网(PSTN)用户相连的数字业务

PSTN 中最常用的数字业务有三类传真和可视图文(VIDEOTEX),数字网(GSM)要与PSTN 相连接,必须使用 MODEM,GSM 能处理 9600b/s 速率以下的全双工方式下的数据。

(2) 与综合业务数字网(ISDN)用户相连的数字业务

GSM 系统中的数据速率最高为 9600b/s,而 ISDN 使用的速率是 64kb/s,因此必须采用速率转换技术。采用标准化的 ISDN 数据格式,在 64kb/s 链路上传送低速数据,这种方式可实现高于 2400b/s 的异步数据传输。

(3) GSM 用户之间的数字业务

在大多数情况下,GSM 网内用户之间的通信会有外面的通信网参与,因为 GSM 网内交换机之间的传输都是通过公众固定网的缘故。目前,GSM 网所能提供的业务必须是PSTN 传输网能支持的业务,GSM 用户之间的通信与 GSM 用户和 PSTN 用户间的连接是相同的。

(4) 与分组交换数据通信网(PSPDN)用户相连的数字业务

PSPDN 是一种采用分组传输技术的通用性数据网,主要用于计算机之间的通信,同时也支持远端数据库的访问和信息处理系统。PSTN 采用的是电路传输技术,GSM 可以有几种方式接入 PSPDN。

3) 短消息业务

通过 GSM 网并设有短消息业务中心(SMS),便可实现短消息业务。

（1）点对点短消息业务

一种是移动台接收点对点短消息（SMS-MT/PP），另一种是移动台发送点对点的短消息业务（SMS-MO/PP）。GSM 数字移动通信网用户可以发出或接收有限长度的数字或文字消息，这就是短消息业务功能。

（2）短消息小区广播业务

这种业务是向特定地区的移动台周期性地广播数据信息，移动台能连续地监测广播信息显示给用户。

4）补充业务

补充业务只限于电话业务，它允许用户能按自己的需要改变网络对其呼入呼出的处理，或者通过网络向用户提供某种信息，使用户能智能化地利用一些常规业务。

3.2.2　GSM 安全分析

在第 1 代模拟移动通信系统中，由于技术因素的限制，网络中没有采取有效的安全机制，对运营商和用户都造成了巨大的损失。有数据显示，仅 1993 年一年内由于网络安全原因导致的经济损失就超过三亿美元。由此，移动通信系统的安全性问题开始引起人们的关注。

为了保障 GSM 系统的安全保密性能，在设计中采用了很多安全、保密措施，主要有：接入网采用用户鉴权、无线链路上采用通信信息加密、用户身份（IMSI）采用临时识别码（TKSI）保护、移动设备采用设备识别、SIM 卡用 PIN 码保护等。

1. 临时识别符 TMSI（用户身份保密）

为了保护用户的隐私，防止用户位置被跟踪，GSM 中使用临时识别符 TMSI 对用户身份进行保密。只有在网络根据 TMSI 无法识别出它所在的 HLR/AuC，或是无法到达用户所在的 HLR/AuC 时，才会使用用户的 IMSI 来识别用户，从它所在的 HLR/AuC 获取鉴权参数来对用户进行认证。在 GSM 中 TMSI 总是与一定的 LAI（位置区识别符）相关联的，当用户所在的 LA（位置区）发生改变时，通过位置区更新过程实现 TMSI 的重新分配，重新分配给用户的 TMSI 是在用户的认证完成时，启动加密模式后，由 VLR 加密后传送用户，从而实现了 TMSI 的保密。同时在 VLR 中保存新分配给用户的 TMSI，将旧的 TMSI 从 VLR 中删除。

2. 鉴权（用户入网认证）

GSM 系统使用鉴权三参数组（随机数 RAND，符号响应 XRES，加密密钥 K_c）实现用户鉴权。

在用户入网时，用户鉴权键 K_i 同 IMSI 一起分配给用户。在网络端 K_i 存储在用户鉴权中心（Authentication Center，AuC），在用户端 K_i 存储在 SIM 卡中。AuC 为每个用户准备了"鉴权三元组"，存储在 HLR 中。当 MSC/VLR 需要鉴权三元组的时候，就向 HLR 提出请求并发送消息"MAP—SEND—AUTHENTICATION—INFO"给 HLR（该消息包括用户的 IMSI），HLR 的回答一般包括 5 个鉴权三元组。任何一个鉴权三元组在使用之后，将被破坏，不再重复使用。

当移动台第一次到达一个新的 MSC（Mobile-Service Switching Center，移动业务交换中心）时，MSC 会向移动台发出一个随机号码 RAND，发起一个鉴权认证过程。整个过程如

图 3.2 所示。

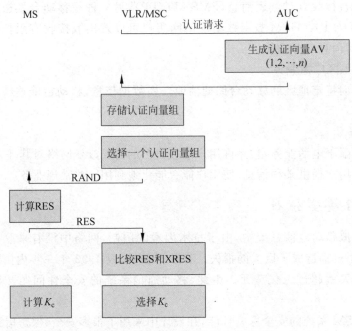

图 3.2　GSM 系统鉴权和认证过程

3. 加密

　　网络对用户的数据进行加密,以防止窃听。加密是受鉴权过程中产生的加密密钥 K_c 控制的,加密密钥的产生过程是通过相同的输入参数 RAND 和 K_i,将两个算法合为一个来计算符号响应和加密密钥。加密密钥 K_c 不在无线接口上传送,而是在 SIM 卡和 AuC 中,由这两部分来完成相应的算法,如图 3.3 所示。

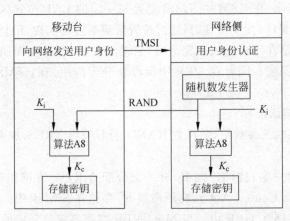

图 3.3　GSM 系统中加密密钥的产生

　　加密的过程是:将 A8 算法生成的加密密钥 K_c 和承载用户数据流的 TDMA 数据帧的帧号作为 A3 算法的输入参数,生成伪随机数据流。再将伪随机数据流和未加密的数据流作模 2 加运算,得到加密数据流。在网络侧实现加密是在基站收发器(BTS)中完成的,BTS 中存有 A3 加密算法,加密密钥 K_c 是在鉴权过程中由 MSC/VLR 传送给 BTS 的。具体流程如图 3.4 所示。

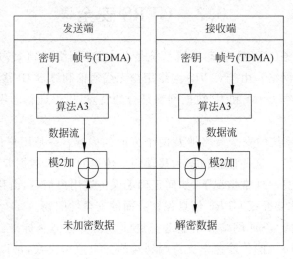

图 3.4　加解密过程

4. 设备识别

设备识别是为防止盗用或非法设备入网使用的。

（1）MSC/VLR 向 MS 请求 IMEI（国际移动设备识别码），并将其发送给 EIR（设备识别寄存器）。

（2）收到 IMEI 后，EIR 使用它所定义的如下三个清单。

① 白名单：包括已经分配给参加运营 GSM 各国的所有设备识别序列号。

② 黑名单：包括所有被禁止使用的设备的识别号。

③ 灰名单：由运营商决定，包括有故障的及未经型号入网认证的移动设备。

（3）将设备鉴定结果发送给 MSC/VLR，以决定是否允许入网。

3.2.3　GSM 系统的安全问题

通过上面的介绍，可以了解到 GSM 尽管采取了一些安全机制，但 GSM 系统中仍然存在一些安全问题，主要包括以下几个方面。

在用户开机注册，或者网络无法从 TMSI 恢复出 IMSI 的时候，比如 VLR/SGSN 的数据丢失，用户将被要求以明文方式发送 IMSI。

GSM 系统中的用户鉴权是单向的，只有网络对用户的认证，而没有用户对网络的认证。非法的设备（如基站）就可能会伪装成合法的网络成员，骗取到用户的重要信息。

GSM 系统只是在接入网中进行了加密，在核心网中没有采取加密等安全措施，因此在核心网络的网元间，信令消息和数据都采用明文传输，容易被窃听；K_c 长度只有 64b，比较短，容易被破解；加密算法是不公开的，这些算法的安全性不能得到客观的评价，许多潜在的漏洞不易被及时发现、改进；加密算法固定不变，缺乏算法协商和 K_c 协商的过程。

在 GSM 网络中没有考虑对信令、数据进行完整性保护，如果数据在传输的过程中被篡改，将难以发现。

3.3 GPRS 安全

通用分组无线业务(GPRS)移动通信系统是在 GSM 网络基础上构建的满足分组业务服务需求的无线通信网络。由于 GPRS 网络用户无线通信和终端 IP 移动性的制约,其安全性的构建必须综合权衡 GSM 和 IP 数据网络结合的特点,以保证移动用户终端之间安全有效的信息传输。

GPRS 移动通信系统的安全策略涉及两个方面的内容:一是用户信息传送的准确性;二是用户信息的保密性。这些信息包括为移动用户传送的话音、数据业务以及用户位置、识别方式等个人资料信息。通常情况下,如何正确无误传送用户信息,由移动通信系统的信道控制技术确定,这里主要介绍 GPRS 信息保密方面的安全性问题。

GPRS 是一种支持 GSM 网络分组业务扩展的数据传输体制标准。充分利用 GSM 基础设备,以 115~170kb/s 的传输速率支持端到端的分组数据交换,可以提供基于移动无线应用协议(WAP)等高层应用的互连,灵活部署电信增值服务。GPRS 的安全性由如图 3.5所示的网络体系结构所确定。GPRS 网络分为无线侧和网络侧,无线侧提供空中接口的终端接入能力,GPRS 安全控制主要是网络侧的功能。GPRS 网络侧的安全控制是在 GSM 的基础上通过增加服务 GPRS 支持节点(GGSN)和网关 GPRS 支持节点(GGSN)核心网络实体以及重新界定实体间接口实现的。SGSN 为移动台(Ms)提供移动性管理、路由选择、加密及身份认证等服务,GGSN 则用于接入外部数据网络。边界网关(BG)主要用于 PLMN内不同本地互联网(LIN)构成的 GPRS 核心网的互联,并可以根据运营商之间的漫游协议进行功能扩展与定制。

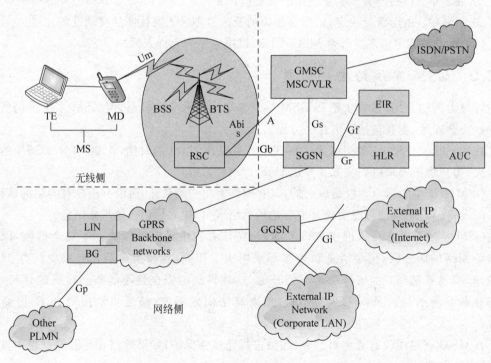

图 3.5　GPRS 网络体系结构

GPRS的本质是扩展的IP分组数据通信网络,所面临的安全隐患多于基于No.7信令进行电路交换的GSM系统。由于TCP/IP的广泛使用和IP安全的脆弱性,这将不可避免地增加GPRS安全威胁的可能性。

GPRS的安全性表现为网络实体的安全威胁,涉及从外部IP网络侵入到GPRS系统,进行恶意攻击GPRS网络实体或浏览信息,以及用户、运营商内部、ISP对系统非经授权访问等方面内容。GPRS网络实体根据是否执行GPRS传输协议(GTP)可以分成两大类:GTP节点和IP节点。

• GTP节点

(1)移动台(MS)在GPRS开放网络运营环境下,不可避免地存在使用上的安全隐患。

(2)GGSN连接到GPRS网络的路由器发起的GGSN节点攻击。

(3)LIN/计费网关(CG)来自于骨干网内部的拒绝服务攻击或恶意修改计费数据。

• IP节点

(1)网络管理站(NMS)从骨干网接入到GPRS网络或进行IP伪装成NMS节点攻击其他网络设备。

(2)域名服务器(DNS)作为GPRS网络用来查询其用户的设备,易受拒绝服务攻击。

1. GPRS安全策略

GPRS的安全策略基于以下三个方面的规则,在实现上可以综合采用不同的安全措施。

(1)防止未经授权使用GPRS业务,即鉴权和服务请求确认。

(2)保持用户身份的机密性,使用临时身份和加密。

(3)保持用户数据的机密性,进行通信数据加密发送。

2. 用户鉴权与身份认证

GPRS的用户鉴权与身份认证适用于网络内部的MS通信,与GSM原有的过程类似,区别在于鉴权与身份认证流程由SGSN发起,如图3.6所示。鉴权三元组存储在SGSN,在开始加密时对所采取的加密算法进行选择。鉴权与通信过程中,通过使用临时逻辑链路标志(TLLI)和临时移动台身份标识(TMSI)实现用户真实身份的信息隐藏。

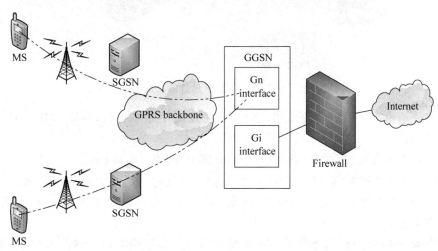

图3.6 GPRS网络MS之间通信流程

3. 用户数据与信令机密性

GPRS 网络数据传输的数据和信令受保密加密算法(GEA)保护,加密范围在 MS 与 SGSN 之间,由逻辑链路层(LLC)完成。为正确地传送数据,GPRS 服务节点和移动终端对数据的加密和解密过程必须保持同步。

4. 安全协议

GPRS 网络之间通过 PSDN 或者 DDN 的通信链路连接,其中专用网络链路的使用可以满足用户对服务质量和安全性能的要求。由于 GPRS 网络间的数据与信令通过 BG 进行传递,可以使用 IPSec 协议构建 VPN 实现身份认证和以隧道保护为基础的数据安全性。

5. 信息容灾处理

信息容灾处理主要采用冗余可靠性工程的方法,对 GPRS 网络系统的重要节点进行设备或数据级别的周期备份,以利于系统的故障切换与数据恢复。

6. 安全防火墙技术

结合 GPRS 网络实体安全需求,GGSN 采用防火墙技术是保障网络安全的重要途径。从系统管理的角度,加强 GPRS 设备和移动用户终端 MS 两方面的安全性,以确保 GPRS 网络本身以及存储在网络或 MS 内的信息不受外来非法攻击。图 3.7 展示了采用防火墙技术的 GPRS 与外部 IP 网络互连的结构。

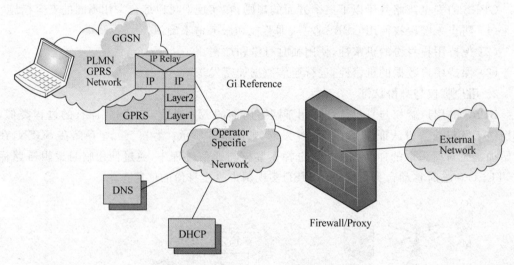

图 3.7 GPRS 与外部 IP 通过防火墙相连

(1) 防火墙由 GPRS 运营商设置,支持 IP 协议应用程序运行,应限制外部 IP 网络对 GPRS 网络的访问。

(2) 域名服务器可在 GPRS 侧,也可以由外部 IP 网络负责维护。

(3) GPRS 的动态 IP 地址由 GGSN 分配,也可以使用外部 DHCP 进行管理。

(4) GPRS 网络通过信息过滤检查,确保只有 MS 发起的请求通过防火墙,来自网络外部的访问被拦截。

GGSN 防火墙可以有效地保护 MS 不受 GPRS 外部网络攻击。预防来自 GPRS 内部合法用户的安全威胁,实现 GPRS 移动台的安全数据传输,则依赖于 SGSN 实体用户之间以双向用户鉴权与身份认证为核心的访问控制策略。

GPRS 是叠加在 GSM 网络之上的移动通信增值服务网络。其网络通信的数据安全性，首先依赖于移动网络自身的安全机制。GPRS 通过综合用户鉴权、数据加密、信息容灾以及合理设置防火墙等可靠性与安全技术手段。确保移动用户安全有效的数据业务传输。在保证 GPRS 网络性能的前提下，实施基于通信协议不同层次的全方位访问控制、数据保密与信息备份策略，是提高 GPRS 网络安全性的一条可行途径。

3.4　UMTS 系统的安全

前面讲到，在 GSM 制式中除了话音通过模/数变换、压缩编码后经无线信道以数字信号方式传送以获得一定安全性外，还考虑了多种有效措施，主要有用户鉴权、无线接口通信加密和使用临时标识符（TMSI）等，这增强了用户信息在无线信道上传送的安全性。然而随着技术的进步，攻击者有了更加先进的工具和手段，GSM 在得到广泛使用的同时在安全上的缺陷也渐渐凸现出来。这些缺陷主要有以下几方面。

（1）单向身份认证。只有网络认证用户，用户不认证网络，无法防止伪造基站和 HLR 的攻击。

（2）敏感的控制信息没有受到保护。例如，用于无线接口加密的密钥是在没有加密的情况下在不同网络间进行传输的。

（3）缺乏数据完整性认证等。

针对 2G 系统的种种缺陷，3G 提出了相应的解决对策，在继承 2G 系统基本安全特性的基础上，针对 3G 系统的新特性定义了更加完善的安全特征与安全服务。

UMTS(Universal Mobile Telecommunications System，通用移动通信系统)采用 3G 主流技术，3GPP 所规范的 WCDMA/UMTS 系统包括无线接入网络和核心网络两大部分，在系统安全结构中重点描述了网络接入的安全技术规范。下面将具体介绍 UMTS 以及它的安全机制。

3.4.1　UMTS 系统简介

如图 3.8 所示，图中展示了 UMTS 系统的体系结构模型。按模块划分的概念，整个 UMTS 系统可以分成三个功能实体：用户设备（UE）、无线接入网（UTRAN）以及核心网（CN）。UE 和 UTRAN 之间通过 Uu 接口相连接，UTRAN 和 CN 之间通过 Iu 接口相连接。

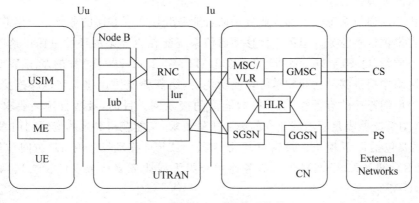

图 3.8　UMTS 系统体系结构

从图中可以看出,UE包括两部分:用户设备(ME)和UMTS用户识别模块(USIM)。ME是进行无线通信的设备,它通过Uu接口与Node B进行通信。USIM是存储用户身份的智能卡,具有用户鉴权功能,并能存储鉴权信息和用户信息。

在第3代移动通信系统中,Uu接口采用WCDMA技术。与FDMA(Frequency Division Multiple Access,频分多址)和TDMA(Time Division Multiple Access,时分多址)相比,WCDMA具有更大的技术优势,这主要体现在以下几个方面。

(1) WCDMA采用直接序列扩频。不同的用户靠不同的扩频码字来区分,这大大提高了系统的容量。当多个用户同时传送扩频信号时,接收端必须能够区分这多个不同的用户。由于每个用户都有一个独一无二的扩频码,而且不同用户的扩频码字间的相关性非常小,当用特定用户的扩频码对接收到的信号进行相关运算时,该用户的频谱得以恢复,而其他用户的频谱进一步被扩展,因此在信号带宽范围内,该用户的信号功率比其他用户的干扰信号功率大得多,从而可以方便地提取出该用户的信号。

(2) WCDMA系统能够克服多径干扰。在无线信道中,由于存在反射和折射现象,发送端和接收端之间存在多条信号传输路径。从不同的路径接收到的信号实质上是同一传输信号的变形,它们只是在幅度、相位、时延以及到达角度上存在着差异。这些信号合并后的波形与频谱不同于原来信号的波形与频谱,因此接收端不易正确接收。但扩频技术能够消除这种多径干扰的影响。

(3) WCDMA系统具有良好的保密功能。只有接收端截获了用户的扩频码之后才能对信号进行解扩处理以获得用户信息。并且由于扩展频谱信号具有较低的功率谱密度,这使得敌方很难截获,截取概率低。

此外,当扩频码字和一个窄带干扰信号进行相关运算后,窄带干扰信号功率谱被扩展,从而降低了干扰信号的功率,这使得WCDMA系统具有较强的抗干扰能力。

UTRAN也由两部分构成:Node B和无线网络控制器(RNC)。Node B和RNC之间通过Iub接口相连,RNC和RNC之间通过Iur接口相连。Node B主要用于在Iub接口和Uu接口之间传送数据流,同时也对无线资源进行管理。RNC主要负责管理、控制无线资源,同时它也是UTRAN向CN提交业务的接入点。第3代移动通信系统的一个基本概念就是将移动通信系统中的无线接入网络的功能同核心网络的功能分开。无线接入网向移动终端提供了一个接入平台,该平台使得移动终端能够接入核心网络并且能够利用移动核心网络所提供的业务。

第3代移动通信系统中大部分业务是话音业务和接入互联网的业务。虽然第2代移动通信系统也提供这些业务。但第3代移动通信系统能在更复杂的环境里提供这些业务,且业务的服务质量(QoS)更好。此外,为了在UMTS和IMT-2000这样的基于W-CDMA的移动通信网络中提供移动性和软越区切换功能,网络需要能快速建立和拆除连接。这就要求建立一个面向连接的有严格QoS控制能力的接入网。目前,最适合这一要求的技术是AAL2。AAL2既能满足所承载业务的服务质量要求,又能获得高效的资源利用率。

CN主要包括以下模块:归属位置寄存器(HLR)、移动交换中心/访问位置寄存器(MSC/VLR)、网关MSC(GMSC)、服务通用分组无线业务支持节点(SGSN)、网关GPRS支持节点(GGSN)。

HLR是存储移动用户信息的数据库,每个移动用户必须在某个HLR中登记注册。

HLR 存储的用户信息有两类,一类是有关用户参数的信息,一类是有关用户当前位置的信息。MSC/VLR 是在电路交换系统中为 UE 提供服务的交换设备和数据库。MSC 对位于其服务区内的移动台进行交换和控制,同时提供移动网与固定公共电信网互联的接口。VLR 是存储用户位置信息的动态数据库。当漫游用户进入某个 MSC 区域时,必须在与该 MSC 相关的 VLR 上建立相应的用户信息。UMTS PLMN 通过 GMSC 与外部的电路交换网相连。SGSN 的功能和 MSC/VLR 基本相同,但它适用于分组交换(PS)业务。GGSN 的功能和 GMSC 基本相同,同样它也适用于分组交换(PS)业务。

核心网分为两类。一类核心网基于 GSM 系统,它可以和 ISDN、PSDN 等网络互通;另一类核心网基于通用分组无线系统(GPRS),它可以提供分组交换业务,能接入到 Internet 或其他的 IP 网络。

和第 2 代移动通信系统相比,UMTS 系统不但在结构和性能上有了很大的改进,更重要的是它能够提供更多的业务类型,给人们的日常生活带来更大的便利。

UMTS 系统能够提供不同服务质量(QoS)等级的业务。根据业务对时延敏感程度的不同,UMTS 系统将所支持的业务分为 4 个等级:会话型业务、流业务、交互型业务、后台型业务。在这 4 种业务等级中,会话型业务对时延最敏感,而后台型业务对时延的要求最低。

1. 会话型业务

会话型业务属于实时应用业务,它对业务时延很敏感,要求端到端时延小。在会话型业务中,会话的双方是对称的实体。会话型业务最典型的应用是电路交换的话音业务。此外,一些接入 Internet 的业务和多媒体业务,如用 IP 承载的话音业务以及可视电话业务也属于会话型业务。

在 UMTS 系统中,话音业务通常采用自适应多速率(AMR)技术进行压缩编码。AMR 编码器能够提供 12.2kb/s、10.2kb/s、7.95kb/s、7.40kb/s、6.70kb/s、5.90kb/s、5.15kb/s 和 4.75kb/s 8 种源编码速率。但究竟采用哪种源速率进行编码则由无线接入网决定。AMR 编码器提供的某些编码速率和现有的一些蜂窝系统相同,如 GSM EFR 编码器采用的 12.2kb/s 的速率、US-TDMA 编码器采用的 7.4kb/s 的速率和日本的 PDC 编码器采用的 6.7kb/s 的速率。AMR 编码器还可以进行速率转换。无线接入网能根据空中接口的负荷情况和话音连接的质量来控制 AMR 编码的速率。在负荷较重时,采用较低的编码速率能够扩大系统容量,但这将造成话音质量下降。当移动台处于小区边缘时,它的发射功率最大,此时采用较低的编码速率可以扩大小区的覆盖范围。总之,采用 AMR 编码方式能在一定程度上调节网络容量、小区覆盖范围和话音质量,以获得令人满意的效果。UMTS 系统提供的可视电话业务同话音业务一样对时延非常敏感,由于采用了图像压缩技术,此种业务要求具有很低的比特错误概率和比特丢弃概率。

2. 流业务

多媒体数据流作为一种传输数据的技术,可以将数据以稳定、连续的数据流形式进行传输。这种技术被越来越广泛地应用在 Internet 上。当用户下载大容量的多媒体文件时,由于数据传输速率的限制,将整个文件下载完再浏览需要等较长时间。采用流业务技术无须将整个文件下载完,而是在下载文件数据的同时即可通过用户的浏览器或插件显示数据。接收数据的用户端必须能够及时处理下载下来的数据,将其转换成声音或图像。流业务是不对称的,它对时延的敏感程度比会话型业务低得多。

3. 交互型业务

当终端用户(一个人或一台机器)要求从远端设备上获取数据时,就需要按照交互型业务方式进行通信。例如,人作为终端用户时,可以上网浏览网页,检索远端数据库中的信息;机器作为终端用户时,可以轮询测量报告,自动查询数据库。

交互型业务是一种典型的数据通信业务,它的一个特征是终端用户采用"要求-应答"的模式进行通信。消息传输往返时延是交互型业务的一个重要的参数。交互型业务的另一个特征是分组数据必须以透明的方式进行传输。基于位置的服务是一种典型的交互型业务。例如,在基于位置的服务中,可以通过终端查询相关位置信息。在终端上输入一定的信息,就可以找到最近的加油站、医院或学校;外出旅游时,可以事先查询该地的名胜古迹。提供基于位置的服务的终端可以根据需要显示一幅地图,地图上有文字标识。单击地图上的标识,终端就会显示出相关的信息。在不远的将来,基于位置的服务将成为UMTS系统的一项主要业务。联网游戏也属于交互型业务,但当网络游戏时延要求较高时,它属于会话型业务。

4. 后台型业务

后台型业务对时延的要求最低,接收消息的实体并不要求消息在很短的时间内到达,它的时延可能是几秒、几十秒甚至几分钟。典型应用包括:电子邮件(E-mail)、短消息业务(SMS)、下载数据、接收测量报告。目前,一种新兴的后台型业务——电子贺卡正悄然兴起,随着终端采用内置式照相机及大型彩显的小型化,电子贺卡业务的应用将日益广泛。

3.4.2 UMTS 安全分析

从某种意义上来讲,通用移动通信系统(UMTS)是全球移动通信系统(GSM)的改进方案。GSM中的基本接入安全机制正是UMTS接入安全的基础。当然,安全体系结构的设计目标并不局限于GSM中已有的安全解决方案。

UMTS的安全机制主要原则如下。

(1) UMTS的安全体系将基于第2代系统(2G)的安全体系,即仍将保留现有的GSM系统的安全特性。

(2) UMTS的安全体系将针对2G系统中已发现的安全漏洞做出改进,其中包含交互式认证机制和基于128b密钥的强加密机制。

(3) UMTS安全体系将提供新的安全性能。UMTS必须保障3G环境下的新业务,包括多运营商、多服务提供商交互工作环境下提供的新业务。

此外,研究人员通过对3G系统面临的威胁进行分析,定义了对3G系统的安全要求。这将用作定义安全体系中所需的安全特性的基础,并基于这些安全特性定义了一套安全机制。

研究人员在3G的技术规范 TS 33.102 中定义了UMTS接入安全的安全体系结构。其主要目标可概括为:①对用户模块(UE)进行认证,特别是用户服务标识模块(USIM),其中包括确认UE是否已接入一个有效的网络;②向UE和服务网络SN提供会话密钥;③在会话密钥的保护下在UE和SN之间建立连接。

当然,安全结构体系还包括其他方面,但是认证、密钥生成以及接入链路的加密和完整性保护是其主要部分。以下将对该体系结构进行更加详细的介绍,我们以认证的基础,即实体认证作为开始。

1. 认证的实体

进行实体认证的前提条件是该实体已预先定义好一个独一无二的身份标识。在移动网络中,主要的用户身份标识是国际移动用户身份标识号(IMSI),如图 3.9 所示。但 IMSI 并不是用户的电话号码(即所谓的 MSISDN 号)。MSISDN 号是包含完整国家代码的电话号码,并同运营商数据库中的 IMSI 号相对应。MSISDN 号基本上是公共信息,但 IMSI 号是用作系统内部标识和路由之用的,通常是非公开的。

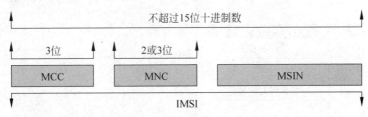

MCC:国家代码(由ITU规定)
MNC:移动网络代码(由国家标准化权威机构规定)
MSIN:移动用户识别号(由网络运行商规定)

图 3.9　IMSI 的结构

认证程序将产生加密中使用的会话密钥。在某些情况下,永久标识 IMSI 可在网络的空中接口处被截取,这使得攻击者可对用户位置进行跟踪。为解决这个问题,SN 可以发布一个本地暂时身份标识符 TMSI(4B,十六进制编码),用来进行身份认证。因此,正规的程序是当 UE 首次进入一个新服务区时(如服务 GPRS 支持节点(SGSN)或访问位置寄存器(VLR)),将向基站发送自己的 IMSI 号。随着加密技术的出现,SN 将给 UE 发布一个 TMSI 号。TMSI 号是以加密的形式公布,因此难以对一个特定的用户进行跟踪,因为在 IMSI 和 TMSI 之间没有明显的联系。通过使用 TMSI,提供了一种对用户身份和位置进行保密的方法。

除了用 IMSI 对 UISM 进行标识以外,对移动台(MS)也有一个标识号,称之为国际移动台设备标识号(IMEI),这也是一个独一无二的标识号。IMEI 将由设备标识寄存器(EIR)的数据库进行周期性的核查。用户可以通过采取合法的措施,将被盗用的手机登记入 EIR 的"黑名单"中,运营商将随后停止对该手机提供服务。

2. 实体认证和会话密钥的产生

在连接建立阶段,UE 将通过 IMSI 或 TMSI 来标识自己的身份,而该公布的标识号将通过网络执行的认证程序对其进行认证。UMTS 的安全体系结构是基于一个交互式程序,该程序是在用户端(USIM)和网络端的 SGSN 和 VLR 之间执行。该程序称为 UMTS 认证和密钥协商(AKA)协议,因为除了提供认证服务以外,该程序还包含会议密钥的生成和在用户端提供机密性和数据的完整性保护。

AKA 程序的执行包含两个步骤,如图 3.10 所示。第一步包含安全证书(认证矢量,AV)的传递,即从归属网络(HE)到服务网络(SN)。HE 主要由本地用户数据库 HLR 和认证中心 AuC 组成;SN 则由核心网络中直接参与连接建立的部分组成。就运营商而言一般都包含 HE 和 SN 节点。

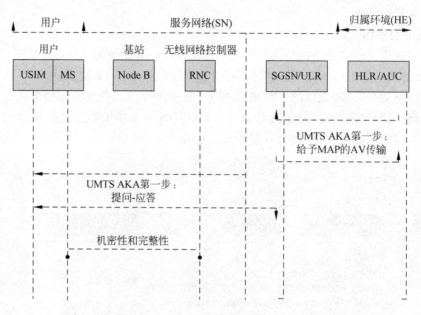

图 3.10　简化的 UMTS 结构体系和基本的接入安全体系

　　认证矢量中包含类似提问-应答认证数据和加密密钥等敏感数据。因此,在 HLR/AuC 和 SGSN/VLR 之间传送认证矢量需要采取安全措施以防止窃听和篡改(例如,传输的机密性和完整性都必须加以保护)。

　　AKA 协议的第二个步骤是 SGSN/VLR 执行单向提问-应答程序,用以实现在 UMTS 和网络(SN,HE)之间完成交互式实体认证。须注意的一点是在两步的 AKA 协议中,HE 具有为 SN 提供安全性保护的责任。因此,在 HE 和 SN 之间必须建立一种相互信任的关系。在 GSM 中,这种信任关系通过漫游协议得以建立,在 UMTS 中也应该采用同样的模式。

　　在 AKA 程序中应用的加密函数,只在 USIM 和 AuC 中专用。3GPP 采用了 MILENAGE 算法以实现 AKA 功能。虽然标准 MILENAGE 算法只是作为算法集中的一个例子,但实际上它是为实现 AKA 功能而建议采用的算法集。算法是基于对称分组密码体制 Rijndael 之上的。表 3.1 中描述了 UMTS 中采用的加密函数及其应用。

表 3.1　UMTS 安全算法

算法	用　途	O:运营商规定的 S:完全标准化的	位　置
f_0	随机数生产函数	O-(MILENAGE)	AuC
f_1	网络认证函数	O-(MILENAGE)	USIM 和 AuC
f_{1*}	消息重同步函数	O-(MILENAGE)	—
f_2	用户随机数认证函数	O-(MILENAGE)	—
f_3	密钥生产函数	O-(MILENAGE)	—
f_4	完整性密钥生产函数	O-(MILENAGE)	—
f_5	用于普通操作的匿名密钥生成函数	O-(MILENAGE)	—
f_{5*}	用于重同步的匿名密钥生成函数	O-(MILENAGE)	—

算法	用 途	O：运营商规定的 S：完全标准化的	位 置
f_6	MAP 加密算法	S	MAP 节点
f_7	MAP 完整性算法	S	—
f_8	UMTS 加密算法	S-(KASUMI)	MS 和 RNC
f_9	UMTS 完整性算法	S-(KASUMI)	—

交互式认证使得 USIM 成为一个活跃的实体。在 GSM 中用户不能对网络进行认证；因此，UE 不能拒绝网络。在 UMTS 中，UMTS 将会尝试对网络进行认证。因此，USIM 可能拒绝进入网络。

3. 接入链路的保护

安全保护是通过加密实现的，这些加密密钥是由 AKA 程序产生的。密钥 CK 通常具有 128b，但可通过配置密钥生成函数 f_3 来控制密钥中重要比特的长度。由 MILENAGE f_3 算法所生成的默认值是长度为 128b 的机密密钥。

在 GSM 系统中，机密性保护通常是在基站实现的。这符合最初的设计目标，即在无线接口上防止窃听。然而现已发现在基站和控制器之间的大量连接是基于无安全保障的无线链路的，因此，对 UMTS 而言，有必要扩大对链路进行安全加密的范围。

数据完整性的安全保护服务是通过消息认证码(MAC)机制来实现的，该机制为防止恶意篡改提供了消息认证和数据完整性保护功能。完整性密钥通常具有 128b，但同 CK 类似，在需要的情况下 IK 也可以通过配置而具有较少的重要字节。默认的函数 MILENAGE f_4 生成一个具有 128b 的 IK。UMTS 中的完整性保护和机密性保护一样，具有相同的物理覆盖范围(例如，完整性保护是应用在 MS 和 RNC 之间)。但 UMTS 中的机密性保护包含用户相关的系统信令和用户数据，而完整性保护则只包含系统信令。

4. 交互式实体认证和密钥协商协议

在 SGSN/VLR 和 USIM 之间执行的认证过程是一种交互的认证策略。该策略使用一个长期共享的 128b 的密钥(K)，而这个密钥只储存在 UICC/USIM 和 HE 的 AuC 中。UICC 是能够防止篡改的具有身份验证功能模块的智能卡，而 USIM 是运行在 UICC 上的一个模块。为了保证认证的安全性，一个基本要求即是在给定的 UICC/USIM 的使用期内 K 绝不能泄漏或者损坏。

AKA 序列通常是当网络需要对用户身份进行验证时由 VLR/SGSN 初始生成的。如果当网络中出现某用户而 VLR/SGSN 并没有为其生成有效的认证矢量 AV 时，该用户必须从 HLR/AuC 处申请至少一个 AV。AV 是通过运营商规定的认证函数($f_0 \sim f_{5^*}$)生成并存储在 HE 中的 AuC 节点处的。

这里需要提及函数 f_0，该函数用以产生随机数，而且这个函数是唯一在 AuC 处使用的函数。下面的定义说明 f_0 的输出只依赖于内部状态。

$$f_0: f(\text{internal} - \text{state}) \rightarrow \text{RAND}$$

在 UICC/UISM 的使用期内函数 f_0 的输出值是不能重复的，因为攻击者可通过对函数的输出值进行在线监听，对随机数中出现的某个特殊值所对应的内容进行猜测。

SGSN/VLR 通过发送包含随机数 RAND 和认证令牌 AUTH 的轮询消息对本地 AKA

程序进行初始化。网络端的认证是基于随机数的认证（函数 f_1），由此可见，只有知道密钥 K 的实体才能生成可接受的随机数。整个认证过程有两个显著的特点：首先，轮询过程采用令牌环方式，每次轮询只有一个节点通过认证；其次，认证过程扩展了轮询响应的机制，用 MAC 提供交互式的认证过程。

选择单向 AKA 方案经证明对 AKA 的性能有重要的影响，因为在连接建立阶段对时间是严格限定的。以下简单讨论基于 MAC 的 AKA 机制。基于 MAC 解决方案有十分优越的计算性能，这种性能对于在 UICC/USIM 上运行的函数 f_1 和 f_2 是必须具备的。假定认证算法必须在实时约束的条件下执行，故 3GPP 安全工作组（SA3）决定采用基于 MAC 函数的常规方法。而 MAC 函数已经在 GSM/GPRS 系统中得以应用，这无疑也对此决定造成了较大的影响。

在接收到随机数后，USIM 将对网络中的实体进行认证。这是通过利用接收到的 RAND，AUTH 执行函数 f_1 来完成的。USIM 将把计算得到的 XMAC-A 同接收到的 MAC-A 进行比较。如果 XMAC-A 同包含在 AUTH 中的 MAC-A 参数相等，则通过认证。

$$f_1 : f(\text{RAND}, \text{SQN}, \text{AMF}) \rightarrow \text{MAC} - \text{A}(\text{or XMAC} - \text{A})$$

随后 USIM 必须验证序列号 SQN 是否在有效的范围内，这将通过一种窗口机制来完成。在通过验证后，窗口的大小将根据可接收的随机数的范围进行调整，而 USIM 必须产生一个应答数（RES）用以回发给网络。

$$f_2 : f(\text{RAND}) \rightarrow \text{RES}(\text{or XRES})$$

随后，SGSN/VLR 将对接收到的 RES 值进行验证，以确认其是否和 AV 中的 XRES 值完全相同。

$$f_3 : f(\text{RAND}) \rightarrow \text{CK}$$

$$f_4 : f(\text{RAND}) \rightarrow \text{CK}$$

AKA 程序也通过函数 f_5 生成的一个匿名密钥 AK 来隐藏存储在 SQN 值中的序列的值。隐藏的使用使得位置跟踪更加困难，而隐藏的具体实现是通过将 AK 和 SQN 做异或运算完成的。需要注意的是，函数 f_5 必须在函数 f_1 之前运行用以生成 SQN 参数。

$$f_5 : f(\text{RAND}) \rightarrow \text{CK}$$

5. MILENAGE 算法集

加密函数 $f_0 \sim f_5$ 在原则上是由运营商定义的，而且这些函数没有必要在漫游的用户之间存在任何的协同工作的能力。这些函数都只专用于由 HE 控制的 USIM 和 AuC 中。虽然如此，研究人员还是决定设计一个对销售商和运营商都同样适用的标准函数集。这样做的目的在于保证 UMTS 系统有一个有效而固定的函数集，使得不会因此而延缓对 UMTS 的使用或由于认证函数中存在的漏洞而降低其安全性。

这个标准算法集是欧洲电信标准化组织安全算法专家组（ETSI SAGE）在 SA3 工作组的委任下设计的。该算法集建立在一个普通分组密码的核心之上，而其构架的设计应该具有一定的兼容性，以便运营商可根据其需要更换加密算法的核心部分。该设计的成果即是 MILENAGE 结构框架，它同其他任何以 128 位密钥控制且以 128b 为分组单位的分组密码都可协同工作。

这种 MILENAGE 结构框架并不包含伪随机数生成函数 f_0，并且该加密算法的核心是建立在 Rijndael 分组密码算法基础上的。选择 Rijndael 作为 MILENAGE 的算法基础是在

Rijndael 成为高级加密标准 AES 算法之前。ETSI SAGE 选择 Rijndael 的主要目的在于：该算法在具有有限计算能力的平台上表现出良好的性能特性；在 AES 的评选阶段对 Rijndael 做了综合的评估；该算法没有知识产权。其中性能特性十分重要，因为认证函数必须在智能卡上运行而智能卡的资源是有限的。

从上述可以看出，UMTS 中的接入安全结构体系明显优于 2G 的 GSM 系统。在 UMTS 中，通过采用交互式认证机制完全解决了 GSM 中存在的伪基站问题。并且 MILENAGE 中的认证算法集大大优于现在使用于 GSM 中的算法集。

另外，UMTS 中的完整性函数对于 GSM 而言是全新的内容。完整性保障机制是独立于机密性保护的，所以可以不允许加密或在加密无效的环境中提供保护机制。完整性机制对于防止主动攻击也同样非常重要，但在完整性保护机制中一个被忽略的因素是没有对用户数据进行保护，这也是主要需要改进完善的部分。

3.5 第 3 代移动通信系统安全

GSM 和窄带 CDMA 技术是目前第 2 代数字移动通信技术的主体技术，与前两代系统相比，第 3 代的主要特征是可提供移动多媒体业务，其中高速移动环境支持 144kb/s，步行慢速移动环境支持 384kb/s，室内支持 2Mb/s 的数据传输。第 3 代移动通信的设计目标是为了提供比第 2 代系统更大的系统容量、更好的通信质量，而且要能在全球范围内更好地实现无缝漫游及为用户提供包括话音、数据及多媒体等在内的多种业务，同时也要考虑与已有第 2 代系统的良好的兼容性。与第 1 代模拟蜂窝移动通信相比，第 2 代移动通信系统具有保密性强、频谱利用率高、能提供丰富的业务、标准化程度高等特点，以欧洲的 GSM 系统与北美的窄带 CDMA 系统为代表，GSM 系统具有标准化程度高、接口开放的特点，真正实现了个人移动性和终端移动性。窄带 CDMA，也称 IS-95 等，具有容量大、覆盖好、话音质量好、辐射小等优点。

3.5.1 第 3 代移动通信系统简介

第 3 代移动通信 IMT-2000（国际移动通信-2000），即该系统工作在 2000MHz 频段，最高业务速率可达 2000kb/s。它具有支持多媒体业务的能力，特别是支持 Internet 业务的能力。现有的移动通信系统主要以提供语音业务为主，随着发展一般也仅能提供 100～200kb/s 的数据业务，GSM 演进到最高阶段的速率能力为 384kb/s，而第 3 代移动通信的业务能力将比第 2 代有明显的改进。它应能支持话音分组数据及多媒体业务；应能根据需要，提供所需带宽。ITU 规定的第 3 代移动通信无线传输技术的最低要求中，必须满足以下三种环境的要求，即：快速移动环境，最高速率达 144kb/s；室外到室内或步行环境；最高速率达 384kb/s；室内环境，最高速率达 2Mb/s。

第 3 代移动通信（IMT-2000）分为 CDMA 和 TDMA 两大类共 5 种技术，这里主要简述以下两种 CDMA 技术，即 IMT-2000 CDMA-DS（IMT-2000 直接扩频 CDMA）和 IMT-2000 CDMA-MC（IMT-2000 多载波 CDMA）。

（1）IMT-2000 CDMA-DS

IMT-2000 直接扩频 CDMA，即 W-CDMA，它是在一个宽达 5MHz 的频带内直接对信

移动通信安全

号进行扩频。W-CDMA 分为 FDD 和 TDD 方式两种,在 FDD 方式下,W-CDMA 的码片速率为 4.096Mchip/s,能与 GSM 同时使用一个时钟,实现 W-CDMA 和 GSM 双模手机。另外,使用这个速率容易实现 2Mb/s 的数据速率。W-CDMA 的每个载波能放入 5MHz 的频谱带宽。如果有 15MHz 的频带,则可支持三个载波。为保证与其他载波间有至少 200kHz 以上的间隔,15MHz 内的三个载波间隔可在 4.2～5.0MHz 间变动。下行信道是双数据信道结构,双信道二相相移键控(BPSK)调制,是 W-CDMA 的重要特征之一。一路做余弦信号调制,相当于四相相移键控(QPSK)调制的 I 路,是专用的物理数据信道(DPDCH),传送信息业务数据。另一路为正弦信号调制,相当于 QPSK 调制的 Q 路,是专用的物理控制信道(DPCCH)传送公共控制命令。W-CDMA 的越区切换方法也很具特色,它采用移动台发起的非同步软切换方法。W-CDMA 的基站之间不需要同步,不需要特别的同步参考源,为实现软切换,基站要确定在什么时间、在什么位置启动软切换算法。一个 W-CDMA 的移动台在同一频率检测其他基站包括本基站的信号,确认它们之间的时间差。检测到的时间信息经由本基站到达新的候选基站,候选基站调整它的新的专用信道的发射时间,也就是在发送信息的时间上进行调整,使不同基站在这个信息比特期间的下行码道上同步。TDD 方式下扩频增益是不变的,可使用多码传输实现高速数据通信。它的最大特点是在上行链路的多用户联合检测技术,这项技术使得在同一时隙同时工作的扩频码被联合检测方法分离开,即使彼此功率有好几分贝之差也行。这正好弥补了在 TDD 方式中信号功率不易高精密控制的不足。同时还使用了智能动态信道分配法。该方法把信道动态分配与快速小区内切换结合起来了。

(2) IMT-2000 CDMA-MC

IMT-2000 多载波 CDMA,即 CDMA 2000。这是美国提出的技术,是由多个 1.25MHz 的窄带直接扩频系统组成的一个宽带系统。

CDMA 2000 是在原 IS-95 标准的基础上,进一步改进上行链路,增设导频信号实现基站的相干接收,上行链路在极低速率(低于 8kb/s)传输时,不再使用突发方法而采用连续信号发射。下行链路也使用与上行链路相同的功率控制。高速数据传输时,使用 Turbo 纠错编码,下行发射也采用分集方式,支持先进的天线技术和波束成形技术等。CDMA 2000 采用不同射频信道带宽,可实现从 1.2kb/s 到 2Mb/s,甚至更高速率的信息数据传输,建议的射频带宽是基本信道带宽 1.25MHz 加上保护频间隔为 1.7MHz,三个基本信道合用,为 3.75MHz,加上保护频间隔,为 5MHz。当然,还可以增加为使用 6 个,9 个,12 个基本信道。CDMA 2000 为支持传送不同速率的信息业务,在系统协议的第二层增添了媒体控制层(MAC),W-CDMA 与此相似,为支持 MAC 的运行,在物理层增加了专用控制信道(DCCH)和公共控制信道,并使用可变的信包数据帧方法,帧长为 5ms 和 20ms。CDMA 2000 的重要技术特征之一是下行链路使用多载波方式,实现 5MHz 带宽通信。下行链路采用多载波,被 1.2288Mchip/s 的扩频码调制,每个载波彼此间隔 1.25MHz,三个载波加上保护频隙,构成 5MHz。上行采用直接扩频方式,使用 3.75Mchip/s 的扩频码调制到载波上,正好为三个 1.25MHz 频宽。加上保护频隙构成 5MHz 带宽。这种链路设计的最大优点是与 CDMA One 的 IS-95 标准兼容。带宽与 IS-95 相同,多载波信道信号与 IS-95 的信号正交。因此,CDMA 2000 可与 IS-95 共存。同时,CDMA 2000 保留了与 IS-95 相同的导频信道、同频信道和寻呼信道,使它的基站能向下兼容,提供 IS-95 的通信服务。CDMA 2000 的上行链路设有连续的导频信号,提供反相信号的相干检测,这样能在低信噪比下工作,降低了功率控制环路的时延,并使功率控制、定时和相位跟踪与传输速率无关。语音和低速率数据使用卷积码,而高速数据准备使用 Turbo 码。

第 3 代移动通信关键技术如下。

1. 高效信道编译码技术

第 3 代移动通信的另外一项核心技术是信道编译码技术。在第 3 代移动通信系统主要提案中(包括 WCDMA 和 CDMA 2000 等),除采用与 IS-95CDMA 系统相类似的卷积编码技术和交织技术之外,还建议采用 Turbo 编码技术及 RS-卷积级联码技术。

2. 智能天线技术

随着社会信息交流需求的急剧增加、个人移动通信的迅速普及,频谱已成为越来越宝贵的资源。智能天线采用空分复用(SDMA),利用在信号传播方向上的差别,将同频率、同时隙的信号区分开来。它可以成倍地扩展通信容量,并和其他复用技术相结合,最大限度地利用有限的频谱资源。另外在移动通信中,由于复杂的地形、建筑物结构对电波传播的影响,大量用户间的相互影响,产生时延扩散、瑞利衰落、多径、共信道干扰等,使通信质量受到严重影响。采用智能天线可以有效地解决这个问题。

智能天线也叫自适应阵列天线,它由天线阵、波束形成网络、波束形成算法三部分组成。它通过满足某种准则的算法去调节各阵元信号的加权幅度和相位,从而调节天线阵列的方向图形状,达到增强所需信号抑制干扰信号的目的。智能天线技术适宜于 TDD 方式的 CDMA 系统,能够在较大程度上抑制多用户干扰提高系统容量。但是由于存在多径效应,每个天线均需一个 Rake 接收机,从而使基带处理单元复杂度明显提高。

3. 初始同步与 Rake 多径分集接收技术

CDMA 通信系统接收机的初始同步包括 PN 码同步,符号同步、帧同步和扰码同步等。CDMA 2000 系统采用与 IS-95 系统相类似的初始同步技术,即通过对导频信道的捕获建立 PN 码同步和符号同步,通过同步(Sync)信道的接收建立帧同步和扰码同步。WCDMA 系统的初始同步则需要通过"三步捕获法"进行,即通过对基本同步信道的捕获建立 PN 码同步和符号同步,通过对辅助同步信道的不同扩频码的非相干接收,确定扰码组号等,最后通过对可能的扰码进行穷举搜索,建立扰码同步。

Rake 多径分集接收技术克服了电波传播所造成的多径衰落现象,在 CDMA 移动通信系统中,由于信号带宽较宽,因而在时间上可以分辨出较细微的多径信号。对分辨出的多径信号分别进行加权调整,使合成之后的信号得以增强。

4. 多用户检测技术

在传统的 CDMA 接收机中,各个用户的接收是相互独立进行的。在多径衰落环境下,由于各个用户之间所用的扩频码通常难以保持正交,因而造成多个用户之间的相互干扰,并限制系统容量的提高。解决此问题的一个有效方法是使用多用户检测技术,通过测量各个用户扩频码之间的非正交性,用矩阵求逆方法或迭代方法消除多用户之间的相互干扰。

从理论上讲,使用多用户检测技术能够在很大程度上改善系统容量,但算法的复杂度较高,把复杂度降低到可接受的程度是多用户检测技术能否应用的关键。

5. 功率控制技术

常见的 CDMA 功率控制技术可分为开环功率控制、闭环功率控制和外环功率控制三种类型。在 CDMA 系统中,由于用户共用相同的频带,且各用户的扩频码之间存在着非理想的相关特性,用户发射功率的大小将直接影响系统的总容量,从而使得功率控制技术成为 CDMA 系统中的最为重要的核心技术之一。

3.5.2 第3代移动通信系统安全分析

3G 系统建立在第 2 代移动通信(2G)系统基础之上,对于 2G 系统中必不可少的和行之有效的安全方法在 3G 系统中将继续被采纳,而对于 2G 系统中存在的安全缺陷,在 3G 系统中将会被抛弃或改进。3G 系统呈现出的新特性,要求我们提供更加完善的安全服务和安全特征,此外,3G 系统的安全体系也呈现出了新的特点。

3G 移动通信系统的安全网络图如图 3.11 所示。

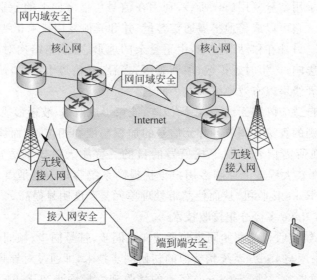

图 3.11　3G 移动通信安全网络

3G 系统为我们提供了一个全新的业务环境,除了对传统的话音与数据业务的支持外,还支持分布式业务与交互式业务。在这种环境下,3G 系统的业务呈现出新的特征,同时也要求系统提供与之相应的安全特性。

上述新业务特征和安全特性主要包括:由于需同时对不同的 SP(服务提供商)提供不同业务的并发支持以及多种新业务,3G 系统的安全特征需要综合考虑多业务条件下被攻击的可能性;3G 系统可以为固定接入提供更优越的服务;使用对方付费方式和预付款方式的用户可能会大大增加;终端的应用能力和用户的服务控制得到显著提升;对于可能会出现的主动攻击,3G 系统中用户须具备相应的抗击能力;对非话音业务的需求可能会超过话音业务,系统需具备更高的安全性;终端可能会成为其他应用或移动商务的平台。可以支持多种智能卡的应用等。

1. 3G 系统安全体系结构

3G 系统安全体系结构如图 3.12 所示。该结构中共定义了三个不同层面上的 5 组安全特性,每一组安全特性都针对特定的威胁,并可以完成特定的安全目标。

三个层面由高到低分别是:应用层、归属层/服务层和传输层。5 组安全特性所包含的

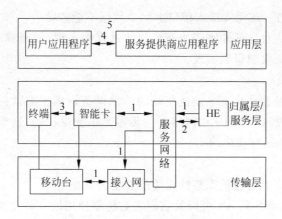

图 3.12　3G 安全体制结构图

具体内容如下。

1）网络接入安全

提供接入 3G 服务网的安全机制,抵御对无线链路的攻击。空中接口的安全性是最重要的,因为无线链路最容易遭到攻击。这部分的功能主要有实体认证、用户身份机密性、机密性、移动设备识别和数据完整性。

（1）实体认证

实体认证相关的安全特征有:①用户认证,服务网验证用户的身份;②网络认证,用户验证自己被连接到了一个由自己的 HE 授权并为他提供服务的服务网,并保证此次授权是新的。

为了实现这些目标,假设实体认证应该在用户和网络之间的每一个连接建立时出现。实体认证包含两种机制:一种是使用由用户的 HE 传递给 SN 的认证向量进行认证的机制;另一种是使用在用户和 SN 之间在早先执行的认证和密钥建立过程期间已经建立的完整性密钥的本地认证机制。

（2）用户识别机密性

用户识别机密性有关的安全特征有:用户身份机密性,业务传递到用户的永久用户识别(INSI)不能在无线接入链路上被窃听;用户位置机密性,用户在某个特定区域内出现或到达不能在无线接入链路上被窃听被获取;用户的不可追溯性,入侵者不能在无线接入链路上通过窃听判断出不同的业务是否被传递到相同的用户。

一般通过使用临时识别符识别用户来实现上述目标,被拜访的服务网络通过这个临时识别符识别用户。为了实现用户的不可追溯性,用户不能长时间使用同样的临时识别符被识别,这就要求在无线接入链路上对任何可能暴露用户的识别符的信令和用户数据都进行加密。

（3）机密性

与网络接入链路上的数据机密性相关的安全特征如下。

加密算法协商:MS 和 SN 能够安全地协商它们之间将要使用的算法。

加密密钥协商:MS 和 SN 能就它们随后使用的加密密钥达成一致。

用户数据的机密性:在无线接入接口上用户数据不能被窃听。

信令数据的机密性：在无线接入接口上信令数据不能被窃听。

加密密钥协商在执行认证和密钥协商机制的过程中实现，加密算法协商通过用户和网络之间的安全模式协商机制得到实现。

（4）移动设备识别

在某些情况下，SN 会请求 MS 发送终端的移动设备识别。除紧急呼叫外，移动设备识别应在 SN 的认证后发送。IMEI 在网络上的传输是不受保护的，这个识别是不安全的，所以 IMEI 应当被安全地保存在终端中。

（5）数据完整性

与接入链路的网络上的数据完整性相关的安全特征如下。

完整性算法协商：MS 和 SN 可以就它们之后将要使用的完整性算法进行安全地协商。

完整性密钥协商：MS 和 SN 可以就它们之后将要使用的完整性密钥进行安全地协商并达成一致。

数据完整性和信令数据的信源认证是指接收实体（MS/SN）能够查证信令数据从发送实体发出之后没有被某种未授权方式修改，且与所接收的信令数据的数据源一致。

在认证和密钥协商机制的执行过程中完整性密钥协商得以实现。完整性算法协商使用用户和网络之间的安全模式下的协商机制得以实现。其中，认证和密钥分配是建立在 HE/AuC 和 USIM 共享秘密信息基础上的相互认证。

2）网络域安全

网络域安全定义了在运营商节点间数据传输的安全特性，保证网内信令的安全传送并抵御对核心网部分的攻击。网络域安全包括以下三个层次。

第一层（密钥建立）：生成的非对称密钥对由密钥管理中心生成并进行存储；保存其他网络所生成的公开密钥；对用于加密信息的对称会话密钥进行产生、存储与分配；接收并分配来自其他网络的对称会话密钥用于加密信息。

第二层（密钥分配）：分配会话密钥给网络中的节点。

第三层（通信安全）：使用对称密钥来实现数据加密、数据源认证和数据完整性保护。

网络域的安全在 GSM 中没有提及，信令和数据在 GSM 网络实体之间是通过明文方式传输，网络实体之间的交换信息是不受保护的，网络实体之间主要是通过有线网络互联。依据 3G 系统的安全特性和安全要求，应该对现有的有线网络的安全进行增强，所以在 3G 系统中对网络实体之间的通信进行安全性保护。

在 3G 系统中不同运营商之间通常是互联的，为了实现安全性保护，通常需要对安全域进行一定的划分，一般来说同一个运营商的网络实体现同属一个安全域，不同的运营商之间的网络设置安全网关（SEG）。

SEG 是用于保护本地基于 IP 的协议以及处理 Za 和 Zb 接口上的通信的位于 IP 安全域边界上的实体，进入或离开安全域之前所有的 NDS/IP 业务都要穿过边界实体 SEG。每个安全域可能会涵盖一个或多个 SEG，每个 SEG 处理所有进/出安全域朝向明确的一组可到达的 IP 安全域的业务。一个安全域内的 SEG 的数目由外部可到达目的地、平衡业务负载和避免单点失败的需要来决定。SEG 应该对网络之间的互操作具有加强的安全方法，这些安全包括过滤策略和防火墙等功能。由于 SEG 负责的是安全敏感的操作，在物理上应当对其给予保护。

在 3G 系统中网络域之间的通信绝大部分都是基于 IP 方式的,在此网络域的安全中,IP 网络层的安全是最非常重要的一个方面。IPSec 方式是网络层安全的主要实现方式,3G 系统中所使用的 IPSec 是修订后的 IETF 所定义的标准 IPSec,对移动通信网络的特点具有针对性。IPSec 的使用可以用来实现网络实体间的认证,保护所传送数据的完整性和机密性以及对抗重放攻击。

3) 用户域安全

用户域安全定义了安全接入移动站的安全特性,主要保证对移动台的安全接入,包括用户与 USIM 智能卡间的认证、USIM 智能卡与终端间的认证以及链路的保护。

用户到 USIM 的认证:用户接入 USIM 前必须经 USIM 认证,确保接入到 USIM 的用户为合法用户。该特征的性质是:接入 USIM 是受限制的,直到 USIM 认证了用户为止。因此,可确保接入 USIM 能够限制于一个授权的用户或一些授权的用户。为了实现该特征,用户和 USIM 必须共享一安全地存储在 USIM 中的秘密数据(例如 PIN)。只有用户证明知道该秘密数据,它才能接入 USIM。

USIM 到终端的连接:确保只有授权的 USIM 才能接入到终端或其他用户环境。最终,USIM 和终端必须共享一安全地存储在 USIM 和终端中的秘密密钥。如果 USIM 未能证明它知道该秘密密钥,它将被拒绝接入终端。

4) 应用域安全

应用域安全定义了用户应用程序与运营商应用程序安全交换数据的安全特性。USIM 应用程序为操作员或第三方营运商提供了创建驻留应用程序的能力,这就需要确保通过网络向 USIM 应用程序传输信息的安全性。其安全级别可由网络操作员或应用程序提供商根据需要选择。

在 USIM 和网络间的安全通信:USIM 应用工具包将为运营商或第三方提供者提供创建应用的能力,那些应用驻留在 USIM 上(类似于 GSM 中的 SIM 应用工具包)。需要用网络运营商或应用提供者选择的安全等级在网络上安全地将消息传递给 USIM 上的应用。

应用的安全性总是涉及用户终端的 USIM 卡,需要其支持来提供应用层的安全性。随着应用工具的发展,各种各样的应用业务将会出现。

5) 安全特性的可视性及可配置能力

安全特性的可视性及可配置能力定义了用户能够得知操作中是否安全,以及对安全程度自行配置的安全特性,即用户能获知安全特性是否在使用以及服务提供商提供的服务是否需要以安全服务为基础。

虽然安全特征一般对用户是透明的,但对某些事件以及根据用户所关心的问题,应该提供更多安全特征的用户可视性。这产生了一些特征,用以通知用户与安全相关的事件。

2. 3G 系统的安全功能结构

3G 系统安全功能结构如图 3.13 所示。

图中竖条表示 3GPP 安全结构中包括的网络单元。

(1) 在用户域中:USIM(用户服务识别模块),HE(向用户发放的接入模块),UE(用户设备)。

(2) 在服务域(SN)中:RNC(无线网络控制器),VLR(访问位置寄存器)。

(3) 在归属环境(HE)中:HLR/AuC(归属位置寄存器/认证中心)。

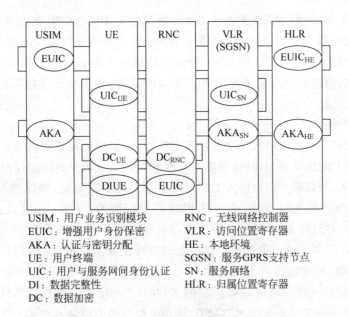

USIM：用户业务识别模块　　　　RNC：无线网络控制器
EUIC：增强用户身份保密　　　　　VLR：访问位置寄存器
AKA：认证与密钥分配　　　　　　HE：本地环境
UE：用户终端　　　　　　　　　　SGSN：服务GPRS支持节点
UIC：用户与服务网间身份认证　　　SN：服务网络
DI：数据完整性　　　　　　　　　HLR：归属位置寄存器
DC：数据加密

图 3.13　3G 系统的安全功能结构图

水平线表示安全机制,安全措施分为以下 5 类。

(1) 增强用户身份保密(EUIC)：通过 HE/AuC(本地环境/认证中心)对 USIM(用户业务识别模块)身份信息进行认证。

(2) 用户与服务网间身份认证(UIC)。

(3) 认证与密钥分配(AKA)：用于 USIM、VLR/SGSN(访问位置寄存器/服务 GPRS支持节点)、HLR(归属位置寄存器)间的双向认证及密钥分配。

(4) 数据加密：UE(用户终端)与 RNC(无线网络控制器)间信息的加密。

(5) 数据完整性：用于对交互消息的完整性、时效性及源与目的地进行认证。

3. 3G 的安全问题

3G 系统的安全所面临的威胁大致可以分为如下几种。

(1) 非法获取敏感数据,攻击系统的保密信息。主要方式有以下几种。

伪装：攻击者伪装成合法身份,使用户或网络相信其身份是合法的,以此窃取系统的信息。

窃听：攻击者未经允许非法窃听通信链路用以获取信息。

业务分析：攻击者分析链路上信息的内容和特点来判断用户所处位置或获取正在进行的重要交易的信息。

泄漏：攻击者以合法身份接入进程用以获取敏感信息。

浏览：攻击者搜索敏感信息所处的存储位置。

试探：攻击者发送信号给系统以观察系统会做出何种反应。

(2) 非法访问服务,主要方式有：攻击者伪造成用户实体或网络实体,非法访问系统服务；通过滥用访问权利网络或用户非法得到未授权的服务。

(3) 非法操作敏感数据,攻击信息的完整性。主要方式有：攻击者有意篡改、插入、重放或删除信息。

（4）滥用或干扰网络服务而导致的系统服务质量的降低或拒绝服务,包括以下几个。

资源耗尽:服务网络或用户利用特权非法获取未授权信息。

服务滥用:攻击者通过滥用某些特定的系统服务获取好处,或导致系统崩溃。

干扰:攻击者通过阻塞用户控制数据、信令或业务使合法用户无法正常使用网络资源。

误用权限:服务网络或用户通过越权使用权限以获取信息或业务。

拒绝:网络或用户拒绝做出响应。

（5）否认,网络或用户对曾经发生的动作表示否认。

针对 3G 的攻击方法主要包含针对系统核心网络的攻击、针对系统无线接口的攻击和针对终端的攻击三种方式。

针对系统核心网络的攻击包括以下几种。

（1）非法获取数据。入侵者进入服务网内窃听用户数据、信令数据和控制数据,未经授权访问存储在系统网络单元内的数据,甚至进行主动或被动流量分析。

（2）数据完整性攻击。入侵者修改、插入、删除或重放用户控制数据、信令或业务数据,或假冒通信的某一方修改通信数据,或修改网络单元内存储的数据。

（3）拒绝服务攻击。入侵者通过干扰在物理上或协议上的控制数据、信令数据或用户数据在网络中的正确传输,来实现网络中的拒绝服务攻击。或通过假冒某一网络单元来阻止合法用户的业务数据、信令数据或控制数据,使得合法用户无法接受正常的网络服务。

（4）否定。用户否认业务费用、数据来源或接收到的其他用户的数据。网络单元否认发出信令或控制数据,否认收到其他网络单元发出的信令或控制数据。

（5）非法访问未授权业务。入侵者模仿合法用户使用网络服务,或假冒服务网以利用合法用户的接入尝试获得网络服务,抑或假冒归属网以获取使他能够假冒某一方用户所需的信息。

针对 3G 系统无线接口的攻击方法主要包括以下几种。

（1）非法获取非授权数据。入侵者窃听无线链路上的用户数据、信令数据和控制数据,甚至被动或主动进行流量分析。

（2）对数据完整性的攻击。入侵者可以修改、插入、重放或者删除无线链路上合法用户的数据和信令数据。

（3）拒绝服务攻击。入侵者通过在物理上或协议上干扰用户数据、信令数据或控制数据在无线链路上的正确传输,来实现无线链路上的拒绝服务攻击。

（4）非法访问业务的攻击。攻击者伪装其他合法用户身份,非法访问网络,或切入用户与网络之间,进行中间攻击。

（5）捕获用户身份攻击。攻击者伪装成服务网络,对目标用户发出身份请求,从而捕获用户明文形式的永久身份信息。

（6）压制目标用户与攻击者之间的加密流程,使之失效。

针对终端的攻击主要是攻击 USIM 和终端,包括:使用借来的或偷窃的 USIM 或终端;篡改 USIM 或终端中的数据;窃听 USIM 或终端间的通信;伪装身份以截取 USIM 或终端间交互的信息;非法获取 USIM 或终端中存储的数据。与终端安全相关的威胁有以下几种。

（1）攻击者利用窃取的终端设备访问系统资源。

（2）对系统内部工作有足够了解的攻击者可能获取更多的访问权限。

（3）攻击者利用借来的终端超出允许的范围访问系统。

（4）通过修改、插入或删除终端中的数据以破坏终端数据的完整性。

（5）通过修改、插入或删除 USIM 卡中的数据以破坏 USIM 卡数据的完整性。

3.6　第 4 代移动通信系统安全

第 4 代移动通信技术(简称 4G)，是第 3 代移动通信系统的延伸，是一种设想用来替代 3G 蜂窝的无线蜂窝系统，其在业务、功能、频带上都不同于第 3 代系统。

2008 年 11 月宏达国际电子与俄罗斯 WiMax 移动通信电运营商 Scartel 共同发表了全国第一支 GSM/WiMAX 集成式双模手机 HTC Max 4G。截至 2010 年 2 月，共有 24 个国家的 51 家移动通信公司表示会提供 4G 服务。2013 年 12 月 18 日，中国移动在广州宣布，将建成全球最大 4G 网络。截至 2015 年 12 月月底，全国电话用户总数达到 15.37 亿户，其中移动电话用户总数 13.06 亿户，4G 用户总数达到近四亿户。

4G 通信技术具备向下相容、全球漫游、网络互联、多元终端应用等特性，并能从 3G 通信技术平稳过渡至 4G。4G 网络应用包括移动视频直播、移动/便携游戏、基于云计算的应用、导航等领域。

3.6.1　第 4 代移动通信系统简介

4G 可称为宽带接入和分布网络，具有非对称且超过 2Mb/s 的数据传输能力，包括宽带无线固定接入、宽带无线局域网、移动宽带系统和交互式广播网络。它可以在不同的固定、无线平台和跨越不同频带的网络中提供无线服务，可以在任何地方用宽带接入互联网(包括卫星通信和平流层通信)，能够提供定位定时、数据采集、远程控制等综合功能。此外，第 4 代移动通信系统是集成多功能的宽带移动通信系统，是宽带接入 IP 系统。

1. 4G 的技术特点

（1）高速率、高质量。对于大范围高速移动用户(250km/h)，数据传输速率为 2Mb/s；对于中速移动用户(60km/h)，数据传输速率为 20Mb/s；对于低速移动用户(室内或步行者)，数据传输速率为 100Mb/s。

（2）技术发展以数字宽带技术为主。在 4G 移动通信系统中，信号以毫米波为主要传输波段，蜂窝小区也会相应小很多，很大程度上提高了用户容量。

（3）良好的兼容性，其中包括对用户类型的兼容和对业务类型的兼容。针对不同类型的用户，4G 移动通信系统能根据动态的网络和变化的信道条件进行自适应处理，使低速的用户与高速的用户以及各种各样的用户设备能够共存与互通，从而满足系统多类型用户的需求。除此之外，4G 移动通信系统还支持丰富的移动业务，其中包括高清晰度图像业务、会议电视、虚拟现实等，使用户在任何地方都可以获得任何所需的信息服务。将个人通信、信息系统、广播和娱乐等行业结合成一个整体，更加安全方便地向用户提供更广泛的服务与应用。

（4）先进技术的应用。4G 移动通信系统以几项突破性技术为基础，如 OFDM 多址接入方式、智能天线和空时编码技术、无线链路增强技术、软件无线电技术、高效的调制解调技术、高性能的收发信机和多用户检测技术等，这些技术能大幅度提高无线频率的使用效率和系统可实现性。

（5）高度自组织、自适应的网络。4G 移动通信系统是一个完全自治、自适应的网络，具有较强的灵活性、智能性和适应性。能够自适应地进行资源分配，对通信过程中不断变化的业务流的大小进行相应处理，拥有对结构的自我管理能力以满足用户在业务和容量方面不断变化的需求。

（6）开放的平台。4G 移动通信系统在移动终端、业务节点及移动网络机制上具有"开放性"，用户能够自由地选择协议、应用和网络。利用无线接入技术，提供语音、高速信息业务、广播以及娱乐等多媒体业务接入方式，让用户可在任何时间、任何地点接入到系统中。

2. 4G 网络的关键技术

1）OFDMA 技术

正交频分多址（Orthogonal Frequency Division Multiple Access，OFDMA）是 OFDM 技术的演进，将 OFDM 和 FDMA 技术结合，在利用 OFDM 对信道进行子载波化后，在部分子载波上加载传输数据的传输技术。OFDMA 多址接入系统将传输带宽划分成正交的互不重叠的一系列子载波集，将不同的子载波集分配给不同的用户来实现多址。它可动态地把可用宽带资源分配给需要的用户，很容易实现系统资源的优化利用。其又分为子信道 OFDMA 和跳频 OFDMA。

（1）子信道 OFDMA

将整个 OFDM 系统的带宽分成若干子信道，每个子信道包括若干子载波，分配给每一个用户（也可一个用户占用多个子信道），如图 3.14 所示。这种分配方式相对固定，即某个用户在相当长的时长内将使用指定的子载波组。OFDM 子载波可以按照两种方式组合子信道：集中式和分布式。集中式可以降低信道估计的难度，但这种方式获得的频率分集增益较小，用户平均性能略差；分布式获得的频率分集增益较大，但是信道估计复杂，无法采用频域调度，抗频偏能力也较差。

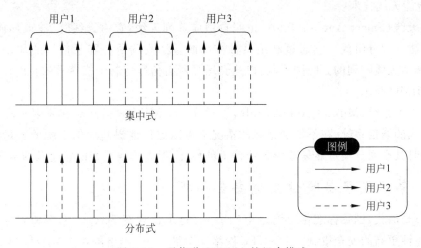

图 3.14　子信道 OFDMA 的组合模式

（2）跳频 OFDMA

在跳频 OFDMA 系统中，分配给一个用户的子载波资源快速变化，每个时隙，此用户在所有子载波中抽取若干子载波使用,同一时隙中,各用户选用不同的子载波组,如图 3.15 所示。不同的是,这种子载波的选择通常不依赖信道条件而定,而是随机抽取的。在下一个时隙,无论信道是否发生变化,各用户都跳到另一组子载波发送,但用户使用的子载波仍不冲突。这种方式的周期比子信道 OFDMA 的调度周期短得多,并且可以利用频域分集增益。使用的子载波可能冲突,但快速跳频机制可以将这些干扰在时域和频域分散开来,即可将干扰白化为噪声,大大降低干扰的危害,适用于负载不是很重的系统中。

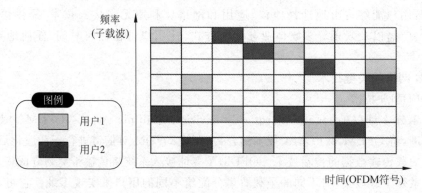

图 3.15　跳频 OFDMA 的组合模式

2) 软件无线电技术

软件定义无线电(Software Defined Radio,SDR)是一种无线电广播通信技术,它基于软件定义的无线通信协议而非通过硬连线实现。频带、空中接口协议和功能可通过软件下载和更新来升级,而不用完全更换硬件。核心技术包括多频段、多波束无线与宽带 RF 信号处理、宽带 A/D 变换、高速数字信号处理。软件无线电还采用了硬件平台与软件平台结合的全新体系结构,通过硬件平台来对软件进行编程和管理以实现通信功能。软件无线电的主要特点是具有很强的灵活性和开放性。

3) 智能天线技术

智能天线(Smart Antenna,SA)也叫自适应阵列天线,它由天线阵、波束形成网络、波束形成算法三部分组成。它通过满足某种准则的算法去调节各阵元信号的加权幅度和相位,从而调节天线阵列的方向图形状,以达到增强所需信号抑制干扰信号的目的。

4) MIMO 技术

多入多出系统(Multiple-Input Multiple-Output,MIMO)指同时在发射端和接收端使用多个天线的通信系统,在不增加带宽的情况下可以成倍地提高通信系统的容量和频谱利用率。同时其空间分集可显著改善无线信道的性能,提高无线系统的容量及覆盖范围。

3.6.2　第4代移动通信系统安全分析

在 LTE 时代,国际标准化组织为 4G 网络打造了比现有 3G、2G 网络和固定互联网更可靠、鲁棒性更高的安全机制。TD-LTE 网络安全沿用 3G 网络的用户身份保护机制、双向身份认证和鉴权密钥协商机制,并根据 TD-LTE 扁平化网络架构定义了新的安全特性:4G 网络安全包括接入层(AS)安全和非接入层(NAS)安全,使得无线空口和核心网络安全相互独立,从而提高整个系统的安全性。

随着网络运营环境的不断复杂化、4G 网络的日益普及扩大化、无线网络本身的开放性特点以及网络攻击技术的不断高级和多样化,网络线路的安全性受到越来越严重的威胁。

1. 4G 网络系统的缺陷及存在的安全问题

(1)4G 无线系统的网络层移动性管理和核心网的移动 IP 技术问题以及 4G 标准问题是 4G 网络系统投入使用的根本问题。网络层移动性往往关系到不同网络频段的漫游移动客户,这是 4G 移动性管理的关键问题。核心网的移动 IP 问题代表的是一种可升级的全球移动性的方案。

(2)4G 通信系统缺乏定位和快速无缝切换的技术支持。因此采用先进的网络结构系统和管理方案,使用高速有效地发送和切换协议,切实有效地解决数据对视和延迟问题是解决这个问题的根本。

(3)无线网络容易受到干扰和攻击。除了局域网之外,一般网络都是处于开放的模式,因此给不法黑客提供了使用各种病毒软件威胁用户财产和人身安全的机会。

(4)无线网络终端存在安全隐患。无线网络在实际的应用中是无法移动的,一旦被黑客窃取,便可传播各种低俗非法的言论和视频。

(5)没有统一的标准约束。目前无线网络在全国范围内都可以进行移动通信,但是各个通信系统之间却经常出现不兼容的现象,这是因为没有统一的标准来约束,导致无法实现无缝衔接,从而给用户带来诸多麻烦。

(6)4G 技术尚不成熟。4G 网络架构非常复杂,在实际应用中并没有那么容易实现在理论上数据传输比 3G 网络高出一个数量级。

(7)容量限制。随着用户的增多,网络的容量有限性将限制网速,其中一个解决的办法是减少基站的覆盖半径,但是很难达到理论的速度。

2. 4G 网络安全防范措施和对策

(1)建立透明公开的 4G 安全体系:建立一套独立于系统设备,能够独立完成数据加密的安全系统。

(2)用户普及网络安全防范意识:移动通信网络应该面向广大用户普及网络安全意识,用户根据需要设置保密级别和安全参数。

(3)移动网络与互联网网络兼容:设计并使用移动网络与互联网网络相兼容的安全防护措施,对网络入侵进行实时预防和监测,隔离和避免恶意攻击;同时,防护定期升级安全防护系统以应对新的网络入侵。

(4)应用新的密码技术:随着科学技术的不断进步,高端的加密技术如生物识别技术、量子密码技术以及椭圆曲线密码技术等可以融入到 4G 网络通信加密技术中来,加强 4G 网络自身的抗攻击能力,从而保证网络系统的安全性和可控性。

(5)建立健全网络系统结构模式:建立适合未来网络通信系统的安全体系结构模式,保护用户的个人隐私和人身财产安全。

(6)安装更强级别的防火墙:用户在使用无线网络以及下载文件的过程中,不可避免地会受到来自互联网的病毒的入侵,这时候就需要一道安全可靠的防火墙阻止恶意入侵。因此需要在 4G 网络中设置比 3G 网络更为强大高级可靠的防火墙来保证整个网络的安全。

3.7 第5代移动通信系统安全

5G作为新一代无线移动通信网络,主要用于满足2020年以后的移动通信需求。在高速发展的移动互联网和不断增长的物联网业务需求共同推动下,要求5G具备低成本、低能耗、安全可靠的特点,同时传输速率提升10~100倍,峰值传输速率达到10Gb/s,端到端时延达到ms级,连接设备密度增加10~100倍,流量密度提升1000倍,频谱效率提升5~10倍,能够在500km/h的速度下保证用户体验。5G将使信息通信突破时空限制,给用户带来极佳的交互体验:极大缩短人与物之间的距离,并快速地实现人与万物的互通互联。

5G网络支持虚拟现实、超清视频以及移动游戏等应用。预计到2020年,各种物联网应用将得到广泛应用,智能电网、智慧城市、移动医疗、车载娱乐、运动健身等这类服务将广泛运用到5G网络技术;在公共安全方面,如紧急语音通话、无人机远程监测、入侵监测、急救人员跟踪等场景,5G通信系统需要具有"零延迟"、高可靠性的特点。

3.7.1 第5代移动通信系统简介

目前,5G技术仍处于研究阶段,主要发展趋势包含8个方面。

1. 超密集异构网络

在未来5G网络中,减小小区半径,增加低功率节点数量,是保证未来5G网络支持1000倍流量增长的核心技术。未来无线网络将部署超过现有站点10倍以上的各种无线节点,在基站覆盖区内,站点间距离将保持在10m以内,并且支持在每平方千米范围内为25 000个用户提供服务。同时也可能出现活跃用户数和站点数的比例达到1:1的现象,即用户与服务节点一一对应。密集部署的网络拉近了终端与节点间的距离,使得网络的功率和频谱效率大幅度提高,同时也扩大了网络覆盖范围,扩展了系统容量,并且增强了业务在不同接入技术和各覆盖层次间的灵活性。

虽然超密集异构网络架构在5G中有很大的发展前景,在开发的过程中仍然存在以下三个问题。

(1) 节点间距离的减小,越发密集的网络部署使得网络拓扑更加复杂,从而容易出现与现有移动通信系统不兼容的问题。

(2) 三种主要干扰:同频干扰,共享频谱资源干扰,不同覆盖层次间的干扰。现有通信系统的干扰协调算法只能解决单个干扰源问题,而在5G网络中,相邻节点的传输损耗一般差别不大,这将导致多个干扰强度相近,进一步恶化网络性能,使得现有协调算法难以应对。

(3) 业务和用户对QoS(Quality of Service)需求的差异性很大,5G网络需要采用一系列措施来保障系统性能,主要有:不同业务在网络中的实现,各种节点间的协调方案,网络的选择,以及节能配置方法等。

2. 自组织网络

在未来5G网络中将面临网络的部署、运营及维护的挑战,这主要是由于网络存在各种无线接入技术,并且网络节点覆盖能力各不相同,它们之间的关系错综复杂,因此自组织网络(Self-Organizing Network, SON)的智能化将成为5G网络必不可少的一项关键技术。其优势体现在网络效率和维护方面,同时减少了运营商的资本性支出和运营成本投入。

自组织网络技术解决的关键问题主要有以下两点。

（1）网络部署阶段的自规划和自配置。自规划的目的是动态进行网络规划并执行，同时满足系统的容量扩展、业务监测或优化结果等方面的需求。自配置即新增网络节点的配置可实现即插即用，具有低成本、安装简易等优点。

（2）网络维护的自优化和自愈合。自优化的目的是减少业务工作量，达到提升网络质量及性能的效果，其方法是通过 UE 和 eNB 测量，在本地 eNB 或网络管理方面进行参数自优化。自愈合指系统能自动检测问题、定位问题和排除故障，大大减少维护成本并避免对网络质量和用户体验的影响。

自组织网络架构目前有集中式、分布式和混合式三种。

（1）集中式：具有控制范围广、冲突小等优点，不足在于运行速度慢、算法复杂度高等。

（2）分布式：主要通过 SON 分布在 eNB 上来实现，效率和影响速度高，网络扩展性较好，对系统的依赖性小。缺点是协调困难。

（3）混合式：结合以上两种架构的优点，缺点是设计复杂。

3. 内容分发网络

在未来 5G 中，面向大规模用户的音频、视频、图像等业务急剧增长，网络流量的爆炸式增长会极大地影响用户访问互联网的服务质量。仅依靠增加带宽并不能解决问题，它还受到传输中路由阻塞和延迟、网站服务器的处理能力等因素的影响，内容分发网络（Content Distribution Network，CDN）对 5G 网络的容量与用户访问具有重要的支撑作用。它是在传统网络中添加新的层次，即智能虚拟网络。

CDN 系统综合考虑各节点连接状态、负载情况以及用户距离等信息，通过将相关内容分发至靠近用户的 CDN 代理服务器上，实现用户就近获取所需的信息，使得网络拥塞状况得以缓解，降低响应时间，提高响应速度。

4. 设备到设备通信

在未来 5G 中，网络容量、频谱效率需要进一步提升，更丰富的通信模式以及更好的终端用户体验也是 5G 的演进方向。设备到设备通信（Device-to-Device Communication，D2D）具有潜在的提升系统性能、增强用户体验、减轻基站压力、提高频谱利用率的前景。它是一种基于蜂窝系统的近距离数据直接传输技术。

D2D 会话的数据直接在终端之间进行传输，不需要通过基站转发，而相关的控制信令，如会话的建立、维持、无线资源分配以及计费、鉴权、识别、移动性管理等仍由蜂窝网络负责。

另外，当无线通信基础设施损坏，或者在无线网络的覆盖盲区，终端可借助 D2D 实现端到端通信甚至接入蜂窝网络。

5. M2M 通信

M2M（Machine to Machine Communication）的定义主要有广义和狭义两种。广义的 M2M 主要是机器对机器、人与机器间以及移动网络和机器之间的通信，它涵盖了所有实现人、机器、系统之间通信的技术；从狭义上说，M2M 仅指机器与机器之间的通信。智能化、交互式是 M2M 有别于其他应用的典型特征，这一特征下的机器也被赋予了更多的"智慧"。

6. 信息中心网络

信息中心网络（Information-Centric Network，ICN）即以信息为中心的发展趋势，用以满足海量数据流量分发的要求。ICN 所指的信息包括实时媒体流、网页服务、多媒体通信等,它的主要概念是信息的分发、查找和传递,不再是维护目标主机的可连通性。有别于传统的以主机地址为中心的 TCP/IP 网络系统体系结构,ICN 忽略 IP 地址的作用,甚至只是将其作为一种传输标识。全新的网络协议栈能够实现网络层解析信息名称、路由缓存信息数据、多播传递信息等功能,从而较好地解决计算机网络中存在的扩展性、实时性以及动态性等问题。尽管 ICN 可以解决 IP 网络的固有问题,但在扩展性、数据移动性及大范围部署等方面存在不足,其中最为突出的是部署性问题。

7. 移动云计算

移动云计算是一种全新的 IT 资源或信息服务的交付与使用模式,它是在移动互联网中引入云计算的产物。

移动云计算中,移动设备需要处理的复杂计算和数据存储从移动设备迁移到云中,降低了移动设备的能源消耗并弥补了本地资源不足的缺点。此外,由于云中的数据和应用程序存储和备份在一组分布式计算机上,降低了数据和应用发生丢失的概率,移动云计算还可以为移动用户提供远程的安全服务,支持移动用户无缝地利用云服务而不会产生延迟、抖动。移动云是一个云服务平台,还可以支持多种移动应用场景,例如移动学习、移动医疗、智能交通等。

但是由于移动智能终端与云计算中心的端到端网络传输时延与带宽具有不稳定性,移动云计算的信道传输时延无法保证。满足异构网络间服务的无缝交互是移动云计算面临的一个重要的挑战。

8. 软件定义网络/网络功能虚拟化

软件定义网络(Software Defined Network,SDN)作为一种新型的网络架构与构建技术,其提倡的控制与数据分离、软件化、虚拟化思想,为突破现有网络的困境带来了希望。

SDN 架构的核心特点是开放性、灵活性和可编程性。可以消除大量手动配置的过程,简化管理员对全网的管理,提高业务部署的效率。SDN 不会让网络变得更快,但它会让整个基础设施简化,降低运营成本,提升效率。

网络功能虚拟化(Network Function Virtualization,NFV)的核心思想是将网络逻辑功能与物理硬件解耦,利用软件编程实现虚拟化的网络功能,并将多种网元硬件归成标准化的通用三大类 IT 设备,即高容量服务器、存储器和数据交换机,实现软件的灵活加载,大幅降低基础设备硬件成本。网络资源的虚拟化有望构成统一的、云化的虚拟资源池以供统一调度使用。

从网络部署模式来看,NFV 技术实现各网元设备的虚拟化,SDN 则实现虚拟设备之间的数据交换与转发,业务编排,这样可以实现快速便捷的新业务部署,并简化网络层次,降低网络的部署与运维成本。

3.7.2 第 5 代移动通信系统安全分析

5G 网络采用了新型组网方式,包括移动 Ad Hoc 网络、无定形小区、密集网络、异构网络融合及网络虚拟化等;多种无线和移动通信方式并存,D2D、M2M、Wi-Fi、可见光、近场无线通信等新技术;移动业务层出不穷,移动数据流呈爆炸式增长,未来的移动终端也呈现多样化的趋势;用户周边的无线网络和终端设备显著增加,并且融合业务对网络资源的需求越来越大,因此异构无线网络以及终端之间协同为用户提供服务的业务方式势在必行。

随着5G核心技术研究的深入，未来5G网络构架主要走向两个趋势，一种是METIS是一个由欧盟主导的5G关键技术研究项目，其目的在于保持欧洲在无线通信研究领域的领先地位；另一种是IMT-2020(5G)推进组，是由我国主导的5G技术研究和推进机构，目前已经集合了包括华为、中兴通信、大唐电信等众多国内信息和通信领域的顶级公司和研究机构。以下将选择IMT-2020(5G)推进组进行介绍，并对其安全性进行分析。

IMT-2020(5G)推进组的5G概念由一个"标志性能力指标"和"一组关键技术"来共同定义。"标志性能力指标"是指超高的用户体验速率(Gb/s级)，而"一组关键技术"则包括大规模天线阵列、超密集组网、新型多址、全频谱接入和新型网络架构。IMT-2020(5G)推进组的5G概念强调用户之于网络速度的感受。

1. IMT-2020(5G)推进组的5G架构

IMT-2020(5G)推进组认为未来的5G是基于SDN、NFV和云计算技术的更加灵活、智能、高效和开放的网络系统，并通过使用三朵云：接入云、控制云和转发云的架构来描述未来5G的结构(如图3.16所示)。

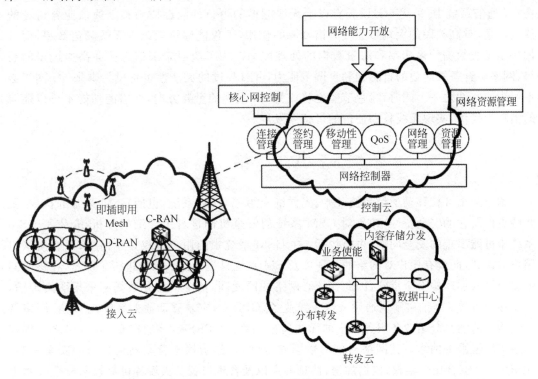

图3.16　IMT-2020(5G)推进组的5G架构

接入云支持多种无线制式的接入，并分为融合集中式和分布式两种无线接入网络架构，适应各种类型的回传链路，实现更灵活的组网部署和更高效的无线资源管理。控制云实现局部和全局的会话控制、移动性管理和服务质量保证功能，并构建面向业务的网络能力开放接口，从而满足业务的差异化需求并提升业务的部署效率。转发云则基于通用的硬件平台，在控制云高效的网络控制和资源调度下，实现海量业务数据流的高可靠、低时延、均负载的高效传输。

2. IMT-2020(5G)推进组的安全性分析

IMT-2020(5G)推进组的 5G 架构强调云计算、云存储等技术的运用,因此传统的云计算安全问题也应当被 5G 安全所考虑。在 5G 控制云中,涉及安全访问规则的云端存储、迁移、访问等云存储安全问题;接入云内涉及边缘计算、大数据分布式计算及处理等安全融合问题;转发云内涉及分布式数据的私密性、完整性保密机制等安全问题都应当在 5G 环境中被进一步的讨论。

3.8　未来移动通信系统展望

5G 时代来临将会对人们的生活产生深远的影响,它将为我们提供一个开放、灵活、可扩展且十分安全的网络环境,满足人们对高质量生活的需求。

目前,世界各国针对未来 5G 移动通信网络在技术上的可行性研究、标准化以及产品发展方面进行了大量的投入,5G 的发展需要在统一的框架下进行全国范围内的协调。同时,在 5G 通信系统中,采用 6GHz 频点以上无线频谱的可行性问题成为移动通信业界讨论的热门话题,对高频段的大宽带无线频谱资源的使用,不仅能够有效改善无线频谱效率,而且加快了无线数据传输速率和海量数据的处理能力。为了应对未来信息社会高速进步的趋势,网络应具备智能化的自感知和自调节能力,并且高度的灵活性也将成为未来 5G 网络必不可少的特性之一。同时,绿色节能也将成为 5G 发展的重要方向,网络的功能不再以能源的消耗为代价,实现无线移动通信的可持续发展。

小　　结

本章从第 2 代移动通信系统开始,先详细介绍了 GSM 系统,包括 GSM 系统的构成,主要特点以及它的安全特性,并且对 GSM 系统的安全机制进行了详细的分析,介绍了 GSM 系统中可能出现的安全问题,主要包括:在 GSM 系统中的用户鉴权是单向的,只有网络对用户的认证,而没有用户对网络的认证以及 SM 系统只是在接入网中进行了加密,在核心网中没有采取加密等安全措施,因此在核心网络的网元间,信令消息和数据都采用明文传输,容易被窃听等;详细讲解了通用分组无线业务(GPRS),它是移动通信系统在 GSM 网络基础上构建的满足分组业务服务需求的无线通信网络。GPRS 是叠加在 GSM 网络之上的移动通信增值服务网络。其网络通信的数据安全性,首先依赖于移动网络自身的安全机制。GPRS 通过综合用户鉴权、数据加密、信息容灾以及合理设置防火墙等可靠性与安全技术手段。确保移动用户安全有效的数据业务传输。在保证 GPRS 网络性能的前提下,实施基于通信协议不同层次的全方位访问控制、数据保密与信息备份策略。

随后介绍了 UMTS,它是由 GSM 扩展改进而来,正因为如此,GSM 中的基本接入安全机制正是 UMTS 接入安全的基础。当然,UMTS 的安全体系结构的设计目标并不局限于 GSM 中已有的安全解决方案,对 GSM 的安全机制做了多项改进。之后介绍了第 3 代移动通信系统以及它的安全特点,第 3 代移动通信系统在原有的基础上添加了很多安全机制以确保网络的安全,但是依旧面临多种威胁。最后介绍了包括 4G 在内的之后的移动通信系统的概况以及之后的可能的发展方向,我们相信,在不久的将来,4G 在业务、功能、频宽上均有别于 3G,应该会将所有无线服务综合在一起,能在任何地方接入因特网,包括定位定时、数据收集、远程控制等功能。移动无线因特网的覆盖范将会是无边无际的。所以,4G将会是多功能集成的宽带移动通信系统,是宽带接入 IP 的系统,是新一代的移动通信系统。

思 考 题

1. GSM 系统的主要特点有哪些?
2. 如何保障 GSM 系统的安全保密性能?
3. 请简要介绍 GPRS 的安全防火墙技术。
4. UMTS 的安全机制主要原则是什么?
5. 简要介绍第三代移动通信的主要技术。

参 考 文 献

[1] 宁涛. UMTS 系统接入安全机制的研究[D]. 武汉:中国地质大学,2008.
[2] 邓智华. 移动通信网络的安全与策略[D]. 北京:北京邮电大学,2007.
[3] 牛静媛. 移动通信安全性分析[D]. 北京:北京邮电大学,2008.
[4] 毛光灿. 移动通信安全研究[D]. 成都:西南交通大学,2003.
[5] 林德敬,林柏钢,林德清. 3G 系统全网安全体制的探讨与分析[J]. 中兴通讯技术,2003,9(2):32-36.
[6] 朱红儒,肖国镇. 基于整个网络的 3G 安全体制的设计与分析[J]. 通信学报,2002,23(4):117-122.
[7] 赵丽萍. GPRS 移动通信网络安全策略研究[J]. 微计算机信息,2004,20(8):109-110.
[8] 韩斌杰. GPRS 原理及其网络优化[M]. 北京:机械工业出版社,2003.
[9] Xavier Lagrange. GSM 网络与 GPRS[M]. 顾肇基,译. 北京:电子工业出版社,2002.
[10] 吴文,李旭. GSM 和 UMTS 网络安全性的比较研究[J]. 现代电信科技,2005(10).
[11] 张梁,卢军. UMTS 接入的安全性研究[J]. 信息安全与通信保密,2005(2).
[12] 谢军伟,李小文. UMTS 系统接入安全技术的研究[J]. 重庆邮电学院学报(自然科学版),2006(2).
[13] 余海燕. 第三代移动通信系统全网安全的研究与策略[D]. 青岛:中国海洋大学,2009
[14] 鲜鹏. 第三代移动通信系统信息安全机制研究[J]. 重庆邮电大学学报(自然科学版) ISTIC,2008,20(6).
[15] 唐伟侠,赵迪. 移动通信发展的现状及未来趋势研究[J]. 硅谷,2005.
[16] 彭艺,查光明. 第四代移动通信系统及展望[J]. 电信科学,2002(6).
[17] 苏锐. 第四代移动通信系统(4G)关键技术综述[J]. 科技资讯,2005(25).
[18] 尤肖虎. 未来移动通信技术发展趋势与展望[J]. 电信技术,2003(6).
[19] 李维科,李方伟. UMTS 的接入安全研究[J]. 江西通信科技,2004(4).
[20] 刘颖,杨家玮. UMTS 系统体系结构及应用[J]. 电子科技,2002(3).
[21] 钟杏梅,蔡国权,牛忠霞. 第三代移动通信的系统组成与主要技术[J]. 无线通信技术,2000,9(4).
[22] 张堃. 移动通信网络安全策略研究[D]. 武汉:华中科技大学,2006.
[23] 张媛. 第三代移动通信系统安全技术研究[D]. 大庆:大庆石油学院,2005.
[24] 刘建华. 4G 移动通信特点和技术发展综述[J]. 电脑知识与技术,2004(10).
[25] 钱芳. 移动通信系统的安全性研究[J]. 计算机安全,2012(4).

[26]　夏坚.通信安全性试验的现状,问题和对策[J].硅谷,2011(20).

[27]　李建权.4G 网络安全问题防范与对策研究[J].电子技术与软件工程,2013(19).

[28]　黄开枝,金梁,赵华.5G 安全威胁及防护技术研究[J].邮电设计技术,2015.

[29]　李晖,付玉龙.5G 网络安全问题分析与展望[J].无线电通信技术,2015(4).

[30]　赵国峰,陈婧,韩远兵,徐川.5G 移动通信网络关键技术综述[J].重庆邮电大学学报(自然科学版),2015,27(4).

第 4 章　移动用户的安全和隐私

移动通信系统从最初的模拟系统发展到现在的第 3 代移动通信系统,移动用户一直都受到安全问题的困扰。由于无线信道开放和不稳定的物理特性,以及移动安全协议本身存在的诸多漏洞,移动通信系统更容易受到攻击。近年来,随着诸如短消息、WAP 应用、GPRS 业务等移动增值服务的迅速发展,这些数据业务比话音业务更容易受到来自安全方面的威胁。本章主要介绍了现在移动系统中,移动用户面临的几个主要的问题,以及移动系统中常见的几种认证机制,信任机制以及当前对位置隐私问题的主流处理方式。

4.1　移动用户面临安全问题概述

当前社会,手机已经是一个无处不在的辅助工具。手机除了提供语音通话以及常用的短信功能之外,也经常可以连接到多种不同的网络中,使用各种各样的网络服务。无线射频识别(Radio Frequency Identification,RFID)进入人们的生活,在人们的日常应用中扮演越来越重要的角色。各种各样的电子数据设备在日常生活中越来越重要,它们不再像以前那样仅被某些社会精英阶层人士所使用,现在已经走入寻常百姓家中,发展成为网络的一个重要部分。我们可以通过移动无线网络随时随地地访问相应的网络资源或者网络服务。工程师在设计应用程序的时候,也会开始考虑无线网络的移动性等特点。根据这些设备和应用的发展趋势,我们有理由对移动无线网络的明天有更大的期望。

然而,智能手机和移动互联网的快速增长提供了一个更加开放的平台,同时也引发了各种安全隐患。为了解决多种安全问题,各种各样的一些解决方案,如加密、虚拟专用网络、创建数字认证等陆续被提出,但这些都不能解决我们面临的所有安全问题。几年前,也许是因为一些意外或者愚蠢的行为,计算机可以随意地进入网络环境中,而不需要过多的验证,从而导致了"冲击波"蠕虫病毒能顺利地穿越防火墙。最近发现了以 PC 的蠕虫病毒为蓝本的针对智能手机的蠕虫病毒。谁知道在这样一个资源丰富、功能强大的无线网络之中,还会发生什么令人不愉快的意外呢?

由于无线网络部署的增加,出现了一些有别于传统网络的新的安全挑战,如为了抵抗拒绝服务攻击,要求无线用户不能再使用和有线网络相同的控制接口。为了更好地抵抗安全威胁,需要设计适用于无线环境的安全机制。在无线环境下,用户隐私问题也会变得越来越重要。屡见不鲜的身份盗窃报道,说明隐私威胁已经渗透到了普通用户。

身份认证也是无线网络安全中一个极为重要的内容。用户在使用无线网络进行交互和通信的时候,有时候需要对对方的身份进行确认,由于无线网络的特殊性,我们无法直接面对面地来确认用户的身份,在这种情况下,必须有一种方式可以使得用户放心地进行交流。

最为常见的情况就是用户在网上购物的时候,我们只有在确认卖家身份真实可靠的情况下才会进行付款。此时,需要一种健全的认证机制来验证对方的合法身份。

在这一章中,主要针对移动用户的身份认证和位置隐私两大方面加以阐述。

4.2　实体认证机制

认证是验证和确认通信方的身份,目的在于建立真实的通信,防止非法用户的接入和访问。认证可以分为数据源认证和实体认证。数据源认证是验证通信数据的来源。实体认证目的在于证明用户、系统或应用所声明的身份,确保保密通信双方是彼此想要通信的实体,而不是攻击者,另外,为了保证后续通信的消息的机密性,认证通信需要双方进行会话密钥的协商,在实体间安全地分配后续通信的会话密钥、确认发送或接收消息的机密性、完整性和不可否认性。

在移动环境中,为保护通信双方的合法性和真实性,认证尤为重要,认证是其他安全策略的基础。传统的认证机制大部分是基于静态的网络和封闭的系统,通常都有一个信任授权中心,系统中通信双方是假设事先登记注册的,认证是以用户身份为中心的。移动环境的开放性、跨域性、移动性使通信双方预先登记注册方式是不能工作的,而且用户身份可能是匿名的、经常变化的。因此,无法预先定义安全链接,需要建立动态的认证机制。在移动环境下隐私和安全是两个很重要但又相互矛盾的主体,服务提供者希望用户提供尽可能多的信息对其进行身份认证,但用户希望其身份信息尽可能得到保护,不希望提交一些敏感信息。用户在享用服务的同时希望他们的隐私尽可能得到保护,不希望被监听到他们所在的位置、所做的事情。

4.2.1　域内认证机制

一个典型的普适环境的域内应用框架如图 4.1 所示,该系统包含三个实体:服务使用者,即移动用户(User, U)、服务提供者(Service Provider, SP)、后台认证服务器(Authentication Server, AS)。U 向 SP 提出服务请求,SP 需要对 U 进行认证。SP 转发对 U 的认证请求给 AS,同时递交自己的认证信息,AS 对 SP 和 U 认证通过后,双方进行密钥协商阶段,保证 U 和 SP 后续通信的机密性。

针对图 4.1 的应用场景,可以看出域内实体认证协议的目标如下。

匿名双向认证:移动用户和服务提供者在没有泄漏自己真实身份信息的基础上,向彼此证明自己的合法性。

不可关联性:同一个用户与不同的服务提供者之间的多个通信会话,没有任何关联性。服务提供者和攻击者都不能把某个会话和某个用户关联上;服务提供者和攻击者不能把两个不同会话关联到同一个用户上。

安全密钥协商:用户和服务提供者之间协商建立起会话密钥,保证后续通信的机密性、完整性、不可否认性,抵抗重放攻击、在线和离线攻击。

上下文隐私:实现 MAC 地址隐藏,保证数据链路层的匿名通信,令攻击者无法确定通信双方的真实身份,无法对用户进行跟踪,保护用户上下文信息的隐私,能更好地抵抗攻击者的被动攻击和 DOS 攻击。

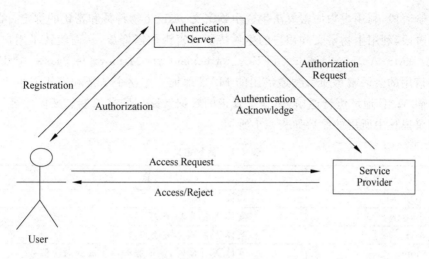

图 4.1　域内应用场景

轻量型：考虑普适设备的资源有限性，协议应该是轻量型的，计算量、存储量和通信量应该较小。

针对以上域内认证协议目标，我们先介绍 MAC 地址隐藏技术实现双方在数据链路层的匿名通信；之后详细介绍了一个域内认证协议，整个协议具有抗攻击性强、计算量小、处理速度快、带宽要求较低的优点，适合移动环境下的资源有限的特点。

1. MAC 地址隐藏

MAC(Media Access Control)地址，也叫硬件地址或者网卡的物理地址，是在媒体接入层使用的地址。由 48b(6B)长的十六进制的数字组成，烧录在网卡 EPROM 里。其中，0～23b 是生产厂家向 IEEE 申请的厂商地址，代表厂商号；24～47b 是由厂家分配的设备号，自行定义。在网络底层的物理传输过程中，MAC 地址用于识别主机的身份，MAC 地址就如同人类的身份证号码，具有全球唯一性。通信双方的 MAC 地址填充在数据链路层帧头部信息里，作为数据链路层的寻址方式。无论对称加密还是非对称加密方式，只是对帧里封装的应用层数据进行加密，帧的头信息以明文形式进行传送。攻击者无法获得密钥时，不能解密应用层的数据，但 MAC 实名通信无法抵抗被动攻击。攻击者根据 MAC 帧的头信息，对用户进行跟踪，就可以快速掌握网络流量的实时状况，网内应用及不同业务在不同的时间段的使用情况。例如，攻击者对用户频繁访问的站点发起拒绝服务(DOS)攻击，从而破坏用户的正常通信。

MAC 地址的更换是无线网络中保护位置隐私的一个重要研究领域，本文为了保护通信双方的位置隐私，MAC 地址也采取了动态更换的解决方法。用户或服务提供者去注册后，注册服务器会给其分配一个随机的未被使用过的 MAC 地址作为初始地址。当收到地址解析请求包时，用该 MAC 地址作为应答。当双向认证通过后，通信双方在派生后续通信的会话密钥时，也会协商出后续通信用的 MAC 地址。因此，当一个用户与多个不同服务提供者同时通信时，该用户将同时采用多个不同 MAC 地址，攻击者无法对用户进行跟踪掌握其通信状况，MAC 地址的更换更好地保护了用户的位置隐私等上下文信息。

2. 域内匿名认证与密钥派生协议流程

这里介绍的域内匿名认证与密钥派生协议，包含注册阶段和匿名认证与密钥派生阶段。

在用户注册阶段,利用生物加密算法生成生物密文,实现生物特征和密钥的绑定。在认证和密钥派生阶段,利用生物密文和用户的生物特征对密钥加以释放,从而验证了用户的身份。然后,基于 AMP(Authentication and Key Agreement via Memorable Password)协议派生了后续通信用的会话密钥和后续通信用的 MAC 地址。在整个认证和密钥派生阶段,用户均采用虚假 MAC 地址进行通信,实现了真正的数据链路层匿名机制。域内匿名认证与密钥派生协议描述中所用的参数如表 4.1 所示。

表 4.1 参数定义

符 号	意 义
ID_x	实体 X 的标识
Bioscrypt_x	实体 X 的生物密文
face_x	实体 X 的脸部特征向量
num_x	实体 X 注册时,认证服务器生成的对应整数
ID_x	实体 X 的标识
Key_x	实体 X 的生物密文对应的密钥
K_A, K_A^{-1}	实体 A 的公钥和私钥
$\{m\}K$	消息 m 被密钥 K 加密
$h()$	单向哈希函数
$\text{rand}_{x(n)}$	实体 X 第 n 次产生的随机数
G	椭圆曲线的基点
$X \rightarrow Y : \{m\}$	实体 X 给实体 Y 发消息 m

1) 注册阶段

注册阶段,认证服务器给用户生成如下信息。

(1) 对应的公钥和私钥对。

(2) 标识 ID_u。

(3) 使用生物加密算法,给每一个前来注册的移动用户生成生物密文 Bioscrypt_u,生物密文作为认证服务器颁发给用户的证书,不同证书可以对应不同的访问控制策略。认证服务器存储的是生成生物密文所用的密钥哈希值,不会出现生物模板泄漏的问题,生物特征隐私被保护的同时,又减轻了认证服务器的存储负担。

(4) 随机生成一个以前未使用过的 MAC 地址,作为首次通信的硬件地址。

当服务提供者由移动用户充当时,注册信息如上所述,当服务提供者由固定设备充当时,注册时获得如下信息。

(1) 对应的公钥和私钥对。

(2) 标识 ID_{sp}。

(3) 认证服务器将会给他分配独一无二的随机数 num_{sp},num_{sp} 由服务提供者安全保管,认证服务器存储 $h(\text{num}_{sp})$。

(4) 随机生成一个以前未使用过的 MAC 地址,作为首次通信的硬件地址。

2) 匿名认证与密钥派生阶段

该阶段可以细分为两个子阶段:双向匿名认证阶段和密钥派生阶段。步骤①~⑨描述了域内匿名认证和密钥派生协议的整个流程。步骤①~④属于匿名认证阶段,步骤⑤~⑨

属于密钥派生阶段。在匿名认证阶段,生物加密算法保护了生物模板的隐私,在密钥派生阶段,基于 AMP(Authentication and Key Agreement via Memorable Password)协议产生后续通信会话密钥,并在步骤⑧和⑨派生出后续通信的 MAC 地址,真正实现了数据链路层匿名。

（1）双向匿名认证

当服务提供者,不是由移动用户,而是由一些固定移动设备（如打印机）充当时,双向认证阶段流程如图 4.2 所示,具体步骤如下。

① $U \rightarrow SP$：$h(ID_u) \| \{Bioscrypt_u, face_u, ID_u, rand_{u(1)}\} K_{AS}$

② $SP \rightarrow AS$：$h(ID_u) \| \{Bioscrypt_u, face_u, ID_u, rand_{u(1)}\} K_{AS} \| h(ID_{sp}) \| \{ID_{sp}, num_{sp}, rand_{sp(1)}\} K_{AS}$，SP 对从①收到的消息之后,附加自己的认证信息,转发给 AS。

③ 首先,AS 消息 $\{ID_{sp}, num_{sp}, rand_{sp(1)}\} K_{AS}$ 解密得到 num_{sp},根据 ID_{sp} 如果能找到匹配的 $h(num_{sp})$,则 SP 被 AS 证明是合法的。然后,AS 对消息 $\{Bioscrypt_u, face_u, ID_u, rand_{u(1)}\} K_{AS}$ 解密得到 $Bioscrypt_u$ 和 $face_u$,运用生物加密算法得到 Key'_u,如果 $h(Key'_u) = h(Key_u)$,则 U 被 AS 证明是合法的。

由于光照和姿势的不同,每次用户采样得到的脸部特征向量不尽相同,因此脸部识别精度无法达到 100%。当生物认证失败时,为了提高对移动用户认证的可靠性,进行如下三步措施进行补救。

第一,$AS \rightarrow U$：$h(ID_u) \| \{C, rand_{u(1)}\} K_U$,其中,$rand_{as}$ 为 AS 产生的随机数,$C = Bioscrypt_u \oplus rand_{as}$。

第二,如果 U 解密得到的 $rand_{u(1)}$ 正确,则证明 AS 合法。U 计算 $rand'_{as} = C \oplus Bioscrypt_u$,然后发送如下消息：$U \rightarrow AS$：$h(h(ID_u) \oplus ID_u) \| \{C, rand'_{as}\} K_{AS}$。

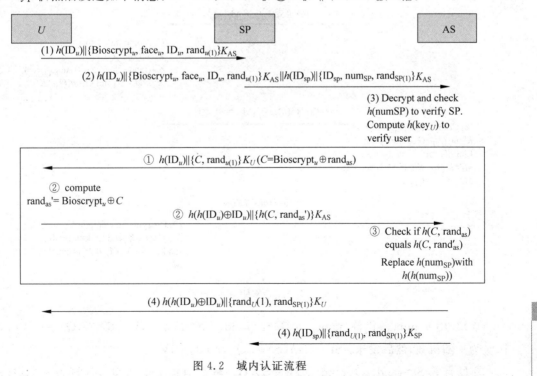

图 4.2　域内认证流程

移动用户的安全和隐私

第三,AS 接收到上个步骤的消息,如果 $rand'_{as}$ 等于 $rand_{as}$,并且 $h(C, rand'_{as})$ 等于 $h(C, rand_{as})$,则 U 被证明是合法的。

④ 步骤①～③,AS 完成了对 U 和 SP 合法身份的认证,为了抵抗重放攻击和拒绝服务攻击,AS 将 $h(num_{sp})$ 替换成 $h(h(num_{sp}))$。然后发送如下消息:$AS \rightarrow U: h(h(ID_u) \oplus ID_u) \parallel \{rand_{u(1)}, rand_{sp(1)}\} K_U$ 和 $AS \rightarrow SP: h(ID_{sp}) \parallel \{rand_{u(1)}, rand_{sp(1)}\} K_{SP}$。

在双向匿名认证过程中,AS 协助 SP 完成了对 U 的认证,减少了 SP 的工作负担。当 SP 由移动用户充当时,SP 需要提交生物特征等信息进行认证,AS 对 SP 的认证与上述流程中对 U 的认证方法相同。

(2) 密钥派生

当 U 和 SP 收到步骤④的信息,分别对随机数 $rand_{u(1)}$ 和 $rand_{sp(1)}$ 验证,验证通过,则进入密钥派生阶段,处理流程如图 4.3 所示。

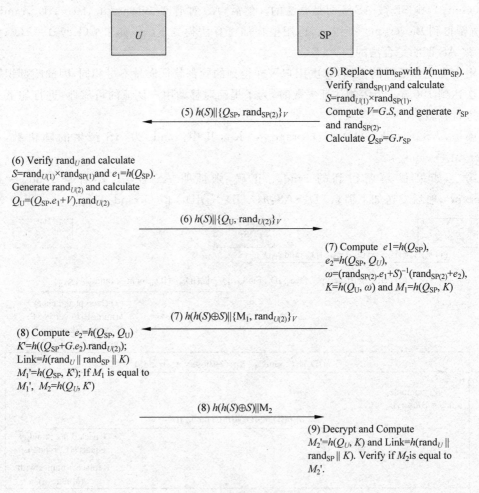

图 4.3　密钥派生阶段

① SP 用 $h(num_{sp})$ 代替 num_{sp},计算 $S = rand_{u(1)} \times rand_{sp(1)}$,$V = S \times G$,$Q_{sp} = G \times r_{sp}$,其中 r_{sp} 为一随机数,然后发送:$SP \rightarrow U: h(S) \parallel \{Q_{sp}, rand_{sp(2)}\} V$。

② U 计算 $S = rand_{u(1)} \times rand_{sp(1)}$,$V = S \times G$。解密消息①得到 Q_{sp},计算 $e_1 = h(Q_{sp})$ 和

$Q_u = (Q_{sp} \times e_1 + V) \times \text{rand}_{u(2)}$，发消息：$U \rightarrow SP : h(S) \parallel \{Q_u, \text{rand}_{u(2)}\}V$。

③ SP 计算出 $e_2 = h(Q_{sp}, Q_u)$，$\omega = (\text{rand}_{sp(2)} \times e_1 + S)^{-1}(\text{rand}_{sp(2)} + e_2)$，$K = h(Q_u, \omega)$，$M_1 = h(Q_{sp}, K)$，发送：$SP \rightarrow U : h(h(S) \oplus S) \parallel \{M_1, \text{rand}_{u(2)}\}V$。

④ U 计算 $e_2 = h(Q_{sp}, Q_u)$，$K' = h((Q_{sp} + G \times e_2) \times \text{rand}_{u(2)})$，$M_1' = h(Q_{sp}, K')$。如果 $M_1' = M_1$，则用户知道 $K' = K$，并计算 $M_2 = h(Q_u, K')$ 发送给 $SP : U \rightarrow SP : h(h(S) \oplus S) \parallel M_2$。同时计算 $\text{Link} = h(\text{rand}_u \parallel \text{rand}_u \parallel K)$，其中，后面 48b 作为 U 后续通信的 MAC 地址。

⑤ SP 收到后计算 $M_2' = h(Q_u, K)$，如果 $M_2' = M_2$，则 SP 知道 $K' = K$。计算 $\text{Link} = h(\text{rand}_u \parallel \text{rand}_u \parallel K)$，其中，前 48b 作为自身后续通信的 MAC 地址。

4.2.2 域间认证机制

移动环境下，移动用户经常从一个区域移动到另外一个区域。假定每个用户只能去一台认证服务器注册自己的身份，该服务器所在的区域可以看成用户的本域。来源于不同本域的两个用户之间的认证属于域间认证。

假定每个医院可以看作一个认证区域，内部员工需要在自己所属单位进行注册。医生 A 工作在医院 X，要去医院 Y 和医生 B 讨论一些技术问题。他正在去往医院 Y 的路上，他们想事先交换一些临床数据，这样可以节省后续讨论时间。A 和 B 从未见过面，互相不清楚对方身份，需要相互认证才能进行通信。该场景对应图 4.4，该系统包含 4 个实体：实体 A 在区域 1 内注册，SA 是 A 的认证服务器，区域 1 称为 A 的本域。B 在区域 2 内注册、SB 是 B 的认证服务器。移动用户 A 向服务提供者 B 提出服务请求，服务提供者 B 向 SB 请求认证 A，并提交自己的认证信息。SB 根据 A 的本域，向 SA 请求对 A 的认证，如果 SA 对 A 成功认证，意味着 B 相信了 A 的合法性。A 和 B 双向认证完成后，继续协商会话密钥保证后续通信的机密性。

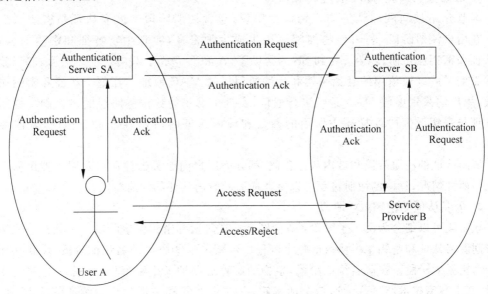

图 4.4 域间应用场景

针对图 4.4 的应用场景，可以看出域间实体认证协议的主要目标如下。

（1）匿名双向认证：首先需要完成域内实体间认证，然后完成域间注册服务器间的认证,服务提供者之间的认证。需要保证在没有泄漏自己真实身份信息的基础上,向彼此证明自己的合法性。

(2) 不可关联性:同一个用户与不同的服务提供者之间的多个通信会话,没有任何关联性。服务提供者和攻击者都不能把某个会话和某个用户关联上;服务提供者和攻击者不能把两个不同会话关联到同一个用户上。

(3) 安全密钥协商:移动用户和不在同一域内的服务提供者 B 之间协商建立起会话密钥,保证后续通信的机密性、完整性、不可否认性,抵抗重放攻击、在线和离线攻击。

(4) 上下文隐私:实现 MAC 地址隐藏,保证数据链路层的匿名通信,令攻击者无法确定通信双方的真实身份,无法对用户进行跟踪,保护用户上下文信息的隐私,能更好地抵抗攻击者的多种攻击。

(5) 轻量型和低时延:考虑普适设备的资源有限性,协议应该是轻量型的,计算量、存储量和通信量应该较小。跨域认证参与的实体比较多,双方认证服务器均可能参与认证,消息流数目相比域内多,因此需要尽量降低实体与其注册服务器的交互,降低延迟。

为了实现上述要求,那么域间认证首先可以使用 4.2.1 节介绍的域内认证的方法分别完成各自域内实体的认证,同样采用生物加密技术进行实体认证,然后进行域间的实体认证。为了减轻移动设备的计算量,把大部分认证工作转移到认证服务器执行,增加两个区域的认证服务器的交互。设计 MAC 地址隐藏技术实现双方在数据链路层的匿名通信,使用签密技术派生出后续通信的会话密钥,签密技术可以在一个逻辑步骤内同时完成加密和数字签名二者的功能。它所花费的代价、计算量、存储量要小于先签名后加密或先加密后签名方案,是实现既保密又认证的传输及存储信息的较为理想的方法,派生出的后续通信的会话密钥保证后续消息的机密性、完整性和不可否认性。

1. 域间匿名认证与密钥派生协议流程

本节介绍域间匿名认证与密钥派生协议,包含注册阶段和匿名认证与密钥派生阶段。在用户注册阶段,利用生物加密算法生成生物密文,实现生物特征和密钥的绑定。在认证和密钥派生阶段,在 SA 和 SB 的帮助下,A 和 B 完成了双向认证。然后,基于签秘技术派生了后续通信用的会话密钥和后续通信用的 MAC 地址。在整个认证和密钥派生阶段,用户均采用虚假 MAC 地址进行通信,实现了真正的数据链路层匿名机制。域间匿名认证与密钥派生协议描述中所用的参数和域内认证时所用参数意义相同,具体参见表 4.1。

域间认证的注册阶段和域内认证相似,都分为用户向服务器注册以及服务器由移动用户充当两种情况,具体的注册过程可以参考前面的域内认证的注册阶段。

2. 匿名认证与密钥派生阶段

该阶段可以细分为两个子阶段:双向匿名认证阶段和密钥派生阶段。步骤①～⑩描述了域间匿名认证和密钥派生协议的整个流程。步骤①～⑧属于匿名认证阶段,步骤⑨和⑩属于密钥派生阶段。在匿名认证阶段,生物加密算法保护了生物模板的隐私;在密钥派生阶段,基于签密技术产生后续通信会话密钥,并在步骤⑨和⑩派生出后续通信的 MAC 地址,真正实现了数据链路层匿名。

(1) 实体 A 和 B 认证,需要双方服务器 SA 和 SB 的协助,A 和 B 的认证以 A 和 SA 的成功认证、SA 和 SB 的成功认证、B 和 SB 的成功认证为基础,如图 4.5 所示。

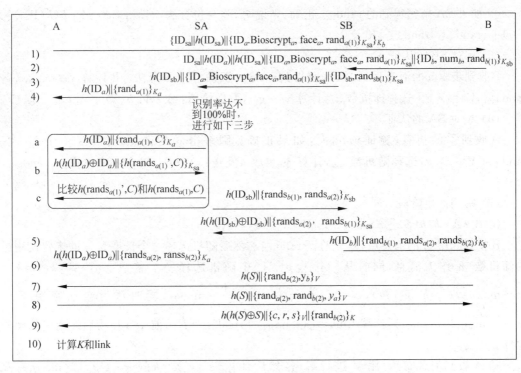

图 4.5　域间匿名认证与密钥派生协议流程 I

（2）SB 对 B 的认证

① A→B：$ID_{sa} \parallel h(ID_{sa}) \parallel h(ID_a) \parallel \{ID_a, Bioscrypt_a, face_a, rand_{a(1)}\}K_{SA}$

A 向 B 发起访问请求，包括：SA 的标识符、标识符的哈希值、请求 SA 认证的消息。

② B→SB：$ID_{sa} \parallel h(ID_{sa}) \parallel h(ID_a) \parallel \{ID_a, Bioscrypt_a, face_a, rand_{a(1)}\}K_{SA} \parallel h(ID_b) \parallel \{ID_b, num_b, rand_{b(1)}\}K_{SB}$。

B 转发从 A 收到的消息，并附加自己的认证请求消息给 SB。

③ SB 收到消息②后，如果 ID_{sa} 的哈希值等于 $h(ID_{sa})$，并且 $h(ID_{sa})$ 与 $h(ID_{sb})$ 一致，则说明 A 和 B 同属于一个认证服务器，执行域内认证。

否则，执行域间认证。SB 对消息 $\{ID_b, num_b, rand_{b(1)}\}K_{SB}$ 解密得到 ID_b 和 num_b，ID_b 的哈希值等于收到消息中的 $h(ID_b)$，则消息传输中没有被篡改。如果 $h(num_b)$ 等于用户 B 在注册时产生的哈希值，则 SB 对 B 认证通过。发送消息：SB→SA：$h(ID_{sb}) \parallel \{ID_{sb}, rand_{sb(1)}\}K_{SA} \parallel \{ID_a, Bioscrypt_a, face_a, rand_{a(1)}\}K_{SA}$。如果 B 不合法，则协议结束。

（3）SA 对 A 的认证

SA 对消息 $\{ID_{sb}, rand_{sb(1)}\}K_{SA}$ 进行解密，得到随机数 $rand_{sb(1)}$ 和 ID_{sb}，利用 ID_{sb} 的哈希值判断消息是否被篡改，然后产生 $rand_{sa(2)}$。SA→SB：$h(ID_{sb}) \parallel \{rand_{sa(2)}, rand_{sb(1)}\}K_{SB}$。

SA 对消息 $\{ID_a, Bioscrypt_a, face_a, rand_{a(1)}\}K_{SA}$ 进行解密得到 $Bioscrypt_a$ 和 $face_a$，利用生物加密技术对用户 A 进行认证。

（4）SA 和 SB 之间的双向认证

① 如果 SB 解密得到的 $rand_{sb(1)}$ 正确，则说明 SA 合法，然后 SB→SA：$h(h(ID_{sb}) \oplus ID_{sb})\{rand_{sa(2)}, rand_{sb(1)}\}K_{SA}$ 和 SB→B：$h(ID_b) \parallel \{rand_{b(1)}, rand_{sa(2)}, rand_{sb(2)}\}K_B$。

② 如果 SA 解密得到的 $rand_{sa(2)}$ 正确,则说明 SB 身份合法,然后:SA→A:$h(h(ID_a)\oplus ID_a)\|\{rand_{sa(2)},rand_{sb(2)}\}K_A$。

(5) B 对 SB 的认证

B 收到步骤⑤的消息后,如果解密得到 $rand_{b(1)}$ 正确,则 SB 合法。B 计算 $s=rand_{sa(2)}\times rand_{sb(2)}$,$V=s\times g$。选择随机数 x_b,计算 $y_b=g^{x_b}$,发送给 A:B→A:$h(S)\|\{rand_{b(2)},y_b\}V$。

(6) A 对 SA 的认证

A 收到④的消息,验证 $rand_{a(1)}$,如果正确。则解密⑥的消息,计算 $s=rand_{sa(2)}\times rand_{sb(2)}$,$V=s\times g$,选择随机数 x_a,计算 $y_a=g^{x_a}$,发送:A→B:$h(S)\|\{rand_{a(2)},rand_{b(2)},y_a\}V$。

(7) 密钥派生阶段

① B→A:$h(h(S)\oplus S)\|\{c,r,s\}V\|\{rand_{a(2)}\}K$

B 收到⑧中 A 的消息后,首先验证 $rand_{b(2)}$。然后随机选择一个长度为 L 的未曾使用过的随机数 m 作为消息,同时从 $[1,\cdots,p-1]$ 中随机选择一个整数 x,计算 $(k_1,k_2)=h(y_a^x \bmod p)$,$r=h(k_2,m)$,$c=E_{k1}(\text{key})$,$s=\dfrac{x}{r+xa}\bmod q$。同时派生会话密钥 $K=h(m,rand_{a(2)}\times rand_{b(2)})$,计算 $\text{Link}=h(rand_{a(2)}\|rand_{b(2)}\|K)$,前 48b 作为后续通信的硬件地址。

② A 收到消息⑨后,用 V 进行解密,然后计算 $(k_1,k_2)=h((y_b\cdot g^r)^{(s\cdot xa)}\bmod p)$,及 $m'=D_{k1}(c)$,并判断 $h(k_2,m')$ 是否等于 r,如果相等计算 $K=h(m,rand_{a(2)}*rand_{b(2)})$。对消息 $\{rand_{a(2)}\}K$ 进行解密,如果 $rand_{a(2)}$ 正确,则双向密钥派生结束。计算 $\text{Link}=h(rand_{a(2)}\|rand_{b(2)}\|K)$,后 48b 作为后续通信的硬件地址。

当服务提供者由移动用户充当时,域间认证与密钥派生协议的流程与图 4.5 类似,如图 4.6 所示,此时 B 需要提交与 A 类似的生物认证信息。

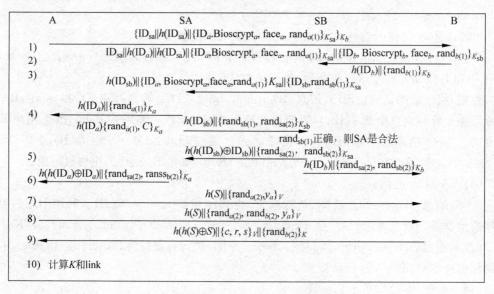

图 4.6　域间匿名认证与密钥派生协议流程 Ⅱ

4.2.3 组播认证机制

在移动环境中,组播业务也得到了广泛应用,例如网络视频会议、网络音频/视频点播、股市行情发布、多媒体远程教育等。组播是在一个发送者与多个接收者之间实现点对多点的数据传输,属于一对多的通信。即使一个发送者同时给多个接收者发送相同的数据,只需复制一份相同的数据包。因此与单播相比,组播能有效地节省服务器资源和网络带宽,提高数据传送效率,减少传输拥塞的可能性。

组播中用组播地址来标识不同的组,用户只要获知特定业务使用的组播地址就可以申请加入该组,使用该组播提供的服务。采用明文传输的组播报文在网络上很容易被偷听、冒充和篡改,因此保护组播数据机密性、保证组播成员的可靠性,建立安全的组播通信系统,是安全组播研究的主要目标。与端到端的单播情形相比,组播通信的安全问题更加复杂,将现有单播安全技术直接移植到组播应用上往往不可行且低效。为了保证在移动环境下组播通信的安全,首先必须对加入到组播组里的成员进行认证。移动环境的开放性和跨域性决定了服务提供者与组成员之间的认证包括域内认证和域间认证两种。其次,必须保证消息的机密性,防止攻击者对消息的破解,对组播消息加密的密钥称为组密钥,该密钥只有通过身份认证的组成员才可以知道。普适环境的移动性造成了组的高度变化,不断有新成员的加入或旧成员的离开,伴随着成员的加入或者离开,组密钥应该不断更新。确保新加入的成员不能获得旧的组播密钥,从而无法解密以前的组播消息;离开的旧用户,不能获得新的组播密钥,从而无法解密他离开之后的组播消息。第三,在设计移动环境下的组播密钥管理协议时,还需要考虑移动设备的资源有效性。

根据上面的场景分析,可以看到组播群实体认证和密钥协商协议的目标如下。

(1)密钥树结构:根据普适环境下不同移动用户可能属于不同本域的实际情况,设计高效组播密钥管理结构。

(2)安全密钥协商:组成员之间协商建立起会话密钥,密钥具有独立性,能保证前向和后向安全性,能抵抗合谋攻击和猜测攻击,保证后续通信的机密性、完整性、不可否认性。

(3)密钥树平衡:组成员加入或离开,可以完成密钥的动态更新,密钥树不平衡时,密钥更新能保证系统性能。

(4)轻量型和低时延:协议应该是轻量型的,计算量、存储量和通信量应该较小。密钥更新过程传输的消息要尽量少,涉及的实体要尽量少,避免更新报文占用过多的网络带宽。密钥更新时要使所有组成员都能及时地获得新的密钥。

考虑到移动环境下不同移动用户可能属于不同本域的实际情况,对组播成员采用分层分组的密钥管理方式。

1. 极大最小距离分组码

下面在介绍组播密钥管理协议中,当用户离开或者加入组播组时,密钥的更新操作采用了极大最小距离分组码的机制,避免了移动设备的加密和解密操作,从而减少了移动设备的计算量和通信量,以适应普适设备资源的有限性。这里先简单介绍一下极大最小距离分组码的机制。

纠错码是指在传输过程中发生错误后在接收端能自行发现或纠正的码。仅用来发现错误的码一般称为检错码。一种码具有检错或纠错能力,需对原码字增加多余的码元,以扩大码字之间的差别。即把原码字按某种规则变成有一定剩余度的码字,并使每个码字的码之间有一定的关系。这个过程称为编码。码字到达接收端后,根据编码规则是否满足以判定有无错误。当不能满足时,按一定规则确定错误所在位置并予以纠正,纠错并恢复原码字的过程称为译码。在构造纠错码时,将输入信息分成 k 位一组以进行编码。若编出的校验位仅与本组的信息位有关,则称这样的码为分组码。若不仅与本组的 k 个信息位有关,而且与前若干组的信息位有关,则称为格码。

分组码是一类重要的纠错码,它把信源待发的信息序列按固定的 k 位一组划分成消息组,再将每一消息组独立变换成长为 $n(n>k)$ 的二进制数字组,称为码字。如果消息组的数目为 M,由此所获得的 M 个码字的全体便称为码长为 n、信息数目为 M 的分组码,记为 $[n,M]$。分组码就其构成方式可分为线性分组码与非线性分组码。

线性分组码是指分组码中的 M 个码字之间具有一定的线性约束关系,即这些码字总体构成了 n 维线性空间的一个 K 维子空间。称此 K 维子空间为 (n,k) 线性分组码,n 为码长,k 为信息位,此处 $M=2k$。线性格码在运算时为卷积运算,所以叫卷积码。非线性分组码是指 M 个码字之间不存在线性约束关系的分组码。

对定义在伽罗华域 $GF(q)$ 上的 (n,k) 线性分组码 V,如果其最小距离 $d(V)$ 满足不等式 $d(V) \leqslant n-k+1$,则称为该分组码满足新格尔顿限,称最小距离达到新格尔顿上限的分组码为极大最小距离(Maximum Distance Separable)分组码。最小距离直接反映了分组码的纠错能力,RS(Reed-Solomon)码是具有极大最小距离的码,属于非二进制的 MDS 码。$q=2$ 的 MDS 码,即二进制 MDS 码是不存在的。

对于 (n,k) MDS 码,存在编码函数 $E(\ )$,能够实现有限域 $GF(q)^k$ 到 $GF(q)^n$ 的映射:$E(m)=c$,$m=m_1 m_2 m_3 \cdots m_k$ 是原始消息块,$c=c_1 c_2 c_3 \cdots c_n$ 是编码后的消息块,$k \leqslant n$。如果解码函数 $D(\ )$ 存在,$D(c_{i_1} c_{i_2} \cdots c_{i_k}, i_1, i_2, \cdots i_k)=m$,$1 \leqslant i_j \leqslant n$,$1 \leqslant j \leqslant k$。从解码函数可以看出,根据收到的任意 k 个码字,运用该函数可以得到原始的 k 个源码,通常 $q=2^m$。

2. 组播密钥管理结构

组播密钥管理结构如图 4.7 所示,组播源为服务提供者 SP,本域为 D_1,该域的认证服务器为 S_1。用户 U_1、U_2、$\cdots$、U_n 为组播用户,需要使用 SP 提供的组播服务。U_1 到 U_8 在域 D_2,其认证服务器为 S_2。其他情况类似,每个用户分别在各自的本域内。组中最后一个子树中的用户 U_{n-3}、U_{n-2}、U_{n-1}、U_n 和服务提供者 SP 在同一个区域 D_1 内。采用分层分组的方式来进行组播密钥的管理。SP 的认证服务器 S_1 充当组播组的树根,其他各自域的认证服务器充当子组的组长,被 S_1 所管理。所有的认证服务器构成了密钥管理框架的第 I 层,组播成员 U_1 到 U_n 构成了密钥管理框架的第 II 层。在第 I 层最后一个元素为 T_4,它作为用户 U_{n-3}、U_{n-2}、U_{n-1}、U_n 的组长。U_{n-3}、U_{n-2}、U_{n-1}、U_n 和 SP 均在 D_1 里,所以可以由 S_1 充当组长对该树进行管理,管理方法同其他区域类似。T_4 的真实身份为 S_1,这里 T_4 只是一个逻辑节点而已。当本域不属于 D_1 的用户想使用组播服务之前,需进行域间认证。域间认证成功后,该域的认证服务器会加入第 I 层中,第 I 层的成员关系变化较小。第 II 层中,组成员可能随时加入或者离开该组,因此成员的关系变化频繁。维护子树的平衡,减少密钥更新时的通信量,从而减轻移动设备的计算负担显得尤为重要。两层实体共同构成一棵不规则的树,第 II 层中的成员,按照 2-3 树的方式组织。当用户离开或者加入组播组时,密钥的更新操作采用极大最小距离分组码的机制,可以避免移动设备的加密和解密操作,从而减少了移动设备的计算量和通信量。协议中涉及域内和域间认证的处理分别采用前两节提出的协议完成认证。

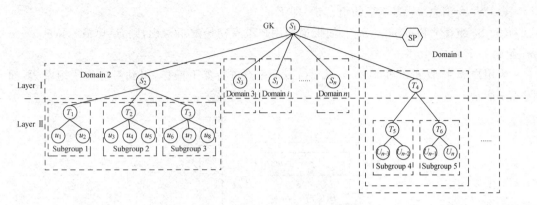

图 4.7　组播密钥协议管理结构

3. 组的初始化

用户在享用组播服务之前,需要和组播服务提供者 SP 进行认证,认证采用了前面两节介绍的域内和域间实体认证协议。双向认证通过后,认证服务器为自己本域内的用户 u_i 分配一个随机数 j_i,对于同一个域内两个用户 u_i 和 u_k,满足 $j_i \neq j_k$。s_i 是一个随机的哈希值,对于移动用户 u_i,$s_i = h(key_i)$。(j_i, s_i) 可以看作用户 u_i 的密钥种子,记作 $Seed_i$,被认证服务器安全保管,并通过安全通道告诉域内用户。SP 的认证服务器也会为 S_2、$\cdots$、S_n 分配密钥种子,U_{n-3}、U_{n-2}、U_{n-1}、U_n 与 SP 均属于同一个区域,因此由 S_1 分配密钥种子给 4 个用户。如图 4.7 所示,S_2 维护一个深度为 3 的 2-3 树,其中叶子节点 u_1 到 u_8 为组播用户,中间节点 T_1、T_2、T_3 为构造这棵树而生成的逻辑上节点,S_2 需要为逻辑树上的每个节点分配一个不同的位置号,j_i 可以理解成用户 u_i 在这棵树上的位置号。整个这棵逻辑树的密钥采取底层到上层的方法进行计算,通过 S_2 依次计算出 K_{T_1}、K_{T_2}、K_{T_3} 和 K_{S_2},其他区域采用相同方法计算各个节点的密钥,最后再由 S_1 计算出 K_{S_1},即整个组播组的密钥。

S_2 计算 K_{T_1} 方法如图 4.8 所示,T_1 下面叶子节点用 n 表示,n 等于 2 或者 3,计算步骤如下。

(1) S_2 随机选择一个未被使用过的有线域内元素 r。

(2) S_2 为每一个叶子节点进行如下计算:$GF(q): c_{j_i} = H(s_i \parallel r), i = 1 \cdots n$。

(3) 利用步骤(2)计算出来的 n 个 c_{j_i},构造 (L, n) MDS 码,令码字的第 j_i 个符号为 c_{j_i}。

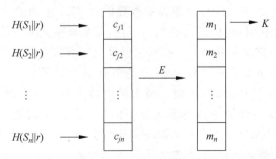

图 4.8　GC 分发组密钥流程

第 4 章

移动用户的安全和隐私

构造的(L,n)MDS码其对应的源码由 MDS 码的 n 个元素决定,因此找到恰当的解码函数,可以计算出相应的 n 个消息 $m_1 m_2 m_3 \cdots m_n$。

（4）S_2 令消息 m_1 为该组的组密钥,即 K_{T_1}。

（5）S_2 组播 r 和 $m_2 m_3 \cdots m_n$。如果最初用户没有初始的组密钥,则 S_2 单播 r 和 $m_2 m_3 \cdots$ m_n 给每一个成员。

当用户 u_i 接收到 r 和 $m_2 m_3 \cdots m_n$ 时,每个用户进行如下操作,得到对应的子组密钥,如图 4.9 所示。

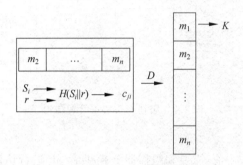

图 4.9　组成员计算组密钥流程

（1）利用种子密钥 (j_i, s_i),计算 $c_{j_i} = H(s_i \| r)$。

（2）利用 c_{j_i} 和 $m_2 m_3 \cdots m_n$ 计算出 m_1,从而计算出 K_{T_1}。运算过程中采用基于 Reed-solomon 码的范得蒙矩阵,如式(4-1)所示。

$$
\begin{bmatrix}
1 & j_1 & \cdots & (j_1)^{n-1} \\
1 & j_2 & \cdots & (j_2)^{n-1} \\
\cdots & \cdots & \cdots & \cdots \\
1 & j_n & \cdots & (j_n)^{n-1}
\end{bmatrix}
\begin{bmatrix}
m_1 \\
m_2 \\
\cdots \\
m_n
\end{bmatrix}
=
\begin{bmatrix}
c_{j1} \\
c_{j2} \\
\cdots \\
c_{jn}
\end{bmatrix}
\tag{4-1}
$$

通过上述方法,利用用户 u_3 到 u_8 的种子密钥,S_2 计算出 K_{T_2} 和 K_{T_3}。为了节省存储量,S_2 不给中间节点分配种子密钥,中间某个节点的 S_T 可以定义成以该节点为根的所有用户 S_i 的异或值,如 $S_{T_1} = S_1 \oplus S_2$ 和 $S_{T_2} = S_3 \oplus S_4 \oplus S_5$。$S_2$ 把自己看作根,中间节点 T_1、T_2 和 T_3 看作叶子节点,按照同样过程计算出 K_{S_2}。同理,S_1 把 S_2、$\cdots S_n$、T_4 看成叶子,S_1 计算出 K_{S_1},即组密钥。组密钥计算后,自顶向下,经过中间节点把组密钥传给组播成员。例如在域 2 内,$\{K_{S_1}\}K_{S_2}$ 被传给 T_1、T_2 和 T_3,$\{K_{S_1}\}K_{S_2}$ 表示 K_{S_1} 被 K_{S_2} 加密传输。中间节点解密得到组密钥后,分别发送 $\{K_{S_1}\}K_{T_1}$、$\{K_{S_1}\}K_{T_2}$ 和 $\{K_{S_1}\}K_{T_3}$ 给叶子节点,叶子节点解密后得到组密钥 K_{S_1}。S_1 传送 $\{K_{S_1}\}K_{SP}$ 给组播业务提供者,整个组初始化过程结束。

当组播成员发生变化时,树的结构会发生变化,需要调整其平衡性。论述之前进行如下定义:节点 i 的权值 w_i 定义为从节点 i 到树根路径上所有节点的度的和。对于树根 r 其权值 $w_r = 0$,当 $i \neq r$ 时,令 p 为 i 的父亲,$\deg(p)$ 为节点 p 的度,则 $w_r = w_p + \deg(p)$。节点 i 的权值 w_r 代表当节点 i 被移动时,从树上消失的边数。为了衡量改变树结构时的通信代价,树的权值 $W(T)$ 定义为该树中具有最大权值的某个节点的权值,例如 T_1 作为树根时,$W(T_1) = 2$,类似地 $W(T_2) = W(T_3) = 3$,$W(S_2) = 6$,$W(U_1) = W(U_2) = 0$。本文中节点的权值定义为以该节点为根的树的权值,当其左右子树的权值差超过 1,该树变得不平衡需要重新调节。

4. 密钥更新——单个用户加入

当某个用户想使用组播业务时,如果与服务提供者属于同一本域,则进行域内实体认证。如果位于不同区域内,则进行域间实体认证。在第 II 层采用树状结构,为了满足后向安全性,从加入节点到根 S_1 的路径上所有节点的密钥均要发生改变。为了减少通信量并维护树的平衡性,令密钥树的性能达到最优,把单个加入的用户插入到非叶子的权值最小的节点。密钥发生变化的节点,均要将新的密钥值通告其子孙。图 4.10 说明了密钥更新的过程。

(1)$W_{T_1}=2$ 是权值最小的树,因此 S_2 把新加入用户 u_9 插入到分支 T_1 下,并为其分配密钥种子。u_9 所在树的路径上一串节点密钥均需要更新。

(2)利用 10.4.2 节介绍的方法,S_2 为 u_1、u_2 和 u_9 重新生成子组密钥 K'_{T_1}。

(3)S_2 为 T_1、T_2 和 T_3 重新生成 K'_{S_2}。

(4)S_1 为 S_2、$\cdots$、S_n、T_4 计算出新的组密钥 K'_{S_1}。

(5)$\{K'_{S_1}\}K_{S_1}$,代表新的 K'_{S_1} 被旧的组密钥 K_{S_1} 加密,发送给树中所有成员。

(6)$\{K'_{S_2}\}K_{S_2}$,代表新的 K'_{S_2} 被旧的组密钥 K_{S_1} 加密,发送给域 2 中所有成员。

(7)用 u_9 公钥加密 $\{K'_{S_1},K'_{S_2}\}'$ 发送给 u_9。

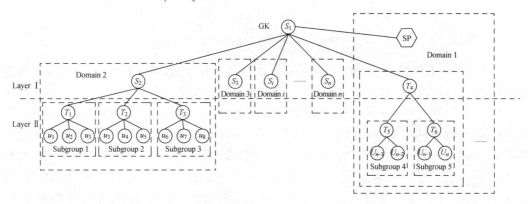

图 4.10　成员加入

因为插入一个节点时,需要选择一棵具有最小树权值的子树作为插入位置,即该子树和以它兄弟节点为根的子树,权值之差不超过 1。经过对于单个用户的插入树归纳总结,可以看到根的权值只增加 1,不会导致整棵树的不平衡现象。比如,对于某个区域只有一个组播成员时加入一个成员,则直接将该成员连接到根节点上,作为根节点的子节点,树的权值加 1。对于复杂点儿的情况如图 4.11 所示,一样只需要在根节点添加一个成员来解决这样的情况,保证树的平衡。有时候,我们也会在某个区域中添加一些伪节点,这是为了当树结构发生变化时,减少调节代价而令树满足平衡性,临时加入一些的虚拟节点(伪节点)。当用户离开时会导致树的不平衡,伪节点才会起作用。

5. 密钥更新——单个用户离开

在组播通信过程中,如果某个域内有用户要离开,就需要把该用户对应的节点从树上删除。当该节点被删除之后,树可能变得不平衡。不平衡的树结构,会导致后续的加入或者删除操作消耗更多的代价,因此需要调整树结构,令左右子树权值差不超过 1。树结构平衡后,为了满足前向安全性,从变动节点到根的路径上所有节点密钥均需要更新。在节点删除

移动用户的安全和隐私

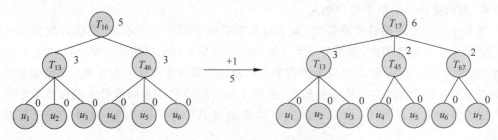

图 4.11　单个用户加入时调整实例

操作时,引入了大量的虚拟节点,目的在于确保树结构尽可能不发生大的变化,从而减少需要改变的密钥并降低代价。对于单个节点删除的位置,主要存在如图 4.12 所示的三种情况。

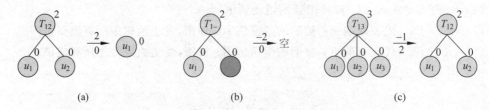

图 4.12　单个用户删除情况

当单个节点删除时,会导致树的不平衡。以往调节树平衡,通过旋转、调整节点位置等操作进行树的调整,这些操作树结构改变较大,需要更新较多的密钥,带来较高的计算复杂度。本节中,当发生不平衡现象时,在树的叶子位置引入了虚拟节点,即伪节点。伪节点的引入可以令树结构尽可能少地改变,从而尽量减少需要更新的密钥,降低了删除操作对应的复杂度。树结构的平衡调整分为两部分:底层调整和中间层调整。伪节点只能在底层调整中出现。对于底层的调节,只需要保证树的平衡,当有不平衡时,适当加入伪节点即可,很容易理解,这里不做过多讨论。对于中间层调整,主要应该注意对有多个子节点的节点进行分裂,或者子节点的迁移,如图 4.13 所示的情况,可以直接将中间有两个子树的节点删除,将其子节点添加到根节点上。其中,箭头左边代表某个用户离开后对应的树结构,箭头右边代

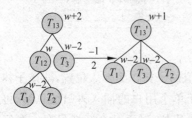

图 4.13　单个删除的中间不平衡调节

表调整后的树结构,箭头上方表示树权值的变化,箭头下方表示改变密钥所对应的通信量。

下面举例说明以上规则的使用,及其密钥的更新过程。如图 4.14 所示,当删除用户 u_4 时,可以引入伪节点,此时 $W(T_1)$ 保持不变,因此不需要对 S_2 为根的树进行中间层调节。u_4 的离开导致节点 T_1、S_2 和 S_1 对应密钥均发生改变。因为 u_3 的兄弟是伪节点,其父亲 T_{12} 只有 u_3 一个真实的孩子,因此认为节点 T_1 直接对 u_3 进行管理,不考虑节点 T_{12} 的密钥更新,整个密钥更新过程如下。

(1) 因为 S_2 利用上面介绍的组的初始化的方法为 u_1、u_2 和 u_3 生成 $m_1m_2m_3$,令消息 m_1 为节点 T_1 的新密钥 K'_{T_1}。

(2) S_2 利用上面介绍的方法计算出 S_2 节点所对应的新的密钥 K'_{S_2}。

（3）S_1 利用上面介绍的方法计算出 S_1 节点所对应的新的密钥 K'_{S_1}。

（4）在 S_2 所在域内分别采用 K'_{T_1}、K_{T_2} 和 K_{T_3} 对 K'_{S_2} 和 K'_{S_1} 加密传输，因此该域内所有用户均可以获得改变的密钥。

（5）在其他域内，为了满足前向安全性，分别采用节点 S_3、S_4、$\cdots$、S_n 对应的密钥加密 K'_{S_1}，并组播给各个域内用户。

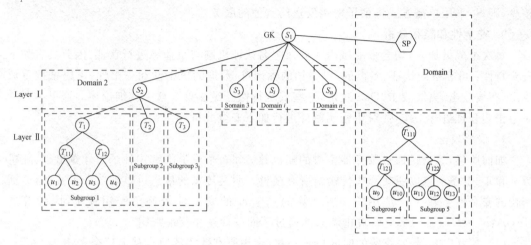

图 4.14　删除 u_4

6. 密钥更新——多个用户加入

类似单个用户的加入，当多个用户想使用组播业务时，需要与服务提供者进行域内或者域间认证。服务器 S_i 将该区域内将要加入的多个用户组织成一棵具有小权值的 2-3 树。如果多个新加入用户组成的树权值小于 S_i 原来的成员组成的旧树的权值，则这棵新树加入到旧树中。反之，旧树加入到新树中。即让权值较小的树加入到较大的树中，在权值大的子树中能找到一个节点，该节点权值与权值较小子树的权值其差不超过 3。在树的调整过程中，可能导致上层节点权值不平衡，这时可以采用上面介绍的方法进行调整。

树结构的变化，会导致某些节点的密钥发生变化，密钥的更新原理与单个用户加入或者离开时密钥更新过程类似，多个用户加入会引起较多节点发生变化，因此复杂度较高。在某些特殊情况，如若干个用户在很短时间内陆续加入时，可以设置一个时间阈值，把在该时间段内请求加入的用户构建成一棵树集体进行加入，从而实现密钥更新过程的批处理。

7. 密钥更新——多个用户删除

当某个域内同时有多个用户需要离开组时，该域的服务器 S_i 依据单个用户删除的原则逐一删除节点。全部节点删除完后，再调整树的结构，并更新密钥。树的平衡调节从下向上，直到整棵树中所有的子树都平衡。当以某个节点为根的树其左右孩子权值之差小于 3 时，对于底层调节，一部分情况按照单个用户删除时候的规则进行调整，主要也是分为底层的调整和中间层的调整。对于中间层调节，稍微注意当以某个节点为根的树其左右孩子权值之差大于 3 时，此时按照多个用户加入的规则进行调整，把左右子树看作原子树和新加入的子树，再按照上面介绍的方法进行调整。密钥更新原理和前面所说的相同。

8. 密钥更新——服务器的加入和删除

服务器层采用集中式的管理机制，由 S_1 对全组进行管理。当非第一个区域内成员想享

移动用户的安全和隐私

受组播服务时,需要域间认证,从而该区域的认证服务器 S_i 加入到该组播组,$i \neq 1$。S_1 也会对 S_i 分配一个密钥种子 (j_i, s_i),密钥种子可以采取公钥机制进行传输。此时,由于新成员加入,组播密钥发生改变,密钥生成采用上面介绍的方法,所有成员均需要更新组播密钥。当单个用户或者多个用户离开某个区域时,会导致某个区域不再有组播成员,此时对应服务器 S_i 将离开该组,$i \neq 1$,组密钥重新更新。当服务器加入或删除时,由于服务器的数量相对较少,则 S_1 采用单播方式将种子密钥发送给其他的服务器。

9. 安全性和隐私分析

每次组成员加入,均会采取域内或域间匿名认证机制与组播源进行认证,因此具有如下安全特性:可靠双向认证、多重的/可撤销的标识符、数据的机密性和完整性,可以抵抗重放攻击、在线攻击、离线攻击、DoS 攻击,这些安全特性已经在第 3 章中详细论述。这里主要针对组密钥管理进行工作,针对组密钥额外进行如下安全分析。

1) 猜测攻击

如前所述,组密钥通过服务器生成的随机数 r 和 n 个成员的密钥种子而计算出来,随机数 r 和 $n-1$ 条消息以明文形式传输给所有组员。明文传输的信息可以被攻击者截获,会话密钥的安全性依赖于合法用户 i 所计算的 c_{j_i}。c_{j_i} 的安全性依赖于密钥种子,因为等式 $GF(q): c_{j_i} = H(s_i \| r)$ 成立。攻击者只能通过下面三种途径获得密钥。

(1) 暴力攻击,需要花费的时间更长一些,穷举所有数字的组合从而获得密钥。

(2) 猜测到某个用户的 c_{j_i}。

(3) 猜测到某个用户的密钥种子。

攻击者猜测到密钥的复杂度依赖于有线域 $GF(2^m)$ 的大小,t、l_r 和 l 越长,越难猜测到 s_i 和 c_{j_i},该机制越安全。当 $m = t = l_r = l$ 时,攻击者猜测出密钥的难度不少于蛮力攻击的难度。针对上述三种途径:

(1) 随机组密钥 k 包含的信息熵为 $H(k) = \log_2 k = l$。

(2) c_{j_i} 的熵为 $H(c_{j_i}) = \log_2 2^m = m = l$,攻击者选择猜测 c_{j_i} 从而获得密钥,首先攻击者必须知道对应的位置信息 j_i 才能进一步猜测到对应的 c_{j_i}。本文中构造的为 (L, n) MDS 码,因此 $n \leqslant j_i \leqslant L$。

(3) s_i 的熵为 $H(s_j) = \log_2 2^t = t = m = l$。密钥种子 S_i 由 s_i 和 j_i 组成,因此 $H(S_i) = H(s_i) + H(j_i) = l + \log_2 L$。攻击者在已知 r 和 c_{j_i} 前提下推知 s_i,此时 $H(s_i | r, c_{j_i}) = H(s_i) = l$。

通过以上分析可知,当 $m = t = l_r = l$ 时,用户想通过上述三种途径获得密钥 k 的代价不少于穷举攻击的代价。

2) 密钥独立性

组密钥的新鲜性依赖于随机数 r,所以新旧组密钥相互独立,没有任何相关性。l_r 决定了随机数 r 可以支持的会话次数,即 2^{l_r} 次。

3) 前向安全性

组密钥的生成与随机数 r 有关,当用户离开时随机数 r 发生变化,因此前后组密钥相互独立。当成员离开时,离开成员已分配的密钥种子没有参与到组密钥的更新中,因此离开的成员无法获知更新后的组密钥,从而无法对后续的组播消息进行解密,保证了前向安全性。

4) 后向安全性

当有新成员加入组时,组密钥会立刻得到更新,前后组密钥相互独立,因此新加入的成员无法解密之前的组播消息，保证了后向安全性。

5）抗合谋攻击

合谋攻击是指多个离开的成员互相合作，从而破解出当前的组密钥。一个可能的破解方法是通过旧的密钥计算出当前某个成员的密钥种子。根据旧的组密钥和公式，攻击者很容易计算出现存某个用户的 c_{j_i}，但根据 $c_{j_i} = H(s_i \| r)$ 从而推算出 s_i，从计算角度来讲不可行。本章中提出的组密钥管理协议可以更好地抵抗住合谋攻击，当前成员推测其他组成员的密钥种子的情况和上面类似。

6）匿名性和隐私性

组成员采取域内认证或者域间认证的机制，MAC 地址的保护机制和生物特征隐私保护机制方式。因此 MAC 的隐私性分析和前面所讲的相同。

4.3 信任管理机制

4.3.1 信任和信任管理

信任是人类生活过程中极为重要的一个自然属性，它有着极为悠久的历史，同时它的概念也已经渗入到了包括计算机科学在内的多个学科中。尽管信任的概念已经体现在人们日常生活，但是，实际上人们依旧没有办法通过宏观且定量的手段来衡量信任这一概念。不同的人因为其自身的教育背景、个人经历、学识程度以及分析问题的角度等不同而对信任这一概念产生不同的理解。但通常情况下，信任可以被理解成是对另外一个实体行为在主观上的期望。

2000 年版的 x.509 标准中，信任被定义为"如果一个实体认为另外一个实体会绝对地按照自己所设想的方式去行动，那么就可以说这个实体信任另外一个实体"。从这个定义中可以看出，信任是两个实体间的一种关系，而且这个关系也只是一种主观上的概念。

在无线网络这一领域中，对于信任这一概念，依旧没有一个准确的且可以被广泛接受和认可的定义。但是，很大一部分的学者都倾向于认为信任是一种主观上的感觉，是非理性的。它不仅拥有具体的内容而且还应该有不同层次的划分。例如，相比网站 W_1，用户 A 更加信任网站 W_2 的内容。这个例子说明了用户 A 对于网站 W_2 的信任程度更深。

在本书中，我们将信任这一概念划分成两个重要部分：第一，证书与相应的用户身份信息进行绑定，证书用来代表用户的身份信息，通过验证证书合法性从而判断用户身份的合法性，这样的信任模式被称为身份信任；第二，根据过去一段时间内实体在各个方面的表现，来综合判断实体的可靠性，这种信任方式被称为行为信任。身份信任和行为信任虽然规定的内容不同，但是二者是相辅相成的，身份信任保证了行为信任的各种安全性以及评估准确度，与此同时，行为信任也反过来为身份信任关系的更新提供了根本的安全保障，如图 4.15 所示。

简单地说，信任关系主要包含两个实体：信任关系发起方和被信任的实体。信任关系包括的主

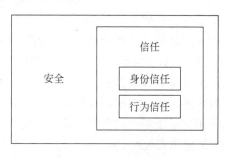

图 4.15　安全与信任的关系

要属性内容如下。

(1) 相对性。这个属性主要表明信任关系并不是绝对的,它和信任发起时所处于的时间、地点以及当时的环境等因素都有很大的关系,可能在这种情况下,A 信任 B,但是在另外一种情况下,A 和 B 之间却不存在这样的信任关系。

(2) 信任的可度量。信任的这一属性表明,两个实体间的关系除了可以分为信任和不信任,还可以使用在一定范围之内的数据来表示信任程度。比如用区间[0,100]来表示信任程度,A 对 B 的信任程度是 90,而 A 对 C 的信任程度是 91,那么,在这种情况下,我们可以认为,相对于 B 来说,A 更加信任 C。

(3) 易受多方影响性。信任这个属性表明,信任关系受到多种关系的影响,而不仅是某一方面来对信任程度产生影响的。

(4) 单向性。这是信任关系中很重要的一个属性,它很好理解,A 信任 B,但是 B 并不一定信任 A。

(5) 信任关系的动态性。这一属性说明信任关系不是一成不变的,随着时间或者实体行为等因素的改变,那么最终这个实体的信任关系也会发生改变。当对一个实体进行信任度评价时,我们应该详细分析这个实体当前的信任情况。

由于信任是一种主观上的期望,所以很难被明确地定义,为了后文说明方便,这里将可能涉及的概念详细介绍一下,方便读者在后面的阅读中理解这部分概念。

信任证书(Credential):一段信息被特定的用户打上自己的标签之后所形成的文件被称为信任证书,也可以称为凭证。信任证书,可以简单地使用< Key-info, Policies, Signature, Validity-time >这样一个四元组来表示。其中,Key-info 表示的是实体的公钥信息,Policies 是策略信息,Signature 是颁发者的实体签名,而 Validity-time 很好理解,表示的是证书的有效时间。由于信任证书表示一个实体对另外一个实体的信任程度的证明,所以信任证书必须具有可证实性以及不可伪造性。根据用途的不同,可以将证书简单地划分为对于身份的信任证书以及对实体属性的信任证书两个种类。身份信任证书主要用来证明一个用户身份的可信任性,它主要用于对安全级别要求比较高的信任系统中,比如机密的电子邮件系统。其中基于 PKI 身份认证的 x.509 认证体系是身份认证证书最为主要的代表。属性信任证书则主要对系统的用户体验进行扩展,使得系统操作更加方便,更易于用户使用。比如说最常见的就是在用户信息管理系统这样的管理系统中,这一类信任证书的主要代表有 SPKI/SDSI。

满足性检查算法(Compliance Checking Algorithm, CCA)是信任管理系统中的核心部分之一,主要用于统一的授权决策引擎,信任管理系统的授权模型语义由 CCA 实现。怎么样构造一个高效率的 CCA 算法以及如何在 CCA 计算的复杂程度和完善的语言表达能力之间寻找到最佳的平衡点应该是信任管理系统需要考虑处理的核心问题。

授权(Authorization)就是根据用户所持有的证书或者信任凭证,为用户分配相应的访问网络资源和服务权限。用户在网络中使用的所有资源以及所享受的所有服务都体现了一个授权的过程。在根据身份认证的信任管理系统中,对一个用户进行授权的过程实际上就是为用户赋予相应的资源和服务访问权限的过程。UNIX 系统就是这一类授权的代表。在UNIX 操作系统中,用户的 Uid 以及 Gid 都直接对应了用户所拥有的权限,Root 用户具有最高的权限,在系统中可以进行任何操作。而对于基于属性的认证信任管理系统来说,对于用户的授权过程则仅仅是将用户所在系统中的角色激活,比如,在 Oracle 数据库系统中,每一个用户都对应相应的角色,每当一个用户连接数据库的时候,Oracle 数据库系统都会根据其属性来激活相应的角色,然后赋予一定的权限。

委托(Delegation)实际上是一种安全策略。在信息系统中的委托过程和实际生活中的委托过程完全一样,就是某个在系统中的实体主动地将自己的权限赋予另外一个实体,使得后者可以以前者的身份来完成一些工作,对系统进行一些操作。当然,委托不是长久的,它是一种临时性的操作过程,简单来说,就是被委托的用户只能在一定的时间内使用委托人的身份来进行操作,一旦超过了有效的时间,那么这个委托关系将不再存在。在处理委托的相关问题的时候,最为关键也是最为复杂的一个问题是,委托过程中的权限传播问题。为了方便系统管理且同时保证系统的安全性能,对这样的权限传播必须赋予必要的限制。

访问控制策略(Access Control Policy)主要用来确保非法的用户不能访问一些特定的合法资源。这样的访问控制策略,决定了在自动信任协商中暴露哪些证书以及这些证书的先后顺序。根据描述的复杂程度,访问控制策略可分为简单策略(元策略)与复合策略。简单策略是组成复合策略的基本单元,它们的关系类似于元数据与数据的关系。

信任协商模型(Trust Negotiation Model)是协商双方在建立信任关系中所采取的暴露证书和访问控制策略的方式。信任协商模型的选择,决定了协商双方将采用什么样的方式来释放证书和访问控制策略信息,对敏感信息以及个人隐私保护具有极大的影响。

信任管理问题是网络安全中一个极为重要的组成部分。信任管理包括公式化安全策略以及安全凭证这两个主要方面,决定一个特定的凭证集合是否满足相关的安全策略,以及对第三方的信任验证。1996 年,M. Blaze 等人在提出信任管理概念的同时,还提出了一种基于信任管理引擎构建的信任管理系统,整个系统的架构如图 4.16 所示。

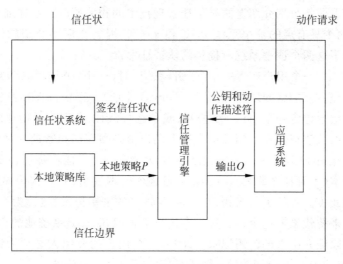

图 4.16　M. Blaze 等人提出的信任管理模型

可以看到,在如图 4.16 所示的信任管理模型中,整个系统的核心部分应该是信任管理引擎,在信任管理引擎中主要实现了一种具有通用性且可以独立使用的身份证明算法。根据图中信息可以知道,实际上,信任管理系统所需要做的就是依靠证书集合 C 来判断身份

移动用户的安全和隐私

证明请求 P 是不是符合当前策略集合 P 的要求。在信任管理系统的设计中,主要待解决的问题包括以下两个方面,第一个是证书的收集,主要用于完善系统的证书集合 C;另一个是如何制定用户的信任决策。信任模型是信任管理的基础,信任管理是在一定的信任模型基础上,以评估和决策制定为目的,对网络应用中信任关系的完整性、安全性或者可靠性等相关证据进行收集、编码、分析和表征。

对于一个信任管理方法的设计,主要基于以下几个原则。

统一的机制:策略、凭证以及信任关系在一种"安全"的程序设计语言中体现为一种程序(或者程序的一部分)。当前存在的系统都是将这些概念分开之后分别处理的。我们为策略、凭证以及信任关系提供一种共同的语言,通过这种方式,使得网络应用可以以一种全面的、持续的以及透明的方式来处理安全问题。

灵活性:我们的系统丰富的内容完全足够支持复杂的信任关系,这主要是为了支持当前开发的大规模网络应用。同时,简单且标准的策略、凭证以及信任关系也可以被简洁全面地支持。特别地,对于 PGP 和 x.509 认证,只需要做一些简单的修改就可以应用在我们的架构中。

控制位置:网络的每一个部分都可以决定在各种情况下是否接受来自第二方或者第三授予的凭证。通过支持信任关系的本地控制,我们可以不再需要全球统一的知名认证机构。这样的层次结构在规模上没有超过单个的"communities of interest",在这种结构中,信任可以被无条件地从上往下定义。

策略的分离机制:验证凭据的机制不依赖于自己的凭据或使用它们的应用程序语义。这使得许多有着很大不同策略需求的不同应用可以共享一个单一的证书验证基础设施。

目前的信任管理研究主要有两方面:①基于策略和信任证书的信任管理,它对应的是理性信任或者客观信任关系的管理;②基于信誉的信任管理,对应的是一种主观或感性信任关系的管理。下面将分别介绍这两种信任管理技术的相关情况。在详细介绍信任模型之前,我们先介绍两个最有名的证书系统 PGP 和 x.509,因为在后面介绍的信任模型中或多或少地都使用到了这两个证书系统所提供的认证证书。

在 PGP 系统中,一个用户产生一个(公钥,私钥)对,这个(公钥,私钥)对关联着他自己唯一的 ID;通常情况下,ID 的形式为(名字,E-mail 地址)。密钥被保存在密钥记录中。公共(或私有)密钥记录包含一个 ID,一个公共(或私有)密钥以及密钥对创建的时间戳。公钥存储在公钥环中而私钥存储在私钥环中。每个用户都必须存储和管理一对密钥圈。

如果用户 A 有用户 B 的一个公钥记录副本,比如说,一个他很确信在 B 生成之后就没有被修改过的副本(不管什么原因)。接着 A 为这个副本签名,并将其传递给 C,那么 A 就相当于将 B 介绍给 C。A 签署的密钥记录(由 A 签名的密钥记录)被称为一个密钥验证,我们有时也用验证来替代签署这个词。每一个用户必须通知 PGP 系统他的介绍人,并且通过介绍人的私钥来验证介绍人的公钥记录。此外,一个用户的介绍人必须为该用户指定其相应的信任等级,包括未知的、不可信的、轻微可信的以及完全可信的。

每个用户将他的信任信息存储在它的密钥环上并且使其和 PGP 系统保持一致,这使得 PGP 可以分配一个有效的分数给每一个在密钥环上的验证,只有当这个分数在一定范围之内才可以使用密钥。例如,一个持怀疑态度的用户可能需要两个完全受信任签名的公钥记录来判断它的有效性,而少数怀疑用户可能只需要一个完全信任的签名或两个轻微信任的签名来证明其有效性。重要的是我们要注意到，PGP 系统中有一个隐含的假设——只有安全策略的概念，安全策略需要支持验证消息发送者的 ID。密钥环以及信任程度允许每一个用户设计他们自己的策略，尽管这种策略非常有限。这种狭隘的策略定义非常适合 PGP 系统，PGP 系统是专门被设计来为个人提供安全电子邮件的。但是，对于目前正在被设计和实施的更加广泛的网络服务来说，这种方式是不够的。

应该注意到，在 B 的公钥记录上，A 的签名不应该被解释成 A 相信 B 的个人诚信，而正确的解释应该是 A 相信在记录中和 B 身份绑定的密钥是合法的。另外，应该注意到，信任是不可以被传递的。事实上，A 充分相信 B 作为一个介绍人，并且 B 充分相信 C，但这并不意味着，A 会完全相信 C。

由于 PGP 已经越来越流行，一个分散的"信任网"已经出现。每一个体有责任获取他们需要的公钥验证，并且为他们的介绍人分配信任程度。相似的，每一个体也应该创建他们自己的密钥对，然后对外宣告他们的公钥。这种类似于"草根"的方式拒绝使用官方的验证机构来验证个人(或者其他相关验证机构)的公钥以及作为对这些密钥使用者信任的服务器。因而，为了这些密钥使用者，只能自己扮演信任服务器的角色。

x.509 验证架构和 PGP 的介绍人机制相同，都是为了解决需要找到通信对方一个合适的、可信赖的公钥副本的问题。在 PGP 和 x.509 证书签署的记录和用户的 ID 与他们的加密密钥是相关联的。x.509 证书包含的信息比 PGP 证书包含的信息要更多。x.509 证书包含了用于创建它们签名方案的名称以及它们有效的时间范围。它们的基本目的都是简单地将用户信息和密钥绑定。然而，x.509 和 PGP 显著的不同主要表现在它们的信息集中程度上。在 PGP 系统中，虽然任何人都可以签署公钥记录，并作为介绍人，但是在 x.509 架构中是假设每个人都会从一个官方的认证机构(CA)中获得证书。当用户 A 创建一个(公钥，私钥)对时，他需要有由一个或多个 CA 验证的需求信息并且注册有一个官方证书目录服务。之后，如果 A 想要和 B 安全地通信，他需要从目录服务器中获得 B 的证书。如果 A 和 B 是通过同一个 CA 验证的，那么目录服务器只需要直接将 B 的证书发给 A，A 可以通过他们公有的 CA 来验证公钥的有效性。如果 A 和 B 没有被同一个 CA 直接认证，那么目录服务必须创建一条从 A 到 B 的验证路径。验证路径的形式为 $CA_1, cert_1, CA_2, cert_2, \cdots, CA_n,$ $cert_n$，其中，$cert_i(1 \leqslant i \leqslant n)$，是 CA_{i+1} 的证书，它由 CA_i 签署，$cert_n$ 是 B 的证书。为了通过这条路径来获得 B 的公钥，A 必须首先知道 CA_1 的公钥。

因此，X.509 框架建立在这样一个假设之上，假设 CA 被组织成一个包含所有证书的"权威验证树"，且所有具有"共同利益"的用户都拥有一种类似的密钥，这些密钥都曾经被树中具有相同祖先的 CA 签名过。

4.3.2　基于身份策略的信任管理

基于策略的信任管理技术主要依赖的是当前已经存在的安全性机制来保证整个信任管理系统的安全性，最为常见的情况就是依靠签名证书，因为签名证书是由第三方的权威机构所颁发的，依赖签名证书也就是间接地依赖于第三方权威机构的安全性保障。这种信任管理技术的前提是必须拥有完善的语义定义机制，并通过这种完善的机制来为认证证书的使用、访问、决策提供强有力的验证和分析支持。

在本小节中，主要讨论了 PolicyMaker/KeyNote、SPKI/SDSI 以及 REFEREE 三种基

于身份策略的信任管理模型。

1. PolicyMaker/KeyNote

PolicyMaker 是世界上第一个基于策略的信任管理系统,它是由信任管理概念的提出者 M. Blaze 等人依据自己提出的概念理论进行分析设计的,这个信任管理系统从侧面反映了这几个人信任管理的思想。

PolicyMaker 架构最为核心的部分为授权查询引擎,即图 4. 16 中表示的信任管理引擎。授权查询引擎的输入采用固定的三元组输入,三元组输入的模式主要为 $<O,P,C>$。其中,O 是用户申请的相应操作,P 表示相应的安全策略,最后 C 表示用户所持有的安全信任证书。对于用户提交的一个查询问题,PolicyMaker 信任管理系统可以简单地返回一个信任/不信任的结果,当然也可以根据用户提交的身份认证信息来返回一个更加详细的授权内容。根据 M. Blaze 等人的定义,PolicyMaker 信任管理系统的查询语法的主要形式如下所示。

```
(Issuer, Subject, Authority, Delegation, ValidityDates)
(Issuer, Name, Subject, ValidityDates)
```

$$key_1, key_2, \cdots, key_n \text{ REQUESTS ActionString}$$

其中,提交的字段 ActionString 主要是用来表示用户所期望进行的相关操作。$key_1, key_2, \cdots,$ key_n 是操作申请用户所持有的公共密钥序列。PolicyMaker 的策略和凭证主要是通过断言来描绘的,断言是一种数据结构,它主要描述了各个实体间授权委派所需要的一些数据内容,断言具体的形式如下所示。

```
Source ASSERTS AuthorityStruct WHERE Filter
```

其中,Source 是断言的权威源。Source 的值主要分为两种情况,当 Source 的值是 POLICY(关键字)时,此时的断言是一种策略;当 Source 是公共密钥的时候,此时的断言是一种凭证。信任管理引擎在本地保存了相应的安全策略,当然,相应的安全策略也可以采用分布式的存储形式来保存。AuthorityStruct 字段主要存储了需要被授权的实体序列,这个实体可以是一个公共密钥,也可以是一种门限结构。Filter 主要确定的是进行这些用户申请操作所必须要满足的一些条件,这一部分可以使用如 Java 这样的解释执行的程序语言来编写。

KeyNote 语言是以 PolicyMaker 为基础发展而来的。它在 1999 年的时候正式被 IEEE 编入 RFC2704 标准。KeyNote 所采用的断言语法,不论是策略断言还是凭证断言,都更加简洁明了。下面举一个 KeyNote 安全策略的例子来说明,我们想要使得 Alice 用户拥有 Library 域中所有的权限内容,那么可以使用下面的语句:

```
Comment:Library delegates all the rights of Library to Alice
Authorizer:POLICY
Licensees:"DSA:5601EF88" # Alice's key
Conditions:app-domain = "Library"
```

其中,Authorizer 字段和 Licensees 字段同 PolicyMaker 中的 Source 和 AuthorityStruct 功能相似,主要用来描述断言的权威源以及存储的需要被授权的实体序列。而在 KeyNote

中,Conditions 字段和 PolicyMaker 中的 Filter 相比,则做了很大一部分简化工作,KeyNote 中的 Conditions 字段使用了一种更加简洁的语言来描述所申请的操作的相关属性。KeyNote 使用的证书中的 Authorizer 字段包含的是公钥,另外在 KeyNote 中还增加了 Signature 字段,主要用来保存 Authorizer 对当前断言情况的签名:

```
KeyNote-Version:"2"
Local-Constants:Bob = "DSA:4401FF92" ♯ Bob's key
Carol = "RSA:d1234f" ♯ Carol's key
Comment: Alice delegates the read action on computer articles to Bob and Carol
Authorizer: "DSA:5601ef88" ♯ Alice's key
Licensees:Bob ‖ Carol
Coditions:app-domain = = "Library"&&action = = "read"&&cat = = "Computer"
Signature:< signature of the private key of Alice >
```

KeyNote 的查询主要包括操作申请者的公共密钥、操作的必要属性、满足性值以及策略与凭证集合 4 个基本内容。满足性值主要为应用程序提供参考,应用程序将根据满足性值的内容来进行相应的授权决策。KeyNote 的查询评价语义主要对 PolicyMaker 的查询评价语义进行了相应的一些精简,递归地定义了查询满足性值的计算原理,基本思想是寻找一条从 Policy 到请求方公钥的委派链。

2. SPKI/SDSI

SPKI(Simple Public Key Infrastructure)和 SDSI(Simple Distributed Security Infrastructure)最初是两个独立的研究项目,两者的初衷分别是构建不依赖于 x.509 全局命名体系的授权和认证设施,两者的互补性使之合并为 IETF 的 RFC 标准,一般称为 SPKI 或 SPKI/SDSI。

SPKI 继承了 SDSI 的局部名字,局部名字由主体和标识符序列组成,SPKI 的主体表示为公钥。例如,局部名字"KeyAlice's Bob"是指公钥 KeyAlice 定义的名字空间中的 Bob,而"KeyAlice's Bob's friend"表示 Bob 定义的名字空间中的 friend。局部名字不依赖于全局命名体系,通过各局部命名空间的信任关系实现更大范围内的命名体系,具有很大的灵活性和可伸缩性。

SPKI 证书包括授权证书和名字证书,授权证书可以表示为五元组:

(Issuer,Subject, Authority, Delegation, ValidityDates)

表示 Issuer 将 Authority 字段描述的特权委派给 Subject,Delegation 决定是否允许 Subject 将 Authority 进一步委派给其他主体,ValidityDates 是证书的有效时段。SPKI 的名字证书表示为四元组:

(Issuer,Name, Subject, ValidityDates)

名字证书表达了一种名字的蕴涵机制:Subject 代表的所有公钥都具有 Issuer 定义的名字 Name,ValidityDates 是证书的有效时段。根据名字证书定义的"名字链",可以判定一个公钥是否具有一个局部名字,或者一个局部名字可以解析为哪些公钥。

3. REFEREE

REFEREE 是为了解决 Web 浏览安全问题而开发的信任管理系统,也是基于策略和凭证的信任模型。

REFEREE 采用了与 PolicyMaker 类似的完全可编程的方式描述安全策略和安全凭证。在 REFEREE 系统中,安全策略和安全凭证均被表达为一段程序,但程序必须采用 REFEREE 约定的格式来描述。REFEREE 的一致性证明验证过程比较复杂,整个验证过程由安全策略或安全凭证程序之间的调用完成,程序甚至能根据具体需求自主地收集、验证和调用相关的安全凭证。另外,REFEREE 能够验证非单调的安全策略和安全凭证,即能够处理一些否定安全凭证。REFEREE 灵活的一致性证明验证机制一方面使其具有较强的处理能力,另一方面也导致其实现代价较高。而允许安全策略和安全凭证程序间的自主调用则存在较大的安全隐患。

另外,必须看到 REFEREE 的验证结果可能会出现未知的情况。REFEREE 相比 PolicyMaker 和 KeyNote 更加灵活,尤其是其处理一致性证明验证的能力较强,程序可以自动收集并验证安全凭证的可靠性,这大大减轻了应用程序的压力,有利于该信任管理系统的使用,但是也要注意到它的实现代价较高。而且允许安全策略和安全凭证程序间的自主调用,也可能造成安全隐患。

4.3.3 基于行为信誉的信任管理

基于信誉的信任管理依赖于"软安全"方法来解决信任问题。在这种情况下,信任通常基于自身经验和网络中其他实体提供的反馈(该实体使用过提供者提供的服务)。

信誉与行为信任相对应,它与信任并不等价。信任是一个个性化的主观信念,它取决于很多因素或证据,而信誉只是其中一种因素。信任与信誉之间的关系可以看成是:利用建立在社群基础之上的关于实体以往行为的反馈,信誉系统提供了一种通过社会控制方式创建信任的途径,从而有助于对事务的质量和可靠性进行推荐和判断。

本节先介绍信任的信息收集技术,详细介绍信誉的数学模型。

为了实现信任评价,节点需要收集被评价节点的信任信息,也就是有关被评价节点的信誉推荐(反馈)。推荐信息的创建涉及把存储的经验信息以标准的形式提交给推荐请求节点。推荐信息可以包含所有的经验信息或者一个聚合的观点。著名的信誉系统 PeerTrust、ManagingTrust、FuzzyTrust 使用前一种方法,而 NICE、REGRET、EigenTrust 使用后一种方法。采用聚合观点的方法节约带宽,具有更好的可扩展性,但是会以减少透明性为代价。现有信誉系统的信任信息收集方式通常可以分为两类,一些信誉系统假设每个实体都可以访问到所有的事务或者观点信息,换句话说,信任评价基于完整的信任信息图。这类信誉系统可被称为基于全局信誉信息的信誉系统。在基于全局信誉信息的信誉系统中,同一时刻系统中所有节点获取相同的信誉信息,即完整的信誉信息。采用这种信誉信息收集方式的信誉系统通常对系统中节点的信任信息的存储方式有较高的要求,需要能够让所有节点安全高效地获得所需要的信誉信息。

另外一些信誉系统使用局部化的信任信息查找过程。它假设每个节点具有几个邻居节点,如果节点 A 希望对节点 B 进行信任评价,那么节点 A 就会向其邻居发送信任信息查询请求,并规定查询转发的深度 TTL。收到查询请求的节点根据自身的经验数据库进行如下处理:①如果有关于节点 B 的信任信息,那么产生关于节点 B 的推荐信息传输给节点 A;②检查 TTL,如果 TTL 大于 0 那么则把请求转发给邻居节点,并且 TTL 减 1,如果等于 0

则不做处理。可以发现，采用局部化查找方法的信誉系统，其信任评价是基于信任信息图的子图。因此，这类信誉系统可被称为基于局部信任信息的信誉系统。基于局部信任信息的信誉系统通常对系统中节点的信任信息存储方式没有特别的要求。

通过上面的介绍，可以发现两种信任信息收集方法都有其优缺点。基于局部信任信息的信誉系统具有更好的可扩展性。然而，基于全局信任信息的信誉系统能够访问到完整的信任信息图，可以在网络中建立一致的全局信任信息视图，因此准确性、客观性比较高，还可以避免绝大多数攻击手段造成的危害。通信负载过大是全局计算方式面临的最大问题，这可能导致模型的可用性降低。

1. 基于局部信任信息的信任模型

是指节点根据局部信任信息实现的信誉评价，信息来源包括直接交互经验和其他节点提供的推荐信息。总体而言，局部信誉模型相对简单，需要的信息量较少，信誉计算的代价因此也较小。然而由于信誉信息来源较少，其信誉评价的准确性较差，并且在识别欺骗行为的能力上也存在一定的不足。典型的基于局部信任信息的信任模型有 P2PRep、DevelopTrust、Limited Reputation 等。

P2PRep 是针对 Gnutella 提出的一个信誉共享协议，每个节点跟踪和共享其他节点的信誉。使用提供者信誉和资源信誉相结合的方法来减少在下载使用资源过程中潜在的风险，提出了一个分布式的投票算法来管理信誉。该方法假设系统中大多数节点都是诚实推荐节点，这种假设在开放的环境中并不总是成立，在某些情况下推荐可能很少，并且大多数的推荐是不诚实的。并且，提供不诚实的恶意节点通过提交大量的不诚实推荐成为主流观点，产生不正确的信任评价。

DevelopTrust 是一个基于社会网络的模型，定义了信任信息收集算法，每个节点维护一个熟人集合，和节点发生过交互的节点称为熟人，为每个熟人维护一个熟人模型，包含熟人的服务可信度和推荐可信度，基于此节点选择一部分可信的熟人节点作为邻居节点，此外，节点可以基于上述评价自适应更新邻居节点，通常是一定的时间间隔之后更新。DevelopTrust 还设计了一个信任信息收集算法，通过邻居节点相互引荐的方法来发现证人节点（证人节点指的是和目标评价节点发生过直接交互的节点），进而获得证人节点的推荐，使用指数均值信任计算方法增强信任模型的动态适应能力，有效处理节点的行为改变，并且讨论了不同的欺骗模型，提出了权重大多数技术（Weighted Majority Algorithm，WMA）来应对不诚实节点的不诚实反馈。WMA 算法的思想是对不同推荐者的推荐分配不同的权重，根据权重来聚合相应的推荐，并根据交互的结果来动态调整相应权重，但这种方法面临这样一个问题：如果节点的推荐只是基于少量的交互或者服务的质量变化很大，那么诚实的推荐节点可能被错误地划分为不诚实节点。

LimitedReputation 是针对 P2P 文件共享提出的信誉机制，每个节点维护一定数量的具有较高信任度的朋友节点，信任信息的收集采用朋友节点之间信任信息的交换来实现，采用推荐信任度等同于服务信任的方法来进行信任信息的聚合，具有和 EigenTrust 同样的问题。

2. 基于全部信任信息的信任模型

全局信誉模型依靠所有节点之间的相互推荐构造基于全局信息的信誉评价，在此基础上建立全局一致的信誉视图。eBay 采用集中信誉信息存储的方法，它采用最简单的信誉值计算方法：分别对正面的事务评价和负面的事务评价进行简单相加，然后正面的评价减去负面的评价作为整体信誉评价。该方法不能有效地刻画节点的信誉。Epinions、Amazon 采用改进的算法，对所有的事务评价取平均值。

EigenTrust、PeerTrust 和 ManagingTrust 采用分布存储设施进行信任信息的存储和收集。这种存储方法使用分布哈希表（DHT）来为系统中的每个节点分配一个信任信息监管节点来存储系统中其他节点对它的评价，使用不同的哈希函数可以实现信誉信息的备份。EigenTrust 是一个由 Stanford 大学针对 P2P 文件共享提出的信誉管理系统，用来抑制非法有害文件的传播。每个节点对应一个全局信任值，该信任值反映了网络中所有节点对该节点的评价。每次交易都会导致信任值在全网络范围内的迭代更新，因此，该模型在大规模网络环境中缺乏工程上的可行性。采用预信任节点和推荐可信度等同于服务信任度的方法来处理合伙欺骗的不诚实推荐行为，具有一定的局限性，不能有效处理提供良好的服务和不诚实推荐的恶意节点。

PeerTrust 是一个基于信任的信任支持框架，该框架包含一个自适应的信任模型来度量和比较节点的信任度。为了计算节点的信任度，定义了三个基本的参数和两个自适应的信任因子，即从其他节点接收的反馈、节点完成的事务总数、反馈源的可信度、事务上下文因子和社群上下文因子。事务上下文因子基于大小、类别和时间戳来区分事务，社群上下文因子帮助缓解反馈激励问题，并提出了基于自适应时间窗口的动态信任计算方法来处理恶意节点的动态策略性行为改变，但提出的方法不能有效地检测和惩罚反复建立信任然后进行攻击的摇摆行为节点。PeerTrust 使用个人相似度量的方法来计算节点的推荐可信度，处理不诚实推荐，基于反馈相似度的方法会面临公共交互节点集合过小的问题，影响信任评价的准确性。

TrustGuard 在 PeerTrust 的基础上进行了更深入的研究，并借鉴了控制系统中 PID 控制器思想，提出了一个可靠的动态信任计算模型，但该方法仍然未能有效地检测和惩罚反复建立信任然后进行攻击的摇摆行为节点。ManagingTrust 假设网络中的节点在大多数情况下是诚实的，系统中的信誉使用抱怨来表达，节点获得的抱怨越多，越不可信。ManagingTrust 使用 P. Grid 完成分布的信任信息管理。另外，信任模型依赖于节点提供的信任信息的数量和质量。而理性自私的节点由于不愿意积极提供诚实的信任信息：提供反馈会增加被评价节点的信誉，而此节点可能会成为潜在的竞争者；节点担心提供诚实的负面反馈会遭到报复；提供诚实反馈只对其他节点有利。

相对于局部信誉模型，全局信誉能够更加全面地反映系统整体对节点行为的看法，因此其准确性、客观性比较高，有利于节点不良行为的识别。从基于信誉实现激励的角度，全局信誉作为与节点绑定的唯一信誉评价，相对于局部信誉，它更有利于利用网络拓扑的不对称性和节点能力的差异提供全局一致的激励。全局信誉模型的主要问题在于，由于使用了全局的信任信息，全局信誉的计算通常会产生较高的网络计算代价。信誉全局迭代产生的消息负载是全局信誉计算面临的最大问题，例如，EigenRep 模型中所采用的全局迭代的信誉求解算法，其复杂度高达 $O(n^2)$（n 为系统的规模），这在很大程度上限制了模型的可行性。另一方面，通常情况下，全局信誉模型的求解算法收敛速度也较局部信誉模型更慢。

4.4　位置隐私

基于位置的服务(Location-Based Service，LBS)是指通过无线通信和定位技术获得移动终端的位置信息(如经纬度的坐标数据)，将此信息提供给移动用户本人、他人或系统，以实现各种与当前用户位置相关的服务。

人们享受各种位置服务的同时，移动对象个人信息泄漏的隐私威胁也渐渐成为一个严重的问题。曾经有报道某人利用 GPS 跟踪前女友、公司利用带有 GPS 的手机追踪监视本公司雇员行踪等的案例。越来越多的事实说明了移动对象在移动环境下使用位置服务可能导致自己随时随地被人跟踪，被人获知曾经去过哪里、做过什么或者即将去哪里、正在做什么，换句话说，人们的隐私和安全受到了威胁。位置隐私是一种特殊的信息隐私。信息隐私是由个人、组织或机构定义的何时、何地、用何种方式与他人共享信息，以及共享信息的内容。而位置隐私则指的是防止其他人以任何方式获知对象过去、现在的位置。在基于位置的服务中，敏感数据可以是有关用户的时空信息、可以是查询请求内容中涉及医疗或金融的信息、可以是推断出的用户的运动模式(如经常走的道路以及经过频率)、用户的兴趣爱好(如喜欢去哪个商店、哪种俱乐部、哪个诊所等)等个人隐私信息。而位置隐私威胁是指攻击者在未经授权的情况下，通过定位传输设备、窃听位置信息传输通道等方式访问到原始的位置数据，并计算推理获取的与位置信息相关的个人隐私信息。比如，通过获取的位置信息可以向用户散播恶意广告，获知用户的医疗条件、生活方式或是政治观点。也可以通过用户访问过的地点推知用户去过哪所医院看病、在哪个娱乐中心消遣等。

位置隐私泄漏的途径有三种：第一，直接交流(Direct Communication)，指攻击者从位置设备或者从位置服务器中直接获取用户的位置信息；第二，观察(Observation)，指攻击者通过观察被攻击者行为直接获取位置信息；第三，连接泄漏(Link Attack)，指攻击者可以通过"位置"连接外部的数据源(或者背景知识)从而确定在该位置或者发送该消息的用户。

在移动环境中，由于位置信息的特殊性及移动对象对高质量的位置服务的需求，位置隐私保护技术面临的主要挑战如下。

第一，保护位置隐私与享受服务彼此相矛盾。移动环境下用户使用基于位置的服务时，需要发送自己的当前位置信息，位置信息越精确，服务质量越高，隐私度却越低，位置隐私和服务质量之间的平衡是一个难处理却又必须考虑的问题。这里考虑的服务质量包含响应时间、通信代价等，与具体的环境有关。

第二，位置信息的多维性特点。在移动环境下，移动对象的位置信息是多维的，每一维之间互相影响，无法单独处理。这时采用的隐私保护技术，必须把位置信息看作一个整体，在一个多维的空间中，处理每一个位置信息。其中的处理包括存储、索引、查询处理等技术。

第三，位置匿名的即时性特点。在移动环境下，通常处理器面临着大量移动对象连续的服务请求以及连续改变的位置信息，这使得匿名处理的数据量巨大而且频繁地变化。在这种在线(Online)的环境下，处理器的性能即匿名处理的效率是一个重要的影响因素，响应时间也是用户满意度的一个重要衡量标准。其次，位置隐私还要考虑对用户的连续位置保护的问题，或者说对用户的轨迹提供保护，而不仅处理当前的单一位置信息。因为攻击者有可能积累用户的历史信息来分析用户的隐私。

第四,基于位置匿名的查询处理。在移动环境中,用户提出基于位置的服务请求。每一个移动对象不但关注个人位置隐私是否受到保护,同时还关心服务请求的查询响应质量。服务提供商根据用户提供的位置信息进行查询处理并把结果返回给用户。经过匿名处理的位置信息,通常是对精确的位置点进行模糊化处理后的位置区域。这样的位置信息传送给服务提供商进行查询处理时,得到的查询结果跟精确的位置点的查询结果是不一样的。如何找到合适的查询结果集,使得真实的查询结果被包含在里面,同时也没有浪费通信代价和计算代价是匿名成功之后需要处理的主要问题。

第五,位置隐私需求个性化。隐私保护的程度问题并不是一个技术问题,而属于个人事件。不同的用户具有不同的隐私需求,即使相同的用户在不同的时间和地点隐私需求也不同。例如,用户在休闲娱乐时(比如逛街)隐私度要求比较低,但是在看病或参与政治金融相关的活动时隐私度比较高。所以,技术不能迫使社会大众共同接受一个最小的隐私标准。

4.4.1 基于位置服务的位置隐私

在位置隐私保护中主要有两方面的工作:第一,位置匿名(Location Anonymization)。匿名指的是一种状态,这种状态下很多对象组成一个集合,从集合外向集合里看,组成集合的各个对象无法区别,这个集合称为匿名集。位置匿名是指系统能够保证无法将某一个位置信息通过推理攻击的方式与确切的个人、组织、机构相匹配。在 LBS 中的位置匿名处理要求经过某种手段处理用户的位置,这使得个体位置无法识别从而起到保护用户位置的目的。第二,查询处理。感知位置隐私的 LBS 系统中,位置信息经过匿名处理后不再是用户的真实位置,可能是多个位置的集合,也可能是一个模糊化(Obfuscation)的位置。所以,在位置服务器端,查询处理器的处理无法继续采用传统移动对象数据库中的查询处理方式,因为后者的技术均以确切的位置信息为基础。可以在原有技术的基础上进行改进和修改,从而使其适应新的查询处理要求。

1. 系统结构

在对移动对象的基于位置的服务请求进行响应时,必须首先确定所采用的系统结构。位置匿名系统的结构有三种:独立结构(Non-cooperative Architecture)、中心服务器结构(Centralized Architecture)和分布式的点对点结构(Peer-to-peer Architecture)。独立结构中用户仅利用自己的知识、由客户端自身完成位置匿名的工作,从而达到保护位置隐私的目的;中心服务器结构在独立结构的基础上,增加了一个可信第三方中间件,由可信的中间件负责收集位置信息、对位置更新做出响应,并负责为每个用户提供位置匿名保护;分布式点对点系统结构是移动用户与位置服务器的两端结构,移动用户之间需要相互信任协作从而寻找合适的匿名空间。现在大部分的工作集中在中心服务器结构和分布式点对点结构。

2. 独立结构

独立结构是仅有客户端(或者移动用户)与位置数据库服务器的 C/S 结构。该系统结构假设移动用户拥有能够自定位并具有强大的计算能力和存储能力的设备(比如 PDA)。移动用户根据自身的隐私需求,利用自己的位置完成位置匿名。

在此结构中一个查询请求的处理流程是:将匿名后的位置连带查询一起发送给位置数据库服务器;位置服务器根据匿名的位置,进行查询处理给出候选结果集返回给用户;用户知道自身的真实位置,所以可以根据真实位置挑选出真正的结果,换句话说,由用户自身完成查询结果的求精。总之,客户端需要自己完成位置匿名和查询结果求精的工作。

独立结构的优点是简单且容易与其他技术结合。但是它的缺点是对客户端的要求比较高。并且,它只利用自身的知识进行匿名,无法利用周边环境中其他用户的位置等信息,所以比较容易受到攻击者的攻击。例如,客户端降低空间粒度,生成了一个满足用户需求的匿名框,但是不幸的是如果在此匿名框中只有移动用户自身,那么任何从此匿名框处提出的查询都可以推断是由此移动用户提出的,查询内容与用户标识容易实现匹配,查询隐私泄漏。

3. 中心服务器结构

中心服务器结构除包含用户、基于位置的数据库服务器外,在二者之间还加入了第三方可信中间件,称之为位置匿名服务器,其作用如下。

(1) 接收位置信息:收集移动用户确切的位置信息,并响应每一个移动用户的位置更新。

(2) 匿名处理:将确切的位置信息转换为匿名区域。

(3) 查询结果求精:从位置数据库服务器返回的候选结果中,选择正确的查询结果返回给相应的移动用户。

之所以在用户与位置服务器之间加入可信的中间件,是因为我们无法确定位置数据库服务器是可信的,所以我们可以称其为半可信。不可信是因为会有一些不负责任的服务提供商出于商业目的将他所收集的位置记录卖给第三方。这样,攻击者可以锁定一些攻击对象,通过买来的数据获取这些对象历史位置,并推断未来的位置。半可信是指位置服务器会按照匿名框或者用户的真实位置确切无误地计算出查询结果。

在中心服务器结构中一个查询请求的处理过程如下。

(1) 发送请求:用户发送包含精确位置的查询请求给位置匿名服务器。

(2) 匿名:匿名服务器使用某种匿名算法完成位置匿名后,将匿名后的请求发送给提供位置服务的数据库服务器。

(3) 查询:基于位置的数据库服务器根据匿名区域进行查询处理,并将查询结果的候选集返回给位置匿名服务器。

(4) 求精:位置匿名服务器从候选结果集中挑出真正的结果返回给移动用户。

中心服务器结构的优点在于降低了客户端的负担,在保证高质量服务的情况下提供符合用户隐私需求的匿名服务。但是其缺点也很明显。

第一,位置匿名服务器是系统的处理瓶颈。移动用户位置频繁地发生变化,位置匿名服务器需要负责所有用户的位置收集,匿名处理以及查询结果求精。所以它的处理速度将直接影响到整个系统。如果位置匿名服务器出了什么问题,则将会导致整个系统瘫痪。

第二,当位置匿名服务器也变得不再可信的时候,如受到攻击者的攻击,由于它掌握了移动用户的所有知识,所以将会导致极其严重的隐私泄漏。

4. 分布式点对点结构

分布式点对点系统结构由两部分组成:移动用户和位置数据库服务器。每个移动用户都具有计算能力和存储能力,它们之间相互信任合作。位置数据库服务器与其他两种系统结构中的作用一样,都是提供基于位置的服务。

分布式点对点结构与中心服务器结构的区别在于中心服务器结构中的第三方可信中间件需要负责位置匿名和查询结果求精等工作,而分布式点对点结构中每个节点都可以完成这些工作,节点之间具有平等性,所以这将避免中心服务器结构中位置匿名服务器是处理瓶颈和易受攻击等缺点。与独立结构相比,表面上看两者都是两端结构,但是不同点在于独立结构中,移动用户仅利用自己的位置做匿名,并不考虑其他移动用户的信息。在分布式结构中,移动用户根据匿名算法找到其他一些移动用户组成一个匿名组(Group),利用组中的成员位置进行位置匿名。匿名处理过程可以是由提出查询的用户本身完成也可以由从组中选出的头节点完成。查询结果返回给头节点,头节点可以选择出真实结果发送给提出查询的用户,也可以将查询结果的候选集发送给用户,由用户自己挑选出真实的结果。所以在分布式点对点结构中,除与其他两种结构相同的位置匿名处理和查询处理任务外,另一个重要任务就是选择头节点(Head),平衡网络负载。

5. 位置隐私保护模型

在所有的系统结构下,位置隐私保护技术都需要定义一个合适的位置匿名模型,使得该模型既能够保证用户的隐私需求,又能够最好地响应用户的服务请求。

迄今为止,在位置匿名处理中,使用最多的模型是位置 k-匿名模型(Location K-Anonymity Model)。k-匿名模型由美国 Carnegie Mellon 大学的 Latanya Sweeney 提出,最早使用在关系数据库的数据发布隐私保护中,它指的是一条数据表示的个人信息和至少其他 $k-1$ 条数据不能区分。其主要目的是为了解决如何在保证数据可用的前提下,发布带有隐私信息的数据,使得每一条记录无法与确定的个人匹配。

Marco Gruteser 最先将 k-匿名的概念应用到位置隐私,提出位置 k-匿名(Location k-Anonymity):当一个移动用户的位置无法与其他 $k-1$ 个用户的位置相区别时,称此位置满足位置 k-匿名。通常采用的技术是把用户的真实位置点扩大为一个模糊的位置范围,使得该范围覆盖了 k 个用户的位置,从而隐藏了真实用户的位置。形式化来说,每一个用户的位置以一个三元组表示($[x_1,x_2]$,$[y_1,y_2]$,$[t_1,t_2]$),其中,($[x_1,x_2]$,$[y_1,y_2]$)描述了对象所在的二维空间区域,$[t_1,t_2]$ 表示一个时间段。($[x_1,x_2]$,$[y_1,y_2]$,$[t_1,t_2]$)表示用户在这个时间段的某一个时间点出现在($[x_1,x_2]$,$[y_1,y_2]$)所表示的二维空间中的某一点。除此用户外,还有其他至少 $k-1$ 个用户也在此时间段内的某个时间出现在($[x_1,x_2]$,$[y_1,y_2]$)

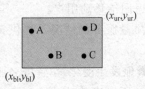

(x_{ur},y_{ur})

(x_{bl},y_{bl})

图 4.17 位置匿名

的二维空间的某一点,这样的用户集合满足位置 k-匿名。如图 4.17 所示是一个 $k=4$ 的位置 k-匿名的例子(为了叙述的方便,这里省掉了时间域)。A、B、C 和 D 在经过位置匿名后,均用($[x_{bl},x_{ur}]$,$[y_{bl},y_{ur}]$)表示,如表 4.2 所示,其中,(x_{bl},y_{bl}) 是匿名矩形框的左下角坐标,(x_{ur},y_{ur})0 是匿名矩形框的右上角坐标。这样,攻击者只知道在此区域中有 4 个用户,具体哪个用户在哪个位置他无法确定,因为用户在匿名框中任何一个位置出现的概率相同,所以在位置 k-匿名模型中,匿名集由在一个匿名框中出现的所有用户组成,所以图 4.17 的匿名集为 {A,B,C,D}。一般情况下,k 值越大,匿名度越高。所以,以匿名集的大小表示匿名度。

表 4.2 位置匿名

用　户	真实位置	匿名后位置	用　户	真实位置	匿名后位置
A	(x_A,y_A)	$([x_{bl},x_{ur}],[y_{bl},y_{ur}])$	C	(x_C,y_C)	$([x_{bl},x_{ur}],[y_{bl},y_{ur}])$
B	(x_B,y_B)	$([x_{bl},x_{ur}],[y_{bl},y_{ur}])$	D	(x_D,y_D)	$([x_{bl},x_{ur}],[y_{bl},y_{ur}])$

一般情况下，k 值越大，匿名框也越大，但是这也与用户提出服务的所在位置的周围环境有关。假设提出查询请求的用户要求 $k=100$ 的匿名度，如果此时用户正在一个招聘会上，一个很小的空间即可满足用户的需求，但如果用户此时在沙漠中，则返回的匿名空间可能非常大。

这里的 K 和匿名框的大小都是衡量隐私保护性能的参数，也是用户用于表达自己对隐私保护和服务质量的要求。通常，移动对象的位置隐私需求可以用以下 4 个参数来表示。

k：即 k-匿名，用户要求返回的匿名集中至少包含的用户数。

A_{min}：匿名空间的最小值，即返回的匿名空间必须要超过此值，可以是面积或半径等。A_{min} 的作用是为了防止在用户密集区，很小的空间区域即可满足用户 k 值的需求。极端情况下，在一个位置 L 上有 k 个用户，虽然满足 k 值的需求，但是位置还是暴露了。

A_{max}：匿名空间的最大值，即返回的匿名空间必须不能超过此值，也可以是面积或半径等。

T_{max}：可容忍的最长匿名延迟时间。即从用户提出请求的时刻起需要在 T_{max} 的时间范围内完成用户的匿名。

k 和 A_{min} 是用户的位置匿名限制（Location Anonymization Constraints），反映的是匿名质量的最小值；A_{max} 和 T_{max} 是位置服务质量限制（Location Service Quality Constraints），反映的是最差服务质量。

6. 位置匿名技术

在位置隐私保护模型下，需要找到一个高效的位置匿名算法，使得既满足用户隐私需求又保证服务质量。首先，位置服务中的查询请求可以表示为（id，loc，query）。其中，id表示提出位置服务请求的用户标识，loc 表示提出位置服务时用户所在的位置坐标（x，y），query 表示查询内容。举例而言，张某利用自己带有 GPS 的手机提出"寻找距离我现在所在位置最近的中国银行"，则 id＝"张某"，loc＝"某医院地址"，query＝"距离我最近的中国银行"。

位置隐私保护的主要目的是防止或减少在服务提供系统中位置信息的可识别性。最早的方法是使用假名，即将此查询先提交给一个匿名服务器，将真实的唯一标识用户的 id 隐藏，换成假名 id`。这样攻击者即无法知道在此位置上的用户是谁，此查询是由谁提出的。此时查询三元组变为（id`，loc，query），其中，id`是用户的假名。

然而，不幸的是即使使用假名技术，位置信息 loc 也有可能导致位置隐私泄漏。众所周知，Web 服务器会记录请求服务的 URL 和提出请求的 IP 地址。与 Web 服务器类似，位置服务器也以日志的形式记录自己收集到的所有服务请求。所以，在日志中包含的位置信息为攻击者提供了一扇方便之门。我们将以位置作为媒介实现消息内容与用户匹配的隐私威胁分为两类：第一类是受限空间识别（Restricted Space Identification），第二类是观察识别（Observation Identification）。例如，一个对象发送消息 M，其中包含位置 L。攻击者 A 得到了此条消息，则他可以通过位置信息 L 确定消息 M 的发送者。受限空间识别是指如果攻击者 A 知道地点 L 是专属于用户 S 的，则任何从 L 发送的查询一定是由 S 发出的。比如，某别墅的主人在其家中发送了某条消息，可以通过消息中确切的位置（x，y）利用外部知识从而确定此别墅的主人。这样，攻击者即可确定这个用户发送了哪些查询。观察识别是通过一些外部观察知识实现用户标识和查询内容的匹配。如攻击者 A 之前被告知（或通过观察获知)时刻 t 对象 S 在位置 L 上,而攻击者又发现在时刻 t 从位置 L 发出的查询都来自同一人,则可以认为任何从 L 发送的消息 M 都是由 S 发出的。例如,一个对象在上一个消息中揭示了其标识与位置,那么在同一个位置上即使匿名了后面的消息,攻击者仍然可以通过消息中的位置识别出后来消息的来源。

由此可见,仅隐藏用户标识是不够的,需要将用户的位置也做一定的匿名处理,从而保护位置隐私,这正是近年来位置匿名研究的焦点。随着对位置匿名研究的逐渐深入,出现了一系列新的具有代表性的方法。迄今为止,广泛使用的位置匿名基本思想有以下三种。

第一,发布假位置,即不发布真实服务请求的位置,而是发布假位置,即哑元(Dummy)。如图 4.18 所示,圆点是查询点,方块是被查询对象。其中,黑色的点是真实的位置点,为了保护用户的位置,发送给位置数据库服务器的是白色的假位置。由此可见,位置隐私就通过报告假位置而获得了保护,攻击者并不知道用户的真实位置。隐私保护程度和服务质量与假位置和真实位置的距离有关。假位置距离真实位置越远,服务的质量越差,但隐私保护程度越高;相反地,距离越近,服务的质量就比较好,但是隐私保护程度则比较低。

第二,空间匿名(Spatial Cloaking)。本质上是降低对象的空间粒度,即用一个空间区域来表示用户的真实的精确位置。区域的形状不限,可以是任意形状的凸多边形,现在普遍使用的是圆和矩形,称这个匿名的区域为匿名框,如图 4.19 所示。

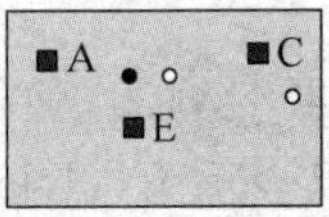

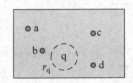

图 4.18　假数据示意图　　图 4.19　空间匿名示意图

用户 q 的真实位置点的坐标是 (x,y),空间匿名的思想是将此点扩充为一个区域,如图 4.19 中的虚线圆 r_q,即用这个区域表示一个位置,并且用户在此区域内每一个位置出现的概率相同。这样攻击者仅能知道用户在这个空间区域内,但是却无法确定是在整个区域内的哪个具体位置。

第三,时空匿名(Spatio-Temporal Cloaking)。在空间匿名的基础上,增加一个时间轴。在扩大位置区域的同时,延迟响应时间,如图 4.20 所示。通过延迟响应时间,可以在这段时间中出现更多的用户、提出更多的查询,隐私匿名度更高。与空间匿名相同,在时空匿名区域中,对象在任何位置出现的概率相同。

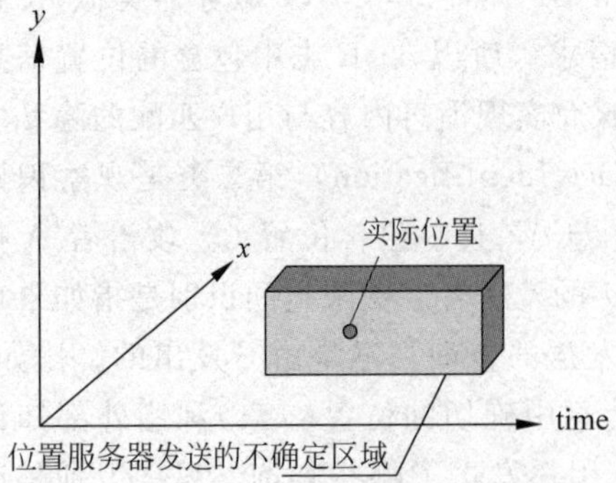

注意,无论是空间匿名还是时空匿名,匿名框的大小从一个侧面表示了匿名程度。匿名框越大则可能覆盖的用户数就越多,匿名的效果就可能越好,但是查询处理代价增加的同时服务质量却降低;相反的,匿名框越小,匿名的程度就可能越低,服务质量就比较高,极端情况下匿名框缩小为一个确切的点,位置隐私泄漏。以空间匿名为例。如图 4.19 所示,用户查询"距离我最近的点",传统的最近邻查询使用真实的位置点 q,返回给用户

图 4.20　时空匿名示意图

真实的查询结果 b。但是，在匿名的情况下，位置服务器只能返回距离此查询区域 r_q 最近的对象集合{b、c、d}。此集合是查询结果的候选集，也就是说，位置服务器在不知道用户真实位置的情况下，此集合中的任何一个对象都有可能成为真实的查询结果，它们是距离此匿名区域中某一个点最近的对象。所以，此后需要根据用户的真实位置对候选结果集求精，这个工作可以由用户完成，也可以由匿名服务器完成，这取决于系统结构。但是可以确定的是，匿名区域越大，候选集就越大，求精处理和传输代价就越高。所以，匿名区域的建立需要在隐私保护与服务质量之间寻求一个平衡点。所以空间/时空匿名算法最大的挑战就是在满足用户隐私需求的前提下，如何高效地寻找最优的空间/时空匿名框。

4.4.2　位置隐私保护举例

本节将介绍一个基于簇结构的位置隐私保护算法，算法简称为 ClusterProtection 算法。该算法首先选出响应时间两两有交集的用户群，按照用户指定的 k 值，通过递归建立簇结构的方法将移动用户所在整个区域划分成若干个小区域，在区域之中选择包含 K 个用户的簇，并不断调整簇中心。但是响应时间不能无限延长，因为用户所能容忍的时间范围有限。当用户加入或者离开时，簇需要重新调整，可能被拆分、合并或保持原状。ClusterProtection 算法用到的参数如表 4.3 所示。

表 4.3　参数列表

符　　号	意　　义	符　　号	意　　义
S	用户发送的消息集	t_s, t_e	每个簇的开始和结束时间
T	TTP 发送的消息集	t	单个用户发出请求的时间
m_s	S 集合中的一条消息	dt	单个用户请求的容忍时间
m_t	T 集合中的一条消息	MBR	匿名处理后的最小边界矩形
u_{id}	用户 ID	x, y	MBR 的坐标矩形
m_{id}	消息 ID	H_{MBR}	MBR 的高度
K	匿名级别	W_{MBR}	MBR 的宽度
c_x, c_y	每个簇中心点坐标	C	消息的内容
x_i, y_j	单个用户 j 的坐标		

当移动用户请求 LBS 时，会发送消息 m_s 给 TTP

$$m_s \in S: \{u_{id}, m_{id}, (x, y, t), K, dt, C\} \tag{4-2}$$

(u_{id}, m_{id}) 用来唯一确定 S 中的一个消息，相同用户发出的消息有相同的用户 ID，但是它们的消息 ID 是不同的。(x, y, t) 表示三维时空坐标点，(x, y) 是指移动用户在二维空间中的位置，t 是指移动用户出现在 (x, y) 位置上发送消息的那个时间。dt 表示用户指定的时间容忍长度，即最后生成的匿名框在 t 轴上映射应该与 t 的距离不超过 dt。同时，dt 也定义了该用户的截止时间，即应该在 $(m_{s.t}, m_{s.t} + m_{s.dt})$ 时间内完成匿名。如果超时，表示匿名失败，放弃该消息的处理。

一旦接收到消息 m_s，TTP 运行 ClusterProtection 算法，将其加入到消息队列 Q_m 中，找到与其有时间交集的用户群，将这个区域分成若干个簇。m_s 中的精确位置信息 (x, y) 被用户所在簇的时空匿名框所代替，以实现 k-匿名。之后，TTP 发送消息 m_t 到 LBS 服务器。令 $\varphi(t, s) = [t-s, t+s]$，设 t 为数值变量，s 为一个范围，那么 m_t 定义如下：

$$m_t \in T : \{u_{\mathrm{id}}, n_{\mathrm{id}}, X : \phi\left(cx, \frac{1}{2}W_{\mathrm{MBR}}\right), Y : \phi\left(cy, \frac{1}{2}H_{\mathrm{MBR}}\right), I(t_s, t_e), C\} \tag{4-3}$$

1. 簇结构的建立

建立簇结构之前,进行如下定义。

(1) 簇域:是以簇中心为圆心,以簇中距其最远的点到簇中心的距离为半径的一个圆。

(2) 邻居簇:是指两个簇之间相切或相割。

(3) P_{built}:表示在当前簇中任意去掉一个点而导致簇被重建的概率。

(4) N_{ex}:表示簇内去掉多余节点仍能够保证鲁棒性。

簇域和邻居域在簇的融合中使用,P_{built} 和 N_{ex} 用于判断簇是否需要划分。当 P_{built} 等于 0 或者 N_{ex} 大于等于 1 时,不需要被划分。

初始中心的选择对于簇结构建立的复杂度有很大影响,主要有以下 4 种方法。

(1) 方法 1:选择 MBR 中水平或竖直方向上最近的点。

(2) 方法 2:一个点随机选择,另一个选择距其最近的点。

(3) 方法 3:两个点均随机选择。

(4) 方法 4:所有的点在水平方向分成两个集合,分别在每个集合中随机选择一点作为各自的中心。

选择好簇中心后,接下来进行分簇。根据每个点到其各簇中心的距离,将其分配到距其最近的簇中。然后,重新计算每个簇的中心,重新分配各点到距离其最近的簇中。上述过程不断重复,直到每个点到簇中心的距离总和(Cluster Distance Sum,CDS)不再改变。簇 C_i 中心点(c_x, c_y)的计算方法如式(4-4)和式(4-5)所示,CDS 的计算如式(4-6)所示,其中 $\|C_i\|$ 表示该簇中节点的个数。

$$c_x = \frac{1}{\|C_i\|} \sum_{j \in C_i} x_j \tag{4-4}$$

$$c_y = \frac{1}{\|C_i\|} \sum_{j \in C_i} y_j \tag{4-5}$$

$$\mathrm{CDS} = \sum_{j \in C_i} \sqrt{(x_i - c_x)^2 + (y_i - c_y)^2} \tag{4-6}$$

簇的建立过程如下所述,其中用到的数据结构定义如下。

(1) C_m:记录每个簇的信息,包括簇编号,簇内节点编号,簇的大小(节点个数),簇的中心,簇内最远节点距离,CDS,MBR,P_{built},N_{ex},t-needs,divided。divided 为局部布尔型变量,值与 P_{built} 和 N_{ex} 有关。当 P_{built} 等于 0 或者 N_{ex} 大于等于 1 时,不需要被划分,divided 值取 1。否则,当 divided 值为 0 时,簇需要划分。

(2) Q_m:一个先进先出(First In First Out)队列,收集移动用户发来的消息,按照收到消息的顺序排序。

算法主要分成以下 4 步。

(1) 队列 Q_m 初始化。TTP 按照用户发送消息的时间顺序排序,形成 Q_m。

(2) 簇的初始化。初始化每个簇时,必须满足如下两个条件:①簇中节点个数满足簇内用户的最大 K 需求;②除了第一个用户,K 个用户的最小截止时间要大于或等于 K 个用户的最大开始时间,保证簇内用户时间两两相交。

簇的初始化过程如下：①定义链表 c_temp 用来存储用户信息，从 Q_m 中弹出第一个元素 e_1，将其加入到 c_temp 中；②按序遍历 Q_m 中剩余所有元素，如果 $\min\{c_{\text{temp}.\,t+d_t}\}\geqslant\max\{c_{\text{temp}.\,t}\}$ 成立，则将该用户加入到 c_temp 中；③遍历到最后一个元素时，如果用户个数大于等于该链表中元素的最大 K 值需求，此时簇 c_0 建立。否则，按照上述步骤从队列 Q_m 中弹出第一个元素（即原队列中第二个元素）重新建立簇。

（3）每个簇建立后，分别按照前面介绍的 4 种方法选取簇的中心点，利用下面介绍的方法进行分簇。

分簇的方法主要依据每个点到其各簇中心的距离，被分配到距其最近的簇中。然后，重新计算每个簇的中心，各点重新分到距离其最近的簇中。上述过程不断重复，直到每个点到簇中心的距离总和 CDS 不再改变。

（4）递归地调用上述算法进行分簇，成功后，C_m 会进行调整。此时不需要再检查是否满足时间要求，因为每两个用户之间都是时间相交的。这样，簇结构建立完成。

2. 簇结构调整

在移动通信环境中，移动用户会从一个区域移动到另一个区域，当簇不能满足用户的 k-匿名需求时，簇结构需要调整。当用户从一个区域到另一个区域，如果还在原来的簇内，则簇不需要调整。若用户离开原始簇，则会被分派到距其最近的簇中。当一个或者多个用户加入到一个新簇，则将其加入到距其最近的簇中，并试图对一个簇分解成两个簇。

1）单用户加入

当一个或者多个用户加入到一个新簇时，则将新用户加入到距其最近的簇中，并试图将其加入的这个簇分解成两个簇。若两个簇都不能满足 k-匿名的要求，簇调整就会失败。此时，只有 p_need 和 N_ex 被重新计算，用户可以获得更高的隐私级别，因为新用户加入使得该簇节点数大于用户的 k-匿名的要求。最后，对整个 C_m 进行更新。多个用户的加入，可以看成多个单用户同时加入，依次按上述步骤执行即可。

2）单用户离开

用户的离开，会导致其原始簇无法满足其他用户的 k-匿名级别，则原始簇会与距其最近的簇合并，并重新分配其中两个簇中的元素。因此，簇被重建的唯一原因就是无法满足用户的 k-匿名要求。假定某个簇 C 中有 m 个节点，将它们的 k 值按照升序排列为 k_1、k_2、$\cdots$、k_m，k_m 定义为最大的匿名级别。当一个用户离开其原始簇的时候，会产生下述 4 种情况。

（1）若 $m>k_m$，则说明在簇内部即使去掉一个点，那么仍然能够保证 $m-1>k_m$，即该簇具有鲁棒性，此时 P_need and N_ex 被重新计算，簇结构不需要重建。

（2）当 $m=k_m$ 且 $k_m>k_{m-1}$ 时，当离开的节点其匿名级别是 k_m 时，此时簇内部节点的个数为 $m-1$，由于 $k_1\leqslant k_2\leqslant\cdots\leqslant k_{m-1}\leqslant m-1$。因此簇内部每个节点的匿名级别均能够得到保障，因此无须重新建簇。

（3）当 $m=k_m$，且去掉的节点匿名级别为 k_i，且 $k_i\neq k_m$。节点个数为 $m-1$，$m-1<k_m$，此时需要对簇进行合并，可以使用下面介绍的方法。由（2）、（3）可得 $P_\text{need}=\dfrac{m-1}{m}$。

（4）若 $m=k_m$ 且 $k_m=k_{m-1}$，在簇中随机去掉一个节点，簇中的节点个数为 $m-1$。此时 k_m 或 k_{m-1} 不能被满足，也需要根据下面介绍的方法对簇进行合并重建，得到结论 $P_\text{need}=1$。

3）簇合并

当单用户退出，k-匿名级别不能满足时，该簇会和其 MBR 最小的邻居簇合并。首先，TTP 查找 c_i 的 MBR 最小的邻居簇 c_j。c_i 中的所有节点会添加到其邻居簇 c_j 中，之后 c_i 会在 C_m 中删除。最后，使用上面介绍的建立簇的方法，将 c_j 拆分成更小的簇。

小　结

本章首先介绍了移动用户所面临的各种安全问题，主要包括，针对无线通信系统接口的攻击；针对系统核心网的攻击以及针对终端和用户智能卡的攻击这三个大类，每一类中都有多种攻击方式。在介绍这些安全威胁之后，我们详细讲解了关于在移动通信系统中的实体认证机制，包括域内认证，域间认证以及组播认证。域内认证包含三个实体：服务使用者，即移动用户（User，U）、服务提供者（Service Provider，SP）、后台认证服务器（Authentication Server，AS）。U 向 SP 提出服务请求，SP 需要对 U 进行认证。SP 转发对 U 的认证请求给 AS，同时递交自己的认证信息，AS 对 SP 和 U 认证通过后，双方进行密钥协商阶段，保证 U 和 SP 后续通信的机密性；域间认证是移动用户从一个区域移动到另外一个区域。假定每个用户只能去一台认证服务器注册自己的身份，该服务器所在的区域可以看成用户的本域。来源于不同本域的两个用户之间的认证属于域间认证。组播认证则是用户为了获得某个组提供的特殊的网络服务而加入特定的组，需要进行的认证机制。

而后，我们介绍了移动通信中常见的两种信任管理机制，基于身份的信任管理和基于声誉的信任管理。基于身份的信任管理机制，我们介绍了基于 PKI 的信任管理机制和基于 TME 的信任管理机制中的几种常见模型；在基于声誉的信任管理中我们讲解了 Beth 模型和 RFSN 模型，在信任管理机制一节，介绍了移动网络信任管理模型设计原理，设计信任管理模型时，必须要满足简单性、健壮性、分布式、自主性、上下文感知性等需求。

最后介绍了当前比较热门的移动用户的位置隐私问题。现今，人们享受各种位置服务的同时，移动对象个人信息泄漏的隐私威胁也渐渐成为一个严重的问题。我们介绍了几种常见的基于位置隐私的算法，之后，详细讲解了一种基于簇结构的位置隐私保护算法。

通过这一章的学习，可以学习了解在移动通信系统中常见的认证和信任机制以及关于位置隐私问题的常见处理方法。

参 考 文 献

[1] Lin Yao, Lei Wang, Xiangwei Kong, et al. An inter-domain authentication scheme for pervasive computing environment[J]. Computers and Mathematics with Applications, 2010, 60(2).

[2] Lin Yao, Xiangwei Kong, Guowei Wu, et al. Tree-based Multicast Key Management in ubiquitous computing environment[J]. International Journal of Ad Hoc and Ubiquitous Computing, 2011, 8(1).

[3] Lin Yao, Xiangwei Kong, Guowei Wu, et al. A Privacy-Preserving Authentication Scheme Using Biometrics for Pervasive Computing Environments[J]. Journal of Electronics (China), 2010, 27(1).

[4] Lin Yao, Xiangwei Kong, Zichuan Xu. A Task-Role Based Access Control Model with Multi-constraints[C]. Fourth International Conference on Networked Computing and Advanced Information Management, 2008.

［5］ Lin Yao,Bing Liu,Kai Yao,et al. An ECG-Based Signal Key Establishment Protocol in Body Area Networks. The 1st IEEE International Workshop on Mobile Cyber-Physical Systems,2010.

［6］ 姚琳,范庆娜,孔祥维.基于生物加密的认证机制[J].计算机应用研究,2010,27(1).

［7］ 姚琳,范庆娜,孔祥维.普适环境下基于生物加密的认证机制[J].计算机工程与应用,2010,46(32).

［8］ 姚琳,范庆娜,孔祥维.普适环境下的一种跨域认证机制[J].Computer Engineering and Applications,2011,47(6).

［9］ 范庆娜,姚琳,吴国伟.普适计算中的跨域认证与密钥建立协议[J].计算机工程,2010,36(11).

［10］ Lin Yao,Chi Lin,Xiangwei Kong,et al. A Clustering-based Location Privacy Protection Scheme for Pervasive Computing[C]. The 2010 IEEE/ACM International Conference on Cyber,Physical and Social Computing (CPSCom-2010),2010.

［11］ 张堃.移动通信网络安全策略研究[D].武汉：华中科技大学,2006.

［12］ 林德敬,林柏钢,林德清.GSM 及 GPRS 系统安全性分析[J].重庆科技学院学报（社会科学版）,2003,18(3).

［13］ 郭亚军,洪帆.普适计算的信任计算模型[J].计算机科学,2005,32(10).

［14］ 曾帅.普适计算环境下的信任管理研究[D].北京：北京邮电大学,2011.

［15］ 王衡军,王亚弟,张琦.移动 Ad Hoc 网络信任管理综述.计算机应用,2009,29(5).

［16］ 徐文拴,辛运帏,卢桂章,陈秋双.普适环境下信任管理模型的研究[J].计算机科学,2009,36(2).

［17］ 朱锡海,王益涵,曹奇英.普适计算环境中基于上下文的访问控制研究.中国计算机用户协会信息系统分会信息交流大会,2005.

［18］ 张国平,樊兴,唐明,张欣雨.面向 LBS 应用的隐私保护模型[J].华中科技大学学报（自然科学版）,2010(9).

［19］ 彭志宇,李善平.移动环境下 LBS 位置隐私保护[J].电子与信息学报,2011,33(5).

［20］ 潘晓,肖珍,孟小峰.移动环境下的位置隐私[J].计算机科学与探索,2007(10).

［21］ 庄致,李建伟.加强位置隐私保护的策略[J].计算机工程与设计,2010,31(5).

［22］ 何泾沙,徐菲,徐晶.基于位置的服务中用户隐私保护方法[J].北京工业大学学报,2010,36(8).

［23］ 林欣,李善平,杨朝晖.LBS 中连续查询攻击算法及匿名性度量[J].软件学报,2009,20(4).

［24］ 潘晓,肖珍,孟小峰.位置隐私研究综述[J].计算机科学与探索,2007,1(3).

［25］ 李世群.普适计算中的安全问题研究[D].上海：上海交通大学,2007.

［26］ 顾宝军.虚拟计算环境下的信任管理研究[D].上海：上海交通大学,2008.

［27］ 陈涛.混沌在 3G 安全认证中的应用研究[D].广州：华南理工大学,2008.

［28］ 刘锋.第三代移动通信系统中认证和密钥协商协议的应用研究[D].重庆：重庆大学,2005.

125

第4章

移动用户的安全和隐私

第5章　无线传感器网络安全

目前,传感器网络在各个领域得到了广泛使用,经常用来采集一些敏感性的数据或在敌对无人值守环境下工作时,安全问题显得尤为重要。针对具体应用,在传感网的系统设计初期就应解决它的安全问题。然而,传感网的资源有限,如有限的带宽资源、有限的存储能力和计算能力,以及有限的能量,给传感器网络的安全带来了不同的挑战,传统的安全技术不能用于解决传感器网络的安全问题。目前针对传感器网络的安全研究主要集中在认证技术、密钥管理、安全路由、安全定位、隐私保护等方面。

5.1　无线传感器网络概述

无线传感器网络(WSN)近年来获得了广泛关注,微机电系统的发展促进了智能传感器的产生,这些传感器体积小,具有有限处理和计算资源,相比传统的传感器,这类传感器价格低廉。这些传感器节点可以感知、测量、收集数据,经过决策的数据最终传给用户。每个传感器节点由传感器模块、处理器模块、无线通信模块和能量供应模块组成。传感器模块主要负责信息采集、数据转换等。处理器模块负责控制整个传感器节点的操作、对节点采集和转发的数据进行处理。无线通信模块负责无线通信,交换控制信息和收发采集数据。能量供应模块为传感器节点提供运行所需的能量,电池是目前传感器的主电源。

无线传感器网的部署过程是通过人工、机械、飞机空投等方式完成的。节点随机地部署在被监测区域内,以自组织的形式构成网络,因此无线传感器网络通常有很少或根本没有基础设施。根据具体应用不同,传感器节点的数量从几十个到几千个,这些传感节点共同工作,对周围环境中的数据进行收集,每一个传感器节点在网络中既充当数据采集者又要对数据进行转发,和传统网络节点相比,它兼有终端和路由器的双重功能。无线传感器网络主要分为结构化和非结构化。在非结构化的 WSN 中,包含大量的密集分布的传感节点,这些节点可以以 Ad Hoc 方式进行部署。部署成功之后,因为节点数目较多,导致网络维护较困难,传感器节点只能在无人看管的状态下对数据进行监控。在一个结构化的 WSN 中,所有的或部分的传感器节点是以预先布置方式工作,节点数目较少,因此网络的维护和管理较容易,如图 5.1 所示。传感器节点监测的数据通过其他节点以多跳中继的方式传送到汇聚节点,最后通过互联网或卫星到达管理节点。用户通过管理节点对无线传感器网络进行配置和管理,发布监测任务以及收集监测数据。

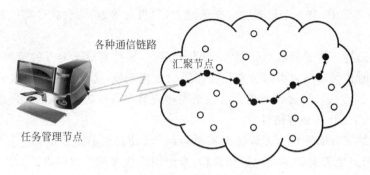

各种通信链路

汇聚节点

任务管理节点

图 5.1　无线传感器网络体系结构

5.1.1　无线传感器网络的特点

相比传统的计算机网络,无线传感器网络是一种特殊的网络,它的自身特点决定了它无法使用基于传统网络的安全机制,无线传感器网络具有如下特点。

(1) 有限的存储空间。传感器是一个微小的装置,只有少量的内存和存储空间用于存放代码,因此在设计一个有效的安全协议时,必须限制安全性算法的代码大小。例如,一个普通的传感器类型(TelosB)只有一个 8MHz 的 16 位 RISC CPU、10KB 的内存、48KB 程序存储器,1024KB 的闪存存储空间。基于这样的限制,传感器中内置的软件部分也必须相当小,如 TinyOS 的总编码空间大约为 4KB,核心调度器占用 178B,因此与安全相关的代码也必须很少。

(2) 有限的电源能量。能量问题是传感器的最大限制,目前传感器节点的能量供应大多还是依靠电池供电的方式,其他的能量供应方式如依靠太阳能、振动、温差等方式还不成熟。在传感器的应用中,必须考虑到单个传感器的能源消耗,以及传感网的整体能耗。当设计安全协议时,必须考虑该协议对一个传感器的寿命的影响,加密、解密、签名等安全操作均会导致传感器节点消耗额外的功率,对一些密钥资料的存储也会带来额外的能量开销。

(3) 有限的计算能力。传感器网络节点是一种微型嵌入式设备,价格低功耗小,有限的存储空间和电池能量,必然导致其计算能力比普通的处理器弱得多,这就要求在传感器节点上运行的软件与算法不能过于复杂。

(4) 不可靠的信道。传感器网络中节点之间传输数据,无须事先建立连接,同时信道误码率较高,导致了数据传输的不可靠性。同时由于节点能量的变化,以及受高山、建筑物、障碍物等地势地貌以及风雨雷电等自然环境的影响,传感器节点间的通信断接频繁,经常导致通信失败。

(5) 广播式信道。由于无线传感网采用广播式的链路类型,即使是可靠的信道,节点之间也会产生碰撞,即冲突。冲突的存在会导致信号传输的失败,信道利用率降低。在密集型的传感网中,这是个尤为重要的问题。

(6) 延迟的存在。传感网属于多跳无线网络,网络的拥塞和节点对包的处理均会导致网络中的延时,从而使其难以实现传感器节点之间的同步。如果安全机制依赖对关键事件的报告和加密密钥分发,同步将成为传感器网络安全中至关重要的问题。

(7) 易受物理袭击。传感器可以部署在任何公开环境下,时常伴有雨、雾、霾等恶劣天气。在这样的环境中,与一个放置在安全的地方(如机房等地)的台式计算机相比,传感器更容易遭受物理攻击。

(8) 远程监控。传感器节点数量大、分布范围广,往往有成千上万的节点部署到某区域进行检测;同时传感器节点可以分布在很广泛的地理区域,这使得网络的维护十分困难,只能采用远程监控方式。但远程监控无法检测到物理篡改等攻击方式,因此传感器节点的软、硬件必须具有高强壮性和容错性。

(9) 缺乏第三方的管理。无线传感器是自组织的网络,不需要依赖于任何预设的网络设施,传感器节点能够自动进行配置和管理,自组织形成多跳无线网络。无线传感器网络是一个动态的网络,一个节点可能会因为能量耗尽或其他故障而退出网络,新的节点也会被添加到网络中,网络的拓扑结构随时发生变化。

(10) 应用相关。传感器网络用来感知客观物理世界,获取物理世界的信息量。不同的传感器网络应用关心不同的物理量,因此这对传感器网络的应用系统有多种多样的要求,其硬件平台、软件系统和网络协议必然会有很大差别。

5.1.2 无线传感器网络的安全威胁

同有线网络类似,传感网下安全威胁也主要分成两大类:被动攻击和主动攻击。被动攻击中,攻击者不会干扰用户之间的通信,目的是获得网络中传递的数据内容。典型攻击方式有窃听、流量分析、流量监控。主动攻击中,攻击者会破坏用户之间的通信,对消息进行中断、篡改、伪造、重放,以及拒绝服务攻击等。

(1) 窃听。攻击者通过监控数据的传输,从而进行被动攻击,对数据进行监听。例如,放置在屋外的无线接收器也许能监听到屋内传感网所检测到的光照和温度数据,从而推断出主人的一些日常习惯。加密技术可以部分抵抗窃听攻击,但是需要设计一个鲁棒的密钥交换和分发协议。根据几个捕获到的节点,无法推断出网络内其他节点的密钥信息。由于传感器的计算能力有限,密钥协议必须简单可行。传感器的存储空间有限性导致了端到端加密不太可行。因为每个节点可能没有足够空间用于存储其他大量节点的信息,它只倾向于存储周围邻居节点的密钥信息,传感网主要支持数据链路层的加密技术。

(2) 流量分析。对消息进行拦截和检查,目的在于根据消息通信模式推断出消息内容。

(3) 拒绝服务攻击/分布式拒绝服务攻击。攻击者通过耗尽目标节点的资源,令目标节点无法正常采集或者转发数据。

(4) 重放攻击,也称为中间人攻击。即使攻击者不知道密钥,无法对以前窃听到的消息进行解密,但仍会把以前截获到的消息,重复发送给目标节点。

(5) 外部攻击和内部攻击。外部攻击是指攻击者不属于域内的节点。内部攻击来源于域内节点,主要是一些受损节点对网络内部进行主动攻击或者被动攻击。内部攻击和外部攻击相比,攻击更严重。因为内部攻击者知道更多的机密信息,具有更多的访问权限。

按照 TCP/IP 模型,传感网的安全威胁还可以分为物理层、数据链路层、网络层、传输层和应用层的威胁,表 5.1 列出了每一层的安全威胁。

(1) 物理层威胁。无线网络的广播特性,通信信号在物理空间上是暴露的,任何设备只要调制方法、频率、振幅、相位和发送信号匹配就能获得完整的通信信号,从而成功进行窃听攻击,同时还可以发送假消息进入网络。无线环境是一个开放的环境,所有无线设备共享一个开放空间,所以若有两个节点发射的信号在一个频段上,或者是频点很接近,则会因为彼此的干扰而不能够正常通信。如果攻击者拥有强大的发射器,产生的信号强度足以超过目标的信号,那么正常通信将被扰乱。最常见的干扰信号是随机噪声和脉冲。

表 5.1 每层对应的安全威胁

层 次	安 全 威 胁
应用层	抵赖、数据损坏
传输层	会话劫持、洪泛攻击
网络层	虫洞、黑洞、拜占庭、洪水、资源消耗、位置隐私泄漏
数据链路层	流量分析、流量监控、MAC 破坏
物理层	干扰、拦截、窃听
多层攻击	DOS、伪造、重放、中间人攻击

(2) 数据链路层威胁。无线网络的广播特性,导致多个用户使用信道时会发生冲突,每个节点只能工作在半双工的工作模式下。数据链路层的 MAC 协议进行信道资源的分配,解决信道竞争,尽力避免冲突。无线传感网中主要采用 CSMA/CA 技术解决多个站点使用信道的情况,但当前的 MAC 协议都假定多个站点能够自动按照 CSMA/CA 标准协调自己的行为。但是一些自私节点或者恶意节点,有权利决定自己不按照正常的协议流程去工作。例如,自私节点可能会中断数据的传输;恶意节点可能在转发的数据中恶意改变一些比特位的信息;不断发送高优先级的数据包占据通信信道,使其他节点在通信过程中处于劣势;不断发送信息与其他用户的信号产生碰撞,破坏网络正常通信;利用链路层的错包重传机制,使受害者不断重复发送上一个数据包,最终耗尽节点的资源。

(3) 网络层威胁。攻击者的目的在于吸收网络流量、让自己加入到源到目的的路径上从而控制网络流量、让数据包在非最优路径上转发从而增加延迟、将数据包转发到一条不存在的路径上从而不能到达目的地、产生路由环从而带来网络拥塞。恶意节点在冒充数据转发节点的过程中,可以随机地丢掉其中的一些数据包,即丢弃破坏;也可以将数据包以很高的优先级发送,从而破坏网络的通信秩序;还有可能修改源和目的地址,选择一条错误的路径发送出去,从而导致网络的路由混乱;如果恶意节点将收集到的数据包全部转向网络中的某一固定节点,该节点必然会因为通信阻塞和能量耗尽而失效;多个站点联合让其他节点误以为通过他们只需要一两跳就可以到达基站,从而把大量的数据信息通过它们进行传输,形成路由黑洞。网络层威胁包括虚假路由协议、选择性转发、槽洞(Sinkhole)攻击、女巫(Sybil)攻击、虫洞(Wormhole)攻击、问候洪泛(Hello Flood)攻击、伪装应答、关键点攻击等。

(4) 传输层威胁。传感网中采用传输层 TCP 建立端到端的可靠连接,类似于有线网络,传感节点容易遭受到 SYN 泛洪攻击、会话劫持攻击。TCP 没有任何机制以区分丢失的包是由于拥塞、校验失败或恶意节点的袭击而造成的,只是会不断降低其拥塞窗口,从而使信道吞吐量减小,网络性能下降。会话劫持攻击发生在 TCP 建立连接之后,攻击者采用拒绝服务等方式对受害节点进行攻击,然后冒充受害节点身份,如 IP 地址,同目的节点进行通信。会话劫持攻击在 UDP 中较容易,因为不需要猜测报文的序列号。

（5）应用层威胁。应用层袭击对攻击者有很大的吸引力，因为攻击者所搜寻的信息最终驻留在应用程序中。应用层威胁主要分为抵赖攻击和恶意代码的攻击，恶意代码如病毒、蠕虫、间谍软件、木马等，可以攻击操作系统和用户应用程序。这些恶意程序通常可以通过网络自行传播，并导致整个传感网的速度减慢甚至崩溃。

（6）多层威胁。指攻击者对网络的攻击发生在多个层次上，如拒绝服务攻击、中间人攻击等。

5.1.3 无线传感器网络的安全目标

为了抵御各种安全攻击和威胁，保证任务执行的机密性、数据产生的可靠性、数据融合的正确性以及数据传输的安全性等，无线传感器网络的安全目标主要体现在以下几个方面。

（1）机密性。机密性是网络安全中最基本的特性。机密性主要体现在以下两个阶段：密钥派生阶段，节点的身份信息以及部分密钥材料需要保密传输；派生阶段后，节点通信需要用会话密钥进行加密。

（2）完整性。机密性防止信息被窃听，但无法保证信息是否被修改，消息的完整性能够让接收者验证消息内容是否被篡改。

（3）新鲜性。两个节点间共享一个对称密钥，密钥的更新需要时间，在这段时间内攻击者可能重传以前的数据。为了抵抗重放攻击，必须保证消息的新鲜性，一般通过附加时间戳或者随机数加以实现。

（4）可用性。与传统的网络安全可用性不同，传感器的资源有限，过多的通信量或计算量，均会带来能量的过多消耗，单个传感器的消亡可能引起整个网络的瘫痪。传统的加密算法不适应无线传感器网络，必须设计轻量级的安全协议。

（5）自治性。无线传感器网络不采用第三方架构进行网络的管理，节点之间采用自组织方式进行组网，某个节点失效时，节点自治愈重新组网，因此无线传感网属于动态网络。几种经典的密钥预分配方案并不适于传感网，节点间必须自组织进行密钥管理和信任关系的建立。

（6）时钟同步。无线传感器网络的很多应用依赖于节点的时钟同步，需要一个可靠的时钟同步机制。如为了节省能量，传感器节点需要定时休眠；有时需要计算出端到端延迟，进行拥塞控制；为了对应用程序进行跟踪，需要组内的传感器节点整体达到时钟同步。

（7）安全定位。通常情况下，一个传感器网络的有效使用依赖于它能够准确地对网络中的每个传感器的自动定位。为了查到出错的传感器位置，故障定位的传感器网络需要节点的精确位置信息。攻击者通过报告虚假信号强度或者重放攻击等，可以伪造或篡改定位信息。

（8）认证。为了保证通信双方身份的真实可靠性，节点之间必须进行认证，包括点到点认证和组播/广播认证。在点到点认证过程中，两个节点进行身份的确认，派生出单一会话密钥。组播/广播认证解决的是单一节点和一组节点或者所有节点进行认证的问题，此时需要维护的是组播/广播密钥。

（9）访问控制。用户通过认证后，访问控制决定了谁能够访问系统、访问系统的何种资源以及如何使用这些资源，访问控制可以防止权限的滥用。

5.2 无线传感器网络安全路由协议

由于无线传感器网络有其自身的特点,无法直接采用传统的路由协议,另外,在路由的安全性方面,也需要进行深入的研究。无线传感器网络中节点的能量资源、计算能力、通信带宽、存储容量都非常有限,而且无线传感器网络通常由大量密集的传感器节点构成,这就决定了无线传感器网络协议栈各层的设计都必须以能源有效性为首要的设计要素。无线传感器网络中,大多数节点无法直接与网关通信,需要通过中间节点进行多跳路由。因此无线传感器网络中的路由协议作为一项关键技术成为越来越多人的研究热点。

5.2.1 安全路由概述

在无线传感器网络中,路由协议主要包括两方面的功能:在保证能量优先的前提下,寻找源节点和目的节点间的优化路径;根据找到的路径将数据分组正确地转发。对于现今的无线传感器网络,各国都提出过很多种路由算法,这些算法基本上都将传感器网络有限的能量和计算能力作为首要问题来解决,基本上不会过多地考虑安全问题。如果在网络协议的设计阶段没有给予安全问题足够的重视,而是通过后续的更新来补充安全机制,那么这款协议所消耗的人力物力将是巨大的。

大部分无线传感器网络路由协议在设计时没有考虑安全问题,针对这些路由协议的攻击常见的有以下几种。

(1) 涂改、伪造的或重放路由信息:最直接的针对一个路由协议的攻击是针对两个节点交换的信息。基于涂改伪造的或重放路由信息这种方法,敌人也许会建立路由环线,攻击或击退网络流量,扩展或缩小源路由,产生虚假错误信息,网络分割,增加端到端的延迟。

(2) 选择性转发:多跳网络通常基于假设参加的节点会诚实地转发接收到的消息。在一个选择性转发的攻击里,恶意节点会拒绝转发某些消息而仅仅是删掉它们,确定它们没有被传播得更远。这种攻击就像是恶意节点像一个黑洞,拒绝转发它看到的一切包。但是这种攻击的冒险之处就是邻居节点会断定它失败了继而去寻找另一个路由。这种攻击通常在攻击者已经明确被包括在一个数据流的路径之内时是最有效的。我们相信,一个敌人发射一个选择性转发袭击会很可能向着最小阻力的路径并且试图把自己包括进真实的数据流之中。

(3) 天坑攻击:在无线传感器网络中,有些路由方案是依据链路质量和传输延迟来选路的。在这种情况下,某些恶意节点会利用诸如笔记本这种拥有很强通信能力的终端,混入正常的通信网络中,将自身伪装成一个通信质量很高的节点,以此欺骗环境中的其他节点,将大部分的通信流量吸引过来,然后对接收到的数据进行处理之后再选择性转发。

(4) Sybil 攻击:在 Sybil 攻击中一个节点对于网络中其他节点呈现多种身份。Sybil 攻击可以明显地减少容错方案的有效性,如分布式存储、分散和多路径路由、拓扑维护。副本,存储分区或者路由都被相信是能够用一个敌人呈现多个身份的相交节点。Sybil 攻击也对地理路由协议造成了重大攻击威胁。

(5) Wormhole 攻击:在虫洞攻击中,在一个低延迟网络上的一段路径收到一个敌人的隧道消息,而回复在另一段路径上。这种攻击最简单的例子是令一个位于两个节点之间的节点为它们转发消息。如图 5.2 所示,图中恶意节点之间存在一条高质量低延迟的通信链路,左侧的恶意节点临近基站,这样较远处的恶意节点可以使周围节点相信自己有一条到达基站的高效路由,通过此方法就能将周围的通信流量吸引过来。

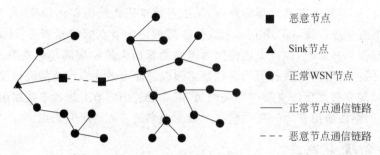

图 5.2 Wormhole 攻击

(6) Hello Flood 攻击:它是一个针对传感网的新型攻击,许多协议需要节点广播 hello 包来向它们的邻居告知自己。一个节点接收这样一个包也许会认为它是在发射频率范围内的正常发送方。一个笔记本级别的攻击者用足够大的发射能量广播路由或者 Hello 数据包,会使网络中的每个节点信服攻击者就是它的邻居。通常用洪泛来表示消息像疫情一样通过每一个节点迅速传播。

(7) 确认欺骗攻击:这种攻击的前提是该协议运用了链路层确认模式。无线传感器网络中的通信方式都是广播通信,恶意节点可以利用这个特征伪造一个确认包,并将其发送给消息源节点,从而使正常的消息发送节点错将一条低质量链路或者一个失效节点当成一条可成功送达的目的地,并向其不断传输数据,这样恶意节点就可以利用此漏洞发动攻击了。

5.2.2 典型安全路由协议及安全性分析

通过对当前的无线传感器网络路由协议的研究,我们选取了一些相对比较重要和有代表性的路由协议,对其核心路由机制、特点和优缺点进行了介绍,重点分析了这些路由协议的安全特性和抗攻击能力。

1. Directed Diffusion 协议

Directed Diffusion 是一个典型的以数据为中心、查询驱动的路由协议,路由机制包含兴趣扩散、初始梯度建立以及数据沿着加强路径传播三个阶段,如图 5.3 所示。

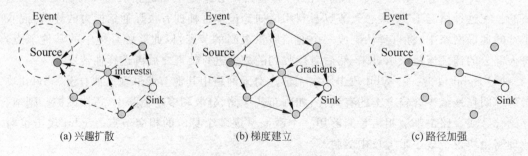

(a) 兴趣扩散　　　　　　(b) 梯度建立　　　　　　(c) 路径加强

图 5.3 Directed Diffusion 协议的三个阶段

在兴趣扩散阶段,由汇聚节点周期性地广播兴趣消息到其邻居节点上,兴趣消息包含对象类型、目标区域、数据发送时间间隔、持续时间等部分。当节点收到邻居节点的兴趣消息时,如果该消息的参数类型不存在于节点的兴趣列表中,那么就建立一个新表项存储该消息;如果节点中存在与该消息的某些参数相同的表项,则对该表项中的数据进行更新;如果该消息和刚刚转发的某条消息一样,则直接丢弃。初始梯度建立和兴趣扩散同时进行,在兴趣扩散过程中,节点在创建兴趣列表时,记录中已经包含邻居节点指定的数据发送率即梯度。当节点具有与兴趣消息相匹配的数据项时,就把兴趣消息发送到梯度上的邻居节点,并以梯度上的数据传输速率为参照标准对传感器模块采集数据速率进行设定。鉴于自身有多个邻居节点在网络环境中进行广播兴趣消息,汇聚节点有可能在这个阶段通过不同的路径接收到相同的数据。汇聚节点通过多个节点从源节点收到数据之后,将这条路径建立为加强路径,以保证接下来的数据能通过这条加强路径以较高的速率进行传输。现在对于路径加强都是以类似于链路质量、传输延迟等数据为标准进行选择,这里以传输延迟为例进行概述。汇聚节点会最先选定最近发来数据的邻居节点作为这条加强路径的下一跳,并向该邻居节点发送相应的路径加强信息以确保其及时地对自身的兴趣列表进行更新,接下来该邻居节点会重复上面的步骤来确定自己的下一跳,这样的步骤持续进行直至路径加强信息传至源节点。

Directed Diffusion 具有一些新特点:以数据为中心的传输,基于强化适应性的经验最优路径,以及网络内数据汇聚和高速缓存。由于 Directed Diffusion 缺乏必要的安全防护,即使拥有这些优越的特性以及很好的健壮性,Directed Diffusion 仍然承受不了攻击者的攻击。基于 Directed Diffusion 的特点,攻击者可以对其造成如下威胁:①攻击者将自己伪装成一个基站,广播兴趣消息,当节点接收到此信息并转发时,攻击者可以对目标数据进行监听;②攻击者可以利用不真实的加强或减弱路径以及假冒的匹配数据,以达到影响数据传输的目的;③攻击者通过向上游节点发送欺骗性的低延迟、高速率的数据来发动 Sinkhole 或 Wormhole 攻击;④通过对 Sink 节点发动 Sybil 攻击,可以阻止 Sink 节点获取任何有效信息。

2. LEACH 协议

LEACH 是一种低能耗、自适应的基于聚类的协议,它利用随机旋转的本地簇基站来均分网络中传感器的能量负荷。LEACH 使用本地化的协作来启用动态网络的可扩展性和鲁棒性,并采用数据融合的路由协议以减少必须发送到基站的数据量。LEACH 的主要特点包括三个方面:①对于簇设置和操作的本地化协调与控制;②簇基站或簇头以及相应簇的随机旋转;③本地压缩以减少全局通信量。

接下来简述一下 LEACH 筛选簇头节点的过程:一个节点自身随机生成一个 0 和 1 之间的数字,一旦这个随机生成数小于阈值 $T(n)$,则广播自身成为簇头节点的消息。之后在每一次的循环中,簇头节点都会将自身阈值重置为 0,以保证自身不会再次成为簇头节点。随着循环的不断进行,其余未当选过簇头节点的节点成为簇头时的阈值也渐渐增大。阈值 $T(n)$ 是由如下公式计算的。

$$T(n) = \begin{cases} \dfrac{p}{1 - p(r \bmod (1/p))} & (n \in G) \\ 0 & (\text{其他}) \end{cases}$$

其中, p 是所需的簇头百分比(如 $p=0.05$), r 是当前轮次, G 是这一轮中没有成为过簇头节点的节点的集合。当簇头被选出以后,它开始向整个网络广播信息,网络中的非簇头节点根据接收到的广播信号的强弱来判读自身属于哪个簇,并向自己所属的那个簇的簇头节点发出相应的反馈信息。当整个网络正常工作以后,节点将自身收集到的数据发送给簇头节点,再由簇头节点将这些数据进行融合进一步发送给汇聚节点。

利用大多数节点小发射距离的优点,我们设计能够发送数据到基站的簇模式,只需要少数节点向基站发送长距离。LEACH 优于经典的聚类算法,利用自适应簇和旋转簇头,使系统的能源需求分布到所有的传感器。此外,LEACH 能够在每个簇中执行本地计算,以减少必须发送到基站的数据量,这就实现了能量消耗的大幅度减少。

鉴于网络中的各个非簇头节点选择自己属于哪个簇是通过信号强弱来判定的,这就给了攻击者机会,那些恶意节点可以通过增大自身信号强度来吸引那些非簇头节点,让节点们误以为它就是簇头节点,以至于遭受选择性转发或天坑攻击。由于 LEACH 在设计的过程中令所有节点都能与 BS 通信,这就保证自身对于虚假路由和 Sybil 攻击有一定的抵御能力。

3. GPSR 协议

GPSR 是一种无线数据报网络的新型路由协议,协议设计每个节点可以利用贪心算法依据邻居与自身位置信息转发数据。算法的大致流程是当节点接收到数据以后,便开始以该数据为标准对本身存储的邻居节点列表进行处理,一旦自身到基站的距离大于列表中的邻居节点,那么节点就会将这个数据转发给它的邻居节点。

但是在实际的网络环境中,转发过程经常会出现"空洞"现象,如图 5.4 所示,在这个拓扑结构中,X 到基站 BS 的距离要小于 W 和 Y,根据贪心算法的转发机制,X 不会将 W 和 Y 作为自身转发列表中的下一跳。面对空洞问题时,我们可以利用右手法则来解决。当节点接收到通过右手法则转发过来的数据时,节点本身开始进行比较,一旦自己到基站的距离大于邻居节点到基站的距离,那么再启用贪心算法对数据进行转发。

另外,GPSR 也有可能遭受到位置攻击,如图 5.5 所示。攻击者通过虚假信息将节点 B 的错误位置信息告知节点 C,让 C 误以为节点 B 在(2,1),于是将数据转发给 B,而真实的节点 B 又会根据贪心算法将数据再发还给节点 C,如此下去就会导致整个网络因死循环而陷入瘫痪。

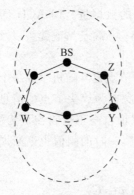

图 5.4 GPSR 中的空洞问题

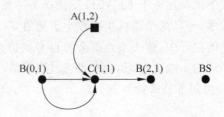

图 5.5 利用位置信息的攻击

5.3 无线传感器网络密钥管理及认证机制

由于无线传感器网络的特点,越来越多的成熟的有线或无线网络的密钥管理方案不能直接应用于无线传感器网络。无线传感器网络安全解决方案中,加密技术是基础的一些安全技术,以满足无线传感器网络的身份验证、保密性、不可抵赖性、完整性通过加密的安全性要求。对于加密技术,密钥管理是一个关键问题要解决。有各种各样的通信的安全性,可以有4种类型的键:一个关键节点和基站之间的通信,该节点与节点密钥之间的通信,基站和通信密钥中所有的节点的组密钥的无线传感器网络之间的通信,更多的邻居节点通信。下面具体分析无线传感器网络及其相关的内容密钥管理方案的讨论。

5.3.1 密钥管理的评估指标

在一个传统的网络中,经常通过对密钥管理方案进行分析,评估该网络的优点和缺点,但这在无线传感网络中是不够的。由于无线传感器网络和现有的资源约束的特点,无线传感器网络比传统的网络安全问题面临更多的挑战。因此,无线传感器网络的安全标准和传统网络不同。由于无线传感器网络自身的特点和局限性,无线传感器网络的密钥管理方案的考核指标有以下几点。

(1)安全性。不论是传统网络还是无线传感器网络,密钥管理的安全性都是至关重要的,它是所有解决方案的前提因素,包括保密性、完整性、可用性等。

(2)对攻击的抵抗性。无线传感器网络中的传感器节点体积小,结构脆弱,很容易遭受物理攻击,导致网络信息被泄漏。对攻击的抵抗性指的就是当网络中的某些节点被恶意俘获后对剩余网络部分中节点间正常安全通信造成的影响程度。理想状况下,当一个网络拓扑失去部分节点后,其他节点仍然可以正常地安全地通信。

(3)负载。无线传感器网络中一共包含三种负载:通信负载、计算负载和内存负载。对于传感器网络中的节点来说,密钥管理方案必须要低耗能。而且节点之间广播通信时所消耗的能量远大于其自身的计算耗能,所以密钥管理的通信负载要尽可能的小。由于节点有限的计算能力,所以传统网络中所采用的复杂的加密算法不适用于传感器网络,因此密钥管理方案要尽可能设计得简单些。由于节点的存储空间有限,不会保存过多密钥信息,所以合适的密钥管理方案要使每个节点预分配的信息尽可能减少。

(4)可认证性。认证在无线传感器网络安全问题上是一个至关重要的步骤,网络中的节点可以通过认证机制抵御如节点冒充这样的攻击方式。因此,节点间的认证机制是否完善也成为密钥管理方案评估的一项重要指标。

(5)扩展性。在现实的传感器网络环境中,会部署成千上万的传感器节点,这就使得一个好的密钥管理方案需要支持大规模的网络拓扑。另外,它也要兼顾传感器网络的动态变化,如节点的加入和离开。当有的节点因遭受外界攻击或自身能源耗尽而不能正常工作时,密钥管理方案应该能够保证网络的后向安全性;当网络拓扑需要增加新的节点时,密钥管理方案应该能够保证网络的前向安全性。

(6)密钥连接性。密钥连接性指节点之间直接建立通信密钥的概率。要想使无线传感器网络正常工作,就必须保持一个足够高的密钥连接概率。由于传感器网络中的节点很难与较远的节点相互直连通信,所以这一种情况是可以忽略的,不用考虑。密钥连接性只需确保邻居节点间的足够高的建立通信密钥的概率。

综上所述,在无线传感器网络中,要设计出一个密钥管理方案以适用于整个网络中可能出现的所有状况是很困难的,所以无线传感器网络安全问题的核心就是建立一个完备的安全密钥管理方案。

5.3.2 密钥管理分类

通常情况下,传感器节点的能耗、密钥管理方案所能支持的最大网络规模、整个网络的可建立安全通信的连通概率、整个网络的抗攻击能力都是设计无线传感器网络密钥管理方案的必要要求,方案必须满足这些要求。下面依据这些方案和协议的特点进行适当的分类。

1. 对称密钥管理与非对称密钥管理

基于使用的密码机制,无线传感器网络密钥管理可以分为对称密钥管理和非对称密钥管理两类。在对称密钥管理之中,节点间通信使用相同的密钥和加密算法以对传输的数据进行加密解密,对称密钥管理具有相对较短的密钥长度、相对较小的计算通信和存储开销等优点,这也是无线传感器网络密钥管理的主要研究方向。对于非对称密钥管理,节点使用不同的加密解密密钥。鉴于非对称密钥管理使用了多种加密算法,所以它对于传感器节点的计算存储通信能力要求较高,如果不加修改难以运用到无线传感器网络中。现在有一些研究得出优化之后的非对称密钥管理也能适用于无线传感器网络。但是从安全级别的方向考虑,非对称密钥管理机制的安全性要远高于对称密钥管理机制。

2. 分布式密钥管理和层次式密钥管理

根据网络拓扑结构,无线传感器网络密钥管理可以分为分布式密钥管理和层次式密钥管理两类。在分布式密钥管理方面,传感器节点具有一样的通信与计算能力,节点自身密钥的协商、更新通过使用其预分配的密钥以及与周边节点相互协作来完成。而在层次式密钥管理方面,传感器节点被分配到不同的簇中,每个簇中的簇头节点负责处理普通节点的密钥分配、协商与更新等。分布式密钥管理的优点是邻居节点间协同作用强,分布特性很好。层次式密钥管理的优点是大部分计算集中在簇头节点,以致降低了对普通节点计算和存储能力的需求。

3. 静态密钥管理与动态密钥管理

依据传感器网络中节点在部署完毕后密钥是否再次更新,将无线传感器网络分为静态密钥管理和动态密钥管理两类。在静态密钥管理方面,传感器节点在部署到特定区域之前会对其预分配一定的密钥,部署后通过数据交流以生成新的通信密钥,该通信密钥的生存周期为整个网络运行时期,期间不会发生改变。在动态密钥管理方面,网络中的密钥需要周期性地进行分配、更新、撤回等操作。静态密钥管理具有通信密钥无须多次更新的特点,这就保证了计算和通信的开销不会过高,可一旦某些节点受损,该网络就会面临安全威胁。而动态密钥管理则会周期性地更新通信密钥,使攻击者不会轻易地通过捕获节点来盗取通信密钥,这样就能确保网络运行的安全性,但是这种周期性的更新操作会产生大量的计算和通信开销,大幅度增加整个网络系统的能源消耗。

4. 随机密钥管理与确定密钥管理

根据传感器节点的密钥分配方案,可以将无线传感器网络密钥管理分为随机密钥管理和确定密钥管理两类。在随机密钥管理方面,传感器节点获取密钥的方式为从一个或多个巨大的密钥数据库中随机抽取一定数量的密钥,这样的节点间的密钥连通率将会介于 0 和 1 之间。而在确定密钥管理方面,节点是通过固定的方法如位置信息、对称多项式等获取密钥的,通过此方法节点间的密钥连通率一直为 1。随机密钥管理具有分配方式简单、节点部署自由等优点,但是它的缺点是分配方案具有一定的盲目性,容易导致节点存储空间的浪费。而确定密钥管理对于节点的密钥分配则具有很强的针对性,能够高效地利用节点的存储空间,方便地在节点间建立连接,但是部署方式的局限性以及节点间通信和计算的高耗能也成为这种方案的弊端。

5. 组密钥管理

另外,还有一种与以上分类都不尽相似的管理方案,那就是组密钥管理方案。组密钥是所有组成员都知道的密钥,被用来对组播报文进行加密/解密、认证等操作,以满足保密、组成员认证、完整性等需求。相比对单播的密钥管理,前向私密性、后向私密性和同谋破解是组密钥管理特有的问题。

前向私密性主要是针对网络中出现节点退出现象后的反映,当这种现象发生后该私密性就会禁止退出的节点(包括主动退出的节点或被强制退出的节点)再次参与组通信,而剔除这些节点之后新生成的组密钥将能够实现向前加密。后向私密性则是需要网络中新加入的节点不能完成对其加入前组播报文的破解。

组密钥管理是一个负责的管理机制,它需要协调各个方面,既要预防单个节点的攻击,也要兼顾多个节点的联合攻击。一旦多个节点掌握了足够的信息联合起来对整个系统进行破解,那么无论密钥更新得再怎么频繁,攻击者也会实时掌握最新的密钥,进而导致组密钥管理机制的失败,前向私密性和后向私密性都无法实现,使整个系统被完全破解,这就达到了同谋破解的目的,因此在设计组密钥管理机制的时候要避免同谋破解。

除了上述这三个问题以外,组密钥管理还会面对下面这些因素的影响。

差异性:组密钥管理涵盖很多通信节点。这些节点之间存在着各种各样的差异,如安全级别、功能、通信带宽、计算能力、服务类型等,为了适应这些差异,在设计组密钥管理方案时要统筹兼顾。

可扩展性:一个传感器网络拓扑并不是固定不变的,随着规模的不断扩大,密钥的数量也会不断增多,相应所需的计算量、传输带宽、更新时间也会大幅增加。

健壮性:点对点通信时一方失效整个通信则会终止,但是对于大规模的组通信来说,即使部分节点失效也不应该给整个网络的会话造成严重影响。

可靠性:这一条是确保组密钥管理机制能够有效工作的重要性能。组播传输通常是不可靠的,乱序、丢包、重复信息等情况经常发生,如果设计的组密钥管理没有足够好的可靠性能,它将无法保证组成员在网络中的正常通信。

综上所述,设计一个完善的组密钥管理方案需要考虑各个方面的因素。结合上述一些因素,设计组密钥管理需要解决如下问题。

前向私密性:组内节点退出后将无法再次参与到组播通信中。

后向私密性:新加入的节点无法破译其加入之前的组播报文。

抗同谋破解性:防止多个攻击者节点联合起来破解组密钥。

生成密钥的计算量:由于能源有限,要考虑更新密钥时的计算量给节点带来的负担。

发布密钥占用带宽:不能让发布密钥过多占用有限的传输带宽。

发布密钥的延迟：降低延迟以确保组内节点及时获取最新密钥。

健壮性：即使一些节点失效也不会影响整个网络的正常通信。

可靠性：确保密钥的发布和更新操作能顺利进行。

5.3.3 密钥管理典型案例

1. LEAP 密钥管理方案

LEAP 是一个密钥管理的安全框架协议，为了确保网络的安全总共需要 4 种密钥：①独占密钥，每个传感器节点与基站的共享密钥；②对密钥，每个节点与其他传感器节点通信的共享密钥；③簇密钥，同一通信群组内的节点所共用的加密密钥；④群组密钥，整个网络中的所有节点共享的一个密钥。

独占密钥：用于保证单个传感器节点与基站的安全通信，传感器节点可使用这个密钥计算出感知信息的消息论证码(MAC)以供基站验证消息来源的可靠性，也可以用这个密钥来举报它周围存在的恶意节点或者它所发现的邻居节点的不正常行为给基站。基站可使用这个密钥给传感器节点发布指令。

这个密钥是在节点布置之前，预置到节点中的。节点 u 的独占密钥 K_{um} 可用一个伪随机函数 f 来生成 $K_{um}=fK(u)$，K_m 是密钥生成者用于生成独占密钥的主密钥，密钥生成者只需要存储 K_m，在需要与节点 u 通信的时候再用伪随机函数计算出它们之间的通信密钥。

对密钥：每个节点与它的一跳邻居节点的共享密钥，用于加密需要保密的通信信息或者用于源认证，既可以在节点布置之前预置，也可以采用节点布置以后通过相互通信进行协商。协议假设整个网络初始化时间 T_{min} 内敌手不会对节点造成威胁，并且在 T_{est} 的时间内新加入网络的节点可以与邻居节点协商好共同密钥($T_{min}>T_{est}$)，新入网的节点 u 与其邻居节点建立起对密钥的过程如下。

(1) 初始状态时，密钥生成者给节点 u 初始化密钥 K_1，每个节点计算出自己的独占密钥 $K_u=fK(u)$；

(2) 节点 u 被散布到目标区域后，广播自己的身份信息 u 给它的邻居节点 v，收到广播信息的节点回复自己的身份 v 给节点 u，并且附加一个对自己身份证明的 $MAC(K_v,u|v)$ 信息。节点 u 可对 v 回送的身份信息进行验证，节点 u 可以用 K_1 以及伪随机函数 f 计算出 v 的主密钥 K_v。

(3) u 通过伪随机函数 f 计算得到与 v 的对密钥 $K_{uv}=fK(u)$，节点 v 可采用相同的计算方式得到与 u 的对密钥。

簇密钥：是一个节点与它通信范围内的邻居节点所共享的密钥，用于加密本地广播通信，可用于网络内部的数据聚合或者新节点的加入，在对密钥建立以后协商建立。由节点 u 生成一个随机密钥 K_{uc}，采用与邻居 $v_1,v_2,v_3,\cdots,v_m$ 的对密钥 K_{uv} 加密 K_{uc} 广播给所有邻居节点，邻居节点 v 在收到节点 u 的簇密钥后，回送自己的簇密钥给节点 u。如果节点 u 的一个邻居节点被撤销了，节点 u 可以生成新的簇密钥并且广播给它的合法邻居节点 v。

群组密钥：基站与所有的传感器节点共用的密钥，用于基站广播加密信息给整个网络中的节点。最简单的方式是在节点散布到目标区域之前给所有的节点置入一个相同的与基站通信的密钥。由于全网使用相同的群组密钥，当有节点被撤销时必须更新这个密钥，以防被撤销节点还能监听基站与每个节点的广播通信，可采用 uTESLA 协议更新网络的群组密钥。

2. Eschenauer 随机密钥预分配方案

Eschenauer 和 Gligor 在 WSN 中最先提出随机密钥预分配方案（简称 E-G 方案）。该方案由三个阶段组成。第一阶段为密钥预分配阶段。部署前，部署服务器首先生成一个密钥总数为 P 的大密钥池及密钥标识，每一节点从密钥池里随机选取 $k(k \ll P)$ 个不同密钥，这种随机预分配方式使得任意两个节点能够以一定的概率拥有共享密钥。第二阶段为共享密钥发现阶段。随机部署后，两个相邻节点若存在共享密钥，就随机选取其中的一个作为双方的配对密钥；否则，进入到第三阶段。第三阶段为密钥路径建立阶段，节点通过与其他拥有共享密钥的邻居节点经过若干跳后建立双方的一条密钥路径。

根据经典的随机图理论，节点的度 d 与网络节点总数 n 存在以下关系：$d = ((n-1)/n)(\ln n - \ln(-\ln P_c))$，其中，$P_c$ 为全网连通概率。若节点的期望邻居节点数为 $n'(n' \ll n)$，则两个相邻节点共享一个密钥的概率 $P' = d/(n'-1)$。在给定 P' 的情况下，P 和 k 之间的关系可以表示如下：

$$P = 1 - ((P-k)!)2/((P-2k)!P!)$$

E-G 方案在以下三个方面满足和符合 WSN 的特点：一是节点仅存储少量密钥就可以使网络获得较高的安全连通概率，例如，要保证节点数为 10 000 的 WSN 几乎保持连通，每个节点仅需从密钥总数为 100 000 的密钥池随机选取 250 个密钥即可满足要求；二是密钥预分配时不需要节点的任何先验信息（如节点的位置信息、连通关系等）；三是部署后节点间的密钥协商无须 Sink 的参与，使得密钥管理具有良好的分布特性。

3. 基于组合论的密钥预分配方案

Camtepe 把组合设计理论用于设计 WSN 确定密钥的预分配方案。假设网络的节点总数为 N，用 n 阶有限射影空间（n 为满足 $n^2+n+1 \geqslant N$ 的素数）生成一个参数为 $(n^2+n+1, n+1, 1)$ 的对称 BIBD，支持的网络节点数为 n^2+n+1，密钥池的大小为 n^2+n+1，能够生成 n^2+n+1 个大小为 $n+1$ 的密钥环，任意两个密钥环至少存在一个公共密钥，并且每一密钥出现在 $n+1$ 个密钥环里。可见，任意两个节点的密钥连通概率为 1，但素数 n 不能支持任意的网络规模。例如，当 $N > n^2+n+1$ 时，n 必须是下一个新的素数，而过大的素数则会导致密钥环急剧增大，突破节点的存储空间而不适用于 WSN。使用广义四边形（简称 GQ）可以更好地支持网络规模，如 $GQ(n,n)$，$GQ(n,n^2)$ 和 $GQ(n^2,n^3)$ 分别支持的网络规模达到 $O(n^3)$，$O(n^5)$ 和 $O(n^8)$，但也存在着素数 n 不容易生成的问题。

为此，Camtepe 提出了对称 BIBD 与 GQ 相结合的混合密钥预分配方案：使用对称 BIBD 或 GQ 生成 b 个（b 值大小由 BIBD 或 GQ 决定，$b < N$）密钥环，然后使用对称 BIBD 或 GQ 的补集设计随机生成 $N-b$ 个密钥环，与前面生成的 b 个密钥环一起组成 N 个密钥环。这种混合的密钥预分配方案提高了网络可扩展性和抗毁性，但不保证节点的密钥连通概率为 1。无论是对称 BIBD、GQ 还是混合方案，都有比 E-G 方案更高的密钥连通概率，平均密钥路径长度也更短。

5.4 无线传感器网络认证机制

认证技术是信息安全理论与技术的一个重要方面。认证主要包括实体认证和信息认证两个方面。实体认证用于鉴别用户身份，给网络的接入提供安全准入机制，是无线传感器网络安全的第一道屏障；信息认证用于保证信息源的合法性和信息的完整性,防止非法节点发送、伪造和篡改信息。

5.4.1　实体认证机制

为了让具有合法身份的用户加入到网络中并有效地阻止非法用户的加入以确保无线传感器网络的外部安全,在实际应用的无线传感器网络中,必须要采取实体认证机制来保障网络的安全可靠。

由于无线传感器网络中通常需要大规模、密集配置传感器节点,为了降低成本,传感器节点一般都是资源严格受限的系统。一个典型的传感器节点通常只有几兆赫兹至几十兆赫兹的主频、几十千字节的存储空间,以及极其有限的通信带宽,因此传统的认证协议不能直接在无线传感器网络中加以应用,需要研究、设计出计算量小、对存储空间要求不高且高效的适合于无线传感器网络的认证机制。目前的实体认证协议主要是在公钥算法和共享密钥算法的基础上提出的。

经过近几年来的不断研究,无线传感器网络安全方面已经取得了一定的进展,并且认证方面国内外学者也提出了一些方法,但是目前大多数学者都认为计算复杂、步骤繁复的公钥认证模式仍不适用于资源有限的传感器网络。不过,随着研究的深入,国内外一些学者也提出了一些基于公钥算法的认证协议在无线传感器网络中进行应用。

下面首先分别介绍基于 RSA 和 ECC 两种公钥算法的实体认证协议在无线传感器网络中的应用。

1. 基于 RSA 公钥算法的 TinyPK 实体认证方案

对于公钥算法来说,虽然使用私钥进行解密和签名操作所需的计算量及消耗的能量比较大,但使用公钥进行加密和验证操作所需的计算量及消耗的能量却相对要小很多,同时速度也比较快。考虑到计算量和能量消耗的不对称性,我们可以让传感器节点只负责执行公钥算法中的加密和验证操作,把计算量大、能量消耗多的解密和签名操作交给基站或者与无线传感器网络建立安全通信的外部组织来完成。正是基于这种思想,R. Watro 等人提出了基于低指数级 RSA 算法的 TinyPK 实体认证方案。

与传统的公钥算法的实现相似,TinyPK 也需要一定的公钥基础设施(Public Key Infrastructure,PKI)来完成认证工作。首先需要一个拥有公私密钥对的可信的认证中心(CA),显然,在无线传感器网络中这一角色可由基站来扮演(通常认为基站是绝对安全的,它不会被攻击者俘获利用)。任何想要与传感器节点建立联系的外部组织也必须拥有自己的公私密钥对,同时,它的公钥需要经过认证中心的私钥签名,并以此作为它的数字证书来确定其合法身份。最后,每个节点都需要预存有认证中心的公钥。

TinyPK 认证协议使用的是请求-应答机制。即该协议首先是由外部组织给无线传感器网络中的某个节点发送一条请求信息。请求信息中包含两个部分:一个是自己的数字证书(即经过认证中心私钥签名的外部组织的公钥),另一个是经过自己的私钥签名的时间标签和外部组织公钥信息的校验值(或者称散列值)。请求信息中的第一部分可以让接收到此消息的传感器节点对信息源进行身份认证,而第二部分则可以抵抗重放攻击(时间标签的作用)和保证发送的公钥信息的完整性(散列值的作用)。传感器节点接收到消息后,先用预置的认证中心的公钥来验证外部组织身份的合法性,进而获取外部组织的公钥;然后用外部组织的公钥对第二部分进行认证,进而获取时间标签和外部组织公钥的散列值。如果时间标签有效并且实际计算得到的外部组织的公钥的散列值与第二部分之中包含的散列值完全相同,则该外部组织可以获得合法的身份。随后,传感器节点将会话密钥用外部组织的公钥进行加密,然后传送给外部组织,从而建立起二者之间安全的数据通信。外部组织与传感器节点的整个通信过程如图 5.6 所示。

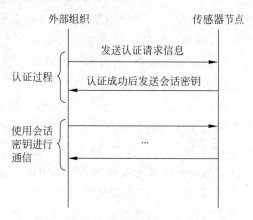

图 5.6　TinyPK 认证协议中外部组织与传感器节点通信过程

传感器节点在认证过程中的工作流程如图 5.7 所示。

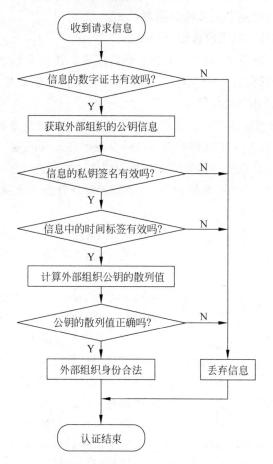

图 5.7　TinyPK 认证协议中节点的工作流程

TinyPK 是首次提出采用 RSA 公钥算法建立起来的 WSN 实体认证机制,通过合理地分配加解密与签名验证任务,这种公钥算法可以方便地在 WSN 中进行实体认证。

2. 基于 ECC 公钥算法的强用户认证协议

上面介绍的基于 RSA 公钥算法的 TinyPK 实体认证方案虽然能够实现公钥算法在 WSN 中的应用,但它仍然有自己的缺点,比如,如果网络中某个认证节点被捕获(考虑到无线传感器网络的实际应用环境,网络中的某个或者某一些认证节点被捕获的可能性是比较大的),那么整个网络的安全性都会受到威胁,因为攻击者可以通过这个被捕获的节点获得与之相关的会话的密钥并以合法身份存在于网络之中。

针对这个问题,Z. Benenson 等人提出了基于 ECC 公钥算法的强用户认证协议。与 TinyPK 相比,该协议有如下两点重要改进。

(1)公钥算法使用 ECC 而不是 RSA。首先,和 RSA 一样,采用 ECC 公钥算法也能够完成加解密、签名与验证工作,从而可以在无线传感器网络中建立公钥基础设施来顺利实现认证工作和密钥的管理。并且,在达到相同的安全强度的条件下,与 RSA 相比,ECC 需要的密钥长度更短,相应地,该算法对用于保存密钥的存储空间的需求也相应减小。

(2)采用 n 认证取代了 TinyPK 协议中使用的单一认证。这一点非常重要,它不但可以应付网络中的节点失效问题,同时还解决了 TinyPK 实体认证协议中如果单个认证节点被捕获而可能导致网络受到安全威胁的问题。

基于 ECC 公钥算法的强用户认证过程如下。

(1)外部组织向其通信范围内的 n 个传感器节点广播一个请求数据包 (U, cert_u),其中,U 是外部组织的身份信息,cert_u 是合法的外部组织从认证中心那里获得的数字证书,即由认证中心私钥签名的外部组织的公钥。

(2)某个传感器节点 s_i 在收到请求数据包后保存下来并同时给请求方返回一个应答数据包 (s_i, nonce_i),其中,s_i 是该传感器节点自己的身份信息,nonce_i 是一个一次性随机数。每个接收到外部组织请求信息的传感器节点都执行同样的操作。

(3)外部组织收到 s_i 返回的数据包后,用散列函数计算出一个散列值 $h(U, s_i, \text{nonce}_i)$,并用私钥签名后重新发送给 s_i。

每一个传感器节点 s_i 先验证 cert_u 以获得外部组织的公钥,然后用外部组织的公钥去验证第三个步骤中收到的散列值 $h(U, s_i, \text{nonce}_i)$ 并与实际执行 $h(U, s_i, \text{nonce}_i)$ 函数所得到的散列值进行对比,如果相同,则该节点通过外部组织的认证。

(4)每一个对请求方 P 认证成功的节点 s_i 使用共享密钥计算出消息认证码并返回给 P,如果 P 得到了 $n-t$ 个消息认证码,则它在无线传感器网络中拥有合法的身份。

整个认证过程如图 5.8 所示。

每个传感器节点收到认证请求数据包后的认证流程如图 5.9 所示。

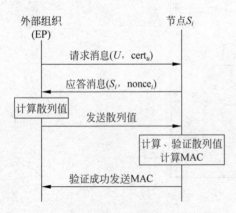

图 5.8 基于 ECC 公钥算法的强用户
认证过程

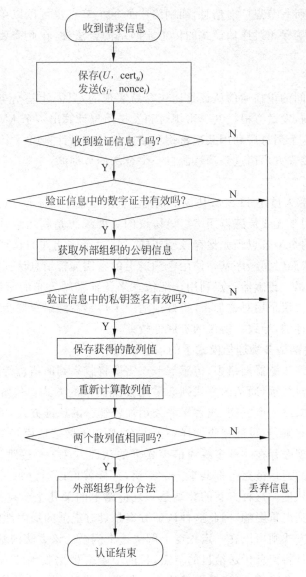

图 5.9　基于 ECC 公钥算法的节点认证过程

这种认证协议能够达到的安全强度相对比较高,但节点能量消耗也比较大。另外,对于拒绝服务攻击(DoS),它没有很好的防御措施,需要另外添加入侵检测机制来处理。

5.4.2　信息认证机制

为了防止处于危险环境中的无线传感器网络遭受恶意节点的攻击,无线传感器网络需要采用信息认证机制以确保数据包的完整性以及信息源的合法性。在无线传感器网络的通信模式中,既包含小规模网络中节点与基站、节点与节点间的单跳传输,也有大型网络中的多跳传输。面对这样多的情况,无线传感器网络所采用的信息认证机制也有所不同。

1. 无线传感器网络单跳通信模式下的信息认证

在小规模的无线传感器网络中,由于所有的节点都在基站的通信范围以内,所以基站可

143

第 5 章

以方便地向网络中所有节点广播信息,而网络中的每个节点也可以以单跳的通信方式向基站反馈数据。为了确保单跳通信模式的传感器网络的合法性,在此需要引入单播源认证和广播源认证。

1) 单播源认证

节点与基站之间的单播通信认证是比较容易实现的,只需让基站与节点共享一对密钥对,在发送信息之前,发送方根据共享密钥对和发送信息计算出一个 MAC 值随消息一起发出,接收方接收到这个消息后利用共享密钥和接收到的消息计算出一个 MAC 值,然后进行对比,如果一致则接收方确信这条消息源自一个合法的数据源。

2) 广播源认证

A. Perrig 等研究人员在 TESLA 协议的基础上提出了基于广播源认证机制的 LTESLA 协议,使其较好地适用于无线传感器网络。该协议的主要思想是利用哈希链在基站生成密钥链,传感器网络中的每个节点预先保存该密钥链最后一个密钥作为认证信息。整个网络需要保持松散同步,按照时间顺序基站使用密钥链上的密钥加密消息认证码,并随着时间段的推移逐渐公布该密钥。传感器节点利用认证信息来认证基站公布的密钥,并对其进行消息认证码的验证。该协议采用对称加密,很好地适应了传感器网络资源受限的特点,但是由于认证信息是预先储存的,导致该协议的扩展性较差。

2. 无线传感器网络多跳通信模式下的信息认证

在大规模的无线传感器网络中,传感器节点需要将收集到的信息传送给目的节点,如果两者之间的距离相对较远,通信的方式则会采用多跳路由的方式。传统网络的信息认证方式通常是通信双方共享一个密钥,或者采取公钥加密解密的认证方式,但无线传感器网络节点存储空间和资源有限,不可能完成这样一种方案,所以多跳通信模式下的认证机制的设计就显得较为困难。现今存在一种多跳通信模式下的认证方法——逐跳认证方式,它的意思是在每一条一对一的通信链路上都共享一个密钥,这样就可以通过每一跳的认证来确保真正通信双方的信息认证。这种方案的弊端是一旦链路上的某几个节点被俘获了,整个网络的通信安全就会受到严重影响,因此这种认证方案是具有很强的局限性的。

而多路径认证方式则可以在一定程度上解决这个问题。该方法的基本思想是信息源通过多跳不相交的路径将信息传送给目的节点,目的节点会根据收到的不同版本的数量选择占大多数的那个作为合法信息,将发送其他版本信息的路径定位不可信路径。这样就使得即使网络中某几个节点被恶意俘获也不会影响通信双方的安全通信。但是该方式的不足之处就是耗能过高,多跳不相交路径上的节点都需要为这次通信服务,这样下来极有可能导致因信息泛洪而网络部分瘫痪。

H. Vogt 提出的另一种虚拟多路径认证的方案可以较好地解决上一方案出现的问题。它的主要流程是网络中的每个节点先与跟自己距离为一跳和两跳的节点分别共享一个密钥,然后节点 s 针对下一跳和下两跳的节点计算出两个 MAC 值,随消息传输出去,同时转发自身上一跳节点 s' 对自身下一跳节点 s'' 的 MAC 值。下一跳节点 s'' 验证收到的两个 MAC,如果都是合法的,则重复节点 s 的上一步操作。这样就能保证消息在传输的过程中完成了双重认证,该方案融合了上述两种认证机制的优点,很好地提高了信息传输过程中的信息认证强度。

5.5　无线传感器网络位置隐私保护

无线传感器网络中的隐私可以分为两大类：数据隐私和上下文隐私，具体分类详见图 5.10。数据隐私通常是为了保护传感器节点发送或接收的数据包内容不被攻击，而上下文隐私则是侧重于对得到关注的周围上下文信息内容的保护，其中位置隐私是一种典型的上下文隐私。

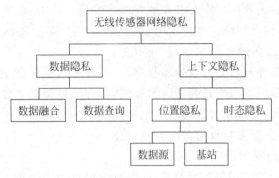

图 5.10　无线传感器网络隐私分类

数据隐私保护是指对网络收集到的数据和向某个网络查询的数据信息的保护，主要有两类攻击者：外部攻击者和内部攻击者。外部攻击者只是窃听网络通信，通过简单的加密就可以防御这类攻击者；而内部攻击者可以捕获一个或多个节点，最简单的防御方法就是实现节点和基站之间端到端的加密，然而这样就不能达到数据融合的目的。因此，面临的挑战是既要实现隐私保护，又要实现数据融合，很多解决此问题的方案被提出。

虽然可以通过数据加密等技术来保护数据隐私，但是无线通信媒介仍然暴露在网络中，这样一些上下文的隐私信息可能会暴露。典型的上下文隐私主要分为源节点位置隐私、汇聚节点位置隐私和事件发生的时间隐私，这些信息可以轻松地被具有流量分析功能的外部攻击者获得。接下来将着重介绍位置隐私。

5.5.1　位置隐私保护机制

无线传感器网络位置隐私保护主要是指对 WSNs 中关键节点位置隐私的保护，因为这些节点有更多的职责，承担着比普通节点更多的任务，攻击者一旦攻击掉这些节点对整个网络的危害也是最大的。由于无线传感器网络中的关键节点一般分为两类：源节点和汇聚节点。因此，无线传感器网络位置隐私保护主要分为：源节点位置隐私的保护和汇聚节点位置隐私的保护。在介绍位置隐私保护前，先简要描述一下攻击者。

在 WSNs 的位置隐私保护中，主要有两类攻击者会对其发动攻击，即：局部攻击者和全局攻击者。局部攻击者的无线监测半径是有限的，因此，同一时间只可以监测到网络局部范围内的流量；而全局攻击者则可以一次监测整个网络的流量，并且很快定位传输节点。逐跳追踪数据包传输的攻击者和全局流量分析的攻击者则是两种典型的攻击者，下面分别介绍这两种攻击者。

逐跳追踪数据包传输的攻击者：分为逐跳追踪汇聚节点位置的攻击者和逐跳追踪源节

点位置的攻击者,这里以逐跳追踪源节点位置的攻击者为例进行攻击描述。攻击者通常配备有特定的无线信号定位装置,此类装置可以监测以其为中心的一定半径长度内的节点。一般情况下,此类攻击者的网络监测半径和一般节点的传输半径相差无几,在我们认为二者相等。攻击者在对源节点进行攻击时,其追踪方向和数据包传输方向是相反的。详细的攻击过程如下:攻击者潜伏在 Sink 附近来监测一定传输半径内的 Signal,当监测到新的 Signal 后,它会在很短的时间内判断出发送此 Signal 的节点方向,并移动到该节点继续监听,如此反复,直到追踪到源节点。

全局流量分析的攻击者:这种攻击者具有很强的攻击能力,它能够监测整个网络的无线通信,从而可以了解整个网络的流量情况,基于此,它可以很快找到 Source 或者 Sink。

1. 源节点位置隐私保护

源节点通常是最靠近被监测对象的那些节点,另外源节点还会把采集到的数据发送到汇聚节点。而当无线传感器网络是为了监测珍稀资源时,被监测对象的地理位置隐私一旦暴露,将会对整个网络的正常运行造成重大危害,如在 Panda-Hunter 模型中一旦源节点的位置被监测到,熊猫将会面临被攻击者捕获的危险。

2. 汇聚节点位置隐私保护

Sink 是无线传感器网络与外部网络连接的网关,如果 WSNs 要与外界网络交互都必须经过 Sink,同时向整个网络发布监测的任务也需要 Sink 来完成。如果 Sink 被攻击了,整个网络可能会瘫痪。除此之外,所有源节点采集到的数据都会传输给汇聚节点,正是因为这点,导致了整个网络中的流量的不均衡,流量分析的攻击者就可以对汇聚节点进行攻击。

5.5.2 典型的无线传感器网络位置隐私保护方案

通过对当前无线传感器网络位置隐私保护的研究,并结合一些资料中的观点方案,对现今无线传感器网络中的位置隐私保护方案进行归类。接下来将主要对典型的汇聚节点位置隐私保护方案和典型的源节点位置隐私保护方案这两类进行介绍。

1. 典型的汇聚节点位置隐私保护方案

保护汇聚节点位置隐私的方案主要分为:假包注入、多路径传输、随机行走等。

假包注入:Deng 等阐明了保护汇聚节点位置隐私的重要性,并提出了当网络中没有数据包传输时,发送假包以此迷惑攻击者。在文献中,作者提出了在多路径传输的基础上的假包注入,以此来更好地保护汇聚节点的位置隐私,延长攻击者捕获到汇聚节点的时间。另外,假包的传输是选择一个远邻居来进行传输的,这样保护效果更佳。

多路径传输:所谓多路径传输就是数据包有多条路径可选择进行传输,而不是在特定的某条路径中传输。在文献中提出了多路径路由和假包传输的融合方案,此方案中,对于某一节点,传入和传出的数据流量是均匀的,因此可以最大限度地限制攻击者利用流量的方向信息来对节点进行攻击。Biswas 等提出了一种在不影响网络正常寿命的前提下的抵御流量分析攻击者的隐私保护方案,一些普通节点被用来作为汇聚节点使用,这样会让攻击者认为其中的某个节点为真实的汇聚节点。Chen 和 Lou 提出了双向树、动态双向树和曲折双向树三种多路径传输保护方案。

随机行走:Chen 和 Lou 提出了 4 种端到端的保护汇聚节点位置隐私的方案,其中的随机行走就是利用随机性来达到保护汇聚节点位置隐私的目的。文献中提出利用定向行走来抵御攻击者对 Sink 或者 Source 的攻击。Jian 等人提出了 LPR 协议,他将邻居节点分为两组,并且将提出的方案分为两步。第一步,当数据包传到某节点时,节点以一定概率随机选择一个远邻居节点作为数据包的下一跳;第二步,当节点发送数据包给邻居节点(远邻居或者近邻居)时,它同一时刻会向远邻居中的一个随机节点发送一个假包。

其他:Nezhad 等提出了一种匿名拓扑发现的方法,这种方法可以隐藏汇聚节点的位置。与传统协议不同的是,此协议允许所有节点广播路由发现消息,这样就可以隐藏汇聚节点的位置。k-匿名也可以用来保护源节点或者汇聚节点的位置隐私,它的原理是用 k 个节点来迷惑攻击者,其中只有一个为真实的汇聚节点。

2. 典型的源节点位置隐私保护方案

保护源节点位置隐私的方案主要分为 4 类:泛洪、随机行走、假包注入和假源策略。

泛洪:泛洪主要是为了混淆真数据流量和假数据流量,这样攻击者就很难通过流量分析追踪到数据源,泛洪主要分为基准泛洪、概率泛洪和幻影泛洪。

在基准泛洪中,数据源节点发送数据包给其所有邻居节点,同时邻居节点继续发送该数据包给邻居节点的所有邻居节点,直到目的节点接收到该数据包,但是对同一数据包,所有节点都只转发一次。此方案的优点是所有节点都参与了数据包的传输,因此攻击者不能通过跟踪一条路径追踪到源节点。但是,基准泛洪对位置隐私保护的有效性取决于源节点与汇聚节点之间路径的长度(以跳数计);如果路径跳数太少,攻击者很快就会追踪到源节点。同时,此种方案的网络能量消耗很大,基于此,概率泛洪在能量消耗方面对基准泛洪进行了优化。在概率泛洪中,随机选择一些节点对数据包进行转发,并且每个节点以一定的概率转发数据包。显然,这种方案既能减少能量消耗,也可以高效地保护源节点的位置隐私。然而,因为随机性的缘故,并不能保证汇聚节点能接收到所有源节点发送过来的数据包。幻影泛洪主要分为两个阶段,第一阶段为随机转发过程,源节点把数据包随机地发送到一个假源节点;第二阶段为假源节点通过基准泛洪把数据包发送给汇聚节点。这样,即使追踪到了假源节点,也很难追踪到源节点。然而,所有的泛洪策略对源节点的位置隐私保护程度并不是很好,且能量消耗也相对较高。

随机行走:随机行走策略的目的是通过一些随机的路径把数据包从源节点发送到汇聚节点。在幻影源节点单路径方案中,源节点首先按最短路径把数据包发送到一个随机节点,之后随机节点再沿最短路径单播发送到汇聚节点。然而,简单的随机行走并不能达到很好保护源节点位置隐私的目的。为了改善幻影源节点单路径方案的性能,Yong 等人提出了贪婪随机行走方案,源节点和汇聚节点都随机行走,当两条行走路径汇合后,数据包沿着汇聚节点随机行走路径的相反方向发送给汇聚节点。这样的话,数据包传输的路径相当于已经被汇聚节点(或者基站)预先设定好了。Wang 等人把源节点位置隐私保护问题简化为增加攻击者追踪到源节点的时间,包括最短追踪时间和平均追踪时间。加权随机行走允许每个节点自己独立选择下一跳节点,节点选择转发角度大的节点作为下一跳的概率大,所以大多数的数据包会有比较长的传输路径长度,以此来延长攻击者的追踪时间。

为了加长假源节点和真源节点之间的距离,Kamat 等提出了定向行走。在定向行走中,数据包头携带方向信息,接收到该数据包的节点按照方向信息进行数据包的传输。Yun 等提出了用一个随机的中间节点来解决攻击者反向追踪源节点的问题。在随机中间节点方案中,源节点首先按照随机路径发送数据包到一个随机的中间节点,而这个中间节点距离源

节点至少有 h 跳, h 为提前设置好的。后来,随机中间节点方案又被用来保护全局源节点位置隐私,文献中提出用一个传输真假包的混合环来迷惑全局攻击者。为了减小能耗,Yun等人提出了基于角度和象限的多中间节点路由方案。在这两种方案中,数据包从源节点传送到汇聚节点需要经过多个中间节点,而这些中间节点又是基于角度而随机选择的。

假包注入:假包注入策略通过向网络中注入假包来抵御流量分析攻击者和数据包追踪攻击者的攻击。在短暂假源路由中,每个节点产生一个假包并且按照一定的概率泛洪给网络。此种方法只可以防止局部流量分析攻击者的攻击,为了防止全局流量攻击者的攻击,提出了定期收集和源模拟的方法。在定期收集方案中,每个节点以一定的频率定期独立地发送数据包,这些数据包中既有真包也有假包,而源模拟方案则把每个节点看成一个潜在的源节点。

为了抵御全局攻击者,也为了减小能耗,Yang 等提出了基于统计的源匿名。在FitProbRate 中,用指数分布来控制假包流量的产生速率。Yang 等在文献中又提出了事件源不可观测的概念,目的是利用一定的丢弃假包原则来隐藏真实事件源,这样可以防止网络风暴。基于代理的过滤方案和基于树的过滤方案被提出目的都是为了在假包传输到汇聚节点之前丢弃假包,以此减少真包的丢包率等。

假源策略:假源策略就是选择一个或多个节点来模拟真实源节点的行为,以此来达到迷惑攻击者的目的。当有节点要发送真实数据包时,基站会建立一些假源,通常这些假源距离真实源节点距离很远,但是距离基站的距离与真实源节点距离基站的距离大致相同,且真实源节点和假源以同样的频率同时发送数据包。

5.6 入侵检测机制

无线传感器网络通常被部署在恶劣的环境下,甚至是敌方区域,一般情况下缺乏有效的物理保护,同时由于传感器节点的计算、存储、能量等性能都十分有限,因此无线传感器网络节点与网络很容易受到敌人的捕获和侵害。传感器网络入侵检测技术主要是集中在监测节点的异常以及恶意节点辨别的方向上。鉴于传感器网络资源受限以及容易遭受入侵的特点,传统的应用于常规网络中的入侵检测技术不适用于无线传感器网络。因此,怎样设计一种适用于传感器网络的安全机制,以防止各种入侵,为无线传感器网络的运行营造一个较为安全的环境,成为无线传感器网络领域能否继续走下去的关键。

5.6.1 入侵检测概述

现今,关于无线传感器网络安全方面的研究已经有很多了,通过密钥管理、身份认证等安全技术可以提高无线传感器网络的安全性,但是这些都并未包含入侵检测的能力,无法及时有效地预防和发现无线传感器网络中的入侵问题。入侵检测是能够主动发现入侵行为并即时采取防卫措施的一种深度防护技术,这项技术可以通过对网络日志文件进行扫描、对网络流量进行监控、对终端设备的运行状态进行分析,进而发现可能存在的入侵行为,并对其采取相应防护手段。在常规的网络环境中,入侵检测按数据获取方法可分为基于网络和基于主机两种方式;按检测技术可分为基于误用和基于异常。但是,无线传感器网络和传统网络在网络拓扑、节点结构、数据传输等诸多方面都有很多差别,而且由于传感器网络自身特点以及所面临的安全问题不同,所以很多传统入侵检测技术不适用于无线传感器网络。

传感器网络自身特点包括如下几个方面。

（1）有限的存储空间和计算能力。由于无线传感器网络中的节点受到能源、大小等因素的限制，导致很多常规的安全协议不能直接运用于传感器网络。

（2）容易遭受多种途径的攻击。由于无线传感器网络与传统网络存在一些差异，所以仅根据传统的检测手段是很难及时地发现入侵行为的。另外，由于实际的无线传感器网络环境一般是处于野外，很难做到全程监控，所以攻击者可以很方便地从一个网络拓扑中捕获一些节点，或利用恶意节点破坏该拓扑结构，这样就使得传统的入侵检测技术难以发现恶意节点的存在，导致很多入侵行为的漏检。

（3）带宽和通信能量的限制。当前的无线传感器网络都采用低速、低能耗的通信技术。因为无线传感器网络没有持续的能源供给，其整个工作过程期间也不会得到实时监控，所以节能成为传感器网络存活必须考虑的问题，所以一些复杂的检测算法的功耗开销是低功耗的传感器网络无法承载的。

因此，由于无线传感器网络自身的特点所限，现在的一些传统的入侵检测技术很难应用于其中。然而，既然要发展无线传感器网络，就必须让它拥有与传统网络同样的安全条件，以保证其正常的通信安全。所以设计出适应于无线传感器网络的入侵检测机制是确保无线传感器网络领域继续研究的关键一环。

5.6.2　入侵检测体系结构

传感器网络入侵检测有三个组成部分，分别为入侵检测、入侵跟踪和入侵响应。这三个部分顺序执行，首先执行入侵检测，要是入侵存在，将执行入侵跟踪来定位入侵，然后执行入侵响应来防御攻击者。此入侵检测框架如图 5.11 所示。

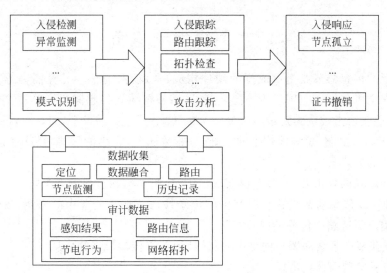

图 5.11　入侵检测框架

现今的体系结构中根据检测节点间关系，大致可分为以下三种类型。

1. 分治而立的检测体系

为了降低网络中能源的损耗，入侵检测程序只会安装在某些关键的节点中。每个装有检测程序的节点的优先级和作用相同,既负责采集网络中的数据又要对网络环境的检测结果进行分析,之后它们会将自己的分析结果传给基站,不会与其他检测节点进行数据交互。

这种方法的优点是设计思路简介,容易部署和实现。缺点是各个检测节点之间没有数据交互,分别独立进行检测,不能协同工作,这会导致网络环境中产生大量的冗余信息,浪费时间,同时也浪费了传感器网络中宝贵的能源,而且独立的检测对于整个网络环境的入侵行为监控是不利的。

2. 对等合作的检测体系

无线传感器网络对采用广播的数据传输方式,每个节点可以方便地检测自身邻居节点的数据流向。对等合作的检测体系是基于分治而立的检测体系之上的,首先还是各个检测节点独立检测,当遇到某些特殊的入侵行为时,各检测节点会相互交换信息来共同处理检测结果。

这种检测体系对于上一种方案在性能上有一定的提升,但是这种体系要求网络环境中的大部分节点安装 IDS,这就会导致普通入侵行为出现时资源的重复性浪费。另外,检测节点间的数据交互需要广播大量的数据包,这必然会影响正常情况下的网络带宽。

3. 层次的检测体系

为了避免上述两种方案造成的资源浪费以及带宽占用,研究人员提出了这种层次的检测体系。它的基本思想是把无线传感器网络中的全部节点按照其各自的功能不同划分为不同的层次:底层节点进行数据采集与检测任务,顶层节点进行数据融合及综合处理等工作。

这种检测体系能够很好地提高检测的准确性,同时很好地减少了资源开销,同时网络的整体运行性能也受到了不同程度的影响。此外,在进行数据融合的过程中降低了整个网络的数据冗余性,但这也是以降低网络的鲁棒性为代价的。

5.7 节点俘获攻击

一个典型的传感器节点由低成本的硬件构成,在电源、通信和计算能力等方面受到限制。传统的安全机制无法应用于传感器节点,从而使得无线传感网络面临许多方面的安全挑战,而节点俘获攻击被认为是最严重的安全威胁之一,它容易发动,而难以检测和防范,它是复制攻击、Sybil、虫洞、黑洞等攻击的基础,一般情况下,无线传感器网络中的攻击呈多种攻击相互结合的方式。

作为一种新式的攻击方法,节点俘获攻击中,攻击的行动有以下三个阶段。

(1)物理俘获传感器节点并获取其中的记录在内存或者缓存中的密钥,攻击者运用已经俘获的密钥窃听链路中传输的内容。

(2)将俘获节点重新部署在网络中,破译其他节点传输过来的信息。

(3)攻击者发动内部攻击。

所以防范节点俘获攻击最有效的方法是在防范攻击者利用俘获节点窃听网络通信的同时,防止俘获节点重新部署到网络中。

研究无线传感器网络的攻击算法有利于为研究网络安全提供攻击模型,因此本节着重介绍如何设计和提高节点俘获攻击的效率,为后续网络安全的研究提供模型基础。

5.7.1 模型定义

1. 网络模型

1) 静态网络

为了方便研究,我们将静态网络用一个离散的有向图模型 $G=(N,L)$ 表示,N 代表各个节点的集合,L 代表有向图中的链路的集合,即 (i,j) 表示一条从节点 i 到 j 的可靠安全的链路,i 可以将数据发送给 j 而无须将数据中继给其他节点。

如果一对节点 i,j 共享密钥 $K_{i,j}=K_i \bigcap K_j$ (K_i 表示分配给节点 i 的密钥集合),且两者的通信范围重合,则可以建立一条可靠链路 (i,j)。

2) 动态网络

因为节点位置会随着时间的变化而变化,所以我们将它放在一个封闭的网络中,即节点始终在一个封闭的区域内运动的网络。

2. 网络部署模型

1) 随机分布

系统中的节点随机分布在一个矩形网络区域内,根据节点间的距离,每个节点建立路由器表来记录邻居节点。

2) 标准分布

在网络中,节点会以 $M \times N$ 的网络模型进行分布,节点处于交汇处。

3) 簇结构

在基于簇结构的网络中,附近节点被划分在同一个簇中,每个簇中选举一个簇头节点,管理簇结构内的簇成员与簇头节点之间的通信。

3. 密钥分配模型

为改善无线传感网络节点存储量小,计算能力低下的特点,采用对称加密的方法保证传输过程中的信息安全。定义 K 为所有密钥的集合。密钥预分配协议为每个节点 i 分配一个密钥子集 K_i,满足 $K_i \subset K$。两个节点 i 与 j 之间的共享密钥计算方法为 $K_{i,j}=K_i \bigcap K_j$。例如,节点 i 与节点 j 相互在对方的传输半径 r 内,$K_i=\{K_1,K_2,K_3\}$,$K_j=\{K_1,K_3,K_4\}$,则 $K_{i,j}=\{K_1,K_2,K_3\} \bigcap \{K_1,K_3,K_4\}=\{K_1,K_3\}$。

当节点 i 与 j 通信的时候,$K_{i,j}$ 中的所有密钥将用于加密数据。因此一个链路 (i,j) 的安全性与链路两端节点共享密钥合集的大小 $|K_{i,j}|$ 有直接关系,$K_{i,j}$ 越大,安全性越高,反之安全性越低。

4. 路由模型

在无线传感器网络中,源节点周期性地将数据发送给 Sink 节点。定义 S 和 D 分别为源节点和 Sink 节点的集合,$S \subset N,D \subset N$。运用路由协议,建立从源节点向 Sink 节点的路径(Path)和路由(Route)。路径和路由的区别和联系是:路径是由一系列首尾相连的数据链路组成。路由是一组具有相同源节点和 Sink 节点的路径的集合,路由由一条或多条路径组成。

在静态网络中,我们研究三种不同方式的路由协议:单路径路由协议,多独立路径路由协议和多依赖路径路由协议。单路径路由协议是指一条路由只包含一条单独固定的路径,例如 GBR 路由协议。多独立路径路由是指消息在传输的过程中沿着不同的路径从一个源节点发送至同一个 Sink 节点,例如 AODV 路由协议。多依赖路径路由协议是指在传输的过程中,采用网络编码的方法将数据分成多个相互依赖的部分,再沿着不同的路径从源节点传输到 Sink 节点。多依赖路径路由和多独立路径路由协议统称为多路径路由协议。在单路径路由协议中,一条路径即为一条路由,而在多路径路由协议中,一条路由是由多条路径组成。另外,从端到端安全角度而言,如果在一条路径或路由中传输的数据被源节点和 Sink 节点之间的共享密钥加密,那么这样的路径或路由就被称为端到端安全路径或路由。

在动态网络中,我们研究 AODV 路由协议。着重研究在动态无线传感器网络中,攻击者如何通过传播恶意软件(Malware)的方法破坏网络的安全性与保密性。

5. 攻击模型

假设攻击者具有足够的资源和能力,监听网络中传输的信息、俘获节点、从节点的缓存中获取节点的密钥信息。攻击者还掌握着节点密钥分配和路由信息的背景知识。在攻击中,攻击者可以任意选择除 Sink 节点之外的节点实施节点俘获攻击。一旦节点被俘,攻击者便会从俘获节点的缓存中获取该节点被分配的密钥集合,随后攻击者利用密钥解密网络中传输的数据。当网络中所有的信息都被破译,此时节点俘获攻击结束。在节点俘获攻击中,攻击者俘获节点的方法有两种:物理攻击法和恶意软件传播法。

物理攻击法中,攻击者物理地从网络中选取节点并俘获,直接从节点缓存中获得节点的密钥分配信息。

恶意软件传播法中,攻击者运用已经俘获的节点传播恶意软件。一旦普通节点与已俘获节点之间存在共享密钥时,攻击者便可以运用俘获节点将恶意软件传播给这种节点,通过恶意软件获得该节点的路由表信息和密钥分配信息,进而俘获其他节点。宏观上来说,恶意软件传播法是一种传播性的攻击方法。

从攻击形式来说,节点俘获攻击主要分为集中式攻击和分布式攻击。

1) 集中式攻击法

集中式攻击始于攻击者俘获网络中的一个节点或者一小部分节点,随后在已俘获节点的邻居节点之间散播恶意软件,运用恶意软件来控制普通节点。

2) 分布式攻击法

分布式攻击中,攻击者可以任意选择网络中的节点发动攻击、俘获节点、攫取密钥、解密网络中传播的信息。

6. 节点移动模型

假设所有的节点都在一个封闭的区域内运动,节点的初始化位置随机。每一轮节点都会选择一个目的地,并随即前往该目的地,当节点到达后,会选择下一个目的地,整个过程不断重复进行。节点的移动服从 Random Way Point (RWP)和 Continuous Markov Chain (CMC)两种模型。

RWP 模型是所有移动模型的基础模型,其节点的速度、加速度随时间变化而变化,由于这种系统的简便性和实用性,通常被当作是移动模型对比的基准。

CMC 模型将整个系统分为 M 个区域,每个节点存储一个矩阵,矩阵表示从当前位置转换到另一个位置的概率。每当节点到达目的地后,便会使用该矩阵动态计算出下一个目的地。

7. 定义受到攻击时的模型

定义 C_n 为攻击者俘获的节点集合，C_k 是对应的已俘获密钥集合。C_k 可如下计算得到 $C_k = \bigcup_{\forall i \in C_n} K_i$，其中，$K_i$ 是节点 i 分配的密钥。例如，一个攻击者已经俘获两个节点 i 和 j，$C_n = \{i, j\}$，$K_i = \{k_1, k_2, k_3\}$，$K_j = \{k_1, k_3, k_5\}$，则 $C_k = K_i \bigcup K_j = \{k_1, k_2, k_3, k_4\}$。当一个消息在一条链路、路径或路由中传输的时候，如果其中的某一条链路被 C_k 的子集加密，那么这条消息就会被攻击者破解。

定义 5.1 一条链路 $(i, j) \in L$ 被俘获当且仅当 $K_{i,i} \subseteq C_k$。

定义 5.2 一条路径 $p \in P$ 被俘获当且仅当路径中存在一条或多条被俘获的链路。

定义 5.3 一条路由 $r \in P$ 被俘获当且仅当路由中的所有路径都被俘获。

定义 5.4 一个端到端安全路径 P_i 被俘获当且仅当有一条链路被俘获而且 $K^E(p_i) \subseteq C_k$。其中，$K^E(p_i)$ 是路径 p_i 的源节点和 Sink 节点之间的共享密钥。

定义 5.5 一个端到端安全的路由 r_i 被俘获当且仅当路由中所有的路径都被俘获，且 $K^E(p_i) \subseteq C_k$，其中，$K^E(r_i)$ 是路由 r_i 源节点和 Sink 节点之间的共享密钥。

5.7.2 基于矩阵的攻击方法

首先攻击者将网络、密钥、能耗等信息输入到算法中，并建立矩阵 $PK = [pk_{i,j}]_{|P| \times |K|}$（路径-密钥矩阵，表示俘获单个密钥能否导致一条路径被俘获，计算方法如式（5-1））和 $KN = [kn_{i,j}]_{|K| \times |N|}$（密钥-节点关系矩阵，说明节点与路径之间的俘获关系，计算方法如式（5-2）），得到密钥和节点之间的关系。在下列计算公式中，$|P|$ 是路径的数目，$|K|$ 为密钥池的大小，k_i 表示密钥池中的第 i 个密钥，p_j 为第 j 条路径。

$$pk_{i,j} = \begin{cases} 1 & \text{俘获 } k_i \text{ 能俘获 } p_j \\ 0 & \text{其他} \end{cases} \tag{5-1}$$

$$kn_{i,j} = \begin{cases} 1 & k_i \in K_j \\ 0 & \text{其他} \end{cases} \tag{5-2}$$

随后计算矩阵 $PN = [pn_{i,j}]_{|P| \times |N|}$（路径-节点矩阵，用于分析攻击一个节点会导致多少路径被俘获，计算方法如式（5-3）），得到节点和路径之间的直接俘获关系。然而，在矩阵 PN 中，如果元素 $pn_{i,j} \geq 1$，表示俘获节点 n_j 就会导致路径 p_i 被俘。我们称这种攻击关系为直接俘获。但是在节点俘获攻击中，仅考虑直接俘获是不够的。当一条链路被多于一个密钥加密，如果仅获得其中的一个或者部分密钥，虽然无法使得路径被俘获但是仍然能够降低该路径的安全性。我们定义这种俘获为间接俘获。为了描述间接俘获，我们建立矩阵 $PLN = [pln_{i,j}]_{|P| \times |N|}$ 表示当攻击者攻击 n_j 时，攻击者会获得的密钥在路径 p_i 中的比值。

$$PN = PK \times KN \tag{5-3}$$

在计算 PLN 矩阵时，对于每个节点来说，会判断是否能够间接俘获每一条路径，如果能则会记录这个节点对于路径中的每一条链路之间的密钥共享关系，结果记录在 PLN 的元素中。PLN 的计算方法如下面的算法 1 所示，在算法中，e 表示路径中链路的数量，P 是路径的集合，N 为节点的集合。$K_{t,t+1}$ 表示在路径中第 t 个链路拥有的共享密钥，即为第 t 和 $t+1$ 节点之间的共享密钥。

算法 1：建立矩阵 PLN

1:　　　　输入：$G(N,L),K$

2:　　　　输出：PLN

3:　　　　**for all** $p_i \in P$

4:　　　　　　**for all** $n_i \in N$

5:　　　　　　　　**if** 攻击 n_j 能间接俘获 p_i **then**

6:　　　　　　　　　　$\mathrm{pln}_{i,j} = \dfrac{1}{e} \sum\limits_{t=1}^{e} \dfrac{|\, K_j \bigcap K_{t,t+1}\,|}{|\, K_{t,t+1}\,|}$

7:　　　　　　　　**else**

8:　　　　　　　　　　$\mathrm{pln}_{i,j} = 0$

9:　　　　　　　　**end if**

10:　　　　　　**end for**

11:　　　　**end for**

12:　　　　**return** PLN

获得了矩阵 PN 和 PLN 之后，将两个矩阵的元素进行合并，用一个新的矩阵 $M = [m_{i,j}]_{|P| \times |N|}$ 表示节点与路径之间的俘获关系，M 的计算方法如式(5-4)。其中，α 是一个 $(0,1)$ 之间的参数，表示直接俘获和间接俘获的重要性关系。

$$M = \alpha \times \mathrm{PN} + (1-\alpha) \times \mathrm{PLN} \tag{5-4}$$

在无线传感器网络的节点俘获研究中，另一个研究重点问题是能耗问题。攻击者需要以最低的能耗对网络造成最大的破坏。因此我们将攻击节点的能耗与矩阵 M 相结合，得出矩阵 MC，计算方法如式(5-5)。

$$\mathrm{mc}_{i,j} = \frac{m_{i,j}}{w_j} \tag{5-5}$$

得到上述矩阵以后，攻击的过程就开始了。攻击者从矩阵 MC 中找到能够满足 $t = \arg\min\limits_{j \in N} \sum\limits_{i=i}^{p} \mathrm{mc}_{i,j}$ 的节点 n_t，并攻击节点 n_t。这是因为攻击这个节点能够造成最大数量的路径被俘获，将攻击破坏性最大化，并且能耗最低。

一轮攻击结束后，攻击者运用公式(5-5)调整矩阵 MC 中的元素。一旦一个节点被俘，攻击这个节点的能耗改为 $+\infty$，这种方法能够保证一个节点最多只能被攻击一次。

当网络被俘获之后，攻击过程结束，攻击者俘获的节点集合会被算法作为结果返回。完整算法如算法 2 所示。

算法 2：矩阵攻击算法(MA)

1:　　　　输入：$G(N,L),K,w$

2:　　　　输出：C_n

3:　　　　建立矩阵 PK 和 KN

4:　　　　计算矩阵 PN

5:　　　　计算矩阵 M

6:　　　　计算矩阵 MC

7:　　　　**while** 网络没有被俘获 **do**

8：	找到节点满足 $t = \arg\min\limits_{j \in N} \sum\limits_{i=i}^{P} \mathrm{mc}_{i,j}$
9：	攻击节点 n_t，$C_n = C_n \bigcup \mathrm{n}_t$
10：	调整矩阵 MC
11：	**end while**
12：	**return** C_n

依据这个算法,每一轮攻击者都能够找到网络中造成破坏性最大且能耗最低的节点进行攻击。这种矩阵的攻击方法能够为网络的脆弱性评估提供一个良好方法,可以选出网络中最脆弱的节点,加强这种节点的安全措施,从整体上提高网络的抗攻击性。

5.7.3 基于攻击图的攻击方法

为了直观地描述无线传感器网络中的节点俘获攻击,这种方法将节点俘获攻击转化为攻击图。与一般图类似,攻击图也是由点和线组成的。我们用攻击图表示节点与路径间的俘获关系。我们设计了一种新的点,称为路径点,路径点和路径之间一一对应。如果一条路径被俘获,那么对应的路径点也视作被俘获。我们用图的方法表示节点与路径点之间的关系,称之为全图。一个全图可表示为 $G^f = (N, PV, E^d, E^i)$,在全图中 N 表示网络中节点的集合,PV 是网络中路径点的集合,E^d 为直接攻击线集合(指攻击一个节点后使一条路径被直接俘获的路径点),E^i 为间接攻击线集合(攻击节点时对路径造成间接俘获)。直接俘获和间接俘获的定义如下。

定义 5.6 一个节点 $i \in N$ 与一条路径 $\mathrm{pv}_t \in PV$ 之间存在一条直接攻击线,当且仅当攻击节点 i 会导致 pv_t 对应的路径被俘获,可表示为:$i \rightarrow \mathrm{pv}_t$,称之为节点 i 和路径 pv_t 具有直接俘获关系。

定义 5.7 一个节点 $i \in N$ 与一个路径点 $\mathrm{pv}_t \in PV$ 之间有一条间接攻击线,当且仅当攻击节点 i 会导致 pv_t 满足以下两个条件:

(1) pv_t 对应的路径没有被俘获。

(2) 节点 i 与 pv_t 中的一条或者多条链路具有相同的共享密钥。pv_t 中存在一条链路 (j, l),满足 $1 \leqslant |K_{j,l} \bigcap C_k'| < |K_{j,l}|$。

我们称节点 i 与 pv_t 之间存在间接俘获关系。

下面通过一个全图实例来深刻地理解链路被俘获和直接俘获、间接俘获关系。在图中实线箭头表示直接攻击线,虚线箭头表示间接攻击线。在图 5.12 中,路径 p 由三条链路组成 $p = \{(s,i), (i,j), (j,d)\}$,图中介绍了节点的密钥分配情况和链路的共享密钥。在图 5.13 中,路径 p 用一个路径点 pv 表示。从图中可以看出节点 m 具有密钥 k_1,因此攻击节点 m 会导致链路 (i,j) 被俘获,因此在图 5.13 中,节点 m 与 pv 之间有一条直接攻击线,从 m 指向 pv。

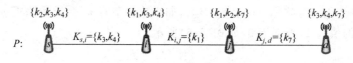

图 5.12 链路直接俘获

节点 n 拥有密钥 k_3,攻击 n 只能导致 pv 中的链路 (s,i) 被部分俘获,因此攻击节点 n 只能导致 pv 被间接俘获,因此在全图中一条间接攻击线从 n 指向 pv。

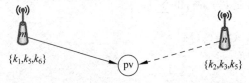

图 5.13　链路间接俘获

全图建立完成以后,可以采用一种基于全图的无线传感器网络节点俘获算法(全图攻击算法)对目标网络进行攻击。整个攻击过程,首先进行网络的初始化,每个节点被分配一定数量的密钥,节点与周围节点建立链路。随后采用不同的路由协议(例如单路径路由协议、多独立路径路由协议,多依赖路径路由协议)建立从源节点到 Sink 节点的路径。当网络初始化结束后,攻击者开始建立网络对应的全图。所有的路径都被抽象成路径点,随后攻击者计算每个节点和每个路径点之间的直接俘获关系和间接俘获关系。在全图中将节点与路径点用对应的箭头连接起来。当全图建立好之后,攻击者便开始对网络发动节点俘获攻击。在每一轮攻击中,攻击者会为每个节点计算直接攻击值和间接攻击值。随后他对比每两个节点之间的破坏等级,并从中选取破坏等级最高的节点进行攻击。这种方法可以降低需要俘获的节点数量,提高攻击效率。

具体算法设计流程如算法 3。

算法 3：全图攻击算法(FGA)

1：　输入：$G(N,L)$,K,w

2：　输出：C_n

3：　网络初始化

4：　建立 pv

5：　建立全图 G^f

6：　**while** 网络没有被俘获 **do**

7：　　　**for all** $i \in N$ **do**

8：　　　　计算 $D(i)$ 和 $I(i)$

9：　　　**end for**

10：　找到节点 m,满足 $m = \arg\max_{i \in N} R(i)$

11：　攻击节点 m,$C_n = C_n \bigcup m$

12：　**end while**

13：　**return** C_n

5.7.4　基于最小能耗的攻击方法

1. 网络矩阵

将网络全图转化为矩阵 $A = [a_{i,j}]_{|pv| \times |N|}$,如果攻击节点 n_i 会导致路径 p_j 被俘获,则矩阵中的元素 $a_{i,j}$ 的值为1,否则为0,如式(5-6)所示。

$$a_{i,j} = \begin{cases} 1 & n_i \rightarrow p_j \\ 0 & 其他 \end{cases} \tag{5-6}$$

2. 能耗矩阵

节点能耗的对角阵 $T=[t_{i,j}]_{|pv|\times|N|}$，其中当 $i=j$ 时，$t=w_i$；定义矩阵 $M=[m_{i,j}]_{|pv|\times|N|}$ 表示攻击特定节点的能耗，$M=A\times T$；建立能耗矩阵 $M'=[m'_{i,j}]_{|pv|\times|N|}$，元素的计算方法为 $m'_{i,j}=\dfrac{w_j}{\sum\limits_{i=0}^{|pv|-1}m_{i,j}}$，其中的元素表示俘获一条路径中的节点所需的平均能耗，最小能耗的节点俘获攻击正是一种基于矩阵 M' 上的高效攻击方法。

3. 最小能耗攻击算法

算法 4：最小能耗攻击算法（MCA）

1：　　输入：$G=(N,L),K,w$
2：　　输出：C_n
3：　　建立全图
4：　　计算矩阵 A
5：　　将矩阵 A 转化为矩阵 M
6：　　while 网络没有被俘获 do
7：　　　　计算 M'
8：　　　　标注 M' 中每一行中的最小元素，并设置计数器 $C_o(i)$
9：　　　　攻击矩阵 M' 中具有最大计数器的节点的下标 c，$c=\arg\max\limits_{i=0}^{|pv|-1}c_o(i)$
10：　　　攻击节点 n_c，$C_n=C_n\bigcup n_c$
11：　　　for $i\leftarrow0$ to $|pv|-1$ do
12：　　　　　if $a_{i,c}\neq0$ then
13：　　　　　　　for $k\leftarrow0$ to $|pv|-1$ do
14：　　　　　　　　$a_{i,k}\leftarrow0$
15：　　　　　　　end for
16：　　　　　end if
17：　　　end for
18：　　end while
19：　　return C_n

在最小能耗攻击算法中，用矩阵 M' 记录每一列的大于 0 的最小元素，并将其标注。为每一列设置一个计数器 $C_o(i)=0$，记录每一行被标注的次数。在攻击过程中，只需从矩阵中找出计数器最大的节点进行攻击即可，这样就能够保证破坏最多路径且能耗最低。当一个节点被攻击之后，该列中的非 0 元素，使用 δ 代替，该值为一个远大于俘获该节点所需能耗的实数，主要用于后续选择节点时避免对已攻击的节点重复选取。最后攻击者俘获的节点集合作为算法的输出被返回。

5.7.5 动态网络攻击方法

1. 网络骨架

在动态网络中由于节点自始至终处于运动状态，因此难以对节点的运动模型、运动轨迹建模。故要建立虚拟网络骨架，需将与其他节点具有较高相遇概率的节点作为网络的骨架，从动态网络的拓扑结构出发，建立网络的连通支配集。攻击的目标节点将从网络的虚拟骨架中选择,用于破坏网络的连通支配集。

2. 联通支配集

支配集(DS):一个网络 $G=(N,L)$ 的支配集是一个节点的子集 DS,所有不在集合 DS 中的节点至少与 DS 中的一个点存在链路相连。

支配集的定义指出,所有的链路至少存在一端在 DS 中。如果攻击者能够俘获 DS 中的所有节点,则攻击者就可以控制整个网络。因此从攻击者的角度而言,在攻击时只要俘获整个 DS 即可。

当攻击者向网络发动攻击时,会不断地向普通节点注入恶意软件。但是通常情况下,移动网络中的支配集 DS 中的节点会相互远离,在这种情况下,如果攻击者想要通过一个 DS 中的节点传播恶意软件给另一个 DS 中的节点时,需要等待一段时间,直到节点相遇。

联通支配集(CDS):每一个 $G=(N,L)$ 中的节点都属于 DS 或者与其中一个 CDS 中的节点相连。

相应地,连通支配集弥补了支配集的不足,攻击者在攻击时只需要俘获 CDS 中的节点即可实现对整个网络的俘获。由于在建立骨架时需要考虑到预测节点的未来相遇概率,所以我们定义节点的相遇概率矩阵 $P_{FIP}=[p_{i,j}]_{|N|\times|N|}$,$p_{i,j}=\dfrac{T_{i,j}}{T_i}$,与先前相遇时间有关,即将先前相遇时间作为先验知识,推测出未来相遇的概率。其中,$T_{i,j}$ 表示节点 i 与节点 j 在之前相遇的时间之和,T_i 表示节点 i 在系统中逗留的时间。

在建立 DS 时,我们从 FIP 中找到最大概率的节点,这种节点在未来的移动中更容易与其他节点相遇。DS 的建立完成以后,攻击者在 DS 的邻居节点中寻找最大 FIP 的节点,将这类节点加入到 DS 中,建立 CDS。

3. 通用攻击算法

由于 CDS 的建立与网络拓扑无关,仅与节点的移动模型有关,所以动态网络的攻击算法同样适用于静态网络,因此基于 CDS 的攻击算法可以看作无线传感器网络中的一种通用攻击算法。

首先进行网络的初始化,节点与邻居节点之间建立链路。随后计算 FIP 矩阵,建立网络的 CDS。在攻击过程中,每一轮,攻击者从 CDS 中选择具有邻居节点最多的节点,原因是攻击这种节点可以导致更多的链路被俘获。这种攻击过程不断迭代下去,直到网络被俘获,最后攻击者俘获的节点集合作为算法输出被返回。

小　　结

本章讨论了无线信息安全中的无线传感器网络安全问题,分别对无线传感器网络安全路由协议、密钥管理及其认证机制、位置隐私保护和入侵检测进行了介绍。

5.1 节概要介绍了无线传感器网络基础知识和安全需求。

5.2 节开始介绍了安全路由的概述,并分析了现在的路由协议容易遭受的安全攻击有 7 种,分别是涂改伪造或重放路由信息、选择性转发、天坑攻击、Sybil 攻击、Wormhole 攻击、Hello Flood 攻击以及欺骗确认攻击。然后又对 Directed Diffusion、LEACH 和 GPSR 这三种典型路由协议进行了介绍以及安全性分析,指出了各自所存在的安全隐患。

5.3 节首先介绍了无线传感器网络中密钥管理的评估标准,主要通过安全性、对攻击的抵抗性、负载、可认证性、扩展性以及密钥连接性这 6 个方面对密钥管理方案进行适用性评估。接下来分析了现今的一些密钥管理分类方法,并着重介绍了组密钥管理以及设计过程中需要考虑的前向私密性、后向私密性、抗同谋破解性、生成密钥的计算量、发布密钥占用带宽、发布密钥的延迟、健壮性等问题。然后对一些典型的密钥管理方案进行了概述,介绍其工作流程及应用特点。

5.4 节介绍了一下无线传感器网络中的认证机制,主要包含实体认证机制和信息认证机制这两个方面,其中以基于 RSA 和 ECC 两种公钥算法的实体认证协议为基础讲解了实习认证机制,通过单跳通信模式和多跳通信模式讲述了消息认证机制。

5.5 节介绍了无线传感器网络中的位置隐私保护方案,主要包括源节点位置隐私的保护和汇聚节点位置隐私的保护这两个方面。然后分两个方面分析了几种位置隐私保护方案,其中,源节点位置隐私的保护方案包括假包注入、多路径传输、随机行走,汇聚节点位置隐私的保护方案包括泛洪、随机行走、假包注入和假源策略。

5.6 节介绍了无线传感器网络中的入侵检测技术,无线传感器网络存在存储空间和计算能力有限、容易遭受多种途径的攻击以及带宽和通信能量受限等三个特点,以此来说明适用于传统网络的入侵检测机制无法应用于无线传感器网络,然后介绍了现今的三种检测体系:分治而立的检测体系、对等合作的检测体系以及层次的检测体系,并分述了各自的优缺点。

5.7 节介绍了无线传感器网络中的节点俘获攻击技术,以攻击者的角度介绍了几种获取和监听节点信息的方法。首先定义了无线网络的模型,然后主要介绍了基于矩阵、基于攻击图、基于最小能耗和动态网络的攻击方法。使用简要的算法流程对相应的攻击方法进行介绍,同时提到了各种方法的优势与不足。读者可以同样站在攻击者的角度来进行思考,如何有效地保护我们的信息安全。

思 考 题

1. 无线传感器网络常见的安全威胁有哪些?
2. 无线传感器网络的安全目标是什么?
3. 无线传感器网络路由协议易受的攻击类型有哪些?
4. 典型的安全路由协议有哪些?它们各自的路由机制、特点及优缺点是什么?
5. 无线传感器网络密钥管理的评估标准是什么?
6. 无线传感器网络密钥管理的分类方法有哪些?其各自的分类原则是什么?
7. 选择一个密钥管理的典型案例对其原理进行分析。
8. 组密钥管理可分为哪几类?并分别对其进行简述。
9. 无线传感器网络认证机制分为哪两类?它们各自的原理和优缺点是什么?
10. 无线传感器网络入侵检测体系可分为哪几类?各自的优缺点是什么?
11. 节点俘获攻击的目标是什么?
12. 如何在动态网络中实现最小能耗的攻击?

参 考 文 献

160

[1] 张楠.无线传感器网络安全技术研究[M].西安：西安交通大学出版社,2010.

[2] 杨庚,陈伟,曹晓梅,等.无线传感器网络安全[M].北京：科学出版社,2010.

[3] 沈玉龙,裴庆祺,马建峰,等.无线传感器网络安全技术概论[M].北京：人民邮电出版社,2010.

[4] 周贤伟,覃伯平,徐福华,等.无线传感器网络与安全[M].北京：国防工业出版社,2007.

[5] Estrin D, Govindan R, Heidemann J. Next Century Challenges：Scalable Coordination in Sensor Network[C]. Proceeding MobiCom '99 Proceedings of the 5th annual ACM/IEEE international conference on Mobile computing and networking, 1999.

[6] Agre J, Clare L. An Integrated Architecture for Cooperative Sensing Networks[J]. IEEE Computer Magazine, 2000, 33(5).

[7] Akyildiz IF, W Su, Sankarasubramaniam Y, Cayirci E. Wireless Sensor Network：A Survey[J]. Computer networks, 2002, 38(4).

[8] Perrig A, Stankovic J, Wagner D. Security in Wireless Sensor Networks[J]. Communications of the ACM, 2004, 47(6).

[9] M Xiao, X Wang, G Yang. Cross-layer design for the security of wireless sensor networks[C]. Intelligent Control and Automation(WCICA 2006), 2006.

[10] Shaikh R A, Lee S, Song Y J, et al. Securing Distributed Wireless Sensor Networks：Issues and Guidelines[C]. IEEE International Conferenceon Sensor Networks, 2006.

[11] Ren XL. Security methods for wireless sensor networks[C]. Mechatronics and Automation, Proceedings of the 2006 IEEE International Conference, 2006.

[12] Ganesan P, Venugopalan R, Peddabachagari P, et al. Analyzing and modeling encryption overhead for sensor network nodes[C]. WSNA '03 Proceedings of the 2nd ACM international conference on Wireless sensor networks and applications, San Diego, 2003.

[13] Karlof C, Sastry N, Wagner D. TinySec：a link layer security architecture for wireless sensor networks[C]. SenSys '04 Proceedings of the 2nd international conference on Embedded networked sensor systems. Baltimore, 2004.

[14] Perrig A, Szewczyk R, Tygar JD, Wen V, Culler DE. SPINS：Security protocols for sensor networks[J]. Journal of Wireless Networks, 2002, 8(5).

[15] Ioannis K, Dimitriou T, Freiling FC. Towards intrusion detection in wireless sensor networks[C]. Proc. of the 13th European Wireless Conference, Paris, 2007.

[16] Heinzelman WR, Kulik J, Balakrishnan H. Adaptive protocols for information dissemination in wireless sensor networks[C]. MobiCom'99, Whashington, US, 1999.

[17] Braginsky D, Estrin D. Rumor routing algorthim for sensor networks[C]. WSNA '02 Proceedings of the 1st ACM international workshop on Wireless sensor networks and applications, Atlanta, 2002.

[18] Karp B, Kung HT. GPSR：greedy perimeter stateless routing for wireless networks[C]. MobiCom '00 Proceedings of the 6th annual international conference on Mobile computing and networking, Boston, 2000.

[19] Y Yu, Govindan R, Estrin D. Geographical and energy aware routing：A recursive data dissemination protocol for wireless sensor networks[R]. Technical Report, UCLA-CSD TR-01-0023, 2001.

[20] Hu YC, Perrig A, Johnson DB. Packet leashes：a defense against wormhole attacks in wireless networks[C]. Twenty-Second Annual Joint Conference of the IEEE Computer and Communications

(INFOCOM 2003)，San Francisco，2003.

[21] Intanagonwiwat C，Govindan R，Estrin D. Directed diffusion：a scalable and robust communication paradigm for sensor networks［C］. MobiCom '00 Proceedings of the 6th annual international conference on Mobile computing and networking，2000.

[22] Heinzelman WR，Chandrakasan A，Balakrishnan H. Energy-efficient communication protocol for wireless microsensor networks［C］. Proceedings of the 33rd Annual Hawaii International Conference，2000.

[23] Yick J，Mukherjee B，Ghosal D. Wireless sensor network survey[J]. Computer Networks，2008，52(12).

[24] CH Lim. Leap＋＋：A robust key establishment scheme for wireless sensor networks［C］. Distributed Computing Systems Workshops，2008.

[25] 苏忠,林闯,封富君,等.无传感器网络密钥管理的方案和协议[J].软件学报，2007，18(5).

[26] Eschenauer L，Gligor V. A key management scheme for distributed sensor networks[C]. Proc. of the 9th ACM Conf. on Computer and Communications Security. New York，2002.

[27] Camtepe SA，Yener B. Combinatorial design of key distribution mechanisms for wireless sensor networks[C]. Proc. of the Computer Security—ESORICS. Berlin，2004.

[28] 赵志平.无线传感器网络组密钥管理研究[D].长沙：湖南大学，2007.

[29] Menezes AJ，Oorshot PCV，Vanstone SA. Handbook of Applied Cryptography［M］. Boca Raton：CRC Press，1997.

[30] Anderson R，Bergadano F，Crispo B. A New Family of Authentication Protocols[J]. ACM SIGOPS Operating Systems Review，1998，32(4).

[31] D Boneh，H Shacham. Fast variants of RSA[J]. CryptoBytes，2002，5(1).

[32] Z Benenson，N Gedicke，O Raivio. Realizing robust user authentication in sensor networks［C］. Workshop on Real-World Wireless Sensor Networks，2005.

[33] DJ Malan，M Welsh，MD Smith. A public-key infrastructure for key distribution in TinyOS based on elliptic curve cryptography[C]. Sensor and Ad Hoc Communications and Networks，2004.

[34] 张聚伟.无线传感器网络安全体系研究[D].天津：天津大学，2008.

[35] 刘志宏.无线传感器网络密钥管理[D].西安：西安电子科技大学，2009.

[36] 周贤伟,施德军,覃伯平.无线传感器网络认证机制的研究[J].计算机应用研究，2006，23(12).

[37] M Ding，D Chen，K Xing，X Cheng. Localized fault-tolerant event boundary detection in sensor networks[C]. IEEE Infocom，2005.

[38] 林驰.安全关键无线传感器网络高效可信协议研究[D].大连：大连理工大学，2013.

第6章 移动 Ad Hoc 网络安全

如今,微处理器和无线适配器在许多设备中都有应用,例如手机、PDA、笔记本、数字传感器和 GPS 接收机。这些设备通过创建无线移动网络,让无线接入变得更便利,从而使游牧计算的应用越来越广泛。

移动网络的应用程序是不依赖于固定设施的支持的。例如,在风暴或地震后进行的抢险救灾,需要在受灾地区进行通信操作,这种通信要求通信设备在没有任何固定的基础设施情况下仍然可用;在一些人类不能到达的地区,需要进行测量工作,这就必须借助数字传感器来代替人的工作;处于战斗中的军用坦克和飞机需要移动网络来传递战况信息;研究人员在演讲或会议中利用移动网络共享信息。为了满足这种独立于基础设施的要求,一种新的移动网络应运而生:Ad Hoc 网络。

6.1 移动 Ad Hoc 网络概述

移动 Ad Hoc 网络或 MANET,是一个临时的无中心基础设施的网络,它由一系列移动节点在无线环境中动态地建立起来,而不依赖任何中央管理设备。在 MANET 中的移动节点必须要像传统网络中的强大的固定设施一样提供相同的服务。这是一个挑战性的任务,因为这些节点的资源是有限的,如 CPU、存储空间、能源等。另外,Ad Hoc 网络环境具有的一些特点也增加了额外的困难,例如由于节点移动而造成的频繁的拓扑改变,又如无线网络信道的不可靠性和带宽限制。

关于 Ad Hoc 网络领域的早期研究的目标主要放在对于一些基本问题提出解决方案,来处理由于网络或者节点的特性而带来的新的挑战。然而,这些解决方案并没有很好地考虑安全问题,因此,Ad Hoc 网络很容易受到安全威胁。

很多新兴的 Ad Hoc 网络已经开始考虑安全问题以确保系统拥有健壮的安全性和隐私保护。健壮的安全性同样需要确保公平和系统的正确运作,在开放的脆弱环境中提供可容忍的服务质量。

6.1.1 移动 Ad Hoc 网络特点

MANET 有区别于传统网络的特点,而正是这些特点使它比传统网络更容易受到攻击,这也使得其安全问题的解决方案与其他网络不同。

(1) 无基础设施:中央服务器,专门的硬件和固定的基础设施在 Ad Hoc 网络中都不存在了。这种基础设施的取消,使得分层次的主机关系被打破,相反,每个节点维持着一种相互平等的关系。也就是说,它们在网络中扮演着分摊协作的角色,而不是相互依赖。这就要求安全方案要基于合作方案而不是集中方案。

（2）使用无线链路：无线链路的使用让无线 Ad Hoc 网络更易受到攻击。在有线网络中，攻击者必须能够通过网线进行物理连接，而且需要通过防火墙和网关等几道防线。但是在无线 Ad Hoc 网络中，攻击可以来自各个方向，并且每个节点都可能成为攻击目标。因此，无线 Ad Hoc 网络没有一道清晰的防线，每个节点都必须做好防御攻击的准备。此外，由于信道是可以广泛接入的，在 Ad Hoc 网络中使用的 MAC 协议，如 IEEE 802.11，依赖于区域内的信任合作来确保信道的接入，然而这种机制对于攻击却显得很脆弱。

（3）多跳：由于缺乏核心路由器和网关，每个节点自身充当路由器，每个数据包要经过多跳路由，穿越不同的移动节点才能到达目的节点。由于这些节点是不可信赖的，导致网络中潜藏着严重的安全隐患。

（4）节点自由移动：移动节点是一个自制单元，它们都是独立地移动。这就意味着，在如此大的一个 Ad Hoc 网络范围内跟踪一个特定的移动节点不是一件容易的事情。

（5）无定形的：节点的移动和无线信号的连接让 Ad Hoc 网络的节点随时地进入和离开网络环境。因此，网络拓扑没有固定的大小和形状。所以，所有的安全方案也必须将这个特点考虑在内。

（6）能量限制：Ad Hoc 网络的移动节点通常体积小，重量轻，所以也只能用小电池来提供有限的能量，只有这样才能保证节点的便携性。安全解决方案也应该将这个限制考虑在内。此外，这种限制还有一个弱点，就是一旦节点停止供电，就会导致节点的故障。所以，攻击者可能将节点的电池作为攻击目标，造成断开连接，甚至造成网络的分区。这种攻击通常叫做能源耗竭攻击。

（7）内存和计算功率限制：Ad Hoc 网络中的移动节点，通常存储设备能力比较小且计算能力较弱。高复杂性的安全解决方案，如密码学，应该考虑这些限制。

6.1.2　移动 Ad Hoc 网络安全综述

通过 6.1.1 节的介绍，可以知道移动 Ad Hoc 网络在与传统的有线网络相比存在的特点，和与之相关的安全问题，这些安全问题在各个层上都有所体现，如表 6.1 所示。

表 6.1　移动 Ad Hoc 网络的安全方案需要整个协议栈的保护

网 络 层 次	安 全 特 性
应用层	检测并防止病毒、蠕虫、恶意代码和应用错误
传输层	鉴权和利用数据加密实现安全的端到端通信
网络层	保护 Ad Hoc 路由和转发协议
链路层	保护无线 MAC 协议和提供链路层安全支持
物理层	防止信号冲突造成的 DoS 攻击

我们可以把影响 Ad Hoc 网络安全的威胁分为以下两种。

1. 攻击

这包括任何故意对网络造成损害的行为，可以根据行为的来源和性质分类。根据来源可以分为两类：外部攻击和内部攻击；而根据性质分类则可以分为被动攻击和主动攻击。

外部攻击：这种攻击方式是由并不属于逻辑网络或者没有被允许接入网络的节点发起

的。这种节点穿透了网络区域来发动攻击。

内部攻击:这种攻击是由内部的妥协节点发起的。这种攻击方式更普遍,因为为抵抗外部攻击而设计的防御措施对于内部妥协节点和内部恶意节点是无效的。

被动攻击:被动攻击是对某些信息的持续收集,这些信息在发起后来主动攻击时会被用到。这就意味着,攻击者窃听了数据包,并且分析提取了所需要的信息。要解决这种问题,一定要对数据进行一定的保密性处理。

主动攻击:这种攻击包含几乎所有其他与受害节点主动交互的攻击方式,像能源耗竭攻击,这是一种针对蓄电池充电的攻击;劫持攻击,攻击者控制了两个实体的通信,并且伪装成它们其中之一;干扰,这会导致信道的不可用,攻击针对路由协议。还有很多其他方式的攻击。大部分这些攻击导致了拒绝服务(Denial of Service,DoS),这是指在节点间通信部分或者完全停止。

2. 不当行为

我们把不当行为威胁定义为,一个内部节点的一个未经授权的能够在无意中对其他节点造成损害的行为。也就是说,这个内部节点本身并不是要发起一个攻击,只是它可能有其他目的,与其他节点相比,它能够获得不平等的优势。例如,一个节点可能不遵守 MAC 协议,这样可以获得更高的带宽,或者它接受了协议,但是并不转发代表其他节点的数据包以保护自己的资源。

6.1.3 移动 Ad Hoc 网络安全目标

Ad Hoc 网络的安全服务并不是完全不同于其他网络通信范例的。它的目标是保护信息和资源免受攻击以及不当行为的侵害。为了处理网络安全的问题,这里将详细介绍一个安全范例必须具有的特点。

可用性:确保即使在被攻击的情况下,所需要的网络服务也能随时得到提供。系统为了保证可用性,就必须可以对抗先前提到的拒绝服务和能源耗竭攻击。

真实性:确保从一个节点到另一个节点的通信是真实的。这需要保证一个恶意节点不能伪装成可信任的网络节点。

数据机密性:这是 Ad Hoc 网络的一个核心安全因素。这需要确保一个给定消息的内容,不能被它的接收者以外的节点了解。数据机密性通常是通过应用密码学来保证的。

完整性:这是表示从一个节点到另一个节点的数据内容的真实性。就是说,它确保了从节点 A 发送到节点 B 的信息,在传输的过程中没有被某个恶意的节点 C 修改。如果应用了健壮的机密机制的话,保证数据的完整性可能就如同添加单项 Hash 来加密数据一样简单。

不可抵赖性:确保信息的来源是合法的。这就是说一个节点接到另一个节点的假消息,不可否认性允许接收方指责发送方发送了假消息,并且让其他节点也了解到这一情况。数字签名的使用可以保证不可否认性。

同时,我们把安全解决方案分为以下两类。

主动式方案:这包括安全意识协议和应用设计,这些协议必须把新环境的特点考虑在内。

反应式方案:仅有主动式方案是不足的,因为系统很复杂,很难设计,并且有程序错误的可能性,所以反应式方案要作为第二道安全墙。换句话说,它包含攻击检测。入侵检测系统就属于这一类。

6.2 移动 Ad Hoc 网络路由安全

MANET 路由协议在节点间发现路径,然后允许数据包经过其他网络节点从而到达最终目的节点。与传统网络路由协议形成对比,Ad Hoc 网络路由协议必须更快地适应 6.1 节中提到的 MANET 的特点,特别是网络拓扑的频繁变化。这个路由问题在 Ad Hoc 网络中是一个重要问题,已经深入地进行了研究,特别是 IETF(Internet Engineering Task Force)的 MANET 工作小组已经研究出一些成熟的协议,如 AODV、DSR、OLSR 等,这些协议可以分为两类:先验式路由和反应式路由,其中,反应式路由要比先验式路由更适合 MANET 环境。然而,所有这些协议的问题就是它们并没有将安全因素考虑在内,因此,这些协议对于很多攻击都束手无策。

因为 MANET 环境是不可信的,安全路由协议则更显必要。现在,很多安全 Ad Hoc 网络路由协议已被提出。本节我们来讨论路由协议的安全问题,首先列举出在早先威胁 Ad Hoc 网络路由协议的不同的攻击分类,然后讨论最近提出的解决方案。

6.2.1 路由攻击分类

当前提出的 MANET 路由协议受制于很多种类的攻击。类似的问题也存在于有线网络中,但这些问题很容易被有线网络中的基础设施抵御。在这一小节中,我们将攻击分为修改攻击、模拟攻击、伪造攻击、快速攻击来对抗 Ad Hoc 协议。这些攻击以 ADOV 和 DSR 协议的角度展示出来,这两个协议是应用于 Ad Hoc 协议的反应式路由,几乎所有的反应式路由都有相同的缺陷。而我们认为先验式路由并不适合 MANET。表 6.2 提供了每一个协议对于特定漏洞表现出来的缺陷是否存在的总结。

表 6.2 AODV 和 DSR 的缺陷

攻　　击	AODV	DSR
修改攻击		
修改路径的序列号	是	否
修改跳数	是	否
修改原路径	否	是
隧道	是	是
模拟攻击		
欺骗	是	是
伪造攻击		
篡改路径错误	是	是
路径缓存中毒	否	是
快速攻击	是	是

1. 修改攻击
恶意节点能够通过更改控制消息区域或者转发经篡改数值的路由信息来重定向网络流

量和进行 DoS 攻击。在如图 6.1 所示的网络中,一个恶意节点 M 能够通过持续地向节点 B 声明它是到达节点 X 比通过节点 C 到达节点 X 更优的选择,来保持与节点 X 的流量通信。下面详细介绍一些如果路由信息的特定区域被更改或者篡改的话,可能发生的几种攻击。

通过修改路径序列号而重定向:如 AODV 这样的协议,它们为了维护路径,给到达特定目的节点的路径都分配了单调增加的序列号。在 AODV 中,任何节点通过声明比原数值

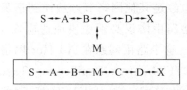

图 6.1　修改原路径 DoS 攻击示例

更大的目的序列号给一个节点来使其转移网络流量。如图 6.1 所示为一个 Ad Hoc 网络的例子。假设有一个恶意节点 M,它在节点 B 的路由发现过程中的重新广播后,接收到了从源节点 S 发送到目的节点 X 的 RREQ(路径发现信息)。节点 M 通过单播到节点 B 一个 RREP(路径回应信息),其中这个 RREP 信息包含比节点 X 最后声明大很多的目的序列号,来重定向网络流量。最终,这个通过节点 B 广播的 RREQ 信息将到达可以拥有有效路径到节点 X 的节点,一个有效的 RREP 信息将会单播传回给节点 S。然而,在节点 B 已经接收到了来自恶意节点 M 的 RREP。如果这个信息中的目的序列号比有效的 RREP 中包含的序列号还大的话,节点 B 将丢弃有效的 RREP 信息,因为节点 B 认为这个有效的路径已经过时了。所有后来的到达节点 X 的网络流量,原本应该通过节点 B 的都将重定向到节点 M。这种情况将一直持续下去,直到一个合法的 RREQ 或者一个合法的 RREP 带有比恶意节点 M 的 RREP 还要高的到节点 X 的目的序列号进入网络为止。

通过修改跳数重定向:通过修改路由发现信息中的跳数区域来进行重定向攻击是可能的。当选路决策没有使用其他度量因素时,AODV 协议使用跳数来决定最短路径。在 AODV 中,恶意节点能够通过重设 RREQ 中的跳数为 0 来增加自己包含在新的路径中的机会。类似地,通过设置 RREQ 的跳数为无穷大,新创建的路径将不把恶意节点包含在内。这样的攻击当结合了欺骗后将变得更具威胁。即使协议采取了不同于跳数的度量值,重定向攻击的发起也是可能的,攻击者所要做的仅仅就是将更改跳数换成更改其他用于计算度量值的其他参数。

通过修改源路径的 DoS:DSR 协议利用源路由策略,所以源节点在数据包中明确地指明出来。这些路径缺乏完整性的检测,一个针对 DSR 的简单的拒绝服务攻击就能通过修改数据包中的源路径来发起。如图 6.1 所示,假设从节点 S 到节点 X 间存在着一条路径,同时节点 C 和节点 X 不能相互监听到对方,节点 B 和节点 C 不能相互监听到对方,节点 M 是一个恶意节点,它准备发起一个拒绝服务攻击。假设节点 S 想要和节点 X 通信,并且在路径缓存中有一条到达节点 X 的未到期的路径。节点 S 传输一个数据包到节点 X,在数据包的头部包含着源路径(S,A,B,M,C,D,X)。当节点 M 接收到这个数据包,它更改了数据包头部的原路径,例如将节点 D 从源路径中删除。结果,当节点 C 接收到这个被更改过的数据包时,它准备将这个数据包直接发送给节点 X。但是节点 X 不能监听到节点 C,所以传输过程失败。

隧道攻击:在 Ad Hoc 网络中有一个隐含的假设,任何节点都可以与其他节点邻接。隧道是指两个或者更多的节点可能沿着现有的数据路径来合作封装和交换信息。这里存在的一个缺点是两个这样的节点可能合作起来通过封装和隧道来错误地展示可达路径的长度,在这两个节点间传递由其他节点产生的合法的路由信息,如 RREQ 和 RREP。这导致

了阻止中间节点正确地递增用于衡量路径长度的度量值。例如,在图6.2中,节点 M_1 和 M_2 是两个恶意节点,它们不是邻居节点,但是它们应用了路径(M_1,A,B,C,M_2)作为隧道。当 M_1 接收到从 S 发送的 RREQ 时,它将其封装,并且通过隧道传给 M_2。当 M_2 从 D 那里接收到 RREP 后,它将其发送回 M_1,这在后来以同样的方式发送给 S。这种攻击导致了构建了一条错误的路径(M_1,M_2),这条路径可能还会被 S 选为最优路径。

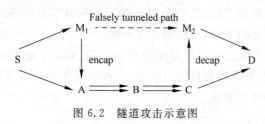

图 6.2　隧道攻击示意图

2. 模拟攻击

模拟攻击(也称欺骗攻击)是指一个节点通过模拟自己在网络中的 ID,如在对外发送的数据包中更改自己的 MAC 地址或者 IP 地址,这种攻击很容易结合修改攻击。当这两种攻击结合时,可能会造成很严重的故障,如可能会造成路径的环路。

3. 伪造攻击

生成错误信息的攻击被称为伪造攻击。这种攻击是很难确认的。

伪造路线错误:反应式路由,包括 AODV 和 DSR,实施了路径维护来修复当节点移动时破坏的路径。如果一条从节点 S 到节点 D 的活跃路径的链接断裂的话,这个链路的上游节点就广播一个路径错误给所有活跃的上游节点邻居。这个节点还在路由表中将到达节点 D 的路径作废。如果 S 没有其他的路径可以到达 D,并且仍需要一条达到 D 的路径,S 节点就初始化路径发现算法。这里存在的一个缺点是可以通过散播假的路由错误信息来发起路由攻击。这可以导致数据包的丢失和额外的开销。

路由缓存中毒:在 DSR 中,节点依靠它们接收并转发的数据包的头部信息来更新路由表(即路由缓存)。路由信息还可以从收到的大量的数据包中获取。这里存在的缺点是,攻击者能够很容易地应用学习路由的方法来毒化路由缓存。假设有一个恶意节点 M 想要毒化到达节点 X 的路径,如果 M 通过广播带有经过自身到达 X 的原路径的欺骗数据包,监听到这个数据包传输的邻居节点就可能将错误的路径添加到它们的路由缓存中。

4. 快速攻击

在大多数反应式路由中,为了限制路由发现的开销,每个节点只转发一个 RREQ 信息,这个 RREQ 来自任何一个路由发现,通常来说是最先到达的那个。这个性质能够被快速攻击者利用。

如果攻击者转发的路由发现的 RREQ 是第一个到达目标的每个邻居节点的话,以后任何经过这个路径发现的节点都会包含通过攻击者的这一跳。也就是说,当一个目标节点的邻居接收到攻击者的 RREQ 后,它将其转发,同时不再转发更多的关于这个路由发现的 RREQ。当非攻击的 RREQ 在后来到达这些节点的时候,它们都将被丢弃。所以,路由发现发起者将不能发现任何包含两跳及两跳以上的可用路由。一般来说,攻击者将比合法节点更快地转发 RREQ 信息,这就增加了攻击者包含在路径中的概率。鉴于上面讨论的是节点只转发在第一个来自任何路由发现中的 RREQ,急速攻击也可以用于攻击其他情况下的协议,攻击者只要做类似的工作,让他发送的数据包必须满足协议相应的功能。

下面介绍一下攻击者怎样实施快速攻击,有下面几种技术可以采用。

当转发数据包时删除 MAC 和网络延迟：MAC 和网络协议中在数据包传输中使用延迟来防止勾结,攻击者可能通过删除这些信息,来快速转发它的请求信息。

用更好的功率传输 RREQ：如果攻击者有一个强大的物理通信工具来支持的话,他可以用更高的传输功率来转发 RREQ,这个功率要大于其他节点的最高传输功率,这样的话,就可以将信息传递给更远的节点,从而减少了跳数。

应用虫洞技术：两个攻击者可以运用隧道来传递 RREQ 数据包。这个当一个节点比较接近源节点,而另一个节点比较接近目的节点,同时要保证两个节点间存在着高质量的路径(如通过有线网络)时可以实现。

6.2.2 安全路由解决方案

一个好的安全路由协议旨在防御上面提到的漏洞攻击。为了达到这一目的,它必须要满足以下几个要求。

(1) 路由协议数据包不能被欺骗。

(2) 伪造路由信息不能被注入网络。

(3) 路由信息在传输过程中不能被改变。

(4) 不会因为恶意行为而形成路由环路。

(5) 路由不会因为恶意行为而从最短路径中重定向。

(6) 未被授权的节点要从路由计算和路由发现中剔除。

(7) 网络拓扑必须既不能暴露给攻击者也不能通过路由信息暴露给授权节点,因为网络拓扑的暴露可能会给攻击者试图破坏或者俘获节点造成便利。

而针对上面的路由攻击,可以得到下面 4 种解决方案。

1. 全阶段的认证

这种解决方案是在路由的全阶段都使用认证技术,因此可以不让攻击者或者没有授权的用户参与到路由的过程中。大部分这种解决方案都属于修改当前存在的路由协议来重构可以认证的版本。它们依赖于认证授权。

2. 定义新的度量值

Yi 等人定义了一种新的度量来管理路由协议行为,叫做信任值。这个度量被嵌入到控制包中,来反映发送者需要的最小的信任值,因此一个接收节点在接收到包时,既不能处理也不能转发,除非它提供了数据包中包含的那个需要的信任级别。为了达到这个目的,SAR(Security-Aware Routing)协议利用了认证技术。这个协议来源于 AODV 协议,并且基于信任值度量。在 SAR 中,这个度量值也可以在很多路由满足所需的信任值的时候,作为选择路由的标准。为了定义节点的信任值,作者将其比喻成军事行动,信任程度适合节点所有者的等级排名匹配。但是从更通常的角度来说,在网络中没有等级制度,所以定义节点的信任值是有问题的。

3. 安全邻居检测

在每个节点声明其他节点成为邻居之前,要在两个节点之间有三轮的认证信息交换。如果交换失败的话,正常工作的节点就会忽略其他节点,也不处理由这个节点发送过来的数据包。这个解决方案对抗了利用高功率来发送快速攻击的不合法性。既然利用高功率的发送者不能接收更远节点的数据包，它就不能够实施邻居发现过程，于是它的数据包就会被正常工作的节点忽略。

4. 随机化信息转发

这个技术是将快速攻击的发起者能够控制所有返回路由的机会最小化。在传统的 RREQ 信息的转发中，接收节点马上转发第一个接收到的 RREQ 信息，而将所有其他的 RREQ 都丢弃。利用这种机制，节点首先接收很多 RREQ，然后随机地选择一个 RREQ 进行转发。在随机化转发技术中有两个参数：第一个，收到的 REQUEST 数据包的数量；第二个，所选择的超时设定算法。

这种解决方案的缺点是它增加了路由发现的时延，因为每个节点必须在转发 RREQ 前等待一个 timeout 的时间或者必须要接收到一定数值的数据包。另外，这个随机选择也阻碍了最优路径的发现，最优可能被定义为跳数、能量效率或者取决于其他度量，总之这个值不是随机的。

6.3 移动 Ad Hoc 网络密钥管理

密钥管理系统是一种同时用于移动 Ad Hoc 网络中的网络功能与应用服务的基本安全机制。公钥基础设施（PKI）已经被认为是给动态网络提供安全保证的最有效的工具。事实上，由于其缺少基础设施的性质，在 MANET 中提供这样的一种部署是一个有挑战的任务。因此，PKI 在 Ad Hoc 网络中是移动的终端节点，使得密钥管理系统应该既不信任也不依赖于固定的证书机构，但是可以实现自组织。

6.3.1 完善的密钥管理的特征

分配：由于没有固定的基础设施，CA 应分布于移动的节点。正如我们将在后面看到的，选择这些 CA 节点是有考量的。

容错性：主要关注的容错性是在故障节点的存在下，依然保持正确操作的能力。复制使用门限密码学可以提供故障节点的容差性。

有效性：通常，可用性大多配合容错机制使用，但是在 Ad Hoc 网络中，可用性也高度依赖于网络的连通性。如果没有故障的或遭受破坏的节点，连通性没有问题，系统就被定义为对客户有效。然而，在 Ad Hoc 网络中，即使不存在故障的或遭受破坏的节点，用户也可能由于不一致的链接不会连接到所需的服务。

安全性：作为整个网络的信任主播，AC 对恶意节点或攻击者应该是安全的。虽然它可能无法抵抗所有等级的攻击，但应该有一个明确的阈值，在该阈值内的攻击，正常运行中的系统可以承受。

6.3.2 密钥管理方案

许多安全路由协议已经被实现，它们其中的大多数依赖于身份验证，假设存在一个中央 CA，正如我们已经看到，现有的这种 CA 在 MENET 中是真正的问题，一些研究已经致力于密钥管理解决方案，可用于确保网络功能（如路由）和应用服务。在本节中，我们提出了两个最近提出的 Ad Hoc 网络中密钥管理解决方案。

1. 完全分布式的解决方案

Capkun 等人提出了一个完全分布式自组织公钥管理系统节点生成其密钥,其中节点生成其密钥,发行、存储和分发公钥证书。在这个意义上,该系统类似于 PGP(Pretty Good Privacy,广泛运用的个人计算机加密程序)公钥证书由节点发布。然而,为了不依赖于网络服务器(这显然不符合 Ad Hoc 的网络理念),该系统不依赖于证书目录证书的分布。反而,证书的储存和分发由节点完成,并且每个节点包含本地证书存储库,该数据库包含有限数量的证书,这些证书是节点按照合适的算法所选择的。当节点 u 想要验证节点 v 的公钥的真伪时,这两个节点合并他们的本地证书存储库,然后节点 u 会试图在这个合并的库中找到一个从自己到 v 的合适的证书链。为了构建所需的本地证书库,这样的一个算法被提出:该算法使得任何一对节点可以找到对方的证书链在他们的合并库。这个公共密钥管理方案的基本操作如下。

建立公共密钥:每个节点的公钥和对应的私钥是在本地节点本身创建的。

签发公钥证书:如果一个节点 u 信任一个给定的公共密钥 K_v,并且 K_v 属于给定的节点 v,那么 u 可以签发一个公钥证书,在该证书中 K_v 以 u 的签名绑定到 v。有多种方式可以使 u 相信 K_v 是属于节点 v 的公钥,例如 u 可能通过一个与 v 相连的安全(可能的波段)信道接收到 K_v 或者由 u 信任的人声称 K_v 属于 v 等。

证书的存储:在系统中签发的证书被节点以一种完全分散的方式存储。每个节点维护本地的证书库,主要有两部分:首先,每一个节点存储它自己签发的证书。其次,每个节点存储一组额外的证书(由其他节点签发),这些证书是根据合适的算法选择的。这些额外的证书是从其他节点获得的,为了达到这样的目的,一些相关的底层路由机制被假定存在。

密钥认证:当一个节点 u 想获得另一个节点 v 的可靠的公共密钥 K_v 时,它会询问其他节点(可能是 v 本身)的 K_v 值。为了验证接收到的密钥的真实性,v 或提供 K_v 给 u 的关键节点还提供了本地证书库,那么 u 合并接收到的证书库与自己的证书库,并试图在合并后的资源库中找到一个从 K_u 到 K_v 的合适的证书链。

模型:在该系统中公共密钥和证书为一个有向图 $G(V,E)$ 被表示出来,其中,V 和 E 分别代表顶点和边的集合,这种图被称作证书图。在证书图中顶点代表公钥,边代表证书。更确切地说,有向边从顶点 K_u 到顶点 K_w,如果有一个证书被属于 u 的私钥签名,那么在该证书中 K_w 被绑定一个标识。在图 G 中一个从公钥 K_u 到另一个公钥 K_v 的证书链表示从顶点 K_u 到顶点 K_v 的有向路径。对于任何有向图 H,如果 x 和 y 是 H 中的两个顶点,并且 H 中存在从 x 到 y 的有向路径,那么可以说在图 H 中 y 是从 x 可达的。因此,存在一个证书链从 K_u 到 K_v 表示在 G 中顶点 K_v 是从顶点 K_u 可达的。正如我们已经说过,当用户 u 要验证用户 v 的公共密钥 K_v 的真实性时,u 和 v 合并他们的证书库,u 试图在合并后的资源库中找到一个从 K_u 到 K_v 的合适的证书连。在模型中,u 和 v 合并子图并且 u 试图在合并后的子图中找到一个从顶点 K_u 到顶点 K_v 的路径,一个例子在图 6.3 中给出。

在这种模式中,构建本地证书库,意味着选择

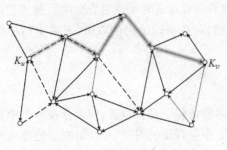

图 6.3 从 K_u 到 K_v 的路径

了系统完整的证书图的一个子图。

2. 部分分布式的解决方案

Yi 和 Kravets 使用门限密码部署 CA,根据节点的安全性和物理特性上的功能特别地选择节点。这些被选择的节点共同提供 PKI 功能,被称为 MOCA(Mobile Certificate Authority,移动证书颁发机构)。使用这些 MOCA,一种高效有效的认证服务协议被提出。

移动节点可以在许多方面是异构的,特别是在其安全性方面,在这种情况下,任何安全服务或框架应该利用这个环境信息。例如,考虑一个战场的场景,一个军事单位由不同列队的节点士兵组成,因此它们可能配备在功率、能力、传输范围、物理安全性水平等方面不同的计算机。在这种情况下,Yi 和 Kravets 建议选择可以向其余网络提供任何安全服务的节点,而在一般情况下,利用异质性的知识,以确定将共享 CA 的责任的节点。

在一个客户端和 k 之间或者是一个客户端和多个 MOCA 服务器之间的通信模式是一到多到一。这意味着客户端需要联系至少 k 个 MOCA,以及接收至少 k 个回复。为了提供一个有效和高效的方式实现这一目标,MP(MOCA 的认证协议)被提出。在 MP 协议中,认证服务的客户端需要发送认证请求(CREQ)数据包,任何收到 CREQ 的 MOCA 都要以认证回复(CREP)数据包作为响应,CREP 中包含其部分签名,客户端等待一段固定的时间为了得到 k 个 CREP,当客户端收集 k 个适用的 CREP 时,它可以重建完整的签名并且认证请求成功。如果收到的 CREPs 过少,客户 CREQ 定时器超时,认证请求失败。在出现故障时,客户端可以重试或未经认证服务继续进行。CREQ 消息和 CREP 消息是类似于在立即响应的 Ad Hoc 路由协议中的路由请求(RREQ)消息和路由应答(RREP)消息。

MOCA 是由网络中节点总数,MOCA 的数量和秘密重建的阈值(签发证书所需的 MOCA 的数量)决定的。虽然网络(M)中的节点总数可以动态变化,但是它不是一个可调的参数。MOCA 的数量是由网络中节点的特性如物理安全或处理能力决定的,它也是不可调的。在这样的系统中,n 定义了 k 的上限同时作为系统的限制;MOCA 中一个客户端必须通过联系来取得认证服务的最小数目。鉴于 M 和 n 最后一个参数 k,秘密复苏的阈值,确实是一个可调的参数。一旦 k 已经被选择而且系统已部署,改变 k 值就十分昂贵。因此要了解 k 的取值对给定系统的影响,k 可以在 1(整个网络只有一个 CA)到 n(一个客户端需要联系系统中的所有的 MOCA 来取得认证)中取值。设置 k 到更大的取值可以使系统面对潜在的对手更加安全,因为 k 是对手为了使系统瘫痪而需要攻击的 MOCA 数目。但是,同时较高的 k 值会对客户产生更多的通信开销,因为任何客户都需要联系至少 k 个 MOCA 来取得认证服务。因此,阈值 k 应该被选择为可以平衡这两个冲突的值,很明显没有一个值可以适合所有的系统。

很可能在 Ad Hoc 网络中节点之间不具有足够的异质性,使得基于异质性的假设的方案很难选择出 MOCA。在这种情况下,提出的解决方案是随机选择一个节点的子集作为 MOCA。我们认为这不是一个高效的策略,如果一个子集被选定那么它一定满足一个标准,不然为什么不将这个任务发布到所有的节点上?除此之外,我们不认为选择静态的子集作为 MOCA 是最佳的,因为情况随着时间的变化是变化的,而且在给定的时间内不是 MOCA 的节点可能更适合作为 MOCA,因此 MOCA 集应该是动态的。

6.4 入 侵 检 测

6.4.1 入侵检测概述

入侵可以被定义为"任何一组试图破坏资源完整性、机密性或可用性的动作"。

预防入侵的措施，如积极的解决方案可以用于 Ad Hoc 网络中以减少入侵，但这并不能消除入侵。例如，加密和身份验证无法抵御受损的携带私钥的节点。完整性验证需要不同的节点提供多余的信息，正如在安全路由中用到的那些信息依赖于其他诚信的节点，因此在复杂的攻击下这就变成了一个薄弱的环节。安全研究的历史给我们上了很有价值的一课，不论多少预防入侵的方法被加入到网络中，系统中总会存在一些缺陷，一些人就可以利用这些缺陷入侵到系统中，这些缺陷是设计和编程上的错误或是众多社会工程学上的渗透技术（如"I Love You"病毒中所述）。因此 IDS 提出一种第二层防御，而且这种防御是任何高生存能力网络的必需品。

入侵检测的主要假设包括：用户和程序的活动是可以观察到的，如通过系统审计机制，更重要的是，正常的活动和入侵有截然不同的行为。

因此，入侵检测包括捕获审计数据并从这些数据中推理出证据来决定系统是否在经受攻击。根据使用的审计数据，传统的 IDS 可以分为以下几类。

（1）基于网络的 IDS：通常这种 IDS 是运行在一个网络的网关处，并捕获经过网络硬件接口的数据包。

（2）基于主机的 IDS：依赖操作系统的审计数据来监视和分析在主机上由用户或程序产生的事件。

其他对于 IDS 的分类是基于使用的机制，包括：

（1）滥用操作系统，如 IDIOT 和 STAT。这些系统使用已知攻击的模式或是系统的薄弱点来匹配和识别已知的攻击。例如，一个"猜测密码攻击"的准则可以是在两分钟内有 4 个失败的登录尝试。这种机制的主要优点是，他可以精确和有效地检测出已知的攻击。同时它的缺点是缺乏检测出那些模式未知新发明的攻击的能力。

（2）异常检测系统，如 IDES，它们将观测到的严重偏离正常使用配置文件的活动标记为异常，如可能入侵。例如，一个用户的正常配置文件包括在他/她登录会话中一些系统命令的平均使用频率。如果一个正在被监视的会话的频率显得更高或更低，就会引发一个异常警报。异常检测的主要优点是它不需要入侵的先验知识，因此可以检测出新的入侵。它的主要缺点是它可能无法描述攻击，也可能有高的假阳性率，即将正常的操作视为攻击。

从概念上讲，入侵检测的模型，即有以下两个组件。

（1）特点（属性或措施），如失败登录的尝试次数、描述一个逻辑事件 gcc 命令的平均频率、用户登录回话等。

（2）建模算法，它是一个基于规则的模式匹配，使用特点（属性，措施）来确定入侵。

定义一组可以准确捕获入侵或正常活动具有代表性的行为的具有预言性的功能是建立一个入侵检测模型最重要的一步，而且它可以独立于建模算法。这些特点应该被建立，因为这样 IDS 的主要目的就达到了，这可以概括为：减小假阳性率，检测为异常或入侵被计为正常变化,同时增加正确阳性率,计为检测到的异常或入侵的百分比。

6.4.2　传统 IDS 问题

传统网络与 MANET 的巨大差异使得将为前者开发的入侵检测机制应用于后者很困难。最重要的不同是 MANET 没有一个固定的基础设施,而且当今的基于网络的 IDS 依赖于对实时流量的分析无法在新环境中良好运作。传统有线网络通常在交换器、路由器、网关中对流量进行监控,但是 MANET 中没有这样的流量汇集点,IDS 在整个网络中收集审计数据。

第二个大差异是通信模式。在 MANET 中由于缓慢的链接、有限的带宽、高成本和电池电量的限制,无线用户对于通信倾向于变得更加吝啬。断开连接在无线网络应用中很常见,同样在依赖位置或其他仅用于无线网络或很少用于有线的环境的技术中断开连接也很常见。所有这些都表明,有线网络中的异常模式无法直接用于新环境中。

此外,MANET 的另一个大问题是对于正常和异常没有明确的分界线。例如,一个发送错误路由信息的节点可能是损坏的,也可能是由于不稳定的物理移动导致的临时不同步。在入侵检测中区分错误的警报和真正的入侵越来越难。

6.4.3　新的体系结构

在为 MANET 建立一个可行的 IDS 时必须回答以下这些问题。

(1) 适合 MANET 特点的 IDS 的体系结构中,怎样的体系结构才是好的?

(2) 什么是合适的审计数据源?

(3) 如果只有局部和本地的审计源是可靠的我们怎么利用它来检测异常?

(4) 在无线通信环境中为了将正在遭受攻击的异常和正常区分开,一个好的模型的活动是什么样的?

IDS 应该是分布式和合作的,以适应 Ad Hoc 网络的需求。Zhang 和 Lee 提出了一种新颖的结构(如图 6.4 所示),可以被视为建立 MANET 的 IDS 的一般框架。MANET 中的每个节点都参与入侵检测和响应每个节点本地的独立的入侵检测,但是在更广的范围内,相邻节点协作调查。

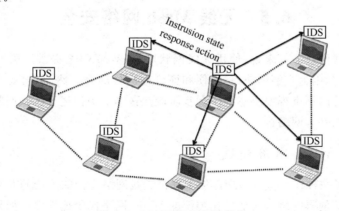

图 6.4　MANET 的 IDS 架构

在系统方面,个体 IDS 代理放置在每个节点上。每个 IDS 代理独立运行,监测当地活动,包括用户和系统的活动以及无线范围内的通信活动。它可以从当地的痕迹中监测入侵,并启动响应。如果监测到异常的本地数据,或者如果证据是不确定的而且更广范围的搜索是允许的,临近的 IDS 代理将一起合作参与全局的入侵检测。这些单独的 IDS 代理共同组成了保卫 MANET 的 IDS 系统。

IDS 代理的内部可能非常复杂,Zhang 和 Lee 从概念上用 6 个部分建立了这个模型(如图 6.5 所示)。

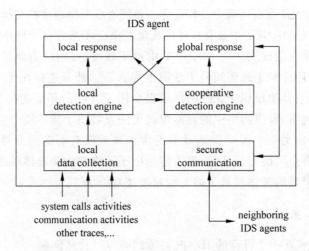

图 6.5 一个 IDS 代理的概念模型

数据收集模型:负责收集本地的审计痕迹和活动日志。

本地检测引擎:使用数据收集模型收集到的数据来检测本地异常。

合作检测引擎:是被用作那些需要更广泛的数据集或 IDS 代理之间需要合作的检测方法。

本地响应模块:触发从本地到移动节点的活动。

全局响应模块:协调相邻节点之间的 IDS 代理,如在网络中选出一个补救行动。

安全通信模块:为 IDS 代理们提供了一个高信任的通信信道。

6.5 无线 Mesh 网络安全

对于无线互联网服务商来说,使用无线网状网络(WMN)去提供互联网连接成为一个很流行的选择,这是因为它能够快速、方便和廉价地进行部署。然而,无线网状网中的安全问题由于研究社区的不重视而仍然处于起步阶段。在本节中描述了无线网状网的特性并确定了三个要注意的基本网络选项。

6.5.1 无线 Mesh 网络概述

WMN 代表了一种在大范围地理区域中提供无线网络连接的不错的方案。这个新的并且很有前景的范例使得网络部署能够比传统的 Wi-Fi 网络代价低得多。如果一个 Wi-Fi 网络中需要部署很多无线热区(Wireless Hot Spot,WHS),扩展这个网络的覆盖范围要部署更多的 WHS,这样的网络花费很大并且很脆弱。在 WMN 中有可能只用一个 WHS 和一些无线传输接入口(Wireless Transit Access Point,TAP)去覆盖相同的区域(甚至是一个更大的区域）。TAP 并不接入有线设施，因此它只依赖于 WHS 去传播它们的信息。一个 TAP 的花费要远小于一个 WHS，这就使得在这种情况下可以使用 WMN。因此如果在一个区域安装传统的 Wi-Fi 网络花费很大时（例如，建筑物没有现有 WHS 的数据布线）或者仅部署一个临时网络，WMN 就非常合适了。

然而，WMN 还没有为大规模的部署做好准备，这主要有两个原因。第一，无线通信中很容易受到干扰，WMN 呈现出严重的容量和时延约束。然而，有理由相信技术能够克服这个问题，例如，通过使用多模和多声道 TAP。第二个减缓 WMN 部署的原因是缺乏安全保障。这个分析引导我们注意 WMN 的三个基本选项。

WMN 代表了一种新的网络概念，因此也引入了一些新的安全特性。这里，我们通过比较 WMN 和两种现在已经成功部署的基于基础设施的技术：蜂窝网和互联网，根据它们的基本差别来描述这些特性。

1. WMN 和蜂窝网络的区别

WMN 和蜂窝网络的主要区别是：除了使用不同频率的波段（WMN 通常使用未许可的频段），还考虑到网络配置。在蜂窝网络中一个已知区域被分割成许多小的部分，每个部分由一个基站控制。每个基站负责在它的毗邻范围内固定数目的无线客户（例如，无线客户和基站之间的通信是一跳）。这些基站在蜂窝网络中扮演很重要的角色：类似于 WMN 中 WHS 扮演的角色。

然而，虽然蜂窝网络中的基站能够处理所有的安全问题，在 WMN 中仅依靠 WHS 是很冒险的。因为 WMN 中的通信是多跳的。事实上，把所有的安全操作集中到 WHS 上会延缓攻击检测和处置，因此给对手有了可乘之机。此外，多跳性使得路由成为 WMN 中很重要和必需的功能性网络。并且就像所有的决定性选项，攻击者有可能会进行试探性攻击，因此路由机制必须是安全的。

多跳性对于网络利用率和性能也有很重要的影响。事实上，如果 WMN 设计得不好，离 WHS 有好几跳的 TAP 将会比与它相邻的 TAP 得到少很多的带宽。这就使得攻击者能够用这种特性降低 WMN 的性能。

注意到多跳性是 WMN 和 Wi-Fi 网络的主要区别，这就意味着通过 WMN 和 Wi-Fi 网络的对比，我们已经确定，安全方面中和多跳通信相关的问题是我们主要的安全挑战。

2. WMN 和互联网的区别

在 WMN 中，无线 TAP 扮演着类似于传统互联网中路由器的角色。由于无线通信易受被动攻击如窃听，以及主动攻击，如拒绝服务，WMN 遭受着这些因多跳通信而放大了影响的攻击。

另一个 WMN 和互联网的区别是：不像路由器，TAP 不是物理上保护的。事实上，它们大多数经常处于易被潜在攻击者攻击的区域（例如在屋顶或依附在路灯上）。这些设备物理上保护的缺失使得 WMN 很容易受到一些严重的攻击。事实上，一个非常重要的关于 TAP 的需求（因为网状网络中经济可行的概念）是它们低廉的成本，这排除了使用强劲的保护措施的可能性（例如，检测到的压力、电压或温度的变化）。因此，类似于篡改、劫持或者是 TAP 的复制的攻击可能并且很容易去实际操作。

这个对于 WMN 特点简洁的分析表明：相对于其他网络技术，这个新的安全挑战主要是因为多跳无线通信造成的，并且由于实际中 TAP 不能获得物理上的保护，多跳性延缓了检测和攻击恢复,这使得路由成为一个决定性的网络服务,而且有可能导致 TAP 之间的不公平,而 TAP 物理上的暴露使得攻击者能够劫持、克隆或者损害这些设备。

基于以上分析可知,无线 Mesh 网络主要具有以下优点。

1. 快速部署和易于安装

由于无线 Mesh 网络的自配置和自组织性,部署无线 Mesh 网络变得非常简单,只需要选定安装位置,部署固定的电力设施,然后接上电源就可以了。节点能够自动寻找节点,生成 Mesh 结构的互联网络。除此之外,新增加的节点也可以快速融入整个网络,很容易增大网络的容量和覆盖范围。因此部署的成本和安装时间相比有线网络大大降低。目前基于 IEEE 802.11s 的无线 Mesh 网络,与原有的 WLAN 的部署和配置基本相同。已布置的 WLAN 可以直接融入到 Mesh 网络中,而用户在 WLAN 上积累的管理经验和使用经验,都可以直接运用到 IEEE 802.11s Mesh 网络上。

2. 非视距传输

利用无线 Mesh 多跳技术,处于非视距的两个节点,可以很容易地建立连接,实现通信。这种特性使得无线 Mesh 网络可以轻松绕过障碍,覆盖到建筑内部的拐角等较为隐蔽的地方。这些地方如果使用有线网络,可能导致布线成本太高。因此无线 Mesh 网络不仅在室外有较好应用,在室内网络部署中也具有很好的特性。由于其自组织的特性,路由节点能够自动选择到达非视距的目标用户的最佳路径。通过有直接视距的用户或 Mesh 路由节点的中继,那些非视距用户也可以访问无线宽带网络。这种特性大大提高了 Mesh 网络的应用范围和覆盖范围。除此之外,Mesh 网络还可以作为有线网络的辅助。在已有有线网络的基础上提供更大的网络容量和覆盖范围。

3. 较强的健壮性

在无线 Mesh 网络中,无线 Mesh 路由器通常会同时连接多个转发点,当转发点出现故障时,节点可以自发寻找新的转发节点和路径,而不会中断通信。这种结构中节点之间的连接具有很高冗余度,单个节点故障不会影响整个网络的运行。

4. 灵活的拓扑结构

有线网络一般在建筑还没完成时就预留了网线通道,但如果在后期重新布线或修改布线时则相当困难,因为网线遇到障碍时只能绕过,这对布线的成本和设计都有很高的要求,而且常常影响美观。即使结合无线局域网,其延伸范围仍然有限。使用多跳的 Mesh 网络则可以采用各种类型的拓扑结构,受空间和障碍的约束较小。

5. 较高的带宽

无线局域网只支持单点接入,客户端较多时,难免引起拥塞。而处于网络边缘的用户也会因为信号强度较差,而无法采用较高的传输速率,因为信号强度通常直接关系到传输的带宽。采用 Mesh 网络则可以避免这些情况。首先,Mesh 提供多点接入,避免单点拥塞。其次,Mesh 多跳网络采用多个短跳来增大覆盖范围,避免处于网络边缘的用户接收信号差的问题。因此相比其他无线网络,Mesh 能够提供更高带宽。

6.5.2 Mesh 安全性挑战

在讨论 WMN 中具体的安全挑战之前,我们先给出一个简单的但很经典的例子。图 6.6 为 WMN 的一个部分:一个移动端(Mobile Client,MC)处于 TAP_3 的传输范围内,因此要依靠它连接互联网。由 MC 产生和接收的信息穿过 TAP_1、TAP_2、WHS。让我们考虑一种上行的信息(例如一个信息由 MC 产生并要发送入互联网)。在这个信息到达基础设施之前,需要成功通过一些认证。

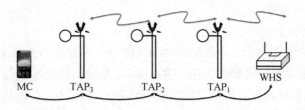

图 6.6　WMN 中一个典型的通信模型

首先,由于互联网连接通常是 MC 需要支付的一种服务,TAP_3 需要确定 MC 是否已经交费。这个认证可以通过不同的方法实现:例如,使用一个临时的账户(如基于认证的信用卡),一个事先约定好的密钥(如果这个 MC 是管理 TAP_3 的操作者的一个客户);后者有这样一个优势:对于外来的操作者,这个 MC 可以保持自己的匿名性。注意到我们想要避免的是:如果可能的话,对称加密操作的使用由 MC 完成。实际上,因为 MC 是电池供电的,认证操作应该比较节能,这使得使用公共密钥加密原语不合适;这些原语具有较高的计算开销,并易受 DoS 攻击。的确,如果认证协议需要计算或者验证一个签名,此功能可能被滥用,可以连续被对手询问而进行计算或验证签名,这种攻击将耗尽 MC 的电池。

这样就不得不进行第二次验证,即网络节点之间的相互认证(例如 TAP 和 WHS)。我们在初始化(或再次初始化)的阶段和由 MC 发起的会话建立期间区别这些节点是否被认证(例如在 MC 发送和接收分组期间)。

初始化阶段发生在 WMN 第一次部署的时候,而再次初始化阶段发生在这个网络需要重置的时候(例如发现被攻击之后)。TAP 和 WHS 能量充足,因此可以使用非对称密钥加密进行验证。所以,对于在初始化(或者再次初始化)阶段这些节点的认证来说,我们能够假定每一个 TAP 和 WHS 都被管理它们的操作者赋予一个经过注册的公/私钥对。这些公/私钥对用作这些节点之间的相互认证。这个假定是合理的,假设 WMN 比较小并且这个操作只是偶尔会做。注意到 MC 能够在会话建立阶段使用 TAP_3 的公钥去认证。

在一个会话阶段节点之间的相互认证是不同的:由 MC 产生和接收的信息将使用多跳通信进行交付,并且使用公钥加密技术对发送者和接收者和每个分组进行认证会带来较大延迟,并因此导致网络资源的不充分的利用,所以公钥加密技术不适合这种情况。相反,节点可以依靠对称密钥加密,使用在初始化(或再次初始化)阶段建立的会话密钥或那些本来就在设备中长期持有的密钥。如果每两个 TAP 之间都需要对这个节点进行认证,一种可能的解决方案包括在相邻节点之间建立或预定义对称密钥;这些密钥将被使用,通常用于计算交换消息的认证码(MAC),从而验证通信中所涉及的每个节点。否则,如果仅需要认证 WHS(在 TAP_3 如果考虑下行的消息,例如一个消息由互联网发送给 MC),对称密钥可以在每个 TAP 和 WHS 之间建立或预定义并用于计算交换信息的 MAC。

一旦 MC 和这些节点通过认证,需要验证交换信息的完整性。这种认证可以通过端到端来做(例如 WHS 负责上行的消息,MC 负责下行消息),通过每个中间 TAP,或者两者兼而有之。一种可能的方式来做到认证这一点,就是和 MC 在会话建立阶段建立一个对称密钥；MC 使用这个密钥保护信息（例如使用 MAC）。如果需要数据保密，这个密钥还可以用来加密信息。

我们关于 WMN 特性的研究提出了以下三个关键的安全操作。

（1）损坏 TAP 的发现；

（2）安全的路由机制；

（3）定义一个适当的公平度量去保证 WMN 中的一定程度的公平性。

这些挑战并不是仅有的需要去关注的挑战，因为其他的网络功能性也需要得到安全保障（MAC 协议，节点的地理位置等）。然而，我们选择去关注这三个挑战是因为它们在我们看来是 WMN 中最重要的。

1. 损坏 TAP 的发现

正如前面解释的那样，网状网络通常使用那些廉价的设备，这些设备容易被移动、损坏或复制。这样攻击者就能劫持一个 TAP 并篡改它的信息。注意到如果这个设备能够被远程管理，攻击者甚至都不用劫持实际的物理设备；远程劫持就能达到很好的效果。WHS 在 WMN 中扮演一个很特殊的角色并且有可能处理或存储重要的密码信息（例如与 MC 共享的临时对称密钥，与 TAP 共享的长期对称密钥）。因此，我们假定 WHS 受物理上的保护。

我们确定 4 种对于缺乏抵抗力的设备的主要攻击方式，这些攻击方式取决于攻击者想要得到什么。第一种攻击包括对 TAP 简单的移动的替换，这样做的目的是改变网络的拓扑结构进而满足攻击者的需求。当一个粗暴的永久性的拓扑改变被发现，这种攻击就能被 WHS 或邻居节点检测到。

第二种攻击包括访问劫持设备的内部状态但不去改变它。检测出这种攻击是很困难的，因为 TAP 的状态没有改变。因为攻击者已经成功执行了这个攻击，所以也不需要断开 WMN 和这个设备的连接。并且即使需要去断开，这个设备的消失也不能被检测到，因为它能够因为拥塞问题而被同化。如果成功实施这次攻击，攻击者就能够控制这个设备并分析流过这个设备的所有流量。这种攻击比简单的无线频道监听更严重，因为攻击者能够通过劫持设备去得到它的秘密信息（例如他的公/私钥对，与邻居 TAP 和 WHS 共享的对称密钥）并且能够利用这些信息去做一些破坏，至少就本地而言，有 WMN 的安全问题，特别是信息的机密性和完整性，还有客户的匿名性。不幸的是，没有一种明显的方法能够检测到这种攻击。然而，一种可能的解决方案是对这些 TAP 进行周期的重置和编程。这样攻击者就必须再次去劫持这个设备。

第三种攻击是攻击者修改 TAP 内部的状态（设置参数、秘密信息等）。这个攻击的目的可以是修改劫持节点的路由算法从而改变网络拓扑图。

最后一种攻击是复制劫持的设备并在一些网状网络中关键的位置安装这些设备，这样就使得攻击者能够在 WMN 中部分区域注入错误信息，这种攻击能够严重干扰路由机制。

2. 安全多跳路由

通过攻击路由机制，攻击者能够修改网络拓扑从而影响整个网络的功能。攻击的原因很多：这个攻击可能是合理的，这就是说合理攻击者只有在这次攻击有收益，得到有质量的服务或者节省资源的情况才去实施攻击，否则，它就是恶意的。例如，一个恶意攻击者有可能想分割网络，孤立一个指定的 TAP 或一个特定的区域，而一个合理的攻击者可能想强制流量通过网络中一个特定的 TAP（例如通过一个脆弱的 TAP）从而监督一个给定 MC 或区域的流量。另外一个例子是攻击者要人工地增加 WHS 和 TAP 之间的路由跳数,这有可能严重影响网络的性能。这种攻击可能是合理的,例如它和一个竞争者竞争。

为了攻击路由机制,攻击者能够损坏路由消息,修改网络中一个或多个 TAP 的状态,使用复制的节点或实施 DoS 攻击。

为了防止对路由消息的攻击,操作者可以使用提出的在无线多跳网络中的一种路由协议。

如果攻击者选择修改网络中一个或多个 TAP 的状态,能够用工具检测出来,并且操作者能够相应地重置 WMN。

如果攻击者使用复制的节点,操作员能够通过发现网络拓扑不同于原始的部署而检测出这种攻击。这样就能使非法节点失效或安装新的节点。

最后,DoS 攻击代表了一个简单但有效的攻击路由方式。这种攻击危害巨大,因为它很容易实施但不可能被阻止。事实上,攻击者能够干扰特定区域内的 TAP 之间的通信并强制重启整个网络。为了解决这个问题,操作者不得不找出干扰源,如果可能的话,把它禁用。

注意到除了第一种攻击,解决其他的攻击方式都需要人工的参与(例如到特定区域安装/移除 TAP 或无线电干扰设备),这可能被认为是成功的攻击。

3. 公平性

在 WMN 中所有的 TAP 使用同一个 WHS 向基础设施传递消息。因此,TAP 获得的流量很大程度上来源于它们在 WMN 中的位置。事实上,离 WHS 两跳以上距离的 TAP 有可能出现"饥饿"(例如他们的客户不能接收或发送消息),这就很不公平了。虽然提出了方案可以保证 TAP 公平的共享带宽。然而,基于 TAP 的公平性并不是 WMN 中最好的解决方法。事实上,考虑如图 6.7 所示的一维 WMN 图,一个公平的 TAP 机制将引导 $Flow_1 \sim$ $Flow_3$ 中每一个拥有同样的带宽,而不考虑每个 TAP 所服务的客户的数量。我们相信带宽共享应该是"客户智能"公平的。这就是为什么在图 6.7 的例子中 $Flow_2$ 因此应该拥有 $Flow_1$ 和 $Flow_3$ 流量总量的一半,因为 TAP_2 只服务一个客户,而 TAP_1 和 TAP_3 服务两个客户。

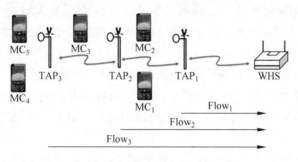

图 6.7　公平性问题

公平性问题与 TAP 和 WHS 相离多少跳数密切相关,这就意味着试图增加 TAP 和 WHS 之间的跳数时,它能动态地降低这个 TAP 所得的带宽。一种可能的解决方案是周期性地重启 WMN,假设 WHS 和 TAP 是静态的,操作者能够定义基于 WMN 中的流量,这是 WMN 中最合适的设置并强制 TAPs 上的路由成为最优的路由。一旦这个网络拥有一个最优的设置,就可以使用提出的机制保证 WMN 中客户的公平性和最优的带宽使用。

为了阐释到目前为止描述的攻击方式,我们给出两个攻击者有可能对一个 WMN 进行攻击的例子(如图 6.8 所示)。第一次攻击中攻击者损坏了 TAP_2,而第二次攻击是一个 DoS 攻击——基于干扰电台——在 TAP_5 和 TAP_6 通信线路之间。注意到我们假定这两次攻击是由同一个攻击者实施的,这是为了说明最坏的情况(因为这使得攻击者更强大)。

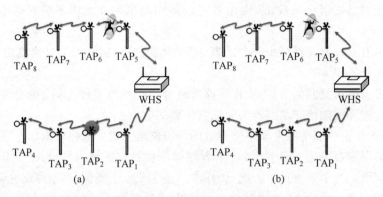

图 6.8 两种攻击的相关的对策

这些攻击背后的动机可能是这样的:一方面,通过损坏 TAP_2,攻击者就能够拿到它的秘密数据,因此能拿到通过它的完整的保密的数据,还能知道依附于 TAP_2、TAP_3、TAP_4 的 MC 的匿名性。另一方面,DoS 攻击是一种很简单但很有效的分割 WMN 和强制网络重置的方式。

必须检测到这些问题并做出相应的回应。一种可能的反应是操作员替换掉被损坏的 TAP,即如图 6.8 中 TAP_2 被替换成一个未被损坏的。对干扰电台的检测和禁用可能会更加微妙。事实上,找到这个电台的确切位置可能很困难,并且即使找到了,操作员也可能没有权利去禁用它(例如 WMN 和干扰电台在统一为认证的波段运行);在这种情况下就不得不重置网络了。连接情况的变化会影响路由并会增加特定 TAP 到 WHS 的跳数(例如在图 6.8 中 TAP_6 里 WHS 只有两跳,在网络重置后,就变成了 7 跳),正如前面展示的那样,这会动态地影响 WMN 的性能。注意到操作员可以舍弃一个 TAP,如果它明显已经暴露(例如一个区域中某个 TAP 被一次又一次地损坏),在这种情况下就需要部署额外的设备区弥补覆盖的盲点。

WMN 展示了一种简单的、廉价的方法去扩展 WHS 的覆盖范围。然而,这种网络的部署由于缺乏安全保障而减缓。本节分析了 WMN 的特点并演示了三个最基本的需要保证安全的网络操作:损坏 TAP 的发现;安全的路由机制;定义一个适当的公平度量去保证 WMN 中的一定程度的公平性。

我们已经提出一些方案去保证这些操作的安全。最终,介绍了两个未来的 WMN(车载网络和多操作者 WMN)并简要分析了它们引入的新的安全挑战。

6.5.3 Mesh 其他应用

WMN 在实际中是一个很广泛的概念,在这一节将展示两种特殊情况下的 WMN。

1. 车载网络

到目前为止,我们一直假定 TAP 是静止的。车载网络代表了 WMN 中一种特殊的情况,这种特殊的 WMN 包括一些移动 TAP(由汽车承载)和路边的 WHS。由车载网络提供的应用很宽泛,包括例如报告重要信息(如一个事故,如图 6.9 所示)的安全相关的应用或者协作驾驶(如绕道防止交通堵塞)的优化交通的应用和基于位置的服务(有针对性的营销)。

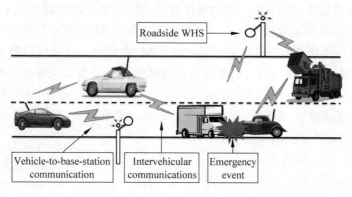

图 6.9　一种特殊的 WMN——车载网络

除了介绍 WMN 中的安全需求——特别是不同设备之间的认证(汽车和路边的 WHS)和数据的完整性与保密性——车载网络引入了一些特殊的需求,例如安全和精确位置信息或实时限制(重要事件的报告不应该延迟)方面的需求。另外,节点的移动性使得一些(分布式的)网络操作的定义和实现更加的脆弱(例如一个安全路由机制或一个有效的安全度量)。此外,由于每个车属于不同的人所有,而这些人有可能会因为自私而损坏这些嵌入式设备,所以对这些设备的保护变成了一个很重要的问题。

2. 多操作者的 WMN

到目前为止,我们一直假定 WMN 由一个操作员管理,但是一个网状网络也能指派一些属于不同网络的无线设备并通过不同的操作者控制。这些设备可以是 AP、基站、笔记本、车载节点或者手机(如图 6.10 所示),并且它们的聚合会导致一个无计划的有一些有趣特性的网状网络。

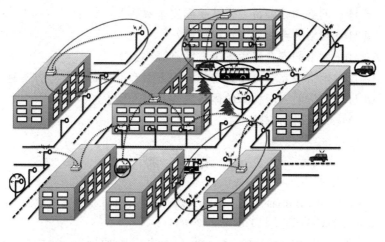

图 6.10　一个多操作者的 WMN

不管 WMN 是被一个或多个操作者控制，选择这样一个网络背后的原因是一样的：它可以简单、快速、廉价地进行网络部署。然而，安全的保障在多操作者共存的网络中还是很脆弱。事实上，对于确定的安全挑战来说，这还会增加一些挑战，例如属于不同操作域节点之间的认证或这些区域内不同的收费政策（这样甚至会影响公平性）。

另一个重要的安全问题是由不同的操作者使用同一个频段引起的。事实上，如果我们假定一个 MC 能够自由地穿梭于由不同操作者管理的 TAP 并且它以最强的信号依附于它的邻居 TAP，每个操作者能够临时地配置它的 TAP 使得它一直能够以最大的认证级别进行传输（这样就保证它可以被最大数目的 MC 检测到）；这种情形会导致 WMN 的性能变差但能通过使用多频率/多频道（Multiradio/Multichannel，MR-MC）TAP 去解决。注意到 MR-MC 的使用能够减轻 DoS 攻击的效果；攻击者不能仅阻塞一个频道，而必须阻塞特定节点的所有频道，这样才能彻底地禁用它。

小　结

移动 Ad Hoc 网络或 MANET，是一个临时的无中心基础设施的网络，它由一系列移动节点在无线环境中动态地建立起来，而不依赖任何中央管理设备。MANET 有区别于传统网络的特点，而正是这些特点使它比传统网络更容易受到攻击，这也使得其安全问题的解决方案与其他网络不同。影响 Ad Hoc 网络安全的威胁分为两种：攻击和不当行为。移动 Ad Hoc 网络安全目标是：可用性、真实性、数据机密性、完整性和不可抵赖性。

本章介绍了 Ad Hoc 网络的路由攻击种类以及安全路由的解决方案。密钥管理系统是一种同时用于移动 Ad Hoc 网络中的网络功能与应用服务的基本安全机制。本章也对于 Ad Hoc 网络的入侵检测系统进行了详细的介绍。最后，还介绍了无线 Mesh 网络，它作为移动 Ad Hoc 网络的一种特殊化形式也在广泛地应用中。

思　考　题

1. 移动 Ad Hoc 网络的哪些特点使其受到安全威胁？
2. 移动 Ad Hoc 网络的路由攻击包括哪些？
3. 移动 Ad Hoc 网络的安全路由解决方案有哪些？
4. 移动 Ad Hoc 网络中完全分布式密钥管理方案和部分密钥管理方案有什么区别？
5. 移动 Ad Hoc 网络的入侵检测的体系结构有哪几类？
6. 请谈一谈 Mesh 网络的应用。

参 考 文 献

[1] Djenouri D, Khelladi L, Badache A N. A survey of security issues in mobile ad hoc networks[J]. IEEE Communications Surveys & Tutorials, 2006, 7(4).

[2] William Stallings. Cryptography and network security principles and practices [M]. Pearson Education Inc, 3d edition, 2003.

[3] Frank Stajano, Ross Anderson. The resurrecting duckling: Security issues for ad-hoc wireless networks[C]. In 7th International Security Protocols Workshop, Cambridge, UK, 1999.

[4] Dan Nguyen, Li Zhao, Pra ornsiri Uisawang, John Platt. Security routing analysis for mobile ad hoc networks[R]. Technical report, University of Colorado, Boulder, 2003.

[5] Johnson D B. Dynamic source routing in ad-hoc wireless networks[J]. ACM Communication Review, 1996(26).

[6] Y -B Ko, N H Vaidya. Location-aided routing, LAR, in mobile ad-hoc networks[C]. ACM/IEEE MOBICOM'98, Dallas, Texas, 1998.

[7] N Badache, D Djenouri, A Derhab, T Lemlouma. Les protocoles de routage dans les rseaux mobiles ad-hoc[J]. RIST Revue d'Information Scienti_que et Technique, 2002,12(2).

[8] Nadjib Badache, Djamel Djenouri, Abdelouahid Derhab. Mobility impact on mobile ad-hoc networks [C]. In ACS/IEEE conference proceeding, Tunis, Tunisia, 2003.

[9] Yih-Chun Hu, Adrian Perrig, David B Johnson. Ariadne: a secure on-demand routing protocol for ad-hoc networks[C]. Proceedings of the Eighth Annual International Conference on Mobile Computing and Networking MobiCom, 2002.

[10] Yih-Chun Hu, David B Johnson, Adrian Perrig. Secure e_cient distance vector routing in mobilewireless ad-hoc networks[C]. 4th IEEE Workshop on Mobile Computing Systems and Applications(WMCSA 02), 2002.

[11] Claude Castelluccia, Gabriel Montenegro. Protecting AODV against impersonation attacks[J]. ACM SIGMOBILE Mobile Computing and Communications Review archive, 2002.

[12] Panagiotis Papadimitratos, Zygmunt J Haas. Secure routing for mobile ad hoc networks[C]. SCS Communication Networks and Distributed Systems Modeling and Simulation Conference (CNDS 2002), 2002.

[13] Adrian Perrig, Robert Szewczyk, Victor Wen, David Culler, J D Tygar. Spins: Security protocols for sensor networks[C]. 7th Annual ACM International Conference on Mobile Computing and Networks (MobiCom 2001). Rome, Italy, 2001.

[14] Kimaya Sanzgiri, Bridget Dahill, Brian Neil Levine, Clay Shields, Elizabeth Belding-Royer[C]. A secure routing protocol for ad-hoc networks. Proceedings of the 10th IEEE International Conference on Network Protocols (ICNP 02), 2002.

[15] Manel Guerrero Zapata, N Asokan. Securing ad-hoc routing protocols[C]. Proceedings of the ACM Workshop on Wireless Security (WiSe 2002), 2002.

[16] Yih-Chun Hu, Adrian Perrig, David B Johnson. Rushing attacks and defense in wireless ad-hoc network routing protocols[C]. Proceeding of the ACM workshop on WIreless SEcurity (WISE 2003), San diego, CA, USA, 2003.

[17] Yih-Chun Hu, Adrian Perrig, David B Johnson. Packet leashes: A defense against wormhole attacks in wireless ad-hoc networks[C]. 22nd Annual Joint Conference of the IEEE Computer and Communications Societies (INFOCOM 2003), 2003.

[18] Djamel Djenouri, Nadjib Badache. An energy efficient routing protocol for mobile ad-hoc network [C]. The 2nd proceeding of the Mediterranean Workshop on Ad-Hoc Networks (Med-Hoc-Nets 2003), Mahdia, Tunisia, 2003.

[19] S Marti, T Giuli, K Lai, M Baker. Mitigating routing misbehavior in mobile ad hoc networks[C]. ACM Mobile Computing and Networking(MOBICOM 2000), 2000.

[20] X Meng, H Yang, S Lu. Self-organized network layer security in mobile ad-hoc networks[C]. ACM MOBICOM Wireless Security Workshop (WiSe'02), 2002.

[21] Srdjan Capkun, Levente Buttyan, Jean-Pierre Hubaux. Self-organized public-key management for

183

第 6 章

mobile ad-hoc networks[J]. IEEE Transactions on Mobile Computing，2003，2(1).

[22] Seung Yi，Robin Kravetso. Moca：Mobile certificate authority for wireless ad-hoc networks[C]. The 2nd anunual PKI research workshop (PKI 03)，Gaithersburg，2003.

[23] Y Zhang，W Lee. Intrusion detection in wireless adhoc networks [C]. Mobile Computing and Networking(MOBICOM 2000)，Boston，MA，USA，2000.

[24] Ben Salem，N EPFL，Lausanne Hubaux. Securing wireless mesh networks[J]. Wireless Communications，2006，13(2).

第7章 车载网络安全

车载网络(Vehicular Ad Hoc NETwork,VANET)是一种使用无线网络在公路中进行数据传输的移动自组织网络(Mobile Ad Hoc NETwork,MANET),包括车辆与车辆之间以及车辆与路侧单元(Road Side Unit,RSU)之间的通信。作为智能交通系统(Intelligent Transportation Systems,ITS)的重要部分,VANET 为乘客与司机提供一系列安全应用,如保证车辆安全、自动缴费、流量管理、定位服务、精确导航以及互联网接入等功能。

然而车载网络如今面临着路由安全与隐私保护两大安全问题。窃听、重放攻击、拒绝服务攻击、女巫攻击、虫洞攻击、中间人攻击等安全威胁依然存在。因此,保证车载网络的安全问题一直是车载网络应用中的重要问题。

本章首先介绍了车载网络的特点与面临的安全威胁,总结了车载网络的安全目标,并从路由安全与隐私保护两大方面介绍了车载网络安全方面的进展与突破。

7.1 车载网络概述

7.1.1 车载网络特点

车载自组网(VANET)如图 7.1 所示,是指在车辆与车辆之间、车辆与路侧单元(RSU)之间以及车辆与行人之间形成的通信网络,是将自组网技术应用于智能交通系统之中而形成的自组织的、方便搭建、成本低廉的开放移动自组网络,具有无中心、支持多跳转发的数据传输能力,以使驾驶者在超视距范围内获得其他车辆的状况信息以及实时路况信息,从而实现交通预警、拥塞控制、路径查询以及互联网接入等功能。VANET 应用范围涉及智能交通系统、计算机网络以及无线通信三大传统计算机研究领域,因而引起了学界和工业界的广泛关注。

VANET 包括车间通信(Vehicle to Vehicle,V2V)和车路通信(Vehicle to Infrastructure,V2I)两个部分。车间通信是指车辆之间单跳或多跳的通信。车路通信是车辆与 RSU 等基础设施以及 RSU 之间的通信,以使车辆接入互联网。

目前车载通信中比较权威的协议架构是 IEEE 给出的 WAVE 协议栈:物理层和数据链路层由 IEEE 802.11p、IEEE 1609.4 和 IEEE 802.2 构成;网络层和传输层使用传统的 TCP/IP 和为车载安全应用设计的 IEEE 1609.3 协议;应用层中将应用分成安全应用和非安全应用,并用 SAE 协议作为安全应用的消息子层;最后 IEEE 1609.2 作为安全协议可以跨层使用。

车载自组网的主要特点如下。

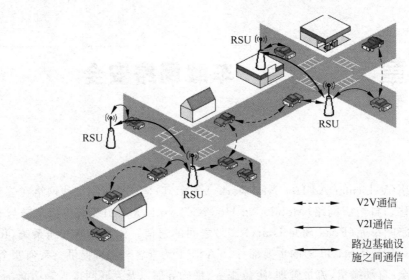

图 7.1　车载网络架构

（1）网络拓扑的高动态变化性：由于节点（车辆）不断进行高速移动，车载自组网网络拓扑结构变化快，路由路径寿命短。

（2）信道不稳定：由于暴露于交通系统与人为因素之下，车载自组网信道容易受多种因素（车辆类型、车辆相对速度、建筑障碍物和交通状况等）的影响。

（3）节点能量无限：节点可以通过发动机获得持久电力因此具有长久的计算能力和存储能力，同时车辆的内部空间还可以部署天线以及其他通信设施。

（4）节点运动规律：节点移动只能沿着车道单/双向移动，具有一维性。

（5）节点轨迹可预测：道路的静态形状可以限制车辆的移动路径，因此车辆轨道一般可预测。

（6）精确定位：GPS能够为节点提供精确定位，利于获取自身位置信息。

（7）延时要求严格：由于交通系统的高速运行变化，信息与数据传输都需确保迅速准确，以达到低网络时延。

7.1.2　车载网络安全综述

目前，车载网络应用前景广阔，使用价值巨大，但其信息安全问题依然未得到较好的解决。由于车载网络无中心、自组织的特点，使用传统的安全机制难以有效管理自由松散的节点，这使得车载自组网面临着来自恶意节点的安全威胁。

如今，车载网络中的攻击者可以从以下4个方面进行分类。

1. 访问权限

按照访问权限分类，攻击者分为内部攻击者与外部攻击者。内部攻击者是有权与网络中其他成员通信的网络成员，拥有CA颁发的证书，享有合法认证身份；外部攻击者则是网络外部的入侵者，没有证书和认证身份，未被授权与网络中成员进行正常通信。

2. 攻击动机

按照攻击动机来分类，攻击者分为理性攻击者和恶意攻击者。理性攻击者是指利用破坏行为为自己谋利,因此其手段和目标较易预测;恶意攻击者是纯粹故意破坏网络,目标难测,有突发性。

3. 主动性

按照攻击手段的主动性分类,攻击者分为主动攻击者与被动攻击者。主动攻击者主要利用篡改数据、盗用身份等途径发送伪造消息,干扰车辆获得的路况信息;被动攻击者主要通过监测信道、窃听数据包来获取隐私信息。

4. 分散程度

按照攻击者控制实体的分散程度分类,攻击者分为集中攻击者与分散攻击者。集中攻击者控制的实体集中在一个很小的区域内;分散攻击者控制的实体则分散在网络中的不同部分。

因此,当今车载网络中面临的安全威胁可以列举如下。

(1) 窃听攻击(Snooping):属于被动攻击。未被授权的恶意节点可以访问到普通节点之间的通信内容并为自己所用,造成用户的隐私泄漏或者信息被窃取。由于窃听攻击没有篡改数据,所以它属于被动攻击。

(2) 分析攻击(Traffic Analysis):属于被动攻击。攻击者通过检测并分析车载网络的大量信息(车辆的请求和回复信息),获得车辆间交流的模式,从而可以推断出车辆间交流的内容。由于分析攻击没有篡改数据,所以也属于被动攻击。

(3) 数据篡改:攻击者捕获并篡改传递的数据包,是一种主动攻击。

(4) 重放攻击(Replay Attack):攻击者截获数据包并在目的节点处已经收到该数据包后继续重复性或者欺诈性地发送该数据包给其他节点。这种攻击方式多用来截取用于身份认证的数据包从而骗取目的节点的信任,破坏网络的认证性。重放攻击是一种主动攻击。

(5) 伪装(Masquerading):攻击者使用普通节点的 ID 并伪装成合法用户,在两个节点的正常通信过程中,以接收方的身份截取发送方发送的消息。这种攻击方式可以篡改数据,发送伪造信息,因此是一种主动攻击。

(6) 否认攻击(Repudiation):当系统不能追踪并记录用户的行为时,恶意操作就相当于被允许了,因为此时没有根据对一个人进行问责,攻击者可以否认自己的行为并嫁祸于他人。否认攻击发生时,系统无法找出真正的攻击者。

(7) 女巫攻击(Sybil Attack):攻击者可以同时创建多个身份,从而增强自己在网络中的控制力。例如,掌控选举的投票方向等。

(8) 虫洞攻击:又称隧道攻击,即多个恶意节点共同发起攻击,彼此间建立一条高质量高带宽的路由路径(隧道),这条路往往比正常路径短,因此周围的节点在发送数据包时会选择这条由恶意节点建立的虚假路径。数据包在恶意节点建立的隧道中传递时,恶意节点可以窃听数据包或者篡改信息,因此,虫洞攻击是一种主动攻击。

(9) 信号干扰:攻击者发送比 GPS 更强的信号来破坏原有的正确信号,导致网络中的车辆节点收到错误的信息,做出错误判断。

(10) 延时攻击:攻击者收到紧急消息却并不立即转发,导致其他节点接收消息时有延迟,从而导致系统性能下降。

(11) 中间人攻击(Man-in-the-Middle):攻击者作为两个直接通信节点的中间人,冒用一方身份与另一方通信,并通过插入新消息或者修改消息的方式破坏节点正常通信。

（12）暴力攻击法（Brute Force Attack）：暴力攻击法是一种穷举密钥查询技术，攻击者会尝试所有可能的密钥，直到找到正确值。在车载网络中，现存的认证协议都没能很好地预防这种攻击，一旦暴力攻击成功，攻击者几乎可以为所欲为：广播错误的路况信息，控制网络中的车辆节点，诱导交通堵塞或者交通事故。

（13）恶意软件和垃圾攻击（Malware and Spam Attack）：攻击者一般为内部攻击者。网络中节点或者 RSU 进行软件更新时，网络非常容易遭受恶意软件（如病毒）感染，从而使网络性能遭受破坏。另外，攻击者可以发送大量垃圾信息消耗网络带宽，增加传输延迟，从而导致系统性能下降。在车载网络中缺乏必要的中央管理设备，因此这种攻击行为很难控制。

（14）选择转发（Selective Forwarding）：攻击者总是选择丢弃部分特定的数据包，从而破坏网络通信。因为丢弃全部数据包容易被察觉，选择转发可以降低被发现的可能性。

当前研究表明，车载自组网中的网络与信息安全有以下几个安全目标。

（1）可用性（Availability）。

可用性是保证网络在遭受攻击的情况下仍能够进行正常可靠的通信，不会因为遭受恶意攻击而陷入瘫痪无法使用。可用性对于紧急事故或者突发事故处理系统格外重要。因为在遇到紧急事故或者突发事故时，更需要网络通信进行现场调度与协调，此时网络的良好性能能够很好地指导人们处理事故，不至于造成混乱。

（2）完整性（Integrity）。

完整性是指信息能够完整准确地到达目的节点，不会在报文分组转发过程中被篡改。信息一旦被恶意节点篡改，就会产生错误信息或虚假信息，伤害用户的隐私或产生错误的诱导信息，阻碍节点之间正常的通信。

（3）认可性（Nor-repudiation）。

认可性是指网络中信息的发送方不能否认已经发送的信息，这样可以检测恶意节点的攻击，防止恶意节点的抵赖行为。

（4）机密性（Confidentiality）。

机密性是指秘密信息不被非授权节点窃取，路由信息本身也需要加密，因为路由信息可能被攻击者用来识别身份，或者对网络中有价值的目标进行定位。

（5）认证性（Authentication）。

认证性是指节点间能够相互确认身份，以鉴别恶意节点，防止恶意节点伪装成正常节点进行非法通信，非法获取信息。

7.2　车载网络路由安全

车载网络的一个重要功能是实现网络节点的安全通信，其中最重要的环节就是保障路由安全。如今，车载网络中面临着许多针对路由的攻击，如身份仿冒、路由修改、隐私攻击、拒绝服务攻击以及黑洞攻击。同时，由于车载网络自组织以及高速变化的特点，车载网络路由方案的确立需从 4 个方面入手：车辆认证、密钥生成、密钥分发以及节点高速移动。

针对当今车载网络应用中的问题，本节介绍现存常用的一些安全路由算法，如 Ariadne、ARAN、SAODV、CONFIDANT、DCMD，这些算法针对不同的网络架构与网络协议,分别采用数字签名、非对称加密以及信誉系统等安全机制实现路由安全。

7.2.1 安全路由攻击概述

在车载网络中,根据使用的通信方法不同,路由协议分为广播路由、拓扑路由以及地理路由。广播路由向网络中的所有节点转发数据包,在网络中引入大量数据与控制信息,有可能导致网络负载过重,性能下降。拓扑路由根据网络当前的拓扑状态建立路由表。地理路由根据节点的地理位置转发数据包,主要针对网络中地理位置相距较远的节点。

目前,车载网络中路由攻击有以下 5 种类型。

1. 身份仿冒

攻击者盗用其他车辆节点的标识,与其他节点进行非法通信,从而非法获得数据或者传递伪造信息。

2. 路由修改攻击

网络中的恶意节点修改路由信息,如源节点和目的节点标识,从而破坏路由查找过程,妨碍数据正确地转发,破坏节点之间的通信。

3. 隐私攻击

由于车载自组网的自组织性,车辆的位置信息自由地在网络之中传递,难以监管。攻击者可以利用收集到的位置信息对目标车辆节点进行追踪,从而造成对驾驶者的隐私伤害。

4. 拒绝服务

与传统的传感器网络相同,攻击者可能对网络带宽进行消耗性攻击,从而使得合法的用户无法访问服务器。例如,恶意节点不断向其他节点重复地发送数据包或者无效的数据,使得节点无法响应别的请求,导致该节点服务器停止服务。

5. 黑洞攻击

网络中的恶意节点不断向源节点回复路由应答,声明经过自己到达目的节点有最短路由,使源节点建立到达自己的路由,因此大量数据包将会涌向该恶意节点。但该恶意节点直接将涌来的数据包丢弃而不转发,从而网络在该恶意节点处丢包率急剧上升,就像产生了一个吞噬数据的"黑洞"。

7.2.2 安全路由解决方案

本节中详细介绍 DSR 与 AODV 路由协议,以及在 DSR 基础上进行扩展的 ARIADNE 与 CONFIDANT 安全路由协议,在 AODV 基础上扩展的 ARAN 与 SAODV 安全路由协议和基于传感数据的安全路由协议 DCMD。

1. DSR

动态源端路由协议(Dynamic Source Routing,DSR),指的是在节点间进行数据包传输时,发送方在数据包的头部构造路由路径(源路由),给出路径中每一个主机的 IP 地址。发送方将数据包发送给源路由中第一跳的主机,当一个主机收到一个数据包时,如果该主机不是目的主机,它会按照数据包中的源路由中的下一跳的 IP 地址转发数据包,而如果该主机是目的主机,数据包就会传递到该主机的网络层。

网络中的每一个主机都有一个路由缓存(Route Cache)来记录学习到的路由路径。当一个主机向另一个主机发送数据包时,发送方首先检查它的路由缓存。如果存在一个路由记录,发送方就会按照这个路由来传输这个数据包。如果没有路由记录存在,发送方会使用路由发现(Route Discovery)过程来寻找一个合适的路由。当主机在使用任何源路由时,它会监测这条路由的可用性。例如,如果某一跳的主机移动出了它上一跳或者下一跳节点的传输范围,这条路由就不可用了;如果这条路由上的任何一个主机断电,这条路由同样也不可用。这个监测的过程称为路由维护(Route Maintenance)。当路由维护过程中发现了路由的问题时,需要再次使用路由发现来寻找一个新的并且正确的路由路径。

DSR 的路由发现过程如下:如图 7.2 所示,如果一个节点需要传送数据包并且此时该节点的路由缓存中没有到达目的节点的路由,这个节点就会发起路由发现过程。发送数据包的源节点就是路由发现的发起者(Initiator),而目的节点就是路由发现的目标(Target)。

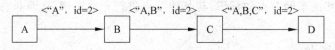

图 7.2　路由请求报文传递

如图 7.2 所示,发起者(节点 A)广播一个路由请求报文(Route Request Packet, RREQ)指定路由发现的目标(节点 D)和一个独一无二的报文标识 id,同时记录着该 RREQ 经过的路径的路由记录(Route Record)。每个收到 RREQ 的节点会对报文进行相应的处理。如果该节点已经收到过这个报文或者该节点的地址已经出现在报文的路由记录中,节点就丢弃这个报文不再继续转发。否则,节点将自己的地址附加在报文的路由记录中并继续转发。当 RREQ 到达它的目标后,目的节点会向路由发现的发起者(源节点)发送一个路由回复报文(Route Reply Packet,RREP),记录着 RREQ 所经过的路由路径。当发起者收到 RREP 时,它将报文中的路由路径记录在自己的路由缓存中。

DSR 路由维护过程如下:由于节点在移动,节点间可能由于距离过大而无法正常通信,从而导致链路中断,如图 7.3 所示。路由维护指的就是转发数据包的节点检测到了路由路径的中断并重新建立路由的过程。

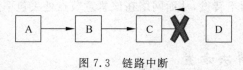

图 7.3　链路中断

DSR 是一种源端路由协议,当发送一个数据包时,源节点会在传递的数据包里列出路由路径中每一跳的节点,数据包就会按照这个路径在网络中进行转发。每一个中间节点转发数据包后,等待接收下一跳节点的确认。如果数据分组被重发了一定次数仍然没有收到下一跳的确认,则节点向源端发送路由错误报文(Route Error Packet,RRER),如果源端路由缓存中存在另一条到目的节点的路由则使用该路由重发分组,否则重新开始路由发现过程。

DSR 协议与传统的周期性路由发现协议的不同之处在于,DSR 协议只在有数据包的传送和面临网络拓扑结构的改变时,才进行路由发现过程,因此网络负载更低。这能提高网络带宽与电池电量的有效利用率,减少带宽和电量浪费在没有意义的路由发现过程中。同时,网络负载减少,代表着网络中需要验证的数据包也减少了,因此维护网络安全的计算量也相应降低,网络性能则相应提高。

2. ARIADNE

在 DSR 的基础上扩展使用了非对称认证机制：TESLA,数字签名和成对共享密钥的 MAC 认证。TESLA 是一种广播认证协议,利用节点间的时钟同步与定时密钥公布来实现非对称验证。每一个节点生成一个随机数作为密钥 K_N 并且不断用单向散列函数 H 作用于 K_N,生成单向密钥链：

$$K_{N-1} = H[K_N],$$
$$K_{N-2} = H[K_{N-1}],$$
$$\cdots$$

因此,任何一个节点可以根据密钥链上的任何一个密钥 K_i 来计算密钥链上任何一个之前的密钥 K_j：

$$K_j = H_{i-j}[K_i] \tag{7-1}$$

每一个节点按照事先确定的时间安排,反向公布密钥链上的密钥,$K_0,K_1,\cdots,K_N$。一个比较简单的密钥公开机制是按照固定的时间间隔依次公布密钥链,即在 $T_0 + i \cdot t$ 时公布 K_i,T_0 是 K_0 公布的时刻,t 是每一次公开密钥时刻的时间间隔。

我们假设节点 S 和 D 的每个端对端源-目标对都共享 MAC 密钥 K_{SD} 和 K_{DS},且每个节点具有 TESLA 单向密钥链,所有节点都知道其他任意节点的 TESLA 单向密钥链的真实密钥。路由发现有两个阶段：发起者用路由请求报文泛洪网络,目标节点返回路由回复报文。为了保护路由请求包,ARIADNE 提供了以下属性：①目标节点可以验证发起者(使用具有发起者和目标之间共享的密钥的 MAC)；②发起方可以在路由回复中验证路径的每一跳(每个中间节点附加具有其 TESLA 密钥的 MAC)；③没有中间节点可以删除路由请求或者路由回复的节点列表中的节点(单向函数防止恶意节点从节点列表中删除节点)。

如果 ARIADNE 路由发现使用 TESLA 协议,源节点传递数据之前,向网络中广播数据请求报文,与传统的 DSR 不同,在 ARIADNE 中,数据请求报文包括如下字段：

< ROUTE REQUEST, initiator, target, ID,
time interval, hash chain, node_list, MAC_list >

ID 是该报文的唯一标识,散列链被源节点使用与目标节点共享的密钥 K_{SD} 初始化为 $h_0 = \text{MAC}_{KSD}(\text{REQUEST}, S, D, \text{id}, t)$,initiator 与 target 分别表示源节点与目标节点的地址,node_list 表示路由记录中的节点列表,被初始化为空,MAC_list 表示路由过程中在每个节点处计算得到的 MAC 列表,初始化为空。

收到路由请求报文的节点 A 会对报文进行相应的处理。如果该节点已经收到过这个请求报文,节点就丢弃这个路由请求报文不再继续转发。而如果该报文中的 TESLA 时间间隔不合适,导致用于验证的 TESLA 密钥提前公开,此报文就无法验证正确性,那么节点也要丢弃这个路由请求报文不再继续转发。否则,节点 A 将自己的地址附加在路由请求报文的节点列表中,更新散列链 $h = H[A, \text{hash chain}]$,并使用 A 发布的 TESLA 密钥 K_{At} 计算 $M_A = \text{MAC}_{KAt}(\text{REQUEST}, S, D, \text{id}, t, h_1, (A), ())$ 添加到 MAC 列表中,然后继续转发这个路由请求报文。路由请求报文依次经过 $B,C\cdots\cdots$ 直到到达目标节点。目标节点收到路由请求报文后,若这个时间段的 TESLA 密钥还未公开且散列链等于：

$$H[\eta_n, H[\eta_{n-1}, H[\cdots, H[\eta_1, \text{MAC}_{KSD}(S, D, \text{id}, t)]\cdots]]]$$

则该请求报文是有效的。此时,目标节点将会返回一个路由回复报文。

路由回复报文包括如下字段:

```
< ROUTE REPLY, target, initiator, time interval,
node_list, MAC_list, target_MAC, key_list >
```

TESLA 时间间隔、节点列表、MAC 列表都与路由请求报文中相同,而 target_MAC 表示目标 MAC,由密钥 K_{DS} 计算得到:

$$M_D = \text{MAC}_{KDS}(\text{REPLY}, D, S, ti, (A, B, C), (M_A, M_B, M_C))$$

密钥列表 key_list 初始化为空。然后路由回复报文沿着路由请求报文节点列表中的节点顺序逆向传递给源节点。当源节点收到路由回复报文时,它会验证密钥列表中的所有密钥、目标 MAC M_D 以及 MAC 列表中的所有 MAC 是否有效。如果均有效,则源节点会接受这个路由回复报文,此时路由发现过程成功完成。

如果 ARIADNE 路由发现与数字签名一起使用,路由发现过程中的 MAC 列表变为签名列表,其中用于计算 MAC 的数据将用于计算签名。同时,在路由回复报文中不需要密钥列表。

使用 MAC 的 ARIADNE 路由发现是三种备选认证机制中最高效的,但它需要所有节点之间的成对共享密钥。以这种方式使用 ARIADNE,需要使用在目标和当前节点之间共享的密钥来计算路由请求报文中的 MAC 列表,而不是使用当前节点的 TESLA 密钥。MAC 在目标节点处进行验证,不会在路由回复报文中返回,而且不需要在路由回复报文中的 MAC 列表上计算目标 MAC。

ARIADNE 路由维护也是基于 DSR 协议的。如果数据分组被重发了一定次数仍然没有收到下一跳的确认,则节点向源端发送路由错误报文。ARIADNE 能够验证路由错误报文的正确性,防止恶意节点发送路由错误报文。使用 TESLA 广播认证机制时,路由错误报文包括如下字段:

```
< ROUTE ERROR, sending_addr,  receiving_addr,
time interval, error_MAC, recent TESLA key >
```

发送节点地址 sending_addr 指的是遇到故障不能成功转发的节点地址,接收节点地址 receiving_addr 指的是发送节点的下一跳目标节点地址,错误 MAC (error_MAC)是由发送节点当前公布的 TESLA 密钥计算的路由错误报文的消息认证码,最近 TESLA 关键字(recent TESLA key)字段被设置为发送节点公开的最近的 TESLA 密钥。路由错误报文是由发送节点发送给源节点的,其源端路由是由遇到故障的数据包头部的源端路由反转而成。如果收到路由错误报文的节点的路由缓存中没有从发送节点到目的节点的路由,那么节点丢弃该错误报文不再继续转发。而如果该报文中的 TESLA 时间间隔不合适,导致用于验证的 TESLA 密钥提前公开,此报文就无法验证正确性,那么节点也要丢弃这个路由错误报文不再继续转发。如果以上两个条件都满足,即节点的路由缓存中包含从发送节点到目的节点的路由且 TESLA 时间间隔合适,则称为满足 TESLA 安全条件,节点进一步处理错误报文。

收到路由错误报文的节点进行报文验证,等待发送节点公布 TESLA 密钥。报文验证成功后,节点就会删除所有使用这段路径的路由并且丢弃所有收到的有关这段路径的其他错误报文信息。由于在等待 TESLA 密钥的过程中，节点需要缓存路由错误报文，但是节点存储容量有限，所以每个节点都只维护一个路由错误报文记录表，其中记录着一定数量的路由错误报文。因此，这种错误报文的验证机制能够抵御恶意节点使用恶意报文进行洪泛攻击。

当使用数字签名或者成对共享密钥时，就不会存在洪泛攻击而且验证机制更加简单。路由错误报文不需要包括时间间隔或者最近 TESLA 密钥。当使用数字签名时，错误 MAC 字段更改成数字签名。当使用成对共享密钥时，错误 MAC 字段是通过出错节点与源节点之间的共享密钥计算而不是通过出错节点的 TESLA 密钥。

在安全方面，ARIADNE 能够保护 DSR 免受路由环路、黑洞以及重放等多种攻击。在性能方面，由于每一个中间节点都增加了信号消息的长度，在网络中长距离传输的信号数据包变大；基于时间延迟的密钥公开机制增加了端到端路由发现过程的延迟，因此，网络的包传输率在高速移动的情况下会明显下降。

3. CONFIDANT

CONFIDANT（Cooperation Of Nodes：Fairness In Dynamic Ad hoc NeTworks）的目标是通过观察或者报告攻击行为来检测恶意节点。它允许从路由发现中去除节点，对恶意节点进行路由并通过信誉系统来分隔它们。虽然 CONFIDANT 是为了拓展 DSR 而提出的，但 CONFIDANT 也适用于拓展其他源路由协议。

CONFIDANT 在每个节点中引入了 4 个新元素：监测器（Monitor），信任管理器（Trust Manager），声誉系统（Reputation System）和路径管理器（Path Manager）。在无线网络环境中，最可能检测到不合法行为的节点是恶意节点附近的节点。当检测到异常行为或者没有收到合适的回复时，源和目的节点也可能检测到恶意节点（重放情形除外）。CONFIDANT 协议的实施与检测，其实是基于"临近监视"的，即节点在本地搜索恶意节点。邻近监视的节点可以通过监听下一个节点的传输或通过观察路由协议行为来检测源路由上的下一个节点的行为偏离。通过在收听下一个节点的传输的同时保持分组的副本，还可以检测任何内容改变。监测器就是负责来记录这些偏离行为的。

在车载网络中，信任管理器必须是自适应且是分布式的，它负责 ALARM 消息的输入和输出。ALARM 信息由节点的信任管理器发送，以警告其他节点恶意节点的出现。输出的 ALARM 信息由节点在经历、观察或者收到恶意行为报告后生成。ALARM 信息的接收者被称为朋友，在朋友列表中管理。输入的 ALARM 信息则有可能来自于朋友或者其他节点，因此必须在触发反应之前检查 ALARM 信息的来源是否可信赖，依据报告节点的信任级别对 ALARM 信息进行过滤。信任管理器包括三个组成部分：包含所有 ALARM 信息的报警表，管理节点信任等级以决定 ALARM 消息可信度的信任表以及包含所有该节点能够发送 ALARM 消息的朋友。

声誉系统起初在一些在线拍卖系统中使用，它们通过让买方和卖方给出关于他们的活动的评价反馈，提供了一种为交易参与者进行质量评级的方法。在 CONFIDANT 协议中，声誉系统用来为节点进行信任评级。声誉系统将节点及其信任等级记录在表中，只有在有充分证据证明恶意行为并且超过一定次数时，节点的信任等级才能改变。充分证据指的是 ALARM 信息来自完全可信赖的节点或者来自一些可以部分信赖但放在一起可以完全信赖的节点。节点的信任等级根据不同的证据进行变化，证据有不同权重，节点自己发现的证据有更高的权重,邻居节点发现的证据有较低权重,非邻居节点发现的证据权重更低。这种加权方案的原理是,节点更信任自己的观察和经验。

当节点信任等级改变下降到一定程度时,路径管理者负责根据安全标准来为路径排序,去除包含恶意节点的路径,并处理包含恶意节点的路由请求。

CONFIDANT 协议工作流程如下:当节点检测到下一跳节点的恶意行为时,节点就会向声誉系统发送信息。如果该恶意行为是该节点的主要行为而且已经发生超过事先设定的阈值的次数,那么该恶意行为不是巧合,声誉系统会降低该节点的信任等级。如果节点的信任等级下降到了非常低的程度,路径管理器就会从缓存中删除所有包含恶意节点的路由。节点继续监测周围环境,并通过信任管理器发送 ALARM 信息。ALARM 信息包含协议违例的类型,观察出现次数,消息是否由发送方自己发起,报告节点的地址,观察节点的地址和目标地址。节点的监测器收到 ALARM 信息后,把它传递给信任管理器来进行信赖度的评价。如果 ALARM 信息的来源可信任,ALARM 表就会被更新。如果证据充足,可以证明 ALARM 信息中报告的节点就是恶意节点,ALARM 信息就会被传递给声誉系统进行信任等级的评级。

CONFIDANT 的可扩展性较差,在网络中节点较多时,节点声誉系统所维护的表可能会变得非常大。并且,在有高移动性的情况下,网络负载显著增加。然而,对于仅有少量节点和低移动性的网络来说,CONFIDANT 相比 DSR 对负载和计算能力的要求更低。

4. AODV

AODV(Ad Hoc On-Demand Distance Vector Routing)与 DSR 都使用广播路由发现,但不同的是,AODV 是依靠于中间节点建立路由表来进行路由发现的。

AODV 的路由发现过程如下:当源节点需要进行数据传输且路由表中没有到达目标节点的路径时,源节点会广播路由请求报文(RREQ)。RREQ 中包含如下字段:

< source_addr, source_sequence _ #, broadcast_id,
dest_addr, dest_sequence _ #, hop_cnt >

source_addr 与 dest_addr 分别表示源节点与目的节点的地址,broadcast_id 表示源节点发送的 RREQ 的序列号,< source_addr, broadcast_id >可以用来唯一确定 RREQ。source_sequence _ # 与 dest_sequence_ # 分别表示源节点与目标节点的序列号,分别用来表示到达目的节点的正向路由与返回到源节点的反向路由的即时性,序列号越大,表示这条路由越新,产生的越晚。hop_cnt 表示 RREQ 到达此节点的跳数。

节点收到 RREQ 时,会判断之前是否已经收到过该报文,若收到过则丢弃此报文,否则记录以下信息并广播该报文。

(1) 目标节点 IP 地址;

(2) 源节点 IP 地址;

(3) RREQ 序列号;

(4) 反向路由失效时间;

(5) 源节点序列号。

路由建立有两种途径:反向路由建立与正向路由建立。在反向路由建立的过程中,每个节点记录下第一个传递给自己 RREQ 的邻居节点的 IP 地址,因此当数据包要从目的节点向源节点逆向转发时,每一个中间节点就可以将其返回给上一跳节点,从而建立了目的节点到源节点的反向路由。在正向路由建立的过程中,如果RREQ到达了有到达目的节点的路由的中间节点,则中间节点首先将RREQ中的目的节点序列号与其路由表中目的节点的序列号相比较,如果路由表中的序列号较大,说明RREQ是以前产生的还在网络中循环,则节点不做任何改动;否则,说明RREQ是最新产生的,有新的源节点或者新的路径,则节点向发送给自己RREQ的邻居节点返回RREP。RREP包含如下字段:

< source_addr,dest_addr,dest_sequence_#,hop_cnt,lifetime >

RREP在返回源节点的过程中,每经过一个节点,该节点就产生一个前向指针指向发送给自己RREP的邻居节点,并记录下这条路径的源节点与目标节点、生存期以及目标节点的序列号,然后再按照反向路由向其上一跳节点回溯。没有到达最终目标节点的反向路由将会被删除。当节点收到多个到达同一源节点的RREP,如果该RREP的dest_sequence_#更大,说明这是一条新路由,或者该RREP的hop_cnt更小,则说明路径更短,则节点更新路由表并继续传递RREP;否则,节点丢弃该RREP不做任何改动。

当源节点收到RREP时,源节点到目标节点的路由就正确建立,可以开始进行数据传输。

AODV的路由表维护:节点的路由表表项中记录有如下字段。

(1)目标节点IP地址;

(2)下一跳IP地址;

(3)跳数;

(4)目标节点序列号;

(5)超时时间;

(6)活跃邻居节点。

目标节点序列号的存在可以防止路由环路。只有在新路由的目标节点序列号比已有的路由表项中的目标节点序列号大,或者目标序列号相等且新路由拥有更小的跳数时,路由表表项才会更新,否则路由表表项不更新。

对于反向路由表项来说,超时时间指的是路由请求超时时间,目的是清除不能到达目的节点的中间节点的反向路由;对于正向路由表项来说,超时时间指的是路由缓存超时时间,目的是清除超时的或者无效的路由表项。

此外,路由表中还记录着活跃邻居节点。活跃邻居节点指的是在超时时间内,进行过一次或多次数据传输的节点。包含活跃邻居节点的路由路径是活跃表项。从源节点到目的节点的传输过程中所经历的表项都是活跃表项的路径是活跃路径。记录活跃邻居节点与活跃路径可以保证所有的路由变化都能够及时通知到所有活跃节点。

AODV的路由维护过程如下:当源节点移动脱离路径传感范围时,源节点可以重新发起路由发现;而当中间节点或者目标节点移动脱离路径传感范围时,特殊的RREP就会返回给相关的源节点。定时发送hello消息或者链路层确认机制可以用来检测链路中断或者故障。

一旦节点停止工作或者链路中断,那么中断点上一跳的节点将会返回一个目标节点序列号加1、跳数无穷大的RREP给上游节点,并不断传递给整个网络中的活跃节点。收到这个特殊 RREP 之后,源节点就会重启路由发现过程。

AODV 能够很好地避免路由环路且具有可扩展性。在 AODV 中,节点只存储需要的路由,因此减少了内存消耗与广播所带来的网络负载。同时,AODV 能够使得网络中的活跃节点很快感知到链路中断,并重新建立路由。

5. ARAN

与 AODV 很相似,ARAN(Authenticated Routing for Ad hoc Networks)只是在路由查找、建立与维护的过程中加入了认证机制。ARAN 的主要目标是在没有预部署网络基础设施的管理开放场景中检测和防御来自恶意节点的攻击。

ARAN 使用预定的密码证书来实现认证,并保护消息完整性和不可否认性,因此 ARAN 需要使用一个可信公钥为所有授权节点所知的证书服务器。在加入车载网络之前,节点 A 需要从服务器获取一个证书,证书上面记录着 A 节点的 IP 地址、A 节点的公钥、证书创建的时间戳以及证书过期的时间 e。这些证书用来在交换路由消息时进行节点之间的身份认证。

当一个节点 A 想要发起路由查找时,它会广播一个用 A 的私钥签名的路由发现报文 (Route Discovery Packet,RDP),报文中包含由 A 签名的目的节点 X 的 IP 地址,A 的证书,随机数 N 和时间戳。随机数与时间戳是用来确认报文在有限时间内的有效性。在路由路径上的每一个节点验证前一个节点签名的有效性,去掉前一个节点的证书和签名并记录下前一个节点的 IP 地址。然后,当前节点在原消息上签名,附上自己的证书并转发。

当 X 收到第一个 RDP 时,它在一个回复报文(Reply Packet,REP)签名并且沿相反路径单播 REP。REP 包括报文类型标识符,A 的 IP 地址,X 的证书,A 所发送的随机数和时间戳。同样地,路径上的每个节点像之前一样,验证前一个节点签名的有效性,去除前一个节点的证书和签名并在原消息上签上自己的名字,附上自己的证书并将数据包单播给路径上的下一个节点。当节点 A 收到 REP 时,它会验证目的节点的签名和返回来的随机数。

路径生命周期内一直没有数据包流动时,该路由路径就会从路由表中清除。当节点接收到来自不活跃的路径中的数据时,会产生签名的报错信息(Error Message,ERR)沿相反路径向源节点传递。ERR 信息也用来报告因为节点移动而造成的链路中断。同时,因为 ERR 信息是被签名的,它具有不可否认性。

与基本 AODV 相比,ARAN 能够预防许多攻击,如路由信息窃听和路由修改。同时,重放攻击也能够被随机数和时间戳阻止。ARAN 在路由发现与路由维护方面性能良好,但却带来更大的负载和网络延迟,因为网络中的每个节点都要被签名。

6. SAODV

SAODV(Secure Ad hoc On-Demand Distance Vector Routing)为 AODV 提供安全认证机制,从而使得路由发现与路由维护过程具有完整性、可验证性与不可否认性。SAODV 假定每个节点具有非对称的签名密钥对,此外,每个节点能够安全地验证给定节点的地址和该节点的公共密钥之间的关联。

SAODV 使用两种机制来保护 AODV 路由请求与回复消息:用于认证不可变字段的数字签名机制,以及用于保护跳数信息(AODV 消息中唯一的可变信息)的散列链。这是因为对于不可变信息,可以以点对点的方式执行认证,但可变信息则不能。

SAODV 以不同的方式保护路由错误消息,因为它们具有大量的可变信息。但实际上路由错误信息的价值只是通知其他节点该路由不再可用,而具体哪个节点导致链路故障并无实际意义。因此,尽管消息中有大量可变信息,每个节点仍可以简单地使用数字签名来签署整个路由错误消息,而接收到消息的任何节点只需验证这个签名就可以保证路由错误消息的正确性与安全性。

7. DCMD

DCMD(Detecting and Correcting Malicious Data)是一种传感器驱动的机制,依赖于节点收集的共享传感器数据,允许每个节点处理传感器数据并检测或移除恶意信息。各个节点使用 VANET 的模型来检查传感器数据的有效性,并且当出现不一致时,使用对抗模型来搜索数据不一致的解释,使用简约原则对解释进行排序,并且使用最佳解释来纠正攻击的后果。

DCMD 使用了信誉系统的一些思想,但是为了实现车载网络的要求,例如可扩展性与可移动性,节点信誉只作用于一小段时间间隔。

7.3　车载网络污染攻击

在当今车载网络中,网络编码成为一种广泛应用的数据分发方式,它采用存储-编码-转发的方式,使中间节点不仅能发挥路由功能,还能作为数据处理器,对数据进行编码转发,从而提高网络带宽的利用率,并实现链路负载均衡。但在使用网络编码的环境下,恶意节点对数据进行的篡改会污染正常的数据包,并随着一代一代的网络编码扩散到整个网络,使得整个网络遭受污染,大量节点无法接收到正常的数据包,这就是车载网络中的污染攻击。

在本节中,将详细介绍网络编码环境下污染攻击的概念以及原理,列举常见的抗污染攻击方法,并讲述车载网络编码环境下抗污染攻击的安全数据分发方式。

7.3.1　污染攻击概述

1. 网络编码

在介绍污染攻击之前,我们先介绍网络编码的数据分发方式,因为它是污染攻击得以实现的基础。在传统的网络环境中,数据分发的方式是存储-转发,中间节点只发挥路由功能,不对数据进行处理,所以往往不能充分利用信道。因此,2000 年网络编码被提出并开始广泛应用于网络中的数据分发。网络编码的数据分发方式是存储-编码-转发,中间节点不仅发挥路由功能,还能够对接收的数据包进行编码处理。

如图 7.4 所示,在图 7.4(a)中,中间节点只转发数据包而不对数据包进行处理,节点 Y 只收到 u_1 数据包,Z 收到 u_1 和 v_1 数据包,所以节点 Y 与 Z 都收到 u_1 和 v_1 需要两个单位时间,而在图 7.4(b)中,中间节点不只能转发数据包还能对数据包进行编码处理,节点 Y 与节点 Z 能够同时收到 u_1 和 v_1 数据包,因此节点 Y 与节点 Z 同时收到 u_1 和 v_1 数据包只需一个单位时间,因此网络带宽利用率和数据传输效率都会提高。另外,从图 7.4(b)中看出网络中每条链路都被用来进行数据传输,没有空闲链路,而图 7.4(a)中只有部分链路在进行数据传输,因此使用网络编码能够实现负载均衡,防止局部链路负载过重。由于网络编码将原来的数据包编码成编码数据包进行传输,有效地隐藏了真实数据,因此能够防止恶意节点的监听,对数据进行保密。

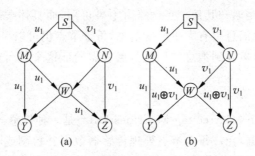

图 7.4　网络编码提高信道利用率

网络编码的一种方法是随机线性网络编码。在对数据包进行传输时,节点会将要传送的文件分为若干代,每个代分为若干数据块,每个数据块大小相同。假设在代 t 中,有 d 个数据块,每个数据块大小为 s,第 i 个数据块为 D_i:

$$D_i = \{X_{i,0}, X_{i,1}, \cdots, X_{i,s-1}\}$$

并在 D_i 数据块后面加入 d 位字符串标记第 i 个数据块:

$$D_i = \{X_{i,k}, X_{i,k+1}, \cdots, X_{i,k+s-1}, 0, 0, \cdots, 1, 0, 0\}$$

加入的 d 位字符中,第 i 位是 1,其余是 0。

源节点要进行数据传输时,先将数据分为若干代,在代内获取数据块集合 $\{D_i\}$,并随机选择编码系数 $\{k_i\}$,编码得到编码数据包集合:

$$E_i = \sum_{i=0}^{d} k_i D_i \qquad (7-2)$$

中间节点收到编码数据包后,首先会进行相关性检查:检查自己的缓存中是否包含该代数据包,若没有则直接将这个数据包添加到缓存;若有则继续判断缓存中的数据包与收到的数据包的线性相关性,若线性无关,则说明收到了新的数据块,节点将该数据包添加到缓存,否则节点将丢弃该数据包。判断结束后,节点将新添加到缓存的数据包重新编码之后转发出去。

当一个节点收到 d 个线性无关的数据包后,这 d 个数据包就构成了一个满秩矩阵,通过矩阵的相关变换,节点就可以求解得到原始数据块。由式(7-2)可得:

$$E = [k_0, k_1, k_2, \cdots, k_{d-1}] \begin{bmatrix} D_0 \\ \vdots \\ D_{d-1} \end{bmatrix} \qquad (7-3)$$

另

$$D = \begin{bmatrix} D_0 \\ D_1 \\ \vdots \\ D_{d-2} \\ D_{d-1} \end{bmatrix}, \quad K = [k_0, k_1, k_2, \cdots, k_{d-1}],$$

则可得到:

$$E = KD$$

因为每个数据包都是线性无关的,所以 K 是满秩矩阵,所以可以解得原始数据块为:

$$D = K^{-1}E \qquad (7-4)$$

2. 污染攻击

下面介绍污染攻击的相关知识。在使用网络编码的时候，如果某一恶意节点篡改了某一个编码数据包，则称该数据包被污染。如果污染数据包被发送出去，则当其与正常数据包一起编码时，将污染其他正常数据包，从而蔓延到整个网络，使大量节点无法接收到正确数据。如图 7.5 所示，源节点 S 发出编码数据包后，经过恶意节点 M 篡改后变成污染数据包，与正常传输的正常数据包在节点 W 处相遇并重新编码后，会变成新的污染数据包，阻断了正常数据包的传输，并将污染数据包继续蔓延下去。所以，目的节点不能正确得到原始数据包，而恶意节点能够通过篡改编码数据而轻易破坏网络性能，导致整个网络瘫痪。

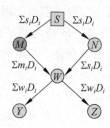

图 7.5　污染攻击数据分发

7.3.2　污染攻击解决方案

通常在传统网络中，针对污染攻击所采取的防御方法大多基于数字签名机制，即源节点对数据包进行签名，目的节点验证签名，如果验证不成功，则说明数据被污染。但是在网络编码环境下，每个中间节点都会对数据包进行编码处理，从而破坏签名，所以传统的基于数字签名的抗污染攻击方案无法正常工作。如今，网络编码中的抗污染攻击机制主要分为基于信息论和基于密码学两类。

1. 基于信息论的抗污染攻击防御方案

基于信息论的抗污染攻击防御方案，是基于网络编码过程中矩阵的线性变换和冗余数据包的解码来进行，主要有散列值法、冗余信息法和分布式算法。

散列值法：这种方案要求攻击者无法知道接收者接收到的全部数据包的内容，即在篡改数据包时，总有数据包的内容是攻击者无法获悉的。在这种方法中，源节点在大小为 d 的数据包 D_i 进行编码时，通过多项式函数 ϕ 为每个数据包计算出 h 位散列值（$h \leqslant d$），散列函数定义如下：

$$\phi(X_1, X_2, \cdots, X_p) = X_1^2 + X_2^3 + \cdots + X_p^{p+1} \tag{7-5}$$

其中，$p = \left\lceil \dfrac{d}{h} \right\rceil$。通过式(7-5)可以为每个数据包计算出一个散列值 $Y_i = (y_1, y_2, \cdots, y_h)$：

$$Y_i = \begin{cases} \varphi(X_{(i-1)p+1}, X_{(i-1)p+2}, \cdots, X_{ip}), & i = 1, \cdots, h-1 \\ \varphi(X_{(h-1)p+1}, X_{(h-1)p+2}, \cdots, X_d), & i = h \end{cases} \tag{7-6}$$

将数据包中的数据值 D_i 与散列值 Y_i 连接起来，连同尾部的标记 I_i，即得到第 i 个编码数据块 D_i^e。若用 K_e 来表示编码系数向量，则整个代的完整传输矩阵为：

$$K_e[D_i^e I_i] \tag{7-7}$$

其中，K_e 的第 i 列即为第 i 个数据包的系数向量，$\begin{bmatrix} I_0 \\ \vdots \\ I_{d-1} \end{bmatrix}$ 构成了一个单位矩阵，用来记录矩阵所进行的线性变换。若有恶意节点对传输的正常数据包进行篡改，则污染数据包变为：

$$K_e[D_i^e I_i] + R \tag{7-8}$$

其中,R 表示恶意节点篡改后的编码数据包与原来编码数据包之间的偏差矩阵。

因此接收节点收到数据包后,可以通过检查数据包中的数据与散列值是否一致来判定数据是否被篡改。

冗余信息法:利用网络编码数据包的冗余特征,在接收节点处进行多次原始数据包的解码,通过不同解之间是否一致来确认节点是否遭受污染攻击。

分布式算法:与散列值法相似,分布式算法也利用网络编码中数据包矩阵的线性变换。由于在网络编码中,每一个中间节点对收到的数据包进行随机线性组合生成新的数据包转发出去,所以对于每个节点来说,它所收到的数据包是上一个节点对数据包进行线性组合的结果。若某节点收到的数据包为 P,该数据包由正常数据包 N 和污染数据包 M 线性组合而来:

$$P = T_{\text{normal}} N + T_{\text{malicious}} M \tag{7-9}$$

其中,T_{normal} 表示正常数据包的变换系数,$T_{\text{malicious}}$ 表示污染数据包的变换系数,N 的尾部连接一个单位矩阵来记录数据包进行的线性变换,因此变换后的单位矩阵 $\hat{P}$ 可以表示为:

$$\hat{P} = T_{\text{normal}} I + T_{\text{malicious}} I' \tag{7-10}$$

其中,I' 为污染数据包中相应的单位矩阵。因此,由式(7-9)和式(7-10)可以得到:

$$\begin{cases} P = \hat{P}N + R \\ R = T_{\text{malicious}}(M - I'N) \end{cases} \tag{7-11}$$

其中,R 表示污染数据包相对于正常数据包的偏移量。

分布式算法辨别污染数据包的方法如下:网络中源节点发送数据包之前,会先通过秘密信道给目的节点发送密文。密文包括两部分:奇偶校验矩阵 G 和散列值矩阵 H。源节点首先从有限域中随机选取 Q 个奇偶校验符号 $q_i(i=1,\cdots,Q)$,奇偶校验矩阵 G 定义如下:

$$g_{i,j} = (q_j)^i \tag{7-12}$$

散列值矩阵由下式计算得到:

$$H = GN \tag{7-13}$$

其中,N 为节点所要传输的正常数据包。因此源节点将密文 (G, H) 发送给目的节点,目的节点计算特征矩阵

$$S = PG - \hat{P}H = (P - \hat{P}N)G = RG \tag{7-14}$$

若此时没有恶意节点,则 $R=0$,因此数据包 $N = \hat{P}^{-1}P$;若有恶意节点存在,则设 $R = SU$,U 是一个 $Q \times n$ 维矩阵,则式(7-11)可以写成:

$$P = \begin{bmatrix} \hat{P} & S \end{bmatrix} \begin{bmatrix} N \\ U \end{bmatrix} \tag{7-15}$$

因为在这里我们不在意 U 的值,所以简单地将矩阵 $\begin{bmatrix} \hat{P} & S \end{bmatrix}$ 求逆即可得到 N。

总的来说,基于信息论的抗污染攻击防御方案能够容忍网络中污染数据的存在,且能够实现在接收节点处对污染数据的过滤。但中间节点不能及时对污染数据进行判断和清除,因而会浪费网络带宽,影响网络性能。

2. 基于密码学的抗污染攻击防御方案

基于密码学的抗污染攻击防御方案,大多采用外部认证信息来进行污染检测,网络中的

所有节点（包括中间节点）都可以对数据进行污染检测。一旦发现污染数据包，节点可以立即进行丢弃，由此来防止污染扩散。

1）基于正交向量空间的抗污染攻击方案

源节点广播与原始数据包矩阵正交的正交空间向量，若节点接收到的编码数据包正交于该正交空间向量，则节点收到的编码数据包没有被污染。这个算法复杂度小，但是恶意节点有可能伪造出符合验证条件的正常编码数据包。

2）同态机制

同态机制有同态散列函数、同态MAC、同态签名函数。

（1）同态散列函数：即先对原始数据进行散列函数运算，然后再对散列值进行线性编码，其结果等价于对原始数据先进行线性编码，然后再对编码值进行散列运算。但是这个方法要求网络提前将原始数据的散列值通过安全信道发送给网络中所有节点，而且散列值的个数正比于数据块的个数，使得算法的复杂度较高。因此，为了降低复杂度，可以采用成批验证的方法，即在收到一定数目的编码数据包后，节点使用同态散列函数对这批编码数据进行统一随机编码，然后对编码得到的这一个数据包进行污染验证，若通过污染验证，则说明这一批数据均未受污染；否则，说明这批数据中有已受污染的数据，但并不能确定有多少数据被污染，而且由于检测的时间延迟，污染数据还是有被分发出去的可能性。为进一步完善同态散列函数，可以利用节点间的协作，使中间节点不仅能够用来转发编码数据，还能在检测到污染数据时，与邻居节点协作，警告周围节点，删除污染源，从而防止污染的扩散。

（2）同态MAC机制：我们已经知道，在网络编码的环境下，如果没有恶意节点对数据进行破坏，那么编码后的数据包是原有数据包的线性组合，正常编码数据包都依然属于原有的数据线性空间，这个空间叫做源空间；一旦恶意节点篡改了数据，编码数据包就与原来的数据包不再线性相关，也就不再属于原有的线性空间了。同态MAC机制正是利用了这一点，在源节点与各个中间节点之间共享MAC密钥，并使用这个密钥计算源空间的MAC码，中间节点通过验证数据包是否依然属于这个空间来判断数据包是否被污染。

常见的同态MAC机制是SpaceMac方案。该协议不仅能够检测污染攻击，还能精确定位污染源。

SpaceMac污染检测过程如图7.6所示，源节点S_1与S_2向节点M发送数据包，构成线性空间$\displaystyle\prod_S$，节点M是恶意节点，对数据进行篡改后，将污染数据包发送给节点Y与节点Z，节点Y与节点Z收到数据包后，检测数据包是否还属于线性空间$\displaystyle\prod_S$，若依然属于，则该网络未受污染，否则说明网络中有恶意节点的存在，且对网络中的数据包进行了污染攻击。

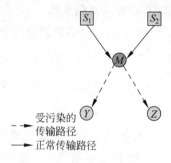

图7.6　SpaceMac污染检测

SpaceMAC方案还能精确定位污染源。精确定位污染源所面临的主要问题就是节点有可能发送虚假消息蒙骗控制中心。SpaceMAC机制通过对节点传送过来的数据线性空间的签名进行验证，就能够对受污染的节点进行精确定位。

如图7.7所示，在数据的传输过程中，每个节点都会将自己收到的数据包的线性空间报告给控制中心。由于恶意节点M不知道控制中心与正常节点Z之间的MAC密钥，从而无法伪造与原来的数据包属于同一空间的数据包,因此控制中心能够精确判断恶意节点是 M 而不是 Z。

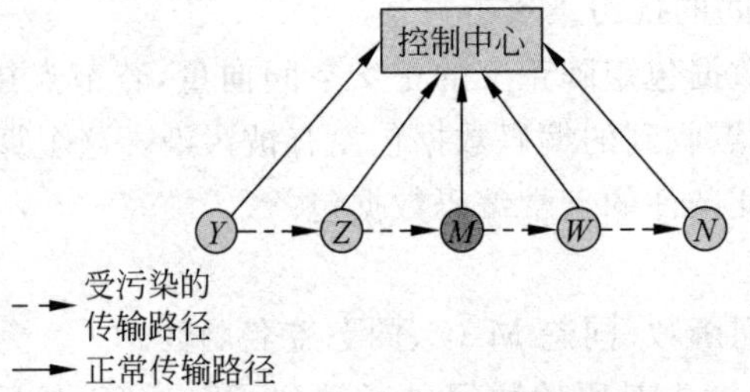

图 7.7 SpaceMAC 污染源定位

SpaceMac 的同态 MAC 机制包括三个过程:求 MAC 码、线性编码、验证。

① 求验证码:节点根据密钥对数据包求 MAC 码,SpaceMac 机制的密钥是一对随机数 (k_1, k_2),k_1 由伪随机数生成器 G 生成:$k_1 \rightarrow F_q^{m+n}$,$k_2$ 由函数 F 生成:$k_2 \times O \times [1, \cdots, m] \rightarrow F_q$,其中,$O$ 表示线性空间的标识符,n、m 和 q 为互素的整数。对于数据包 $X = (x_1, \cdots, x_{n+m})$,MAC 码的生成过程如下。

- $r \leftarrow G(k_1) \in F_q^{m+n}$
- $b \leftarrow \sum\limits_{j=1}^{m} [x_{n+j} \cdot F(k_2, D, j)] \in F_q$
- $t \leftarrow (r \cdot y) + b \in F_q$

然后节点将数据包连同 MAC 码一起传输出去。

② 线性编码:节点对收到的数据包进行线性组合的时候,也是对 MAC 码进行线性组合:

$$t \leftarrow \sum_{i=1}^{p} k_i t_i \in F_q$$

其中,k_i 表示编码系数。

③ 验证:收到数据包的节点使用密钥 (k_1, k_2) 来对数据包的 MAC 码进行验证:

- $r \leftarrow G(k_1) \in F_q^{n+m}$
- $b \leftarrow \sum\limits_{j=1}^{m} [x_{n+j} \cdot F(k_2, D, j)] \in F_q$
- $a \leftarrow r \cdot y \in F_q$
- 如果 $a + b = t$,验证成功,否则验证失败,数据包被污染。

(3) 同态签名机制:能够避免同态散列函数中对于传输散列值的安全信道的需求,同时,同态签名能够克服网络编码对传统的签名机制的破坏,让节点能够在不通知签名机构情况下,对数据包的线性组合进行签名。目前主要有基于椭圆曲线的 weirPairing 的同态签名机制,以及对线性子空间进行签名的机制。

基于椭圆曲线的 weirPairing 的同态签名机制:该算法的安全性是基于离散对数问题难解和椭圆曲线上的计算共 Diffie-Hellman 问题的。该算法能够在获知数据包的线性组合时,对组合后的数据包签名,而且不需要传输数据包的散列值;其次,由于该算法基于椭圆曲线,只需要较小的安全参数,因此算法涉及的传输比特长度较小,提高了效率;最后,该算法还提供数据的认证。该算法计算复杂度较大,在此不再详述。

同态子空间签名机制(Homomorphic Subspace Signature,HSS):在网络编码的环境下,尽管数据包被不断进行线性变换,但是向量构成的子空间是不变的。HSS 机制正是利用这一思想对数据包进行检验的。源节点在发送数据包之前,先在正交子空间中任意选择一个向量 $\vec{v}$,然后在数据包末尾填充设置符号位,使得 $\vec{v}$ 正交于全部数据包,因此验证数据包时,只需验证该数据向量 $\vec{u}$ 是否与 $\vec{v}$ 正交。HSS 机制包括 4 个过程:初始化、签名、编码、验证。

① 初始化:该过程初始化安全参数 1^k、签名长度 L 以及数据包长度 l 作为输入参数,生成素数 q,公钥 K_p 与私钥 K_s。具体过程如下。

a. 选取素数 $q > 2^k$。

b. 找到一个 q 乘法循环群,并选定一个生成元 g。

c. 设置 $\beta \overset{R}{\longleftarrow} F^L F_q^*$ 且计算 $\vec{h} = (g^{\beta_1}, \cdots, g^{\beta_{L+1}})$。

d. 令 $K_p = \vec{h}$,$K_s = \beta$ 得到公钥与私钥。

② 签名:该过程使用私钥 K_s 和给定向量 $\vec{x} \in F_q^N$,计算签名:

$$\sigma = - \left(\sum_{i=1}^{N} \beta_i x_i \right) / \beta_{L+1} \tag{7-16}$$

并输出签名后的数据包 $(\vec{x}, \sigma)$。

③ 编码:设 $k_1, \cdots, k_l$ 是编码系数,$\vec{x}_1, \cdots, \vec{x}_l$ 是数据包,则编码后得到的编码数据包为:

$$\vec{X} = \sum_{i=1}^{l} k_i \vec{x}_i \tag{7-17}$$

④ 验证。

当满足下列两个条件时,数据包被认为验证成功:

- $\mathrm{Verify}(\sigma, K_P) = 1$:

若 $\sigma = h^{\vec{X}} = \prod_{i=1}^{N+1} h_i^{\vec{x}_i}$ 成立,则通过验证,数据没有被篡改。

- $\mathrm{Verify}(\vec{x}_i, K_P) = 1$ 对于所有 $i = 1 \cdots, l$ 都成立 $\Rightarrow \mathrm{Verify}(X_i, K_P) = 1$。

HSS 机制免除了提前传输签名向量的麻烦,而且不需要额外的秘密信道。但是这种方法下签名的长度较大,致使传输数据过长,加重网络负载。

由于车载自组织网络具有拓扑结构变化快、节点高速移动、实时性要求高等特点,以上方法虽然均能抵抗污染攻击,但性能却并不完美。基于信息论的抗污染攻击方案,只在目的节点(接收端)进行污染检测,而中间节点不能检测数据包,网络中存在着大量的污染数据包,导致带宽资源的浪费。在基于密码学的抗污染攻击方案中,中间节点能够进行数据包的污染检测,阻止了污染数据的扩散,提高了网络的传输效率。但使用同态散列函数时,所有源节点都需要计算散列值,而且散列值的数量正比与数据块的数量,并要求把散列值提前发送给接收节点。在使用消息验证码的抵抗污染攻击的方案中,会引入其他攻击。在 HSS 机制中,签名的长度较长,传输困难。

因此,本节将详细介绍一种全面的网络编码下的安全机制,该机制基于 HSS 机制,将网络模型进一步细化,将代进一步划分为若干子代,降低了签名的长度,减小了验证粒度,提高了传输效率。

1. 网络模型的进一步细化

7.3.1 节中介绍了网络编码的基本原理。网络中传输的文件 F 在源节点处被划分为 H 个代 G,每个代又可以划分为 K 个数据块 D,大小为 S,在数据块的尾部加上 K 位 01 标识符,用来记录数据包的线性变换。通常数据块的大小比网络中传输的数据包的容量 L 大许多,所以,一个数据块需要由多个数据包一起来传输,因此,若有一个数据包被污染,其他的正常数据包也不能解码出原始数据块。因此,需要将网络模型进一步细化,将代 G 进一步划分为 S/L 子代 $G_{i,j}$,$G_{i,j}$ 表示第 i 个代中的第 j 个子代,子代携带数据块的一部分信息,每一个子代再划分为若干个数据块 D_s,大小适中,也可以在单个数据包中传输为准,数据块中再添加 S/L 位 01 标识符,记录子代编号,如图 7.8 所示。

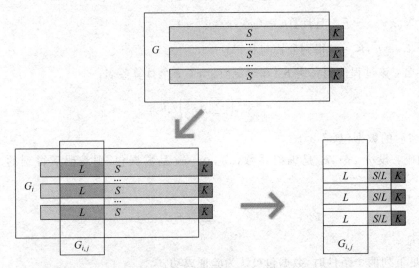

图 7.8 数据划分

2. 选取正交向量

如图 7.9 所示,任意选取长度为 $L+S/L+K+1$ 的向量 v,在划分后的子代中的每个数据块末尾加上一位,使得数据块向量 u 正交于每一个数据块向量 v,即 u 正交于该子代的数据块矩阵。这样的向量 v 一定存在,我们知道,对于 $m \times n$ 维矩阵 A 来说,使 $Ax=0$ 有非零解的条件是 $r(A) < n$,而我们的数据块矩阵共有 $L+S/L+K+1$ 列,所以 $r(G_{i,j}) < L+S/L+K+1$ 一定成立,即一定存在向量 v 与数据块矩阵正交。然后,通过 HSS 机制的签名算法,可以对向量 v 进行签名,因此,同一个子代中的所有数据包有相同的签名,这样一个签

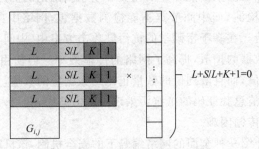

图 7.9 寻找正交向量

名就可以检查同一个子代中的每一个数据包,而且可以减小检验的粒度,防止正常的数据包因为同一数据块中其他数据包的弃用而浪费。

3. 数据分发协议

数据分发协议分为选择转发节点与转发数据包。在车载网络中,数据传输使用 DSRC 技术,即用一个控制信道传输控制信息,多个服务信道传输数据。在控制信道开启的时间段,每个节点广播自己的位置信息、速度信息、代的接收情况、签名的接收情况。收到邻居节点的回复之后,节点计算自己能够为邻居节点传输的每个子代中数据包的数量:

$$Q_{G_{i,j}} = \sum_{v \in N(u)} (r_{i,j,u} - r_{i,j,v}) \tag{7-18}$$

其中,$r_{i,j,u}$ 表示节点 u 能够提供的数据包矩阵的秩,$r_{i,j,v}$ 表示邻居节点 v 能够提供的数据包矩阵的秩,$N(u)$ 表示节点 u 的邻居节点集合。每个节点将自己能够提供的数据包数量 $Q_{G_{i,j}}$ 广播给自己的邻居,同时也选择自己接收到的 $Q_{G_{i,j}}$ 中最大的发送节点作为数据包的转发节点。

选择好转发节点之后,转发节点就要对自己手中的数据包进行处理。首先,转发节点会根据之前从控制信道中侦听到的邻居节点所含有的线性子空间的签名判断邻居节点是否都有自己所要发送的代的签名信息,若有邻居节点不含该签名信息,则节点广播该代签名信息,否则,直接将子代数据块矩阵传送出去。

转发数据包时,节点首先计算关于该子代 $G_{i,j}$,应该传送多少数据包,计算方法为遍历每个邻居节点的控制信息,$N = (r_{i,j,u} - r_{i,j,v})_{\max}$ 即为应该传送的数据包数量。为了最大程度地减少带宽浪费,节点应该每次都发送 N 个线性无关的数据包。因此,节点会将每次转发的数据包记录在已发送矩阵。若已发送矩阵的秩等于 K,则直接从已发送矩阵中选取线性无关的 N 个数据包即可;否则,节点会对记录着已经通过污染验证的已验证矩阵中的数据包集合进行随机线性组合,获得新的编码数据包,若该编码数据包与已发送矩阵中的数据包线性无关,则将该编码数据包添加到已发送矩阵中,如此循环,直到已发送矩阵的秩等于 K。

4. 污染验证

车载网络中每个节点中有 4 个缓存矩阵,记录每代签名信息的 $H \times L$ 维签名矩阵、记录已验证的数据包的 $K \times L$ 维已验证矩阵、记录因未收到对应签名信息而未验证的数据包的 $\beta \times (L + S/L + L + 1)$ 维未验证矩阵,其中,β 表示节点未验证数据包的个数以及记录已发送的数据包的 $\gamma \times (L + S/L + L + 1)$ 维已发送矩阵,其中,γ 为已发送矩阵的行数,即节点所发送过的数据包的个数。当节点收到一个签名信息的时候,会先在自己的缓存中寻找是否有该代的签名信息,若没有则存入签名矩阵进行缓存,以检验后来接收到的该代数据包。

若节点未验证矩阵不为空,则说明有需要验证的数据包。节点会将未验证矩阵中的数据包进行线性组合,对新产生的编码数据包进行验证,验证算法如 HSS 机制。因此,污染验证会有以下两种结果。

(1) 未验证编码数据包验证成功,则说明所有数据包都是正确的、未受污染的。然后,节点会判断该数据包与已验证矩阵中的数据包是否线性无关,并将线性无关的数据包加入到已验证矩阵进行缓存。然后判断已验证矩阵是否已经达到满秩,若满秩则可以进行解码。

(2) 未验证编码数据包验证失败,则说明数据包矩阵中有数据包是经过篡改的、受污染的。节点采用二分法对数据包进行细分排查。节点未验证矩阵中的数据包分为两个集合,分别对两个集合的数据包进行线性组合编码,然后分别对两个编码数据包进行验证,若某个集合验证成功,则说明该集合中的数据包均是正确的、未受污染的,进行相关性检查后,将与已验证矩阵中的数据包线性无关的数据包加入已验证矩阵,并判断已验证矩阵是否可以进行解码。否则,继续将验证失败的数据包集合一分为二,一直进行下去,不断将验证成功的数据包筛选出来进行相关性检查,直到验证到单个数据包,若验证失败,则可确定该数据包受到污染。

5. 接收数据处理

邻居节点接收到数据包之后,会面临如下 4 种情况。

(1) 节点缓存有该代的签名信息且节点以前也收到过该代的数据包,则节点会立刻对收到的数据包进行污染验证。若通过污染验证,则判断该数据包与已经验证的该代数据包是否线性相关,若线性无关,则说明接收到了新的数据,则将该数据包放到已验证数据包的矩阵中进行缓存。计算此时已验证数据包矩阵的秩,若等于 K,则可以对数据包进行解码。

(2) 节点缓存有该代的签名信息却未收到过该代的数据包,则节点会立刻对收到的数据包进行污染验证。若通过污染验证,则将该数据包添加到已验证的数据包矩阵中进行缓存。

(3) 节点收到过该代的数据包却没有该代的签名信息,则节点会将收到的数据包放到该代未验证的数据包矩阵中进行缓存。

(4) 节点没有收到过该代数据包而且没有该代的签名信息,则节点会将收到的数据包放到该代未验证的数据包矩阵中进行缓存。

6. 解码

当节点的已验证矩阵满秩时,节点可以利用式(7-3)来计算出该子代中的原始数据块,当节点收到了代 G_i 所有子代 $G_{i,j}$ 的满秩数据包矩阵后,就可以计算出整个代中的原始数据块,然后根据代的编号将数据重组还原为原始文件 F。

经验证,该算法时间复杂度为 $O(n^3)$,存储开销即为 4 个缓存矩阵的大小,签名矩阵的最大开销为 $H \times L$,已验证矩阵的最大开销为 $H \times K \times S$,未验证矩阵的最大开销为 $H \times S/L \times (L+S/L+L+1) \times (L+S/L+L+1)$,已发送矩阵分子代存储,最大开销为 $H \times S/L \times \gamma \times (L+S/L+L+1)$,其中,$\gamma$ 表示某子代的已发送矩阵的行数。

7.4 车载网络隐私攻击

车载网络由于其即时性高、延迟低、节点高速移动等特点,对如今智能交通系统的流量调度、定位导航、交通服务发挥了重要的意义。但与此同时,由于车载网络的自组织的特点,网络中的位置信息等隐私数据无法很好地进行保护,以至于被恶意节点获取,从而造成车辆用户出行喜好、行为习惯等隐私的暴露,进而造成对用户的伤害,这就是隐私攻击。

隐私攻击的危害很大,严重损害了智能交通系统的信任度。尽管针对网络隐私保护已经有大量的安全机制被提出并应用到实践中,但是在车载网络中,对于任何一种新的保护方案,攻击者总能想到新的攻击机制进行破坏。更加精确更加有威胁性的攻击方案能够指导人们用新的思路去破除隐私攻击,因此,近几年,多种多样的隐私攻击方案被提出。

在车载网络中,针对车辆位置隐私的攻击方式主要是轨迹恢复攻击,压缩感知是已知的一种高效攻击算法,它能够压缩数据包的存储空间,并精确还原数据信息,使大量的位置信息在网络中快速传递。

本节将首先介绍如今在车载网络基于压缩感知的轨迹恢复隐私攻击机制的基本原理,然后详细介绍一种基于众包采集的交通定位与追踪隐私攻击模型(VCLT)。

7.4.1　车载网络隐私攻击原理

在隐私攻击方案中,如图 7.10 所示,道路上行驶的车辆构成车辆集合 $V_n = \{v_1, v_2, \cdots, v_n\}$,道路边分布的路侧单元构成 RSU 集合 $R_n = \{r_1, r_2, \cdots, r_n\}$,路侧单元通过 DSRC·与车辆节点进行通信。每个车辆在行驶的过程中可以与其他车辆或者路侧单元(RSU)进行通信,通信半径为 C。

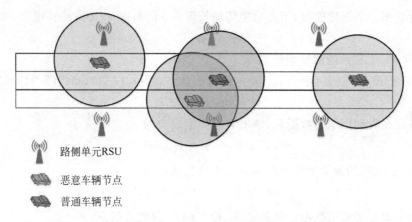

路侧单元RSU

恶意车辆节点

普通车辆节点

图 7.10　隐私攻击模型

每个节点定时记录自身及周围环境的实时数据并将其存储在数据记录向量 $x_i = [x_{i,0}, x_{i,1}, \cdots, x_{i,t}]$ 中,$x_{i,j}$ 包含如下字段:

```
<VID, Speed, Longitude, Latitude, Timestamp>
```

VID 表示车辆的标识符,Speed 字段记录车辆此时的速度,< Longitude, Latitude > 记录车辆此时的经纬度,Timestamp 记录此时的时间戳。所有节点的数据记录构成轨迹记录矩阵 T:

$$T = \begin{bmatrix} x_{0,0}, x_{0,1}, \cdots, x_{0,t} \\ x_{1,0}, x_{1,1}, \cdots, x_{1,t} \\ \vdots \\ x_{n,0}, x_{n,1}, \cdots, x_{n,t} \end{bmatrix} \tag{7-19}$$

其中,T 的第 i 行表示车辆 v_i 的数据记录,第 j 列表示 j 时刻的数据记录。通过熵分析,我们可以知道车辆的数据记录向量 x_i 之间有很大的关联性,并且位置关联性强于速度关联性。当车辆节点在自己的通信半径内遇到其他车辆时,将自己的数据记录向量转发出去,并通过车辆间的传递,将数据记录传给 RSU,RSU 再将节点的数据记录转发给监控中心。监控中心得到这些实时数据后就能对路况信息进行分析,从而更好地做出决策。

车载网络中节点移动速度快,产生的数据记录量非常大,如果每个节点都发送大量的数据记录,会造成传输延迟,网络性能会迅速下降。因此,基于压缩感知的轨迹恢复策略应运而生。压缩感知的目的就是尽可能地减少传输的数据向量长度,节点收到压缩后的数据后对数据进行还原,得到全部数据记录,从而减少网络带宽的占用同时保证网络能够传输全部信息。

在使用压缩感知时,节点在发送数据记录向量 x_i 前,会对其进行稀疏处理,这里将 x_i 取为 $t \times 1$ 维列向量以方便表示:

$$x_i = \Psi d \tag{7-20}$$

其中,Ψ 是 $t \times t$ 维稀疏基矩阵,$\Psi = [\Psi_1^T, \Psi_2^T, \cdots, \Psi_t^T]$,$d$ 表示稀疏系数,即 x_i 可以由线性 $\Psi_1^T, \Psi_2^T, \cdots, \Psi_t^T$ 表示,若 d 中非零元素的个数为 K 且 $K < n$,则 x_i 在基 Ψ 下是 K-稀疏的。K 越小,则 x_i 越稀疏,我们需要合理地选取稀疏基 Ψ,使得 x_i 尽可能稀疏,这样可以减少 x_i 的存储空间。

在进行数据记录的传输时,节点希望传输长度为 s 的数据 y_i 来得到长度为 t 的数据 x_i:

$$y_i = \Phi x_i \tag{7-21}$$

其中,Φ 表示 $s \times t(s < t)$ 的测量矩阵。

因此,对于 K-稀疏的向量 x_i,还原 x_i 的过程如下:由式(7-20)和式(7-21)可以得到:

$$y_i = \Phi \Psi d = \Theta d \tag{7-22}$$

终端节点在收到压缩的数据后,解出非零元素最少的 d:

$$\min_d \| d \|_{l_0} \quad \text{s. t. } y_i = \Theta d \tag{7-23}$$

当 Φ 满足 RIP(约束等价性)时,等价于下列优化问题:

$$\min_d \| d \|_{l_1} \quad \text{s. t. } y_i = \Theta d \tag{7-24}$$

再由式(7-20)即可还原出数据记录向量 x_i,即车辆 v_i 的轨迹信息。

7.4.2 隐私攻击方案

在这一节中,将在 7.4.1 节理论知识的基础上,讲述一种具体的隐私攻击方案——抗防御轨迹恢复攻击方案,该方案利用了如今应用广泛的众包机制来收集数据,并扩展了压缩感知的思想,利用低秩矩阵恢复算法对多节点的数据记录向量构成的多节点位置矩阵 T 进行压缩传输,并利用矩阵恢复算法对收到的稀疏矩阵进行还原,再利用卡尔曼滤波器对还原后的矩阵进行过滤,从而得到多节点精确的位置矩阵。另外,针对现在车载网络中流行的防御机制 Mix-zone,该攻击方案也提出了相应的破解方法。

该方案分为 5 个部分:众包采集、矩阵压缩、矩阵恢复、卡尔曼滤波、抗 Mix-zone 防御。

1. 众包采集

众包这个词,起初是公司将员工的工作以自由自愿的方式分派给大众网络的做法,现在,越来越多的任务都在以众包的形式完成,美剧翻译“字幕组”、滴滴打车、美团……在信息化时代,由于互联网的飞速发展,利用众包思想的软件 APP 正在极大地方便人们的生活。

在车载网络中,众包也有用武之地。由于网络中的车辆在行驶过程中可以通过传感器感受周围车辆或者环境的变化信息,并与在自己传感范围内的节点或者 RSU 进行数据传输,每一个车辆节点都会记录丰富的车辆位置信息,既包括自己也包括其他车辆。因此,可以选取网络中的部分车辆作为数据采集的“蜜蜂”,车辆能与 RSU 进行数据传输时,将此时的位置坐标(x,y)、在此位置附近的车辆 ID 集合与时间戳 t 传给 RSU 并进一步转发给监控中心。

监控中心收到数据后,会对数据进行整合,将每一个车辆的位置时刻信息(x,y)按照时间顺序形成一个位置向量,多个车辆的位置向量组成一个位置信息矩阵 X,X 中一行代表一个车辆的位置数据,一列代表一个时刻。因此,监控中心相当于将采集海量交通数据的任务分配给了部分车辆节点,这极大地便利了数据采集的过程。

2. 矩阵压缩

由 7.4.1 节的理论知识,可以知道对于单个向量如何进行压缩与还原,那只能在一次计算中获取一个车辆的路径信息。但在本节介绍的 VCLT 模型中,可以实现多节点同时轨迹恢复,因此,需要对之前的压缩感知理论进行一下改进。

对于矩阵 M 来说,由奇异值分解的知识,任何矩阵 M 都可以分解成若干子矩阵的线性组合:

$$M = \Psi M_s \tag{7-25}$$

其中,$M_s = \begin{bmatrix} M_0 \\ \vdots \\ M_n \end{bmatrix}$ 表示由秩一矩阵(秩为 1 的矩阵)M_i 组成的矩阵,由与 M 同维数的矩阵组

成,且 $\mathrm{rank}(M) = \sum_{i=0}^{n} \mathrm{rank}(M_i)$,$\Psi = (\sigma_1, \sigma_2, \cdots, \sigma_n)$ 是稀疏向量,由 M 的奇异值组成,σ_i 表示矩阵的不同奇异值,且 $\sigma_1 > \sigma_2 > \cdots > \sigma_n$。

因此,Ψ 向量中非零元素的个数表示了矩阵 M 的稀疏程度。矩阵的秩越小时,矩阵越稀疏,Ψ 向量中非零元素的个数越少。

稀疏矩阵可以进行压缩,将原来要进行传输的低秩矩阵线性变换成满秩矩阵,此时的满秩矩阵是维护矩阵所有信息的最小矩阵,将这个最小矩阵进行传输,可以在维护矩阵原有信息的基础上,减小存储空间与网络带宽。

因此,矩阵压缩算法可以转换成如下优化问题:

$$\min_{M} \mathrm{rank}(M) \; \text{s. t.} \; \Lambda(M) = B \tag{7-26}$$

其中,Λ 表示线性映射,将矩阵 M 线性映射成与 M 同秩的满秩矩阵 B,同时力图使 M 的秩最小,即 M_s 的个数最少。

但上述问题是 NP 难的,因此上述优化问题在满足矩阵的 RIP 问题时可以转化为下列凸优化问题:

$$\min_{\Psi M_s} \| \Psi M_s \|_* \; \text{s. t.} \; \Lambda(\Psi M_s) = B \tag{7-27}$$

其中,$\| \Psi M_s \|_* = \sum_{i=0}^{n} \sigma_i$,即矩阵 M 的核范数,即所有奇异值之和。

在算法运行时,我们定义 Λ 函数如下,对于监控中心收到的车辆位置信息矩阵 X 来说:

$$\Lambda(X) = \begin{cases} 1, & X_{i,j} \neq \text{null} \\ 0, & X_{i,j} = \text{null} \end{cases} \tag{7-28}$$

其中,$X_{i,j} = \text{null}$ 表示车辆 i 在 j 时刻没有被采样,没有相应的数据记录。

3. 卡尔曼滤波

通过矩阵恢复算法得到矩阵含有一定的误差,因此该算法采用卡尔曼滤波进行过滤

去噪。

卡尔曼滤波器是一种优化的过滤方法,用来估计随机过程的参数,精确确定系统状态的变化。卡尔曼滤波的初始状态是:

$$x(n) = \varphi(n, n-1)x(n-1) + \Delta(n)u(n) + \omega(n-1) \tag{7-29}$$

$$z(n) = H(n) \times n + v(n) \tag{7-30}$$

$x(n)$ 是系统的状态向量,卡尔曼滤波就是精确地估计状态向量 $x(n)$ 的值。

卡尔曼滤波算法中用到的变量符号与含义定义如表 7.1 所示。

表 7.1   卡尔曼滤波变量定义

符　　号	含　　义	符　　号	含　　义
$u(n)$	系统状态输入向量	$\Phi(n, n-1)$	状态转移矩阵
$z(n)$	测量向量	$\Delta(n)$	系统输入矩阵
$\omega(n)$	系统噪声向量	$H(n)$	系统测量矩阵
$v(n)$	测量噪声向量		

$\omega(n)$ 与 $v(n)$ 满足如下性质:

$$E\{\omega(n)\} = 0 \tag{7-31}$$

$$E\{v(n)\} = 0 \tag{7-32}$$

$$E\{\omega(n)\omega^{\mathrm{T}}(n)\} = R \tag{7-33}$$

$$E\{v(n)v^{\mathrm{T}}(n)\} = Q \tag{7-34}$$

其中,$E\{\omega(n)\}$ 表示系统噪声的期望值,$E\{v(n)\}$ 表示测量噪声的期望值,R 是系统噪声 $\omega(n)$ 的协方差矩阵,Q 是测量噪声 $v(n)$ 的协方差矩阵。令 $\hat{x}(n)$ 表示 n 时刻系统状态的估计值,则估计误差向量为:

$$e(n) = x(n) - \hat{x}(n) \tag{7-35}$$

估计误差向量的协方差矩阵 $P(n)$ 为:

$$P(n) = E\{e(n)e^{\mathrm{T}}(n)\} = E\{[x(n) - \hat{x}(n)][x(n) - \hat{x}(n)]^{\mathrm{T}}\} \tag{7-36}$$

卡尔曼滤波的工作原理有两步:预测和更新。预测指的是根据上一时刻状态的最优估计值来预测系统的当前状态值,更新指的是根据当前时刻的测量值来优化预测值,得到最优的状态值。

预测的计算过程如下。

预测状态:

$$\hat{x}(n, n-1) = \Phi(n, n-1)\hat{x}(n-1) + \Delta(n)u(n) \tag{7-37}$$

预测估计误差的协方差矩阵:

$$P(n, n-1) = \Phi(n, n-1)P(n-1)\Phi^{\mathrm{T}}(n, n-1) + R \tag{7-38}$$

则可得到预测值:

$$p(n) = H(n)\hat{x}(n, n-1) \tag{7-39}$$

更新的过程如下。

当前状态的观测值为:

$$\hat{p}(n) = H(n)x(n) + v(n) \tag{7-40}$$

计算测量余量 $y'(n)$、测量余量协方差 $S(n)$、最优卡尔曼增益 $K(n)$:

$$y'(n) = \hat{p}(n) - p(n) \qquad (7\text{-}41)$$

$$S(n) = H(n)P(n,n-1)H^{T}(n) + Q \qquad (7\text{-}42)$$

$$K(n) = P(n,n-1)H^{T}(n)S^{-1}(n) \qquad (7\text{-}43)$$

然后使用这三个值来对预测的状态及估计误差的协方差矩阵进行更新：

$$\hat{x}(n) = \hat{x}(n,n-1) + K(n)y'(n) \qquad (7\text{-}44)$$

$$P(n) = [I - K(n)H(n)]P(n,n-1) \qquad (7\text{-}45)$$

这样,我们就能得到当前时刻较为精确的状态值,由此来对矩阵恢复算法得到的矩阵进行优化,得到更为精确的用户位置信息矩阵。

4. 抗 Mix-zone 防御机制

Mix-zone 防御机制是目前车载网络中应用广泛的一种防御机制,它利用匿名通信来隐藏车辆身份,防止攻击者针对特定用户进行攻击。Mix-zone 指的是假名更换的区域,车辆进入 Mix-zone 区域后,会停止与其他车辆的通信,并从自己的一系列备选假名中选择一个进行更换,以使攻击者混淆用户,无法进行追踪。

VCLT 算法提出的抗 Mix-zone 防御机制的思想如下:由于在 Mix-zone 区域中,车辆拥有多个 ID,因此收集车辆位置数据时,不能只以 ID 来区别车辆,因为此时的位置信息矩阵中两行(即两个 ID)可能对应着一个车辆。通常来说,车辆行驶是一个连续的过程,因此随着时间推移,车辆的位置数据之间、速度数据之间有一定的关联性,所以根据位置与速度记录,下一时刻的车辆位置是可以被推测出来的,推测方法可用上一步中的卡尔曼滤波算法。此外,车辆 ID 更换的时间、车辆的型号等记录也可以用来唯一确定车辆。因此,此时进行数据采集与上传的车辆除了记录它所遇到的车辆 ID 与时刻外,还要记录它的速度、车辆型号以及检测到 ID 变化的时刻。由此,监控中心收到的位置信息矩阵中,可以有更丰富的数据来辨别有哪两个 ID 可能对应着同一个车辆。辨别出可能是同一个车辆的位置数据后,该车辆就可以继续被追踪,不会因为该 ID 的位置数据突然消失而无法追踪。

总的来说,VCLT 模型利用了众包采集数据的思想,获取了广泛的数据源,并利用压缩感知的思想恰当地存储与传输海量位置数据,通过矩阵恢复算法与卡尔曼滤波算法实现传输稀疏数据获取完整信息,并破解了 Mix-zone 防御机制。

小　结

本章介绍了车载网络中的网络安全理论。

车载网络是一种使用数据流量或无线网络进行公路中数据传输的移动自组织网络,提供了车辆与车辆之间以及车辆与路侧单元之间的通信,是智能交通系统的重要部分,在现实生活中有越来越重要的应用。

但目前,车载网络频频遭受攻击,严重危害了用户的隐私安全。车载网络中攻击者按照访问权限分类,可分为内部攻击者与外部攻击者;按照攻击动机来分类,分为理性攻击者和恶意攻击者;按照攻击手段的主动性分类,分为主动攻击者与被动攻击者;按照攻击者控制实体的分散程度分类,分为集中攻击者与分散攻击者。主要的攻击形式有窃听攻击、分析攻击、数据篡改、重放攻击、伪装、否认攻击等,因此当前的车载网络有可用性、完整性、认可性、机密性、认证性 5 大安全目标。

车载网络有两大功能：数据通信与追踪定位。车载网络安全就是保证车载网络两大功能安全进行，抵抗以上攻击行为，并实现 5 大安全目标。因此，车载网络安全的两大研究领域就是安全路由与隐私保护。因为车载网络拓扑的动态变化性、信道不稳定性、延时要求严格等特点，传统网络的安全机制在车载网络中并不能完全适用。

在安全路由方面，本章介绍了 DSR、ARIADNE、CONFIDANT、ARAN、SAODV、DCMD 安全路由协议。DSR 是一种源路由协议，即在数据包传送之前已经将该数据包的路由路径建立好写入数据包头部，ARIADNE 与 CONFIDANT 协议则分别在使用 DSR 的基础上加入了 TESLA 非对称认证机制和恶意节点的检测机制，从而保证了网络安全性。AODV 协议是由中间节点建立路由表并进行转发的路由机制，ARAN 与 SAODV 安全路由协议在 AODV 的基础上加入了签名机制以保证数据完整性与网络不可否认性。基于传感数据的安全路由协议 DCMD 使得每个车辆节点都能检测和移除恶意信息，每个节点都建立了网络模型，当收到的数据与模型不一致时，通过对抗模型搜索不一致信息出现的原因并及时对错误信息进行修正。

随着网络编码的出现，车载网络中污染攻击的危害越来越大。网络编码的数据分发方式，使得多个数据包能够通过线性组合在同一信道上同时传输，提高了信道率用率与数据传输效率，但此时若有某个数据包遭受了篡改(被污染)，污染数据包会迅速在网络上进行扩散，从而使整个网络无法正常进行数据传输，因此抗污染攻击方案的研究被学界重视起来。针对车载网络中的污染攻击，目前的研究成果有基于信息论的抗污染攻击方案，主要通过在数据包中添加散列值，利用编码过程中矩阵的线性变换来判断数据前后是否发生了偏移量，从而判定数据包是否被污染，并将正确的数据包进行还原，但这种方法只能在终端节点对数据包进行污染判断，中间节点不能检测污染数据包，导致网络中仍然会传输大量的污染数据，浪费带宽；基于密码学的抗污染攻击方案，主要利用线性变换时向量空间的一致性来判断数据包是否被篡改，数据若被篡改则意味着发生了非线性变换，数据向量就会发生变化，不再属于源空间，否则向量还会属于源空间。

在隐私保护方面，车载网络中车辆的位置信息能够通过车辆间的数据交换与感知被记录下来，从而导致车辆用户的兴趣爱好与行为习惯被攻击者推测出来，造成用户隐私泄漏。在当前车载网络位置隐私领域，新的防御方案提出后，总有相应的破解方案被攻击者使用来继续进行隐私攻击，因此研究攻击方案对防御方案的完善有重要意义。隐私攻击的原理是利用采集到的关于目标用户的位置信息，还原出用户的行驶路径，从而掌握用户的动向。VCLT 模型是一种精确的路径追踪方案，它利用了当今普遍使用的众包机制，在公路上选取一定车辆作为为自己采集数据的"蜜蜂"，通过它们在不同地点上传感知的车辆 ID 与时刻信息来进行目标用户的追踪，但由于位置数据海量，存储问题十分严峻，VCLT 模型采用压缩感知的思想，使用低秩矩阵恢复算法实现了传输少量数据却能保证信息的准确性，加之卡尔曼滤波的过滤作用，使得攻击者在获取少量信息的时候能够准确地重建目标的路径。但在当前广泛使用的 Mix-zone 防御机制下，车辆可能有多个 ID，仅适用于 ID 作为辨别车辆的标准不能实现对车辆的持续追踪。VCLT 模型能通过目标车辆速度、位置数据的关联性推测车辆下一时刻的位置，并连同车辆 ID 更换时间、车辆型号等信息来将位置矩阵中可能是属于同一车辆的路径相连，实现对目标车辆的持续追踪，破解 Mix-zone 防御机制。

思 考 题

1. 车载网络的特点是什么？
2. 车载网络面临的安全威胁有哪些？
3. CONFIDANT 协议的基本原理是什么？
4. 污染攻击的原理是什么？
5. 抗污染攻击方案有哪几类？它们各自的优缺点是什么？
6. 车载网络的隐私攻击方式有哪些？
7. VCLT 隐私攻击模型的过程是什么？

参 考 文 献

[1] Sharma R，Choudhry A，Sharma R. An extensive survey on different routing protocols and issue in VANETs[J]. International Journal of Computer Apploiations，2014，106(5).

[2] Boudec. Performance analysis of the CONFIDANT protocol：Cooperation of nodes—Fairness in distributed ad hoc networks[C]. IEEE/ACM Symposium on Mobile Ad Hoc NETWORKING and Computing，2002.

[3] Perkins C E，Royer E M. Ad-hoc on-demand distance vector routing[J]. Acm Sigmobile Mobile Computing & Communications Review，1999，6(7).

[4] Sanzgiri K，Dahill B，Levine B N，et al. A secure routing protocol for ad hoc networks[C]. IEEE International Conference on Network Protocols，2002.

[5] Hu Y C，Perrig A，Johnson D B. Ariadne：A secure on-demand routing protocol for ad-hoc networks [J]. Wireless Networks，2005，11(1).

[6] Zapata M G. Secure ad-hoc on-demand distance vector routing[J]. Acm Sigmobile Mobile Computing & Communications Review，2002，6(3).

[7] Jaggi S，Langberg M，Katti S，et al. Resilient Network Coding in the Presence of Byzantine Adversaries[J]. IEEE Transactions on Information Theory，2008，54(6).

[8] Charles D，Jain K，Lauter K. Signatures for network coding[C]. Information Sciences and Systems，2006.

[9] Ho T，Leong B，Koetter R，et al. Byzantine modification detection in multicast networks using randomized network coding[C]. International Symposium on Information Theory，2005.

[10] Le A，Markopoulou A. Cooperative Defense Against Pollution Attacks in Network Coding Using SpaceMac[J]. Selected Areas in Communications IEEE Journal，2011，30(2).

[11] Newell A，Nita-Rotaru C. Split Null Keys：A null space based defense for pollution attacks in wireless network coding[J]. 2012.

[12] 王杰.车载自组织网络基于网络编码的安全数据分发[D].大连：大连理工大学，2016.

[13] 霍峥，孟小峰.轨迹隐私保护技术研究[J].计算机学报，2011，34(10).

[14] Wang H，Zhu Y，Zhang Q. Compressive sensing based monitoring with vehicular networks[C]. INFOCOM，2013.

[15] 彭义刚，索津莉，戴琼海，等.从压缩传感到低秩矩阵恢复：理论与应用[J].自动化学报，2012，39(7).

[16] Lin C，Liu K，Xu B，et al. VCLT：An Accurate Trajectory Tracking Attack Based on Crowdsourcing in VANETs[M]. Algorithms and Architectures for Parallel Processing. Springer International Publishing，2015.

第 8 章 社交网络安全

随着无线网络与通信技术的发展,一大批社交软件如雨后春笋般产生并广泛应用,极大地改变了人们的生活与交友方式。社交网络以人们真实的关系为基础,结合不同人的兴趣爱好,意图将现实中人们的社交关系映射到虚拟网络中,以降低人们社交的成本,提高信息通信与分享的效率。

作为机会网络的一种,社交网络依赖于网络中的节点进行数据的接收与路由,同时由于社交网络的公开性,用户的隐私数据直接暴露于互联网中,社交网络具有保密性、完整性、可用性、可控性、可审查性和可保护性等安全目标。社交网络安全的两大研究方向为安全路由与隐私保护。

本章介绍社交网络的发展历程与基本特点,提出社交网络的安全目标,并从安全路由与隐私保护两个方面对社交网络安全的研究进展进行详细介绍。

8.1 社交网络概述

近年来,随着网络技术的发展,无线网络、4G 数据通信网络进入了部署与应用的环节。由手机、PAD 等移动网络设备构成的社交网络被广泛应用,极大地改变了人们的生活方式。

社交网络产生于最初的网络社交思想,起步于最初的 E-mail,后来产生的 BBS 论坛让人们可以向所有人发布消息、建立话题并进行讨论,后来,即时通信提高了交流的即时性和并行性,而博客的出现增强了网络中节点的个体意识,让每个人的形象更加饱满丰富,融入了社会心理学与工程心理学的应用与调节。当人的主体性与个性在网络中得以充分体现时,社交网络便逐渐成形。

社交网络的出现,极大地改变了人们的交流模式与商业模式,它的出现就是为了降低人们社交的成本,提高人们管理信息的能力,以实现现实社交的低成本替代。社交网络利用人们提供的个人信息与人际关系,连接不同用户,用户在网络上可以互相了解、寻找同伴、即时通信,并实时分享多媒体数据,缩小了人们之间的距离,因此得到越来越广泛的应用。

但社交网站用户也面临着安全威胁,据调查,社交网站用户很容易遭遇身份信息被盗、密码被盗、恶意软件感染与钓鱼欺诈等安全攻击。

本节内容从网络安全的角度来认识社交网络,介绍社交网络的特点、安全综述及其安全目标。

8.1.1 社交网络的特点

"社交网络是由有限的一组或者几组行动者及限定他们的关系所组成",以人们现实的人际关系为基础建立基于互联网平台的虚拟社交世界，包含各类硬件、软件、服务与应用。社交网络的发展经历了如下几个阶段。

（1）早期概念化阶段，以著名的六度分隔理论的提出为标志。

（2）结交陌生人阶段——以 Friendster 为代表，帮助人们在全球范围内交友并保持联系。

（3）娱乐化阶段——以 MySpace 为代表，集交友、即时通信、个人分享多功能为一体，创造了多样的多媒体个性化空间。

（4）社交图阶段——以 Facebook 为标志，复制现实人际关系网络，实现线上社交信息低成本管理。

（5）云社交阶段——现在的社交网络正处于云社交阶段，整合大量的社会资源，向用户提供按需服务。

社交网络的发展历程就是不断地完善现实中人际社交关系与虚拟网络的映射，拓展人们的社交圈，缩小人们之间的距离，以降低人们社交的成本，提高通信的效率。

这里我们要注意，社交网络是对现实中人际关系网的拓展，其中的用户都是以真实身份进行交友、信息分享的，因此对每个个体来说，只有一个社交网络。而与其相关的另一个概念，在线社区，意义却大不相同。在线社区是由在现实中可能并没有直接关系的人所建立，他们因同样的志趣而相聚，进行资源的分享，每个人可能都会有多个兴趣爱好，所以对于每个个体来说，可以有多个在线社区。

社交网络具有如下特点。

（1）节点移动性较强，社交网络中的数据在同属于一个社区的用户之间产生，通过节点的移动而传播。

（2）数据的分发方式是"存储-携带-转发"，端到端的延迟较大。

（3）由于没有端到端的连接，数据的传递与转发依赖于用户之间的信任关系。

（4）与传统的无线网络相同，社交网络的能量和物理空间也是有限的。

社交网络是一种机会网络，不需要源节点和目标节点之间存在完整路径，利用节点移动带来的相遇机会实现网络通信。同时，由于机会网络中数据分发方式为"存储-携带-转发"，每个移动节点既作为数据接收终端，又需要起到路由作用。此外，由于移动节点传递的资源有限，必须采用激励机制来鼓励自私节点参与资源分享，刺激节点之间的合作。

8.1.2　社交网络安全综述

社交网络的安全性研究一直是近些年学界的研究焦点。由于社交网络的机会性以及"存储-携带-转发"的数据分发方式，节点通过移动带来的相遇机会实现网络通信，每个移动节点既作为数据接收终端，又需要起到路由作用，因此社交网络的路由安全对于保证社交网络中信息的完整性与保密性有重要意义。同时，由于在社交网络中用户个人信息暴露在整个网络中，隐私保护也是保障社交网络安全的重要内容。因此，社交网络安全主要围绕安全路由与隐私保护两个方面展开研究。

如今，社交网络面临的安全威胁可以粗略分为传统型与非传统型两种。传统型安全威胁是指系统的业务功能失常，无法提供服务，是一种基于系统设计的缺陷而产生的威胁；非传统型安全威胁是指打破系统正常的秩序，非法利用系统特性，破坏系统的服务质量，是一种基于系统的正常功能而产生的威胁。社交网络面临的安全威胁具体有如下6类。

1. 社交网站攻击

社交网站攻击属于传统安全威胁,利用社交网站设计的缺陷而对系统安全、用户隐私造成破坏,主要有 SQL 注入、XSS、CSRF 三类。SQL 注入作用于使用拼接字符串来构造动态 SQL 语句的 Web 应用中,是一种很旧的方法,由于现在的网络应用大多使用参数化查询的方式,SQL 注入已经基本不再被使用。XSS(跨站脚本)是一种注入攻击,它不对服务器造成伤害,而是通过在网站正常的交互途径中运行恶意脚本对用户进行伤害,若服务器没有将这些注入的脚本过滤,用户在运行正常功能时,就会无意中触发并运行这些脚本,从而被攻击。CSRF(跨站请求伪造)也是一种跨站攻击,通过截取用户的 Cookie,伪造请求,冒充用户登录主页并在网站内进行非法操作。目前,CSRF 的最好实现方式是通过 XSS,即让用户自己在无意中发起自己未知的请求,省去了盗取 Cookie 的过程。

2. 钓鱼攻击

社交网络是基于真实社交关系的网络交流平台,真实的朋友、亲人、同学、同事之间构成多种多样的联系,建立信任关系。攻击者骗取用户的信任,诱使用户访问虚假的网银网站或其他重要网站,从而盗取用户的账号、密码及其他隐私信息,实施网络欺诈、窃取用户资产。在社交网络中,由于信息的公开性,钓鱼者很容易获取社交网络用户的个人信息,从而假冒该用户,向其好友发送钓鱼网站的链接。由于用户之间信任关系的存在,被假冒者的好友很容易上当,从而成为受害者。社交关系网络使得钓鱼攻击能够进行大范围传播,从而使得钓鱼攻击成为社交网络的主要安全威胁。

3. 账号攻击

账号攻击是指攻击者通过一定手段截取用户的用户名与密码,从而使用用户的合法账号进行恶意信息的发送或者对用户的亲友进行敲诈勒索。账号攻击的一个手段就是暴力破解,类似于传统网络安全中对密钥进行的暴力破解,攻击者获取关于用户的部分信息,然后将这些信息进行组合并尝试所有可能的密码,直至破解成功。

4. 虚假账号

虚假账号,即攻击者创建的冒用他人身份的账号。攻击者通过创建虚假账号,骗取他人的信任,从而对用户进行欺骗、敲诈或者其他伤害。虚假账号的存在是社交网络验证机制的不完善引起的,用户仅通过网站上的交流并不能辨认对方的真实身份,因此攻击者有机可乘,利用用户的信任对用户造成伤害。

5. 垃圾信息

社交网络的飞速发展与网络覆盖面的扩展与垃圾信息密不可分,这些垃圾信息以垃圾邮件为主,其中包含广告与恶意代码并能够通过好友列表传播,垃圾信息数量庞大,加重网络负荷,降低网络性能,严重时将导致网络系统瘫痪,带来巨大的损失。

6. 隐私攻击

在社交网络中,用户在自己的个人主页上公布自己的隐私信息,从而造成一定程度的隐私泄漏,攻击者能够简单地通过访问用户的个人主页,获取其中的文字与图片信息,对用户进行定位和追踪,分析用户的行为特点,从而实施网络诈骗。

由上述可知,社交网络中的安全威胁主要是由攻击者利用社交网站的漏洞并借助社交关系网所施行的大规模网络攻击,其中以网络诈骗为主要形式,攻击者利用用户自己公布的个人信息,仿冒用户身份,对其社交网络中的用户进行诈骗,从而造成不可预知的后果。由于社交网络中的行为主体之间进行真实信息的交流,个人信息也暴露在网络上,社交网络中的安全威胁危害很大,用户应该提高社交网络安全意识,预防可能出现的网络攻击。

对于传统的安全威胁,我们应该加强网络的监控,制定严格的安全规范并严格实施;对于非传统的安全威胁,我们应该给出严格定义,对系统的正常业务与非正常业务进行区分,并按照业务对攻击行为进行布控,通过统计学方法与机器学习理论,对监控到的攻击链条进行分析,对攻击进行多点打击。

8.1.3 社交网络安全目标

社交网络扩展了用户的社交圈,方便了用户获取自己感兴趣的即时信息,同时也发挥了用户在网络中的主体性与个性,用户的信息越完善越有可能帮助用户找到对于自己而言最有价值的信息,但另一方面也暴露自己的个人信息,受到恶意攻击者的关注。因此,社交网络安全以保密性、完整性、可用性、可控性、可审查性和可保护性为目标。

1. 保密性

保密性是指信息不能泄漏给未授权的用户、设备或过程,或不能为未授权用户、设备或过程所利用。对于社交网络中的用户来说,社交网络中最重要的信息就是个人的隐私数据,个人信息的非法盗用以及不当使用会给自己的生活带来未知的后果,所以,社交网络的首要安全目标就是维护个人信息的保密性。

2. 完整性

完整性是指信息未经授权不能被篡改,即信息在存储或传输的过程中保持不被破坏、不被篡改和丢弃。社交网络中信息的完整性实质上就是为了维护虚拟与现实人际关系的一致性。

3. 可用性

可用性是指合法的用户能够按照自己的需求访问网络中的资源,社交网络必须保证所有合法用户的访问需要,不能拒绝用户的请求。

4. 可控性

可控性是指用户对于自己发布的信息的内容及流向都具有控制力,即用户是可以操控自己主页的数据的,也可以对自己主页的权限进行设置。

5. 可审查性

可审查性是指网络中发布的信息都应当具有可审查性,即出现安全问题时,用户不能否认自己的不当行为,从而为之后的责任追究提供证据。

6. 可保护性

可保护性是指社交网络应当对信息以及用户的软硬件系统给予适当保护,使用防火墙、安全网关、安全路由、系统脆弱性扫描软件以及黑客入侵检测等方法来防止信息被破坏或者用户的设备遭到损伤。

8.2 社交网络路由安全

与任何一种无线网络相同,社交网络应该首先保证数据的安全路由,保证信息从源节点无误地传输到目标节点,减少丢包率并保证数据的完整性。数据包验证指的是在机会网络的多跳数据转发过程中,对数据包进行身份验证和约束,是安全路由的一个重要部分。但传统的数据包验证机制,比如公共密钥数字签名机制,计算复杂度较大,带宽和存储资源消耗巨大,不适用于能量有限的社交网络。

因此实现社交网络中的安全路由一直是学术界研究的热点。目前,最常见的路由方式是传染路由,但该方法虽然在一定程度上保证了数据包的转发成功率,却为网络增加了负担。基于上下文的路由算法弥补了这一不足,该算法根据用户所具有的属性进行路由,在保证数据包转发成功率的基础上降低了数据包开销。但这些路由算法都假设网络中的节点是无私的,即自愿为其他节点转发数据包,然而在实际情况中,节点会存在一定的自私行为,保护自身的资源而不愿意转发,甚至有些恶意节点会监听、篡改、伪造非法数据在网络中进行传播。随着自私节点与恶意节点数量的增加,网络的性能显著下降,因此社交网络需要建立可靠的信任模型来识别自私节点与恶意节点,将数据包转发给那些会按照合法规则处理数据包的可信任节点。

由于社交网络本身的特殊性,一些现有的传统信任模型不能很好地应用到社交网络中。例如,社交网络拓扑结构变化较大,因此无法通过可信第三方或者建立端到端的连接来实现信任的判断;用户与用户之间关联性较大,而传统的信任模型没有利用这一特性;用户移动性较大,无法通过预先计算信任值选定路由路径。

本节首先介绍基于上下文的路由算法,再引入一种适于社交网络的信任模型。

8.2.1　安全路由算法概述

我们知道,在社交网络中,数据的转发方式为"存储-携带-转发",每个节点既作为数据接收终端,又能起到路由作用。特殊的数据转发方式决定了社交网络具有一定间歇性,具有机会网络与容迟网络的一些特点,比如节点具有高移动性、缺乏端到端的连接、节点的能量资源有限、网络延迟大等特点。社交网络的这些特性决定了它的安全路由算法有别于传统网络的安全路由算法。

如今,社交网络这种具有容迟网络特点的网络的路由算法可以大致分为:传染路由(Epidemic Routing)、传统路由(Traditional Routing)、上下文路由(Context-based Routing)和机会路由(Opportunistic Routing)4类。

(1) 传染路由。

传染路由是应用最为广泛的一种路由机制,其基本原理是中间节点会将所有的数据包都转发给所有的相遇节点,其优点是只要源节点和目的节点之间存在路径,就能保证数据包的成功转发。但是传染路由会造成网络中的大量冗余数据的存在,导致网络拥塞。一种改进的方式是根据节点相遇的概率进行转发,有效地减少了数据冗余。

(2) 传统路由。

传统路由即与传统网络中的路由相同,根据路由表项为数据包进行路由路径的选择。目前基于传统路由算法的信任模型较多,例如第 7 章中提到的基于 DSR 的信任模型CONFIDANT 等。但是在社交网络中,因为缺乏端到端的连接,所以无法满足传统路由算法的应用要求。

(3) 上下文路由。

相比于传染路由,上下文路由算法中节点不会向所有相遇的节点转发数据包,而是根据上下文信息与节点之间存在的属性关联来选择属性匹配度更高的节点进行转发,而上下文信息的选择方法又是根据具体的路由算法变化的。

（4）机会路由。

机会路由是一种新型的路由算法,其核心在于监听和合作。机会路由利用了在无线网络中节点可以监听到其周围节点发送信息的特性,首先节点将数据广播给其通信范围内的所有节点,然后利用节点间的合作机制,选择一部分节点接收数据进行服务。

本节中详细介绍如今已经比较成熟的基于上下文信息的路由机制,它利用节点之间的属性关联,对数据包进行路由,有效地减少了网络负载,并且充分利用了社交网络的特性。

基于上下文信息路由协议的基本思想是：节点之间相同的属性越多,相遇的几率越大,例如,在同一所学校中的两名同学相遇的几率比较大。在这类路由协议中,中间节点是否存储与转发数据包,取决于该节点与数据包头部中属性的匹配程度。

假设一个网络中包含 n 个节点,每个节点的上下文是由一系列的属性 $P_{i,j}$ 定义的,每个属性 $P_{i,j}$ 都由属性名和属性值 $<N_{i,j}, P_{i,j}>$ 组成。$N_{i,j}$ 是节点共享的公共属性的名称,不同节点属性值可能不同。最后一个节点的属性是所有属性的连接：

$$\text{Prof}(i) = P_{i,1} \parallel P_{i,2} \parallel \cdots \parallel P_{i,j} \tag{8-1}$$

其中,所有的节点都有同样的属性类型,但是具体的属性值可能是不同的。

节点发送数据包的时候,数据包头部的 payload 字段包含的就是已知的目的节点的属性信息（如工作单位、邮箱、职业等）。中间节点在接收到数据包的时候,会将数据包头部的属性信息与自己的属性信息进行匹配,并根据匹配的属性占所有属性的比例确定一个匹配值 M,依照匹配值确定自己是否是目的节点,做出转发数据包或者丢弃数据包的决定。当匹配值为 1 时,该节点就为该数据包的目的节点。

如图 8.1 所示,在社交网络中,每个节点都拥有一系列属性,这里只列举三个属性,每个节点有相同的属性类型但是每个节点的属性值可能不同。在数据包转发的过程中,如图 8.2 所示,节点 n_1 想要发送给职位为学生的节点"今天晚上补课"的信息,数据包在头部中就会

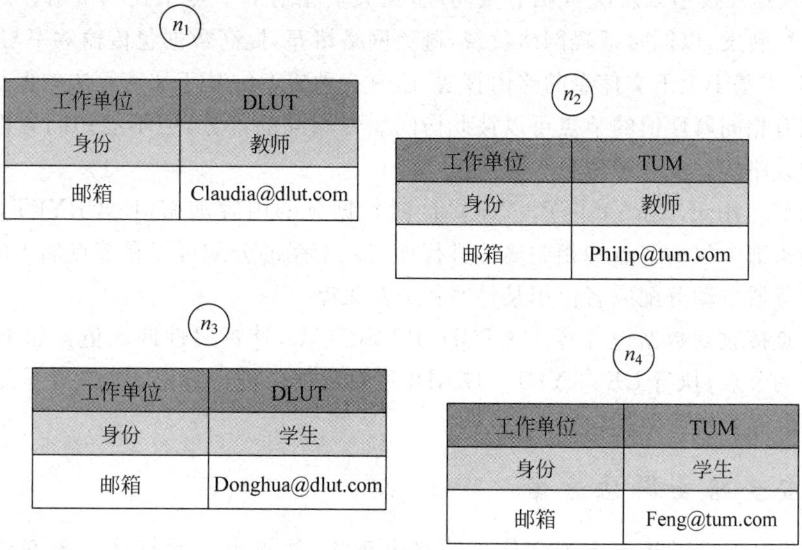

图 8.1　社交网络节点示意图

包含相应的属性值。数据包在转发给不同节点时,中间节点将数据包头部中的属性值和自己的"职位"属性值进行对比。如果数据包头部中属性信息有多个,中间节点依次进行匹配,并根据自己的相应属性值与数据包头部属性值的匹配程度决定对数据包的操作。

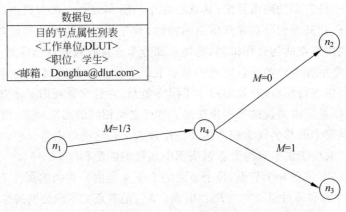

图 8.2　数据包转发过程

虽然基于上下文信息的路由算法结合了社交网络的特点,利用了用户之间的关联进行数据包的转发,但是属性信息的暴露也对社交网络安全中数据的完整性与保密性提出了更高的要求。

(1) 源节点需要在与目的节点不进行通信的前提下对数据包加密,并且为了保证数据的保密性,只有目的节点才可以对数据包进行解密,数据包的加密与解密的密钥也就只与目的节点的相关属性值有关。

(2) 因为基于上下文的路由算法中节点根据上下文进行数据包的转发而不再根据 MAC 地址,节点的相关属性需要进行保护。因此,中间节点不能访问非公共属性,只能根据自己的相关公共属性值与收到的数据包的相关属性值进行匹配值的计算。

(3) 加入信任模型来解决自私节点问题,在大量相遇的节点中找到可信任的无私节点对数据包进行转发,以同时减轻网络负载,避免网络堵塞,提高数据包传输效率与成功率。

如今,对于基于上下文信息的路由算法,已有一种成型的基于加密算法的保护策略。

假设拥有相同属性值的节点可以彼此访问属性相同的部分,但不能访问属性不同的部分。此保护策略依然没有考虑自私节点。

首先源节点用 ENCRYPT_PAYLOAD 对数据包的内容加密,ENCRYPT_HEADER 对数据包的头部中目的节点的相关属性进行加密。密钥的分配可以在节点加入网络的时候由第三方服务器自动分配或者使用某种密钥分配策略。

中间节点接收到数据包计算 MATCH_PAYLOAD,计算属性匹配值。如果值为 1,则该节点是目的节点,执行 DECRYPT_HEADER 对数据包进行解密;如果值不为 1,根据指定的规则判断是否转发数据包。

8.2.2　安全路由解决方案

8.2.1 节中介绍了基于上下文信息的路由算法,并提出了此算法实现安全路由的新要求。

（1）源节点需要在与目的节点不进行通信的前提下对数据包加密，目的节点才可以对数据包进行解密，数据包的加密与解密密钥只与目的节点的相关属性值有关。

（2）中间节点不能访问非公共属性，只能根据相关公共属性值进行匹配。

（3）加入信任模型来解决自私节点与恶意节点问题。

8.2.1节的末尾提出了一种简单的安全路由算法，但是该算法还是没有解决网络中存在的自私节点问题，若自私节点不加以激励或者避免，网络中数据包丢包率就会明显上升，数据包不能正常到达目的节点，就不能算是可靠的安全路由。因此，本节中介绍基于模糊集合的上下文信息路由算法，该算法能够合理地判定节点的信任度，更好地处理自私节点与恶意节点。

首先介绍算法的基础：模糊集合。

在人类的关系网中，两个人之间的信任是无法用非0即1的评判标准来看待的，虽然我们是用以前的交互行为作为信任度评判的依据，但却无法确定某一个人下一刻的想法与行为，因此我们对于一个人信任度的判断是带有主观性的。将信任引入社交网络中时，信任就是节点根据历史的通信信息以及其他节点的推荐，对其他节点行为是否可信任的预测：若该节点按照转发标准来对数据包进行转发和丢弃，则该节点可信，否则不可信。而且，在信任度的判定中，也很难用非0即1的评价准则来评判最后的信任结果。模糊集合就是为了解决这种带有主观性与不确定性的判断的。

模糊综合评价方法是模糊集合中应用较广的一种方法，通常与层次分析法结合起来，考虑多种因素，从而对主体进行综合评价。模糊综合评价方法分为划分评价等级，确定评价因素，建立隶属度函数，确定权重与最终评价5个步骤。

1. 划分评价等级

根据信任程度，可以将信任等级依次划分为完全信任，总体信任，部分信任，……，相对信任，不信任等多个等级。在这里用 Trust_level＝$\{A,B,C,\cdots,Z\}$表示信任等级集合。

2. 确定评价影响因素

评价影响因素决定着最终的评价结果，因此必须根据实际的需求来选择有效的评价影响因素。假设评价因素集合为 $F=\{f_1,f_2,\cdots,f_m\}$，其中每个元素代表一类评价标准。例如在评价一个球员的赛季表现时，应该结合多个因素进行综合评价，包括训练出勤率、比赛态度、技能发挥、伤病情况、身体状态等多个层面，多因素的引入使我们从多个角度客观地对主体进行评价。在对社交网络建立信任模型时，确定评价因素也是最为重要的一步，对哪些因素进行判断会直接影响某个节点信任值的评判。

3. 建立隶属度函数

隶属度函数是模糊集合中的一个重要概念。如果对于信任值集合 T 中的每个元素 t，都有值 $Z(t)\in[0,1]$与之对应，则在 t 变动的过程中 $Z(t)$就是一个函数，即隶属度函数。对于元素 t，得到的值 $Z(t)$越接近1说明 t 属于 Z 的隶属度越好，反之则相反。因此需要根据确定好的评价等级，建立相应的隶属度函数，从而计算每个评价影响因素的信任值对不同的评价等级的隶属度。

$$B=\{A(t_1),\cdots,A(t_m),B(t_1),\cdots,B(t_m),\cdots,Z(t_1),\cdots,Z(t_m)\} \tag{8-2}$$

4. 确定权重

权重是在确定评价影响因素的基础上，对评价影响因素的重要性的评估。不同评价影响因素对结果产生的影响不同,重要程度也不同,因此在计算最终的评判结果之前要首先对不同评价影响因素进行权重分析。$W = \{w_1, w_2, \cdots, w_m\} \sum w_i = 1$。结合隶属度函数计算的隶属度可以得到针对某个信任等级的信任度评价结果 V:

$$V_A = \sum_{i=1}^{m} w_i \times A(t_i) \tag{8-3}$$

5. 最终评价

计算出主体对于每个信任等级的信任度评价结果 V 后,可以根据一定的标准对主体信任等级做出最终判定。

下面介绍基于模糊集合的上下文路由算法,它在基本的上下文路由算法的基础上引入了信任机制,能够考虑到自私节点与恶意节点的存在,保证社交网络的路由安全。

1. 网络模型

如图 8.3 所示,整个社交网络由几个更小的子网组成,每个子社交网络内部通过一定的属性进行联系,比如所在院校。用户自由地在整个社交网络内移动。每个用户都有自己特有的属性信息,当用户节点 n_3(属性列表为"<工作地点,DLUT>,<职位,学生>,<邮箱,Donghua@dlut.com>")想要向用户 n_1 发送数据的时候,n_3 将自己所知的 n_1 的属性信息加入数据包的头部。中间节点根据自己的属性信息和数据包头部信息的匹配程度来决定是否帮助转发该消息。

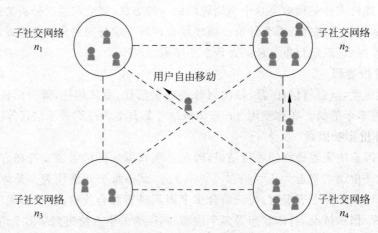

图 8.3　社交网络模型

算法基于如下几个假设。

(1) 所有节点在发送数据的过程中,均可以监听邻居节点的信息。

(2) 所有节点的通信半径都是相同的,在通信半径内节点之间可以相互监听。

(3) 网络中存在自私节点和恶意节点,自私节点不为其他节点转发数据,恶意节点篡改原有数据并发送恶意数据包。

在社交网络中,节点代表着理性的个人或社会组织,由于存储空间、带宽以及能量的消耗,出于自己利益最大化的考虑,就一定会存在一些自私甚至恶意节点。这些节点使用的攻击方式分为主动攻击和被动攻击。

(1) 被动攻击:以搜集数据为目标,不主动篡改数据或进行其他恶意攻击。常见的攻击手法有嗅探、窃听与信息搜集。

（2）主动攻击：以篡改数据或者生成虚假数据为目的，常见的攻击手法有伪装、篡改、重放、拒绝服务攻击以及分布式拒绝服务攻击。

从网络性能的角度来说，主动攻击危害更大。因此该算法主要考虑主动攻击。在社交网络中，主要存在三种节点，如图8.4所示。

（1）正常节点：网络中最普遍的节点，以分享多媒体数据为目的。在得到其他节点服务的同时，也为其他节点提供服务，帮助转发其他节点所需要的信息。

（2）自私节点：由于存储资源、带宽资源以及能量的限制，网络中存在着一些自私节点，这类节点可以得到其他节点转发的数据，却不为其他节点转发数据提供服务。自私节点会影响网络数据转发的成功率与效率。

（3）恶意节点：恶意节点会篡改网络中传输的数据，并向网络中其他节点发送恶意数据。过滤掉这些被篡改的数据和恶意数据对社交网络中数据完整性与信息安全有至关重要的作用。

图 8.4　社交网络节点模型

为了处理自私节点与恶意节点，网络模型中引入信任模型，节点通过彼此间的交互历史建立对其他节点未来信任度的预期，向可信度较高的节点转发数据，信任模型有如下任务。

（1）识别不可信节点：携带数据包的节点能够区别自私节点与正常节点，将数据包转发给可信的正常节点而不是不加区分地转发给所有遇到的节点。

（2）控制恶意信息：节点能够辨别恶意节点，恶意节点传播的恶意信息数量必须得到有效控制。

（3）惩罚自私节点：正常节点能在识别出自私节点后拒绝为自私节点转发数据，对自私节点进行惩罚。

（4）无限制地辨认不可信节点：由于社交网络拓扑结构变化快，节点不能保证全都彼此相遇。因此在没有数据交互记录的情况下，节点也应具有辨认自私节点和恶意节点的能力。

2. 模糊综合评价法计算节点信任值

基于模糊集合的上下文路由信息引入了模糊综合评价法的信任模型，按照模糊综合评价法的5个步骤，可以构建起信任模型。

1）划分信任等级

在该算法中，有4个信任等级："完全信任""相对信任""一般信任"和"不信任"。每个节点最终可以得到一个信任值，信任值与信任等级的对照如表8.1所示。

表 8.1　信任等级划分

信任等级	完全信任	相对信任	一般信任	不信任
信任值	4	3	2	1

223

第8章

2）确定评价影响因素

信任评价影响因素包括社会信息属性和服务质量(Quality of Service，QoS)属性。

（1）社会信息属性

社会信息属性即节点是否是自私节点或者恶意节点，衡量节点是否能够为自己提供可靠服务。社会信息属性包含成功转发率和多媒体信息反馈两个部分。

成功转发率衡量了节点成功转发数据包的能力。当节点 n_i 为邻居节点 n_j 转发信息的时候，会为 n_j 保存变量 N_{sij} 来记录节点 n_i 为节点 n_j 转发数据包的总数，以及变量 N_{fj} 来记录监听到的节点 n_j 所转发的数据包的个数。因此节点 n_i 对 n_j 的成功转发率 P_{ij} 的计算如下：

$$P_{ij} = \frac{N_{f_j}}{N_{f_j} + \lambda(N_{sij} - N_{f_j})} \tag{8-4}$$

同时，可以通过改变参数 λ 的大小来调节对自私节点的惩罚力度。

多媒体信息反馈针对社交网络中的数据共享，对接收到的数据的安全性进行评估，得到介于 0 与 1 之间的反馈值 $Feedback_{ij}$，1 表示接收的数据完全可以信任，而 0 表示接收到的数据是恶意数据。

（2）QoS 属性

社会信息属性衡量节点为自己转发数据提供服务的意愿，而 QoS 属性则衡量节点能够为自己正确转发数据的能力。社交网络中用户与用户之间存在属性关联，因此 QoS 属性包含上下文信息匹配率以及能量两个因素。

上下文信息匹配率结合基于上下文信息路由算法，认为网络中每个节点都能通过属性信息来标识自己的身份。两个节点之间匹配的上下文信息越多，两个节点的相遇概率也就越大，例如，在同一个公司上班的职员相遇的概率较大。因此上下文信息匹配率 P_{mij} 也就代表了数据从该节点转发到达目的节点的概率。

$$P_{mij} = \frac{\text{Context}_i}{\text{Context}_j} = \frac{p_{i,1} \parallel p_{i,2} \parallel \cdots \parallel p_{i,m}}{p_{j,1} \parallel p_{j,2} \parallel \cdots \parallel p_{j,m}} \tag{8-5}$$

其中，m 表示节点中公共属性的个数，$p_{i,m}$ 表示节点 i 的第 m 个属性，Context_i 与 Context_j 分别表示节点 n_i 与节点 n_j 的属性集合。网络中的每个节点的上下文信息是由一系列属性构成的，属性包括<属性名,属性值>，其中，属性名是所有节点公共的属性名称，是相同的，但不同节点的属性值可能不同。

社交网络中节点的能量是有限的，因此节点是否能够正确转发数据包需要对节点能量进行评估。能量检测方法与本章内容不相关，所以略去不做介绍。

因此，社会信息属性表示节点的可信任度，节点正是通过社会信息属性中的因素对节点未来的行为进行预测的。因此计算信任值时，主要考虑社会信息属性的两个影响因素即成功转发率以及多媒体信息反馈。

3）建立隶属度函数

得到信任值后，就要进行隶属度的计算。需要注意的是，与人类的信任一样，社交网络也有两种信任方式：直接信任和推荐信任。

（1）直接信任

直接信任来源于节点之间的直接信息交互，若节点曾经进行过交互，节点就会根据每次的交互记录来评估节点的信任度。直接信任的来源更可靠,在信任的评估上所占权重较大。

(2) 推荐信任

推荐信任建立在直接信任的基础上,使得节点在遇到从未接触过的节点时,可以依照邻居节点的推荐,推测该节点的信任值。如图 8.5 所示,节点 n_i 与节点 n_j 以及节点 n_j 与节点 n_k 之间均存在直接的交互记录,当节点 n_i 与节点 n_k 相遇时,没有直接的交互记录。此时节点 n_j 将自己对节点 n_k 的直接信任信息发送给节点 n_i,作为推荐信任值。此时节点 n_i 就可以根据推荐信任值对节点 n_k 进行信任评判。推荐信任增强了节点的判断能力,使得节点可以根据其他节点的经验对未接触过的节点进行预测。这种推荐存在一定的风险,需要对推荐节点的可信任性进行考证。

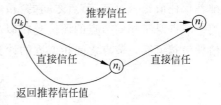

图 8.5 信任方式

这两种不同的信任方式,有不同的隶属度函数。对于直接信任来说,得出两个评价因素的信任值(成功转发率 P_{ij} 与多媒体信息反馈 Feedback_{ij},介于 0 与 1 之间,分别作为隶属度函数的自变量 x)后,通过如下隶属度函数求出成功转发率与多媒体信息反馈这两个因素对 4 个信任等级分别的隶属度。

$$\text{FH}_{i1} = \begin{cases} 0.5\left(1 + \dfrac{x_i - K_2}{K_1 - K_2}\right) & K_2 \leqslant x_i < K_1 \\[2mm] 0.5\left(1 - \dfrac{K_2 - x_i}{K_1 - x_i}\right) & x_i < K_2 \end{cases} \tag{8-6}$$

$$\text{FH}_{i2} = \begin{cases} 0.5\left(1 - \dfrac{x_i - K_3}{x_i - K_4}\right) & x_i \geqslant K_3 \\[2mm] 0.5\left(1 + \dfrac{K_3 - x_i}{K_3 - K_4}\right) & K_4 \leqslant x_i \leqslant K_3 \\[2mm] 0.5\left(1 + \dfrac{x_i - K_5}{K_4 - K_5}\right) & K_5 \leqslant x_i \leqslant K_4 \\[2mm] 0.5\left(1 - \dfrac{K_5 - x_i}{K_4 - x_i}\right) & x_i < K_5 \end{cases} \tag{8-7}$$

$$\text{FH}_{i3} = \begin{cases} 0.5\left(1 - \dfrac{x_i - K_6}{x_i - K_7}\right) & x_i \geqslant K_5 \\[2mm] 0.5\left(1 + \dfrac{K_6 - x_i}{K_6 - K_7}\right) & K_7 \leqslant x_i < K_6 \\[2mm] 0.5\left(1 + \dfrac{x_i - K_8}{K_7 - K_8}\right) & K_8 \leqslant x_i < K_7 \\[2mm] 0.5\left(1 - \dfrac{K_8 - x_i}{K_7 - x_i}\right) & x_i < K_8 \end{cases} \tag{8-8}$$

$$\text{FH}_{i4} = \begin{cases} 0.5\left(1 - \dfrac{x_i - K_9}{x_i - K_{10}}\right) & x_i \geqslant K_9 \\[2mm] 0.5\left(1 + \dfrac{K_9 - x_i}{K_9 - K_{10}}\right) & K_{10} \leqslant x_i < K_9 \end{cases} \tag{8-9}$$

225

第 8 章

得到直接信任的隶属度矩阵：

$$B_D = \begin{bmatrix} FH_{1,1}, FH_{1,2}, FH_{1,3}, FH_{1,4} \\ FH_{2,1}, FH_{2,2}, FH_{2,3}, FH_{2,4} \end{bmatrix} \qquad (8\text{-}10)$$

对于推荐信任，首先要排除两个恶意节点相互串通从而恶意地推荐信任，使节点收到虚假的推荐信任值，因此这里使用源节点 n_i 与推荐节点 n_j 之间的"相似度"来判断某节点的推荐信任值是否可靠，节点之间的"相似度"意为两个节点对于共同节点的评价的相似程度，两个节点对于相同节点的评价越相似，就可以认为其中一个节点为另一个节点计算的推荐信任值越可靠。节点之间相似度的计算公式为：

$$S_{i,j} = \begin{cases} 1 - \dfrac{1}{n} \sum_{k=1}^{n} |U(x_k) - V(x_k)|, & n > 0 \\ 0.5, & n = 0 \end{cases} \qquad (8\text{-}11)$$

其中，x_k 表示节点 n_i 与 n_j 所交互的公共节点（假设共有 n 个），$U(x_k)$ 与 $V(x_k)$ 分别表示节点 n_i 与 n_j 对公共节点 x_k 的信任值集合。

因此，选择相似度最大的那个邻居节点作为提供推荐信任值的节点 n_j。于是根据节点 n_i 与节点 n_j 之间的相似度 $S_{i,j}$，以及节点 n_j 发送给节点 n_i 的节点 n_k 的信任值来计算节点 n_i 对 n_k 的推荐信任值：

$$S_R = \begin{cases} S_{i,j} \times R_{j,k}, & S_{i,j} > S_{\text{threshold}} \\ 0, & S_{i,j} < S_{\text{threshold}} \end{cases} \qquad (8\text{-}12)$$

其中，$R_{j,k}$ 表示节点 n_j 计算的对节点 n_k 的信任值，作为发送给节点 n_i 的推荐信任值，$S_{\text{threshold}}$ 表示相似度的阈值，当节点 n_i 与 n_j 之间的相似度 $S_{i,j}$ 小于 $S_{\text{threshold}}$ 时，说明节点 n_j 非常不可靠，此时对节点 n_k 的推荐信任值为 0。

然后，使用计算出的推荐信任值，利用式（8-7）～式（8-10）的隶属度函数，计算出两个评价因素对于各个信任等级的隶属度矩阵：

$$B_I = \begin{bmatrix} FH^I_{1,1}, FH^I_{1,2}, FH^I_{1,3}, FH^I_{1,4} \\ FH^I_{2,1}, FH^I_{2,2}, FH^I_{2,3}, FH^I_{2,4} \end{bmatrix} \qquad (8\text{-}13)$$

由直接信任的隶属度矩阵与推荐信任的隶属度矩阵可以得出一个综合的隶属度矩阵：

$$B = \omega \times B_D + B_I \qquad (8\text{-}14)$$

4）确定权重

得出综合的隶属度矩阵后，需要确定两个评价因素的权重，并计算出综合信任矩阵：

$$T = W \times B = (\omega_p, \omega_{\text{feedback}}) \times \begin{bmatrix} B_{1,1}, B_{1,2}, B_{1,3}, B_{1,4} \\ B_{2,1}, B_{2,2}, B_{2,3}, B_{2,4} \end{bmatrix} \qquad (8\text{-}15)$$

其中，ω_p 表示成功转发率的权重，ω_{feedback} 表示多媒体数据反馈的权重且 $\omega_p + \omega_{\text{feedback}} = 1$，$B_{i,j}$ 表示第 i 个影响因素对于评价等级 j 的隶属度。

5）综合评价

根据得到的综合信任矩阵，使用归一化算法，可以得到节点最终的信任值：

$$Q = \frac{\sum_{i=1}^{n} V_i T_i^k}{\sum_{i=1}^{n} T_i^k} \qquad (8\text{-}16)$$

其中，$V=[1,2,3,4]$表示 4 个信任等级，$T=[t_1,t_2,t_3,t_4]$表示该节点的综合因素对各个等级的隶属度，最终可以得出节点信任值 Q。

3. 综合判定节点信任程度

上一节的信任值计算中，只考虑了社会信息属性。然而 QoS 属性衡量了节点正确转发数据包的能力，在实际的路由过程中，需要将综合信任值与 QoS 属性中的两因素相结合。因此，最后的转发决策过程有如下两个步骤。

1) 计算决策值

首先计算 QoS 属性信息（即上下文信息匹配率和能量），得到 QoS 属性的综合计算值：

$$V_{QoS} = \omega_{p_m} \times p_m + \omega_e \times e \tag{8-17}$$

其中，ω_{p_m} 与 ω_e 分别表示上下文信息匹配率与能量因素的权重。

将社会信息属性因素与 QoS 因素同相结合，就会得到最终用于路由决策的信任得分。

$$V = \omega_{QoS} \times V_{QoS} + \omega_{social} \times Q \tag{8-18}$$

其中，ω_{QoS} 和 ω_{social} 分别代表了 QoS 属性和社会信息属性对于最终路由决策的权重。社会信息属性表示节点的可信任度，因此提高 ω_{social} 会保证数据包转发的可靠性，而 QoS 属性表示节点正确转发数据包的能力，因此增加 ω_{QoS} 有利于提高数据包的转发成功率。

2) 转发节点的选择

最终，节点会对周围的邻居节点的信任得分 V 进行排序，选择排名较高的节点进行数据包的转发。

该算法存储空间消耗少，仅需要存储直接信任的隶属度矩阵与推荐信任的隶属度矩阵。时间复杂度方面，该安全路由算法的时间复杂度与网络中节点数量密切相关，主要分为直接信任计算、推荐信任计算与综合信任计算：直接信任计算得到直接信任的隶属度矩阵，因为隶属度函数为线性，因此若有 n 个邻居节点，直接信任计算的复杂度就为 $O(n)$；推荐信任计算包括相似度计算、信任值推荐以及推荐信任的隶属度矩阵计算，假设每两个邻居节点之间的共同节点个数为 K，且共有 n 个邻居节点进行相似度计算，对 m 个节点进行推荐信任值计算，则推荐信任计算复杂度为 $O(mnK)$；综合信任计算包括加权得到信任值与结合 QoS 属性进行决策值计算，由于加权运算是矩阵的线性运算，复杂度为 $O(1)$，QoS 属性的计算也是线性运算，复杂度也是 $O(1)$，所以对某一个节点进行综合信任计算的复杂度为 $O(1)$，假设网络中有 N 个节点，则综合信任计算的复杂度为 $O(N)$。因此，算法的整体时间复杂度为 $O(n+mnK+N)$。

本节对基于模糊集合的上下文信息可信路由算法做了详细的介绍，首先细化了社交网络模型，将对自私节点与恶意节点的处理引入网络模型。然后基于模糊综合分析法，求出网络中节点的信任值判断出节点的可信性，并根据节点可信性与转发能力做出最终的转发决策。

8.3 社交网络隐私保护

8.3.1 隐私保护概述

隐私保护是指使个人或集体等实体不愿意被外人知道的信息得到应有的保护。社交网络的流行改变了人们对于隐私保护的思想。当人们在社交网络上分享自己的个人信息,例如生日、性别、家庭住址、兴趣爱好等以寻找志同道合的朋友进行交流互动的时候,同样也给了许多网络诈骗、犯罪可乘之机。所以如何对发布的数据进行保护以防止隐私泄漏成了受研究者和开发人员非常重视的一个领域,即社交隐私保护技术。

一般来说,有两种方法可以用来表示社交网络:图和矩阵。社交网络图包含节点和边,节点代表用户,边代表用户之间的关系。但是当用户节点或者边的类型非常多的时候,不容易建立模型,此时将会用到矩阵来表示社交网络。在邻接矩阵中,有 n 个用户的社交网络所对应的邻接矩阵的大小为 $n \times n$,$[i,j]$ 代表第 i 个节点和第 j 个节点之间的关系。

在针对微数据(可理解为一个用户对象)的隐私保护中,数据的属性主要分为两类:敏感属性和非敏感属性,其中,敏感属性的数据可以认为是用户的隐私信息。以下将社交网络中需要匿名及隐私保护的信息分为三大类。

1. 节点的隐私信息

(1) 节点存在性,指的是一个目标节点是否出现在某个社交网络中,能否被攻击者识别。在某些情况下,用户会将自己是否出现在某个社交网络中视为隐私信息,那么发布相关的社交网络数据就需要将节点存在性作为隐私信息来保护。

(2) 节点身份,指的是一个目标节点在现实生活中对应的真实身份信息。

(3) 节点属性,一般在社交网络中变化频繁,内容丰富,生动地描述了用户的个性化特征,能够帮助系统建立完整的用户轮廓。然而某些属性信息会涉及一些个人隐私,用户往往不希望将这些敏感属性都对外公开。

(4) 节点结构属性,指的是节点的度数,包括节点到中心节点的距离,节点的邻居拓扑等其他结构属性。

2. 边的隐私信息

(1) 边存在性,指的是两个节点之间用来代表其是否有关系或来往。某些用户出于某种原因不想让外界知道其与某个用户有来往或联系时,边存在性就是一种需要保护的隐私信息。

(2) 边权重,可以反映出两个用户的亲密程度或者他们联系的密切程度,也可能体现个体之间的交流的代价。

(3) 边属性,可以表示两个节点之间的关系类型。

3. 图的隐私信息

图结构信息,经常用来分析社交网络的相关信息,例如中介度、紧密度、中心度、路径长度、可达性等。

社交网络隐私保护技术的可用性指标包括以下 4 点。

(1) 节点和边的可用性。一些隐私保护方法对这些属性进行修改、泛化等匿名化操作会导致节点和边信息损失,评估和度量这些损失作为隐私保护方法的可用性指标。

(2) 图结构的可用性。隐私保护技术会造成属性信息的损失,通常还会改变原始图的结构。衡量节点度序列、最短路径、传递性、聚类系数等信息可以作为隐私保护方法的可用性指标。

(3) 图谱的可用性。图谱通常由图的邻接矩阵和派生矩阵的特征值决定,研究图的邻接矩阵的最大特征值和拉普拉斯矩阵的次最小特征值的变化情况可以作为隐私保护方法的可用性指标。

（4）图查询的精确度。从多方面评估图查询结果的变化，包括查询结果的错误率、与真实结果的偏差等可以作为隐私保护方法的可用性指标。

针对匿名社交网络数据的攻击方法主要分为主动攻击、被动攻击和背景知识攻击。

主动攻击是指在发布社交网络之前，攻击者创建少量节点，并将这些节点随机连接构成一个可高度识别的子图 H，再建立该子图与目标节点之间的连接。当匿名化的社交网络数据发布后，攻击者有很大的概率可以识别出嵌入的子图 H，然后基于 H 和目标节点之间的联系来识别目标节点。Backstrom 基于真实社交网络数据的实验显示，嵌入由 7 个节点构建的特殊子图平均可以识别出 70 个目标节点和大约 2400 条目标节点之间的边。

被动攻击指攻击者并没有创建任何新的节点或者边，而是建立了一个联合体。攻击者试图在发布的社交网络数据中识别这个联合体，从而对相邻节点或者其中的边进行识别。被动攻击主要基于在现实的社交网络中，大多数节点都可构成一个唯一可识别的子图。

背景知识攻击主要是由于社交网络蕴含的信息具有多样化的特点，攻击者利用一种或多种类型的背景知识发动隐私攻击。攻击对象主要依据被保护的信息类型进行分类，在一个社交网络图中，其节点、边和图都可能成为攻击者的目标，对社交网络的隐私保护带来了很大的挑战。

8.3.2　K-匿名隐私保护机制

K-匿名是指通过修改、增加、删除数据记录，使得在发布的数据中，任意一个个体无法与其他至少 $K-1$ 个个体区分，从而增加了攻击者获取准确信息的难度。Hay 等人提出了基于社交网络的 K-候选匿名思想——通过图修改，使得攻击者基于目标背景知识在发布的社会网络数据中进行匹配识别时，至少有 K 个候选节点符合，即目标节点的隐私泄漏概率小于 $\frac{1}{K}$。

由于目标相关的各种信息都可能成为攻击者的背景知识，通过背景知识的不同，研究者们提出了不同的 K-候选匿名的方法，主要包括以下几种。

K-度匿名是通过边的增加或删除，使在匿名的社交网络中，任意一个节点的度至少与其他 $K-1$ 个节点的度相同。K-度匿名可以防止拥有节点度信息的攻击者识别出目标节点。考虑到边修改对发布后数据实用性的影响，必须保证在实现过程中边的修改数量是最小的。

K-邻居匿名指如果一个社交网络中所有的节点都是 K-邻居匿名的，那么该社交网络是K-邻居匿名的。对于一个节点 u，存在至少 $K-1$ 个其他节点，使得它们的相邻节点构成的子图均和节点 u 的相邻节点构成子图同构，则称 u 是 K-邻居匿名。延伸出来，令 d 是邻居节点到目标节点的跳数，还可以用类似的方式定义 d-邻居节点。

K-自同构匿名如图 8.6 所示，在 K-自同构匿名网络中，任意一个节点所在的任意一个子图，都有至少 $K-1$ 个其他子图与其同构。但是 K-自同构匿名网络保护模型同样具有不足，如图中的例子我们容易看出，K-自同构匿名能够阻止节点被攻击者识别，但是不能防止敏感边的隐私泄漏。例如，如果攻击者知道 Bob 和 Carol 的邻居子图如图 8.6(b)中 G_b 所示，那么他虽然不能确定 Bob 和 Carol 是节点 1、2、3 中的哪一个，但可以肯定他们两者之间有边，即 Bob 和 Carol 有某种联系；如果攻击者还知道 Alice 的邻居子图如图 8.6(b)中 G_a

所示,那么他虽然不能确定 Alice 是节点 4、5、6 中的哪一个,但可以肯定 Alice 和 Bob 之间的路径长度不超过 2,这些都属于边的隐私信息泄漏。为了加强边隐私的安全性,由 K-自同构隐私保护模型延伸出了 K-同构匿名。

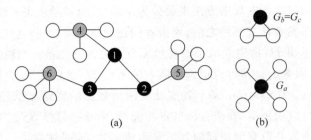

图 8.6 K-自同构匿名

K-同构匿名如图 8.7 所示,即匿名后的社交网络图中包含 K 个离散的子图,子图之间相互同构。实现 K-同构匿名,首先要将社交网络划分为 K 个包含相同数目节点的子图,然后通过增删边,使得这 K 个子图同构。例如,图 8.7(b)是图 8.7(a)的 3-同构匿名图。不足之处在于,K-同构匿名虽然能够很好地保护节点和边的隐私信息,但是同构的子图之间的边会被删除,导致同构子图之间的图结构会受到影响,并且,随着匿名方案的安全性增强,对图的改动也越来越大,将严重影响发布后的数据可用性。另一方面,经过数据库和计算理论领域的科学家实验得出结论,关系图需要添加约 70% 的边才能满足自同构性,大大增加了算法的复杂度和计算机的工作量。

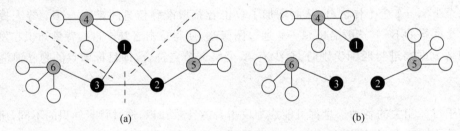

图 8.7 K-同构匿名

8.3.3 随机扰动隐私保护机制

在微数据中,随机地向原始数据中注入噪声可以保护数据的安全性;同理,在社交网络中,通过随机进行图的扰动和修改可以阻止攻击者获得原始社交网络图结构,从而保护社交网络中用户的隐私。随机扰动的主要方法包括以下两种:一是随机增删(Rand Add/Del),随机地删除 K 条原始边,再在图中随机增加 K 条边,这种方法可以保证原始图中边的总数保持不变;二是随机交换(Rand Switch),随机选择一对边 (t, w) 和 (u, v),将其删除并增加两条新的边 (t, v) 和 (u, w),前提是这两条边原本并不存在,这种方法可以保证每个节点的度数保持不变。

随机扰动虽然在一定程度上保护了隐私信息,但是仍存在一些缺点:一是与 K-匿名不同,随机扰动无法提供量化的隐私保护,扰动后的社交网络中仍然存在隐私泄漏的威胁,而 K-匿名可以保证匿名后隐私泄漏的概率不大于 $\frac{1}{K}$。二是为了保证数据的可用性,需要保持图的某些特征值不变,而图的特征值的计算代价较高,每次随机扰动都需要进行特征值的计算,导致算法的计算代价巨大。

在对边进行随机扰动前,先评估这条边对图结构特征的影响,如果影响较大,就舍弃这条边再另外选择。图的很多重要拓扑属性均与图谱相关,图谱主要是由两个特征值决定:图邻接矩阵的最大特征值和图拉普拉斯矩阵的次最小特征值。因此在随机扰动隐私保护的算法设计中,边的增删和交换总是要在保持这两个特征值基本不变的前提下进行。

除了上述针对图结构的随机扰动外,还有针对社交网络中数值信息的随机扰动。目前,数值扰动主要用于加权图中边权重的隐私保护。

8.3.4　基于泛化和聚类隐私保护机制

基于泛化和聚类隐私保护从本质上来说,可以理解为将社交网络图中的节点和边聚类或者分组,然后将同一聚类或者同一分组中的节点泛化成一个超级节点,两个超级节点之间的边压缩为一条超级边。在发布的社交网络图中,所有超级节点内部的节点和链接都被隐藏,超级节点间的链接也无法确定两边的真实节点,社交网络中的隐私安全性也就被保证。

因为发布时只发布匿名后的超级图和每个分组及分组间的边密度,攻击者只能定位到某一个分组,而无法区分同一分组中的不同节点,即使攻击者拥有关于节点信息的背景知识。此外,攻击者可能只能定位到两个甚至多个分组,因为根据攻击者的背景知识,与其一致的分组可能多于一个。攻击者可以候选的节点数量越多,目标节点被识别的可能性越小,节点的安全性就越高。

基于泛化和聚类隐私保护能够避免攻击者识别出超级节点内部的真实节点,从而实现用户的隐私保护,在很大程度上降低了原始社交网络的大小,增加了图结构的不确定性,使得发布后数据的可用性降低。

8.3.5　差分隐私保护机制

差分隐私保护能够解决传统隐私保护模型的两个缺陷。首先,差分隐私假设攻击者能够获得除目标记录外所有其他记录的信息,这些信息的总和可以理解为攻击者所能掌握的最大背景知识,在这一最大背景知识假设下,差分隐私无须考虑攻击者所拥有的任何可能的背景知识,因为这些背景知识不可能提供比最大背景知识更丰富的信息。其次,差分隐私建立在坚实的数学基础之上,对隐私保护进行了严格的定义并提供了量化评估方法,使得不同参数处理下的数据集所提供的隐私保护水平具有可比较性。

对于数据集的各种分析应用以及攻击者的各类攻击方法都可以看作是查询问题,因此,差分隐私技术主要关注针对数据集的各种查询问题。差分隐私要求对数据集的查询结果对于具体某个记录的变化是不敏感的,即对一个数据集插入或删除一条记录,查询结果基本不会改变。因此,一条记录因其加入到数据集中所产生的隐私泄漏风险被控制在极小的、可接受的范围内,攻击者无法通过观察查询结果来获取准确的个体信息;同时,查询结果微乎其微的变化保证了数据的可用性。同理,在社交网络中,如果某个社交网络数据满足差分隐私,那么该社交网络可以认为是具有高安全性及高可用性的。

例如,表8.2中显示了一个医疗数据集,每条记录表示某个人是否患有癌症(1表示是,0表示否),该数据集为用户提供统计查询服务,但不能泄漏具体记录的值。假设用户可以

输入参数 i，并调用查询函数 $f(i)=\mathrm{count}(i)$ 来得到数据集前 i 行中满足"诊断结果"$=1$ 的记录数量。如果攻击者想要推测 Alice 是否患有癌症，并且知道 Alice 在数据集的第 5 行，那么他就可以用 $f(5)-f(4)$ 来推出正确的结果。但是，如果我们向查询结果 $f(i)$ 中注入随机分布的噪声，使得 $f(i)$ 可能的输出均来自集合 $\{2,2,5,3\}$，那么攻击者就无法通过 $f(5)-f(4)$ 来得到想要的结果，从而保证该数据集中每个个体的隐私安全。这个例子是针对单个查询算法，使其满足差分隐私的实现方法，但在现实生活中，通常是数据拥有者发布数据，分析者对发布后的数据进行分析应用，在这种情况下，数据拥有者就需要寻找一个数据发布机制，使其能够尽可能地让所有有可能的查询算法都满足差分隐私。

表 8.2　医疗数据集

姓　　名	诊断结果	姓　　名	诊断结果
Eve	0	Bob	0
Dan	1	Alice	1
Carol	1		

但是，由于社交网络不同于表格数据的特性，如何将表格数据的差分隐私保护模型应用到社交网络中成为研究者们面对的新难题。同时，相较于表格数据，社交网络对于微小的改变敏感度更高，一个用户的加入或离开会影响其他用户、边以及整个网络结构的变化。

8.4　基于链路预测的隐私保护机制

8.4.1　链路预测概述

网络中的链路预测（Link Prediction）是指如何通过已知的网络节点以及网络结构等信息预测网络中尚未产生连边的两个节点之间产生链接的可能性。这种预测既包含对未知链接的预测也包含对未来链接的预测。该问题的研究在理论和应用两个方面都具有重要的意义和价值。

在静态网络 $G=(V,E)$ 中，定义边的集合 U 为所有节点相连后可能存在的链接的集合，那么，$Z=U-E$ 就表示目前网络中不存在的链接的集合。链路预测就是从集合 Z 中找出在未来可能会出现的链接和那些其实是存在的但未被显示出来的缺失边。

静态网络是网络拓扑结构不变的一张图，动态网络则是一个图序列。图序列中的每张图刻画了社交网络某一个时刻的拓扑结构，并且，该图序列中的每张快照是随着时间的变化进行排序的。我们定义动态网络 $G=(G_1,G_2,G_3,\cdots,G_T)$ 是一个按照时刻 $1,2,3,\cdots,T$ 排序的有序图集，其中，G_t 是第 t 时刻的网络拓扑图，V_t 和 E_t 分别是该时刻的节点集和边集。动态网络中的链路预测就是根据图集 G，预测在时间内尚未有链接的两个节点在 $T+1$ 时刻是否可能存在联系。

8.4.2　静态网络中隐私保护机制

1. 节点身份的保护方法

Bhagat 等人提出了一个基于分组的匿名方法。在社交网络 $G=(V,E)$ 中，每个节点都有对应的真实身份 u,真实身份集为 U。为了保护节点的真实身份,节点集 V 将被泛化分组,每个分组中节点的数量大于等于 k 个,每个节点将被赋予一个标签集 $l(v) \subset U$,节点的真实身份在标签集 $l(v)$ 中,并且同一分组中节点的标签集 $l(v)$ 相同。当匿名后的社交网络图发布后,节点将用标签来表示,而不是用它的真实身份表示。

由于每个分组中的节点数量大于等于 k 个,并且同一分组中的节点的标签相同,无法被区分,那么对于任意一个节点来说,其真实身份 u 被攻击者识别出来的可能性 p_u 都将小于等于 $1/k$,k 越大,p_u 越小。

2. 边存在性的保护方法

Bhagat 等人认为泛化分组后,如果分组内或分组间的边比较稠密,那么攻击者有较高的可能性可以识别出两个节点之间是否存在边,这样的话,虽然节点身份被保护了,但是边存在性隐私会被泄漏出去。如图 8.8 所示,分组大小 $k = 2$,节点 1 和节点 5 在同一个分组中,这两个节点之间有一条边,根据这张拓扑图,攻击者虽然不清楚哪个节点的身份是 1,哪个节点的身份是 5,但是他可以确定节点 1 和节点 5 之间必然存在联系,如此,边存在性隐私被泄漏了。又如图 8.9 所示,分组大小 $k = 2$,图中有两个分组,分别为节点 4 和节点 7,节点 8 和节点 9。由于这两个分组之间的边较稠密,因此攻击者不用了解这些节点的真实身份,就可以确定这 4 个节点之间两两相互都有联系。

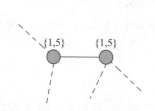

图 8.8 分组内的隐私泄漏

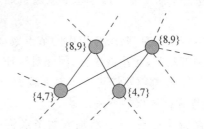

图 8.9 分组间的隐私泄漏

分组内或分组间的边比较稠密将会引起隐私泄漏,因此 Bhagat 等人提出了"安全分组条件"来保证将节点分完组后分组内和分组间的边都具有一定的稀疏性,以此保护边存在性隐私。安全分组条件的定义如下所示。

定义 8.1 对于任意一个节点 $v \in V$,如果 v 与其他任意一个分组 $S \subset V$ 中至多一个节点有边,那么这些分组满足安全分组条件。

也就是说,$\forall (v, w) \in E : v \in S \wedge w \in S \Rightarrow v = w$,该条件保证分组内边的稀疏性,并且 $\forall (v, w), (v, z) \in E : v \in S_1, w \in S_2 \wedge z \in S_2 \Rightarrow w = z$,该条件保证分组间边的稀疏性。由于每个分组内最少有 k 个节点,因此当分组满足安全分组条件时,攻击者识别出两个节点之间存在边的可能性将小于等于 $1/k$。

图 8.10 展示了一个简单的网络拓扑结构图,图中有 10 个节点 $V = \{1, 2, 3, \cdots, 10\}$,为了保护这 10 个节点的真实身份,我们利用安全分组条件对其进行分组匿名。图 8.11 展示了匿名后的网络拓扑结构图,从中可以看出,这 10 个节点分成了大小为 2 的 5 个分组:$A = \{1, 8\}, B = \{2, 9\}, C = \{3, 10\}, D = \{4, 6\}, E = \{5, 7\}$。这些分组满足安全分组条件,并且每个节点的真实身份都用标签代替表示,由此保护了节点的身份信息以及边存在性的隐私。

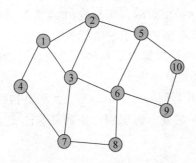
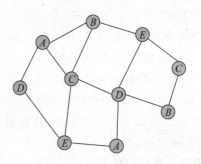

图 8.10　简单的网络拓扑图　　　　　图 8.11　匿名后的网络拓扑图

8.4.3　动态网络中隐私保护机制

1. 基于安全分组

1) 节点身份的保护方法

由于攻击者可以根据每个节点 v 在不同时刻标签集的变化来确定其真实身份,因此需要尽量使得每个时刻节点的标签集保持不变,也就说尽量使得原有节点 V_t 的分组保持不变,而在新的时刻 $t+1$ 新加入的节点 V_{t+1}/V_t 将被分在新的组中。当然,如果新加入的节点个数小于 k 个,那么可以将这些节点随机插入到原有分组中,只要新的分组满足安全分组条件。

由于在每个时刻,每个分组中的节点数量大于等于 k 个,并且同一分组中的节点的标签在不同时刻都相同,无法被区分,因此对于任意一个节点来说,其真实身份 u 被攻击者识别出来的可能性 p_u 都将小于等于 $1/k$,k 越大,p_u 越小。

2) 边存在性的保护方法

由于在新的时刻 $t+1$ 新加入的节点将被分到新的组中,我们在 t 时刻可以不去考虑 $t+1$ 时刻新加入的节点之间的边,以及 $t+1$ 时刻新加入的节点与原有节点之间的边,而只需要考虑原有节点 V_t 之间在 $t+1$ 时刻可能新出现的边给安全分组所带来的影响。如果我们可以确定原有节点之间可能出现的新边,并在分组时考虑到这些新边,那么在新的时刻,分组不需要进行变化就能满足安全分组条件,由此保护了边的隐私信息。

在这种情况下,我们引进了链路预测算法。链路预测是指通过现有的网络节点以及网络拓扑结构图等信息来预测网络中尚且没有联系的两个节点之间产生联系的可能性。在 t 时刻,通过链路预测算法预测出原有节点 V_t 之间在 $t+1$ 时刻可能产生的新边 $\widetilde{E}_t$,将 $\widetilde{E}_t$ 加入到现有的网络拓扑图 G_t 中形成带有预测边的网络拓扑图 $\widetilde{G}_t = (V_t, E_t \cup \widetilde{E}_t)$,我们根据 $\widetilde{G}_t$ 对在该时刻新加入的节点 $V_t \backslash V_{t-1}$ 进行分组,由此使得所有分组满足安全分组条件。由于在每个时刻,每个分组内最少有 k 个节点,并且分组满足安全分组条件,因此攻击者识别出两个节点之间存在边的可能性将小于等于 $1/k$。

加入了预测边 $\widetilde{E}_t$ 的新的安全分组条件的定义如下所示。

定义 8.2　在任意一个时刻 t,对于任意一个节点 $v \in V_t$,如果 v 与其他任意一个分组 $S_t \subset V_t$ 中至多一个节点有边,包括预测边 $\widetilde{E}_t$,那么这些分组满足安全分组条件。

也就是说,$\forall (v, w) \in (E_t \cup \widetilde{E}_t): v \in S \wedge w \in S \Rightarrow v = w$,该条件保证分组内边的稀疏性,

并且 $\forall\, (v,w),(v,z)\in (E_t \bigcup \tilde{E_t}):v\in S_1, w\in S_2 \wedge z\in S_2\Rightarrow w=z$,该条件保证分组间边的稀疏性。

图 8.12 展示了一个带有预测边的网络拓扑结构图，其中实线代表当前已经存在的边，虚线代表通过链路预测算法预测出来的边。如果按照静态网络中的安全分组条件来进行分组，节点 1 和节点 10 是可以被分在同一组中的，但是如果按照动态网络中新的安全分组条件来进行分组，节点 1 和节点 10 是不能被分在同一组中的，因为节点 5 与节点 10 之间存在链接，而节点 1 和节点 5 之间被预测出来将会有一条边。节点 5 不能与同一个分组中的两个节点存在链接（包括预测边），因此节点 1 和节点 10 无法被分在一组中。

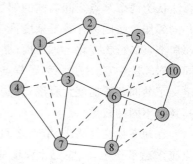

图 8.12　带预测边的网络拓扑图

2. 基于共同邻居的链路预测方法

在本节中，将介绍用于支持动态社交网络中链路预测的三个度量标准：时间权重，共同邻居的变化程度和共同邻居间的亲密度。时间权重反映了网络拓扑结构是随着时间进行变化的，并且在越接近当前的时刻权重越大。共同邻居的变化程度表示每个邻居节点在当前时段的稳定性，每个邻居节点在当前一段时间内越稳定，即变化越小，该权重就越大。共同邻居间的亲密度用于衡量两个节点之间的相似度，如果两个节点之间的共同邻居趋于相同，那么这两个节点之间的相似度也就越高。

1）时间权重

静态社交网络中的链路预测方法通常只关注于链路的存在与否，而不是链路存在的时间或者出现的频率。但是在实际的社交网络中，链路的状态是时刻变化的，在不同时刻存在的链路对预测结果会有不同的影响。如图 8.13 所示，如果只考虑当前时刻 t_3 的网络拓扑结构，可以看出两个黑色节点之间建立链接的可能性比较低；但如果考虑网络的历史信息，通过 t_1 时刻和 t_2 时刻的网络拓扑结构图可以看出，这两个黑色节点之间的联系还是比较紧密的，相对而言它们建立链接的可能性也比较高。这就凸显了时间权重对于动态社交网络中链路预测的重要性，加入时间权重使得预测的信息更加全面和客观，预测的结果更为准确。当然，越接近当前时刻的网络拓扑结构图对链路预测的影响就越大。例如，三年内曾经合作过的研究者在未来合作的概率显然要大于 10 年前合作过的研究者。因此，时间权重将随着时间的临近而增长。在本算法中，我们定义时间权重 $W(t)$ 为一个时间衰减函数，如式(8-19)所示：

$$W(t) = e^{-\lambda(T-t)} \tag{8-19}$$

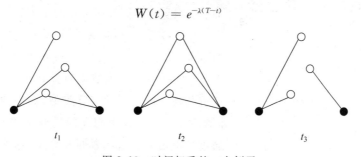

t_1 　　　　　　　t_2 　　　　　　　t_3

图 8.13　时间权重的一个例子

2) 共同邻居的变化程度

在不考虑网络历史信息的链路预测算法中,共同邻居算法是最常用的一种。共同邻居算法认为两个节点之间共同的邻居越多,那么这两个节点在未来产生链接的可能性就越大。共同邻居算法因为计算复杂度低又具有较好的性能而被广泛使用。然而,由于没有将共同邻居节点的行为变化考虑在内,共同邻居算法对于实际的动态社交网络是有缺陷的。在共同邻居算法中,每个共同邻居节点的权重可以认为都是 1;但是在本文提出的算法中,我们定义了共同邻居的变化程度,算法将根据共同邻居节点在动态社交网络中的行为变化,赋予其各自不同的权重。

在动态社交网络中,节点之间的关系会不断发生变化,但从长时期来看,每个节点的变化应该趋于稳定,一些变化程度非常大的,与其他大多数节点都不同的可以认为是异常节点,我们将赋予其较小的权重。比如说,在学术论文合作系统中,一个作者通常会与和自己同一研究领域的其他作者进行合作,那么即使该作者的链接关系发生变化,也只会在这一研究圈子中变化。但是,如果某一个作者经常跳出其当前的研究圈子,也就是经常改变其研究方向,那么我们认为该作者的变化程度较大,属于异常点,对链路预测结果的贡献较小。

在本算法中,对于时间段 $(1, 2, 3, \cdots, t, \cdots, T)$,共同邻居节点 v_m 的变化程度 $W_t(v_m)$ 的定义如式(8-20)所示,其中,v_m 是 t 时刻网络拓扑图中节点 v_i 和节点 v_j 之间的某个共同邻居,T 为当前时刻,ΔT 为从时刻 1 到当前时刻 T 之间的时间间隔,$d_{t-1,t}$ 为节点 v_m 在 $t-1$ 时刻和 t 时刻之间的欧式距离。

$$W_t(v_m) = \frac{1}{\sum\limits_{t=2}^{T} d_{t-1,t}/\Delta T} \tag{8-20}$$

3) 共同邻居间的亲密度

链路预测方法在进行链路预测时,利用节点的属性信息以及网络拓扑结构信息越多越充分,预测的效果必然越好。但是,目前几种经典的链路预测算法尚且存在问题,它们运用的网络拓扑结构信息有限。对于共同邻居算法来说,共同邻居算法仅利用了两个节点之间的共同邻居的数量信息,而没有考虑这些共同邻居节点之间的联系,忽略了这些共同邻居节点组成的局部群体的紧密程度。

图 8.14(a)和图 8.14(b)两个图中的白色节点是黑色节点对的共同邻居集合,两图中的共同邻居节点个数相等,如果利用共同邻居算法进行链路预测,两图中黑色节点对的相似度是相等的,即两个黑色节点之间存在链接的可能性相同。但当我们抽取出只包含共同邻居节点的子图后,如图 8.14(c)和图 8.14(d)所示,很直观地可以看出来,图 8.14(d)中的共同邻居比图 8.14(c)中的更加稠密,因此图 8.14(b)中的黑色节点对存在链接的可能性更高。这也与现实社会中的交际类似,如果两个人有很多共同的朋友,并且这些朋友间的联系也比较紧密,那么通过彼此信息交流或者朋友介绍,这两个人相识的可能性会比较大,即存在链接的概率较高。但如果这些

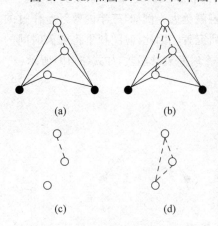

图 8.14 共同邻居间亲密度的一个例子

朋友彼此不相识,他们之间连通性较差,这两个人交流相识的机会就比较少,即存在链接的概率较小。这就表明两节点间共同邻居的紧密程度会影响两者之间链接存在的概率。

基于上述思想,我们定义了一个在 t 时刻表示共同邻居节点之间关系紧密程度的参数指标:

共同邻居间的亲密度 $W_t(v_i, v_j)$,具体定义如式(8-21)所示,其中,$N = \{<v_a, v_b>|$ $<v_a, v_b> \in E, v_a \in \Gamma(v_i) \bigcap \Gamma(v_j), v_b \in \Gamma(v_i) \bigcap \Gamma(v_j)\}$,$\Gamma(v)$ 为节点 v 的邻居节点,$|N|$ 即为共同邻居节点之间存在的边数。

$$W_t(v_i, v_j) = \ln(|N|) \tag{8-21}$$

4)重定义的共同邻居

共同邻居算法的核心思想是找到两个待预测节点对之间的共同邻居。但是,共同邻居算法以及目前许多基于共同邻居思想改进的链路预测算法都只考虑了一跳以内的共同邻居。例如,如果利用共同邻居算法来进行链路预测,图 8.15 中的黑色节点 1 和节点 6 之间没有共同邻居,也就是说节点 1 和节点 6 之间的预测值为 0,即在未来节点 1 和节点 6 之间不可能产生联系。但是,从直观上来看,节点 1 和节点 6 之间产生链接的可能性还是较大的。

为了解决共同邻居算法的这个问题,本书重定义了两个待预测节点对 (v_i, v_j) 之间的共同邻居。本书提出的算法将从两条范围内寻找待预测节点对之间的共同邻居。例如,利用我们提出的算法,图 8.15 中的黑色节点 1 和节点 6 之间将会拥有共同邻居:节点 3 和节点 4,由此,在未来节点 1 和节点 6 之间是有可能产生联系的。由上述例子可以看出,重定义的共同邻居将会提高链路预测的准确度。

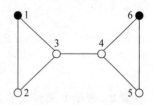

图 8.15 重定义共同邻居的
一个例子

定义 8.3 如果 $F(v_i, v_k) > 0$,并且 $F(v_j, v_k) > 0$,那么节点 v_k 是节点 v_i 和节点 v_j 之间的共同邻居,其中,$F(v_i, v_j)$ 代表了节点 v_i 和 v_j 之间的相似度。

整体算法描述如下。

(1)算法中的符号描述

在本节中,首先介绍一下算法中常用的一些符号及其意义,如表 8.3 所示。

表 8.3 常用的符号描述

符 号	描 述
$V_t \backslash V_{t-1}$	t 时刻新加入的节点
$\widetilde{E}_t$	原有节点之间在 $t+1$ 时刻可能产生的新边
$\widetilde{G}_t$	t 时刻带有预测边的网络拓扑图
$\Gamma(v_i)$	节点 v_i 的邻居节点集合
$f_t(v_i, v_j)$	t 时刻节点 v_i 和 v_j 的相似度
$F(v_i, v_j)$	综合 $1 \sim t$ 时间段节点 v_i 和 v_j 的相似度
$P(v_i, v_j)$	节点 v_i 和 v_j 的最终相似度
$S_t(v_i, v_j)$	t 时刻节点 v_i 和 v_j 的共同邻居集合
$W_t(v_i, v_j)$	t 时刻节点 v_i 和 v_j 的共同邻居间的亲密度
$W_t(v_i)$	$1 \sim t$ 时间段节点 v_i 的变化程度
$W(t)$	t 时刻的时间权重
$N_T(v_i, v_j)$	T 时刻节点 v_i 和 v_j 以及它们之间重定义共同邻居的集合

（2）算法流程及伪代码

算法的大致流程如下。

步骤1：根据当前的网络拓扑结果图 G_t 以及预测模型预测出原有节点 V_t 之间在 $t+1$ 时刻可能产生的新的链接 $\widetilde{E}_t$，并形成带有预测边 $\widetilde{E}_t$ 的网络拓扑图 $\widetilde{G}_t=(V_t,E_t\bigcup\widetilde{E}_t)$。

步骤2：根据 $\widetilde{G}_t$ 对在该时刻新加入的节点 V_t/V_{t-1} 进行分组，分组满足新的安全分组条件。其中，当 $t=1$ 时，该步骤忽略。

对于 G_t 中的每一对待预测节点对 (v_i,v_j)，利用预测模型进行链路预测的步骤如下所示。

步骤3：找到节点 v_i 和 v_j 之间的共同邻居集合 $S_t(v_i,v_j)$。

步骤4：根据式(8-21)计算集合 $S_t(v_i,v_j)$ 内的节点之间的亲密度 $W_t(v_i,v_j)$。

步骤5：根据式(8-20)计算集合 $S_t(v_i,v_j)$ 内的每个节点的变化程度 $W_t(v_i)$。

步骤6：根据式(8-22)计算 t 时刻节点 v_i 和 v_j 的相似度 $f_t(v_i,v_j)$。

$$f_t(v_i,v_j) = W_t(v_i,v_j) \cdot \sum_{v_m \in S_t(v_i,v_j)} W_t(v_m) \tag{8-22}$$

步骤7：综合考虑 $1\sim t$ 时间段，根据式(8-23)计算节点 v_i 和 v_j 的相似度 $F(v_i,v_j)$。

$$F(v_i,v_j) = \sum_{t=1}^{T} W(t) \cdot f_t(v_i,v_j) \tag{8-23}$$

步骤8：根据 F 重定义节点 v_i 和 v_j 之间的共同邻居。如果 $F(v_i,v_k)>0$，并且 $F(v_j,v_k)>0$，那么节点 v_k 是节点 v_i 和节点 v_j 之间的共同邻居，由此可以得到重定义共同邻居集合 $N_T(v_i,v_j)$。

步骤9：根据式(8-24)计算节点 v_i 和 v_j 的最终相似度 $P(v_i,v_j)$，其中，$F(v_x,v_y)$ 是 $N_T(v_i,v_j)$ 内的节点之间边的权重。$P(v_i,v_j)$ 越高意味着节点 v_i 和 v_j 之间产生链接的可能性越大。

$$P(v_i,v_j) = \sum_{v_x,v_y \in N_t(v_i,v_j)} F(v_x,v_y) \tag{8-24}$$

算法的伪代码如下所示。

算法 1：动态社交网络基于链路预测的隐私和匿名保护机制

```
1:  for t=1→T  do
2:      PREDICTION(v_i,v_j);
3:          for v∈V_t\V_{t-1} do
4:              flag←true;
5:              for class c do
6:                  if NEWSAFETYCONDITION(c,v) and SIZE(c)<k then
7:                      INSERT(c,v);
8:                      flag←false ;
9:                      break;
10:                 end if
11:             end for
12:             if flag then
13:                 INSERT(CREANEWCLASS(),v) ;
```

```
14：      end if
15：    end for
16：end for
17：
18：function PREDICTION($v_i, v_j$);
19：  for $t=1 \rightarrow T$  do
20：      $S_t(v_i, v_j) \leftarrow T(v_i) \bigcap T(v_j)$;
21：      wi$\leftarrow W_t(v_i, v_j)$;
22：      cnd$\leftarrow \sum_{v_m \in S_t(v_i, v_j)} W_t(v_m)$;
23：      $f_t(v_i, v_j) \leftarrow$ wi $\cdot$ cnd;
24：    end for
25：    $F(v_i, v_j) \leftarrow \sum_{t=1}^{T} W(t) \cdot f_t(v_i, v_j)$;
26：    $P(v_i, v_j) \leftarrow \sum_{v_x, v_y \in N_T(v_i, v_j)} F(v_x, v_y)$;
27：end function
```

小　结

本章介绍了社交网络的特点,社交网络面临的安全威胁以及在路由安全与隐私保护方面的研究突破。

社交网络,是一种基于人类社交关系网络、以实时分享多媒体数据为主要目的的网络,它的出现极大地改变了人们的生活方式。作为一种特殊的机会网络,社交网络具有节点移动性较强、端到端的延迟较大、能量与存储资源有限等特点。由于用户安全意识的缺乏与社交软件设计的漏洞,社交网络目前面临着 CSRF 攻击、钓鱼攻击、垃圾信息、隐私攻击、虚假账号等攻击方式。

社交网络的网络安全也是从安全路由与隐私保护两个方面进行的。在安全路由方面,需要考虑两个因素:路由方式与安全保证。路由方式,即选择正确的路由方式从而使得数据包能够以尽可能短的路径以最大的概率到达目标节点;安全保证,即路由过程中要及时排查自私节点与恶意节点以防止丢包与信息篡改。本章详细介绍了一种基于模糊集合的上下文信息路由算法。该算法利用社交网络中节点共享属性的特点进行路由选择,并且使用模糊综合评价法对节点的可信任度进行排序,从而能够保证节点有效地将数据包转发给可信任的节点,快速建立路由。

在隐私保护方面,我们将社交网络建模为一个巨大的图结构,分别对节点、路径以及图结构的隐私进行保护。假设攻击者事先具有一定的背景知识,针对不同的背景知识,有着相应的隐私保护机制。主要介绍的保护机制有 4 种,分别为 K-匿名隐私保护机制、随机扰动隐私保护机制、基于泛化和聚类隐私保护机制和差分隐私保护机制。其中,差分隐私保护机制正在被广泛地研究并应用于大数据的发布。

在隐私保护机制中，还有一种较为成熟的机制：链路预测机制。链路预测是指通过已知的网络节点以及网络结构等信息预测网络中尚未产生连接边的两个节点之间产生链接的可能性。本章中从静态网络和动态网络两个方面对链路预测机制在社交网络隐私保护中的应用做了详细介绍。

思 考 题

1. 社交网络的特点是什么？
2. 社交网络面临的安全威胁有哪些？
3. 基于上下文信息的路由算法的原理是什么？
4. 模糊综合评价法的基本步骤是什么？
5. 在 K-匿名隐私保护机制中是如何保护图结构信息的？
6. 类比思考一下随机扰动隐私保护机制与差分隐私隐私保护机制的异同。

参 考 文 献

[1] 吴振强.社交网络安全问题及其对策[J].网络安全技术与应用,2014(9)：124-125.

[2] 连一峰,张颖君.社交网络面临的安全威胁及对策[J].金融电子化,2013(10)：25-27.

[3] 刘垄松.基于模糊集合的可信上下文社交网络路由算法[D].大连理工大学,2014.

[4] 王路宁.动态社交网络下面向隐私保护的链路预测研究[D].大连理工大学,2016.

第9章 容迟网络安全

延迟容忍网络(Delay Tolerant Network,DTN)又称容迟网络,是指一类特殊的网络,在该网络中,端到端的路径通常很难建立,网络中的消息传播具有很大的延时,使得传统因特网上基于 TCP/IP 的协议很难适用于该网络。

DTN 近年来在学术领域得到了越来越多的重视,究其原因,是它有着与传统因特网不同的一些特点,这些特点违背了因特网相关协议的一些基本假设,从而使人们不得不重新设计适用于 DTN 上的网络协议。

随着微型计算技术和电子技术的日趋成熟,容迟网络应用也得到了人们越来越多的关注。目前容迟网络的应用大体上还处在实验阶段,包括陆地移动网络、移动车载网络、外太空网络、野生动物跟踪网络、战地网络等。

本章将主要了解容迟网络的基本知识,学习相关安全路由和密钥管理算法,对认证机制进行讨论。因为容迟网络不同于一般网络,对于用户的数据隐私和位置隐私有不同的保护策略,本章最后将讨论与容迟网络密切相关而又有所不同的机会网络。

9.1 容迟网络概述

9.1.1 容迟网络的特点

容迟网络或者容断网络(Delay/Disruption-Tolerant Network,DTN)是无线网络中近年来的一个新兴研究领域,旨在解决可能缺乏连续网络连接的异构网络中的相关问题。在某些特定的网络中,由于节点移动等,端到端的传输路径并不稳定,具有频繁网络断开、高延迟、异构等问题。DTN 具有非常广泛的应用领域(星际网络,Ad Hoc 网络,传感器网络)。目前 DTN 主要研究方向有网络中的机会主义路由、拥塞控制、网络安全等。

DTN 具有如下特点。

1. 间歇性连接

这是 DTN 中研究最为广泛的领域,DTN 间歇连接的原因很多,例如,两节点端到端的路径目前没有连通,节点因资源紧张的缘故暂时关闭连接,节点移动导致网络拓扑变化。中断可能是有规律的,也可能是随机的。

2. 长延时,数据传输率低

节点间通信不可预知,信息发送之前没有端到端的通信链路的建立,使得信息传输率降低,延迟增大且信息的延迟具有不确定性。

3. 采用存储-携带-转发的信息传输模式

节点在网络中不仅接收发给自己的信息,也担负起接收并临时存储发给其他节点的数据的任务,在节点的移动过程中,需携带这些数据,在合适时机将其转发给目标节点。

4. 生存周期有限

在 DTN 中,节点寿命可能不确定(或较短),例如,军事无线移动网络和紧急反应网络,消息的传输时间可能会超过节点的寿命。在这种情况下,应要求设置可靠传输机制(反馈确认机制失效)。

5. 排队时间增长

因网络不时断开,消息可能在路由的中间节点存储较长时间(此时,旧的下一跳可能失效),因此,当发现更好的下一跳节点时,应更新下一跳信息。

6. 节点资源有限

由于 DTN 分布的特殊环境,节点往往受体积、重量的影响。其携带资源能力有限,这在一定程度上制约了应用的效能(节点常不得不采取一定的策略来节省资源),进而影响了整个网络的性能。

7. 安全性差

由于节点所处的物理环境的限制,除了可能面临面向传统无线通信网络的安全攻击外,还可能遭受消息窃听、数据报文修改、路由欺骗、拒绝服务(DoS)和恶意代码入侵等安全攻击。

DTN 是一种基于消息的覆盖网络体系,其结构如图 9.1 所示。

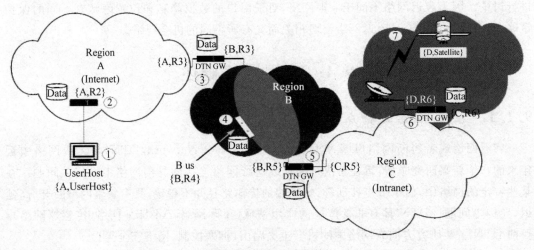

图 9.1　DTN 基本架构

1. Bundle 层

DTN 体系结构覆盖了一个新的协议层——Bundle 层。Bundle 协议是为不稳定通信网络中的 DTN 协议设计的,它将数据块分组成束,并使用存储-转发技术来发送它们。Bundle 层位于不同种类的底层协议之上,和特定区域底层协议相互配合,应用程序可在多个区域跨越并通信。

Bundle 层由以下三部分组成。

(1)源端应用程序的用户数据;

（2）控制信息，由源端提供，描述了对用户数据的相关操作；

（3）Bundle 头标，在 Bundle 层插入。

2. 非会话式协议

与 TCP 类的会话式协议不同，对 DTN 的端到端来说，是由多次分段的端到端往返的路径组成，在 Bundle 层，这些分段将被连接起来得到端到端的路径。而若直接使用 TCP 连接端到端，可能导致时间过长甚至完全失败。

支持 Bundle 层交换的底层协议可以是会话式的，例如 TCP。但在具有长延时的间断性连接链路上，要实现非会话式的底层协议或者最低限度会话式底层协议。

3. DTN 的节点

DTN 节点多用于源和目的节点的转发工作。

DTN 需要解决由传输层终止导致的延时隔离问题。Bundle 层可作为源节点和目标节点的代理。Bundle 层独立地支持端到端。Bundle 通常从一个节点传递到下一个节点。Bundle 层可能将一个 Bundle 分成多个 Bundle 块。但除了可选的应答之外，Bundle 和 Bundle 之间是独立的。

4. 监督转交

虽然 DTN 在传输层和 Bundle 层都支持丢失数据的重传，但若要实现端到端的可靠性只能在 Bundle 层实现（没有可靠的传输层协议可以实现跨越 DTN 进行端到端的操作）。

Bundle 实现重传的主要方法是监督转发，这种转发由源端应用程序进行请求，在相邻 Bundle 层间实现，当 Bundle 监督者发送一个 Bundle 给下一个节点时，该节点请求进行监督转发同时启动应答重传定时器，若下一跳 Bundle 层接受监督，会发送一个应答。但若在定时器失效之前没有接收到由下一跳节点返回的应答，发送节点将会重传 Bundle。定时重传时间可由路由信息和以往经验计算得到。

Bundle 的监督者必须存储 Bundle 直到有另一节点接收监管，或者 Bundle 过期。这个时间长于监督者的应答时间。

同时应注意，监督转交不能提供端到端的可靠性传输保证，这仅在源节点请求监督转交和要求返回回执时才有可能实现。

5. 向前移动重发点

重发点向前移动减少了重发跳数，减轻了网络负载，也大大减少了 Bundle 传输所需要的时间。这在长延时或者链路消耗比较大的网络中非常有用。对于包含许多损耗链路的路径来说：逐跳重发（重发次数线性增长）比端到端重发（重发次数指数增长）的重发次数要少得多。

6. Internet 和 DTN 路由比较

Internet：整个网络使用 TCP/IP，TCP 在路径终点运行，IP 在路径上所有节点运行。Internet 路由不需要传输层来进行路由，但它们实现传输层和应用层来维护路由表和进行其他的管理。

DTN：如图 9.2 所示，每个节点的协议栈都有 Bundle 层和传输层，网关和路由器都是双栈协议层，但网关可以在双栈的每边运行不同的下层协议。

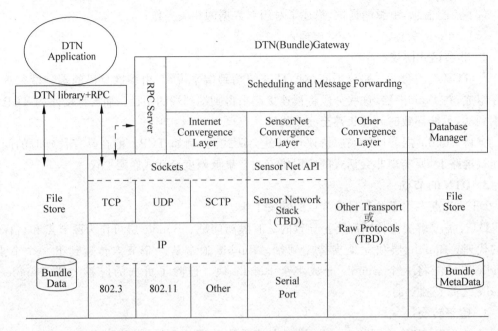

图 9.2　DTN 网关结构

7. Bundle 服务层分类

提供了 6 类服务,如下。

(1) 监督转发:发送节点可重新获得资源完成的转发,接收监督的节点返回一个监督。

(2) 回执:对源或需要它回复的实体的确认,表明 Bundle 已被接收。

(3) 监督转发通告:若某个节点接收 Bundle 的监管传送,需要对源或它回复的实体进行通告。

(4) Bundle 转发通告:当 Bundle 被转发到另一个节点时,对源或者它回复实体的通告。

(5) 优先级传送:有三个等级——重要、正常、加速。

(6) 认证:验证发送者身份或者消息完整性等信息。

8. DTN 区域

DTN 被称为网络中的网络,网络中每个网络具有相同通信特征的区域,可以是 Internet、无线 PAD、传感器网络、军事战术网络、智能公路等。每个区域被一个区域标识所标记(如图 9.2 所示)。

9. 名字和地址

DTN 节点名字由两部分组成:区域 ID(区域名)和实体 ID(实体名)。DTN 区域间路由基于区域 ID,区域 ID 应用于整个 DTN 中。区域内路由基于实体 ID,实体 ID 仅应用于本区域。网关属于两个或更多的区域,且在区域间转发 Bundle,因此网关有多个区域 ID。实体可能是主机、应用实例、协议、URL、端口、可能的标记等。

10. 安全

在 DTN 中,不仅用户身份、消息完整性被验证,转发节点(路由,网关)也被认证。发送者信息由转发节点认证,这样可在尽可能早的时间禁止不合法和失效的业务,避免浪费网络资源。

9.1.2 容迟网络安全综述

在 9.1.1 节中讲述了 DTN 的特点，因为 DTN 的这些特点限制，DTN 面临着种种安全问题。

（1）拓扑结构随时间变化，具有不确定性。

（2）节点的位置分布相对稀疏，且节点之间没有稳定的链路，节点不能保证实时地连接固定的网关等基础设施。

（3）用户在数据传输中进行恶意攻击（报文篡改，重放）。

（4）隐私保护要求敏感信息不被透露，同时授权认证又要求出现事件时能核实用户身份。

（5）由于节点的移动行为，如果节点行为发生异常，难以定位并进行管理。

DTN 主要面临的安全威胁可以分为以下几类。

（1）未授权的访问：网络本身的特点——资源紧张导致未授权的访问可能对网络造成严重影响。

（2）消息（或束）篡改攻击：因为消息能够在多个异构网络同时转发，攻击者可对消息进行攻击。

（3）束注入攻击：攻击者通过向网络中注入虚假的数据束从而达到入侵网络的目的，如节点未检测到的重放攻击。

（4）资源消耗攻击：DTN 中节点的存储、计算、通信资源匮乏，极易成为资源消耗攻击的靶标，如未授权的应用控制网络运作，消耗网络资源。

（5）拒绝服务攻击（DoS）：因容迟网络的高时延和连接中断的特点，其遭受 DoS 攻击的可能性大大增加。

（6）机密性攻击：容迟网络会经过多个节点的存储-携带-转发，极大增加了信息泄漏的可能。

（7）隐私泄漏：不能保证数据转发过程中每个中间节点都是可信的。

9.1.3 容迟网络安全目标

DTN 安全模型由 4 部分组成：用户、DTN 路由、DTN 区域网关和 DTN 证书认证。

对于以上提到的种种潜在攻击，在设计针对容迟网络的网络系统时会有如下的安全考虑。

1. 认证

因为容迟网络不能确保逻辑连接，在该网络中，认证主要考虑的是消息来源和转发目标的可认证性。认证包括两个方面：身份认证和确保转发协议被正确地执行。

2. 可用性

网络能够确保其为合法用户提供可靠服务的能力。因为容迟网络的特殊性，力求做到尽最大可能传输。

3. 不可否认性

不可否认性包括以下两方面的内容。

（1）源不可否认性：消息的发送方不可否认发送消息。可通过认证和加密工作，较易实现。

（2）宿不可否认性：消息的接收方确保接收到消息。需要可信第三方的介入，较难实现。

4. 完整性保护

常见的威胁有消息篡改、数据歪曲、重放等一系列安全攻击，一方面确保数据在传输过程中不被攻击者篡改和破坏，另一方面应有相应的机制来鉴别数据是否被篡改。

5. 机密性

因无线信道很容易被侦听，所以应确保敏感信息不会被第三方窃取，确保未被授权的实体不能访问相应的数据内容，特别是在一些机密性要求较高的场合（如：军工、太空通信、测绘等领域）。这点一般可以通过加密发送和接收两端的信道来实现，即需要发送和接收双方相互验证对方的身份并协商密钥。

6. 隐私和匿名性保护

DTN 网络不应暴露用户的位置和其他网络信息（个人身份、通信地址），一般隐私和匿名性保护因所处的应用不同而会有区别。

7. 合作激励机制

网络中每个节点既是主机也是路由器，既是一个网络用户也是一个网络交换节点。但因节点资源有限，有些节点可能为了节约资源而不参与到网络交换中。节点的合作行为在很大程度上会影响网络的性能，因此合适的合作激励机制也是网络安全中需要考虑的问题之一。

9.2 容迟网络路由安全

9.2.1 安全路由概述及网络攻击

路由是 DTN 网络层的主要功能，节点通信、网络连接等都依赖于路由功能。因 DTN 间歇连接，节点资源有限等特点，无法形成节点间实时通信路径，需要借助节点之间多跳路由、存储、转发来实现节点之间的通信。因此，适用于传统 Internet 的路由协议，不再适用于 DTN。如此，设计新的适用于 DTN 的路由协议来提高网络安全性，降低资源消耗，增加数据包传输率，是目前主要的讨论方向。

在 9.1 节中，讨论了容迟网络的特点和其所面临的安全问题及采取的相应措施。在这一节中，将讨论容迟网络中机会网络所面临的主要安全问题和相应的攻击。

作为一种无线网络，容迟网络会遭受常见针对无线网络的攻击。主要分为两类：主动攻击和被动攻击。

（1）被动攻击分析网络中通信的信息但并不破坏网络的正常运行。例如，侦听信道，获取消息内容并进行分析，分析消息的流向和流量，进而判断网络的骨干节点和区域的中心节点。

（2）主动攻击破坏网络信道的正常工作，有机会修改报文数据，影响网络拓扑结构甚至影响可用性。例如，攻击者可操控恶意节点篡改、伪造或重放消息报文，进行身份、数据伪造,甚至通过控制报文进而影响网络的运行。

容迟网络也会受到针对无线传感器网络的攻击和针对特定网络协议的攻击,常见的攻击方式有以下几类。

(1) 窃听攻击(侦听网络数据包)。

(2) 女巫攻击(大规模的网络面临着有问题的和敌对的节点的威胁,为了应对这种威胁,很多系统采用了冗余。恶意节点模仿多个身份来进而控制整个网络)。

(3) 拜占庭攻击(通信网络中攻击者控制若干授权节点并且任意干扰或破坏网络的攻击方式)。

(4) 丢弃攻击(不正常的丢弃行为)。

9.2.2 安全路由解决方案

DTN 路由技术是研究的重点和难点,在本节中,讨论对于 DTN 常用的路由协议和解决方案。

常用的路由协议有以下几种。

1. 基于特殊节点的路由

在 DTN 中增加一些具有特殊能力的节点,这些节点受控,其移动轨迹可被控制和预先设计,用来减少网络时延,提高网络容量等。

Burns 引入 Agent 作为 DTN 的特殊节点,根据网络流量,延迟等设计并控制 Agent 的移动来提高网络性能。

Zhao 提出了 Message Ferrying(MF)路由、单路由算法、多路由算法、节点中继算法和 Ferry 节点中继算法。在 MF 路由中,Ferry 节点作为被控制的移动节点,主要负责普通节点之间的消息传递。普通节点和 Ferry 节点可以相互发起验证以通信,Ferry 节点的路线事先被设计好,普通节点预先知道 Ferry 的路线,可以主动接近 Ferry 节点,并将所要传达的消息交给 Ferry 节点。Ferry 节点调整负责的普通节点,估算节点位置,计算路线来达到减少延迟、满足带宽等目的。

Banerjee 等人在 DTN 中设计了 Throwboxes 节点,具有远程邻居发现和数据传输的功能,一般多将此节点布置在节点移动的热点区域,为 DTN 间节点接触创造更多的机会,降低延迟。

Muhammad 针对普通节点和 Ferry 节点无法合作的问题,设计了优化路线点的路由方法 OPWP,将路由问题解决为求解有序点集合问题,来满足 Ferry 与普通节点的接触概率阈值,同时优化了 Ferry 节点的等待时间。

2. 基于网络先验知识的路由

在卫星网络和车载网络中,节点的所有信息都是可预知、可计算的,利用这些预先知道的知识,针对性设计适合拓扑结构和节点特征的路由协议,可极大提高路由性能。

Jain 等人提出了基于先验知识的单副本路由算法;Merugu 等提出一种时空图的路由框架(基于网络中节点移动规律已知);Fischer 提出基于链路状态可预知的路由协议。

3. 基于移动模型的路由

如果无法获得 DTN 中的先验知识,可以考虑网络中节点移动、接触的规律性,节点的移动可能满足一定的模型。借助这些规律来辅助路由工作,提高路由性能。Leguay 等人定义了把节点移动模型构造成高维欧氏空间的路由机制的一般形式——MySpace；Liu 随后提出了 RCM(Routing in Cyclic MobiSpace)的路由算法，消耗较小的资源获得较好的路由性能；文献提出了学习节点的移动模型，辅助路由和资源分配算法的 MV 路由算法，将消息发送到更高概率的节点；Burgess 等人对路由算法提出扩展，提出了 MaxProp 路由算法，该路由算法是洪泛的，即当前节点会将存储的消息完全发给对方，与同样是洪泛广播的 Epidemic 算法不同，它会基于自身维护的概率路由消息，安排信息在发送队列中的先后次序。这样，为了得到路由表的概率信息，MaxProp 每次成功连接后均需更新概率，同时需要与相遇的节点交换路由表项。

4. 基于机会的路由

基于机会的路由利用节点移动形成的通信机会来逐跳传递消息，使用存储-携带-转发的路由模式实现节点间的通信。

Shah 等人提出 Data Mule 路由算法。节点携带消息移动至目标节点的通信范围进行直接传输；Vahdat 等人提出的传染路由(Epidemic)是最早提出的基于多拷贝的路由协议，将消息洪泛至自己所遇到的点，但极易大量消耗网络资源，甚至导致网络拥塞，因此需要加入限制机制避免消息过度泛滥；Small 等人提出共享无线信息基站模型，该模型使用传染路由算法，区别在于每个基站都可作为目的节点，基站收到消息后可直接连接到数据管理中心。该方法降低了延迟，但消耗网络资源大；Walker 等人针对传染路由提出了一种简单路由技术协议，限制消息副本的数量，降低了传染路由对网络资源的消耗；Erramilli 等人针对机会网络设计了路由转交路由协议；Juang 等人搭建了收集野生斑马信息的移动传感器网络 ZebraNet，分析节点成功将消息传输到基站的概率，当节点相遇时，传递消息到具有更高概率的节点；Lindgren 等人提出概率转交路由协议 PRoPHET(The Probabilistic Routing Protocol Using History of Encounters and Transitility)，通过计算节点相遇和转交的历史经验估算到达目标节点的概率，不盲目向周围节点转发，增强消息传递的性能；Musolesi 等人提出一种使用上下文信息进行预测的路由协议 CAR(Context-Aware Routing)；Spyropoulos 等人提出了一种搜索聚焦(Seek and Focus)的单副本路由协议，而在文献中提出了喷射等待和喷射聚焦的多副本路由协议；Spray and Wait 权衡了网络资源和送达率，并提出折中的单拷贝和多拷贝策略的方案，核心在于严格控制每个消息在网络中的拷贝数量。该协议分为两个阶段：复制(Spray)和等待(Wait)；Balasubramanian 等人提出了一种面向特定优化目标的，基于效用的路由协议 RAPID(Resource Allocation Protocol for Intentional DTN)，将容迟网络中路由问题转化为资源分配问题，RAPID 的设计者指出，一个好的路由算法应从如下三个方面来衡量和优化：平均延迟、最长延迟、消息截至到达时间。因此 RAPID 设计了一个辅助函数来估算复制转发的最佳策略。

9.3　容迟网络密钥管理机制

9.3.1　对称密钥管理

延迟/中断容忍网络(DTN)架构引入了一种数据通信概念，其中包括在端点之间以存储-转发方式交换数据的"束"，这些端点可以由长延迟或间歇连接的路径进行分离。捆绑协议规范提供捆绑包消息格式和操作,包括汇聚层传输,分片和保管传输。每个束还可以包括扩展,其中可以是被设计为确保机密性、完整性和认证的安全参数。这些安全机制(称为"捆绑安全协议")在由各种"密码套件"施加的约束内操作。其中突出的是依赖于公钥/私钥对的密码集,公钥用于加密数据并验证签名,而私钥用于解密数据和签名消息。然而,与任何其他公共/私有密钥系统一样,延迟容忍网络需要某种形式的公钥基础设施(PKI)来确保私钥持有者被正确授权,使用它们作为可信证书颁发机构(CA)。

DTN 中的公钥密码束在某些方面可能比传统的 Internet 安全方法更简单。特别是一些 BSP 密码套件强加不需要同行建立长期的秘密"对称"会话密钥流束的应用协议的方式,如因特网密钥交换建立会话密钥流数据包的应用。相反,根据这些密码集的规定,每个束携带其自己的秘密对称密钥,其中该束被加密(在这种情况下,对称密钥本身在接收器的公钥中被加密),或者通过该密钥来签名该束(这种情况下,对称密钥本身在发送者的私钥中签名)。

尽管 DTN 安全机制本身的操作可以独立于密钥管理方案来应用,但是在当前的形式中,它们仅能够与预先设置的不可撤销密钥一起使用,因为没有公开的用于自动安全密钥管理的机制。表面上,使用标准的 PKI 机制似乎是合适的选择,但是传统的方法不适合长延迟和/或中断的路径。这个问题促使 IRTF 早些时候调查了 DTN 的自动密钥管理方案,并且在 *A Bundle of Problems* 和 *Security Analysis of DTN Architecture and Bundle Protocol Specification for Space-Based Networks* 中重点强调。

因此,对于许多 DTN 应用来说,公开和撤销公共密钥的自动系统是必要的,并且该系统必须设计成能在存在长延迟和/或间歇连接的情况下工作。系统必须提供新的公共密钥和安全密钥元数据的及时递送,即使系统中固有的延迟可能导致在传输之后很长时间才能实际传送到 DTN 节点。此外,该系统的不当操作,无论是由故障还是故意攻击造成的,都可能对网络的可用性产生重大影响,因此系统必须高度抗操作故障。

传统的自动化 PKI 密钥管理协议允许主体(也称为"端实体")创建自生成的公/私钥对,然后用可信认证中心(CA)注册公钥。然而,在基于 DTN 的网络中,在端实体请求另一实体的证书的时间与递送所请求的证书的时间之间可能存在显著的延迟。此外,新的密钥对的发布可能导致通信失败,如果终端实体直到旧的公共密钥被废弃之后的某个时间都没有发现新的公共密钥,诸如"信任网"(例如,通过美好隐私(PGP))的替代方案可以在一些DTN 中有用武之地,但是这是将来进一步研究的主题。

在长延迟和/或中断的情况下可能存在完成公钥发布的方法,因为密钥可以被公布以在将来的某个时间点生效。然而,由于许多 DTN 中固有的长延迟,及时的证书撤销可能是不可行的。因此,DTN 受试者必须警惕地确定长期延迟以达到通信员可以信任的程度。这些和其他一些问题必须在任何设计中仔细考虑。

DTN 的任何安全密钥管理设计都必须满足许多基本要求。

要求包括:

(1)必要时提供密钥。DTN 安全密钥管理设计不能依赖对指向公共密钥基础设施(PKI)的查询的及时响应。使用标准因特网连接(即 TCP/IP)的低延迟在线接入可能永远不可用,即使查询是用某些容忍延迟的协议提交的。简而言之,传统的 PKI 被认为与 DTN 不兼容。

(2) 可信度。设计必须基于对 DTN 中的所有节点公共的信任锚。需要公共信任锚来确保所有 DTN 节点将从安全的密钥管理机构接收公钥,而不是从匿名源接收公钥。特别地,DTN 节点不能简单地在没有预先信任的基础上从彼此直接接受公钥,否则,网络和使用它的所有设备可能会受到攻击。信任锚应该以真实的方式仅存储和转发来自 DTKA 密钥授权中心的真实公钥,使得 DTKA 密钥授权的不可用性不会阻止或延迟任何两个 DTN 节点之间的通信。

(3) 无单点故障。设计不得引入单点故障,即在一个或多个关键基础设施元件被损坏的情况下,系统不能失效。具体来说,DTN 节点不能总是依赖于从任何单个密钥管理机构节点接收信息,因为该节点可能不总是通过网络可到达的,可能遭受诸如断电的故障,或者可能被攻击者损害。与 RAID 磁盘阵列操作的方式非常相似,系统必须能够容忍一个或多个故障。

(4) 多点管理。设计不能引入一个单一的权威点,如果该节点被攻击者劫持可能会损坏整个网络。特别地,DTN 节点不能完全信任由任何单个关键权威节点提供的而不被其他关键权威节点证实的信息。

(5) 无否决。相应地,设计绝不允许任何单个关键权威节点(可能被攻击者劫持)拒绝验证由其他关键权威节点提供的信息进而破坏网络。

(6) 必须使用 DTN 节点标识绑定公钥。此要求是关于将公钥与 DTN 节点的 ID 绑定的声明。当且仅当关键权威信任的某个实体断言该关联时,关键权威必须证明公钥与所识别的 DTN 节点的关联。传达这种断言的机制本身必须是安全的。此要求是所有安全公钥基础结构的一般要求。

(7) 必须支持节点身份及其公钥的安全引导。权威节点必须授权在其 DTN 中能使用节点的身份与其公钥及其他管理信息之间存在明确的关联。这种关联基本上是随机的,不能以自动方式验证。因此,必须在密钥授权方批准在其 DTN 中使用该关联之前手动验证关联。

(8) 必须支持撤销。DTN PKI 必须提供一种机制,允许证书颁发机构在证书过期之前撤销证书。

撤销必须是容忍延迟的:撤销信息的发布和传播的有效证件必须能且仅能使用 DTN。DTN 证书撤销不得假定应用程序将采用低延迟通信来验证公共密钥证书,正如在地面互联网中正常的那样,其中在线证书状态协议(OCSP)可用于以按需方式验证撤销列表中不存在公钥。

基于以上的讨论,我们得出,DTN 安全密钥管理设计标准应满足如下约束。

(1) 必须执行及时密钥配置:设计必须确保安全密钥在实际需要之前就位。例如,如果源使用其私钥对数据包进行签名,则路径中的每个 DTN 节点在捆绑包到达之前都可能需要访问公钥。否则,Bundle 数据包可能会由于安全策略而被拒绝。这意味着 DTN 节点必须生成公钥/私钥对,并在实际需要的时候提前将它们声明给密钥管理机构。

(2) Pub/Sub model:设计必须基于 publish/subscribe 模型而不是在线目录服务,因为延迟/中断的原因,在许多 DTN 环境中不可能从传统服务器进行按需检索。一个替代方案是关键授权方发布所有 DTN 节点订阅的公钥 bulletins。bulletins 必须通过携带普通数据捆绑的相同长延时链路到达网络中的所有 DTN 节点。bulletins 必须传达要在未来某个时间使用的密钥。

（3）出版物必须在多个 KA 上传播：密钥管理系统分发关键信息公告的责任必须分散在多个关键权威节点（KA）上；由单个 KA 生成的单片公告将违反上述要求中的（3）、（4）和（5）。合作 KA 节点必须公布可以聚合以重建原始公告的分割数据；任何单个 KA 的妥协都不可能导致接收到一个不真实的公告。具体来说，KA 必须通过控制消息交换在公告上达成一致，之后每个 KA 公布公告的几个重叠片段而不是完整公告。然后每个 DTN 节点接收片段并将它们重组成完整的公告。以这种方式，如果一个或多个 KA 失败是可以容忍的，因为片段是重叠的，并且 DTN 节点将能够重建完整的公告。如果一个或多个 KA 被攻击，也是可以的，因为公告的完整性将通过所有 KA 的协商一致协议来确保。然而，至少一些非受损的 KA（用作信任锚）必须存在并且可达以使系统在具有可靠的完整性的情况下生存。

（4）可用性和安全性：与所有其他关键基础设施元素一样，密钥管理系统必须保持高可用性，并且不会受到损害。后一种要求可能需要强大的物理安全性，例如，安全的数据中心、硬化的移动平台等。在所有其他网络操作中，节点至少依赖于与关键基础设施的偶然接触。在需要完全自组织网络的情况下，动态密钥分发可能是不可行的。在这种情况下，永久预置键（PPK）和/或有限范围的成对密钥交换可能是唯一的解决方案。

9.3.2　组密钥管理

存在用于产生和分发对称密钥到若干计算机（即通信组）的若干电子机制，这些技术通常依赖于密钥分发中心（KDC）来作为在建立对称密钥组之间的过程。军事系统，如 BLACKER，STU-Ⅱ/BELLFIELD 和 EKMS，以及商业系统，如 X9.17 和 Kerberos，都使用专用的 KDC。经由各种装置（在线或离线）将组密钥请求发送到 KDC。充当访问控制器的 KDC 决定该请求是否正确。然后 KDC 将调用组的每个单独成员并向下加载对称密钥。当每个成员具有密钥时，KDC 将通知请求者，然后可以开始安全组通信。虽然这肯定比任何需要人为干预的过程更快。它仍然需要相当多的设置时间。此外，第三方仍需要参与，即使其主要目的不是通信。

成对密钥可以由网络上的主机通过使用任意数量的密钥生成协议（FireFly，Diffe-Hellman，RSA）自主创建。这些协议都依赖于协作密钥生成算法来创建密码密钥。这些算法依赖于每个主机产生的随机信息。这些算法还依赖于对权限的同行评审，以确保通信伙伴与其身份相符并且具有接收正在传送的信息的授权。这个同行评审过程依赖于一个可信的机构，它为网络中每个希望能够创建这些密钥的主机分配权限。这些成对密钥管理协议的真正作用在于它们可以被集成到通信协议或应用中。这意味着密钥管理对于系统中的人来说变得透明。

下面描述的 GKMP 将访问控制、密钥生成和分发功能委派给通信实体本身，而不是依赖于第三方（KDC）提供这些功能。作为实际分发密钥的前奏，必须做出假设：存在一个"安全管理器"，负责创建和分发给各方真实标识和安全许可信息（安全管理器功能可以通过严格的等级系统（a la STU-Ⅲ）或合作对等"域管理器"等更特别的系统实现）；通信方在线为 GKMP 形成和分发密钥。

1. 发送器初始化操作

组密钥控制器的标识——多播组的发起者从其认证层次结构创建或获取组管理证书。

证书标识持有者负责生成和分发组密钥(这里不涉及命名标准,名称应该反映适用于支持的密码服务的命名结构,例如,IP 级加密器应该使用命名反映"主机"身份(IP 地址或 DNS 主机名),RTP 加密器将使用会话名称)。发起方将成员资格列表中继到组密钥管理(GKM)应用程序。

组密钥创建——代表发起者操作的 GKM 应用程序选择组中的一个成员,与其建立联系,并创建组密钥包(GKP)。GKP 包含当前组通信加密密钥(GTEK)和将来的组密钥加密密钥(GKEK)。GKM 应用程序将其自身标识为组密钥控制器,成员在 GTEK 的覆盖下验证它。

$$\text{Group Key Packet (GKP)} = [\text{GTEK}_n, \text{GKEK}_{n+1}]$$

作为组密钥分组形成的一部分,应选择适用于底层加密系统的使用参数。与正常的参数协商不同,当公共安全级别/范围和服务到达时,始发者的 GKM 应用选择这些参数,并且成员必须遵守。

组密钥分发——在创建 GKP 之后,组控制器联系组的每个成员,创建会话密钥包(SKP),验证他们的权限(根据组参数检查成员的证书),并为该组创建组密钥包会员。SKP 包含用于特定成员的会话 TEK 和会话 KEK。GRP 包含以 KEK 加密并使用发起方的证书签名的 GKP。

$$\text{Session Key Package (SKP)} = [\text{STEK, SKEK}]$$
$$\text{Group Rekey Package (GRP)} = \{[\text{GKP}]\text{KEK}\} \text{ SignatureController}$$

组重新输入——当组需要被重新输入时,原始 GKM 应用程序选择一个成员,创建一个新的 GKP,创建一个新的 GRP(在先前分发的下一个 GKEK 中被加密),并将其广播到该组。

此过程相当复杂,但除了分发站点特定证书之外,不需要集中式管理密钥资源。密钥管理通信的唯一方是将参与该组的相同方。

2. 接收器初始化操作

为了使安全组通信发生,所有成员必须获得相同的密钥。这可以通过使用确定性密钥生成技术(使用秘密的、共享的种子)或通过组中的一个成员负责密钥的创建来实现。确定性密钥生成器的使用存在安全问题,特别是种子丢失(其损害过去和未来流量)。将成员分配给键"控制器"的方案也存在缺点,但是这些涉及确定哪一个应该是控制器以及每个成员与他联系的需要。其余部分将讨论来自上述的"控制器"概念如何在接收机发起的情况下工作。

选择组关键控制器——组成员将负责初始组建立、定期生成和传播新的 GRP。该环节不需要所选择的控制器是所有时间的控制器,但是在任何一个时间每个组只有一个控制器是可以活动的。控制器的选择可以通过投票系统,通过简单的默认方式(第一个发送到组的是控制器)或配置来进行。

当前控制器的身份必须对所有成员和潜在成员可用,以便进行初始组密钥加载和错误恢复。该信息可以由密钥管理"信道"或通过目录服务来中继。

组密钥创建——创建和分发 GKP 的方式与发送方发起的操作大致相同。控制器与第一群组成员创建 GKP 以发起联系。然后 GKM 应用程序将其自身标识为成员验证的组密钥控制器,在 GTEK 的掩护下,执行参数协商并且第一组成员被键控。

组密钥分发——创建 GKP 后,当其他成员联系控制器时,将创建 SKP,验证成员权限并将 GRP 加载到该成员。

对于广泛分布的组,可以使用分布式传播的形式。某些数量的区域 GKM 应用程序能够验证新成员的权限,并在验证时向其发送当前 GKP(访问控制未在本文档中定义,但是假定分层和离散)(规则——基于和基于身份的访问控制将被支持)。这些区域密钥分发器执行与控制器相同的功能,除了不会创建 GKP。该概念可以扩展到所有当前成员能够下载的点 GKP,并传递这种能力。

组密钥——当组需要密钥更新时,过程将与发送方发起的情况相同。控制 GKM 应用程序选择一个成员,创建一个新的 GKP,创建一个新的 GRP(在之前分发的下一个 GKEK 中加密),并将其广播到组。

GKM 特点:多播,增加了密钥组的自治性,延迟,可扩展性,信息资源交流,可信赖性,安全。

9.3.3 其他密钥管理体制

MPE(Multi-Party Encryption)算法设计在大规模 DTN 中运行。假设消息将由不受信任的节点处理(因此在每一步都需要加密)。每个节点维护一个可用的公钥的子集,称为密钥链,由任意数量的密钥分发技术维护。接下来讨论以使用部分钥匙串来提高消息的可靠性的算法:Chaining Encryption 和 Fragmenting Encryption。

链接加密迫使算法通过 k 个节点(称为链接)进行路由,而不允许任何链接访问明文。原始消息首先用每个链路的公钥加密,然后路由到最近的链路。在每个链接,该节点的加密层被删除。如果链接可以访问最终目标的公钥,那么消息将使用它加密,否则,链路加密其 keychain 中的节点的消息,将该节点添加到链路链。只有当每个层被最终目的地的键替换时,消息才能被转发到端点。此时,它被解密 k 次,每次从消息中删除一层加密。这种方法是非常安全的,避免了常规密钥交换序列和分段方法固有的陷阱。唯一可以打破的方法是所有的链接都被攻击者攻击。另一个优点是可以通过更改所需的链路数量来扩展高风险网络或达到更高的安全性。折中是,该算法需要消息去到许多中点,大大增加了消息传递时间。另一种折中是,对手攻击的链路可能停止消息传递。受损的链路可以拒绝转发消息或可以用自己的密钥重新加密它。后者可以允许对手读取消息,当所有的链路的加密层被对手的替换时,如果消息使用受损节点作为链路,则该消息不能被对手读取,除非所有链路都被破坏。但是,它也不能由目标读取,导致消息丢弃。

算法 1:Chained Encryption

Notation

    k-the number of links through which a message must be routed

    错误!未找到引用源。

    错误!未找到引用源。

    错误!未找到引用源。

    错误!未找到引用源。

    错误!未找到引用源。

    错误!未找到引用源。

    错误!未找到引用源。

254

```
Trigger -错误！未找到引用源。
        错误！未找到引用源。
        错误！未找到引用源。
        错误！未找到引用源。
        错误！未找到引用源。
        错误！未找到引用源。
        / * message is now encrypted commutatively * /
        end for
Route tonearest node in 错误！未找到引用源。
Trigger-错误！未找到引用源。
if 错误！未找到引用源。then
        错误！未找到引用源。
        错误！未找到引用源。
        end for
        message has been delivered
else
        错误！未找到引用源。
        错误！未找到引用源。
        错误！未找到引用源。
        / * since msg was encrypted commutatively
        Order of node delivery/decryption is irrelevant * /
            错误！未找到引用源。
            错误！未找到引用源。
            else
            错误！未找到引用源。
            错误！未找到引用源。
            错误！未找到引用源。
            end if
        end if
route to nearest node in 错误！未找到引用源。
end if
```

    Chaining 提高安全性的代价是其显著增加的交货时间。使用分段方法,而不是通过链路顺序发送消息,将创建多个消息片段并同时发送它们。使用阈值加密,消息被加密成几个子项。这允许最终目的地解密消息,即使片段被攻击者破坏或丢弃。每个片段被加密并通过单个链路转发。因为每个片段通过单个中点进行路由,所以此技术所需的交付时间少于链接。

    碎片整理方法阈值加密,它要求更大的密钥大小,且与 Chaining 方法使用的可交换加密一样安全。此外,如果足够的片段通过受损节点发送,对手可以读取原始消息。因为消息的副本必须与每个片段一起发送,所以系统的能量成本相当高。

    该方案的性能弱点是从可用的钥匙串中随机选择中点,而不是从与消息的起源或目的地相关的那些之中选择。虽然该选择技术从网络的一端向另一端发送消息的行为会潜在地降低性能,但是这对于保证安全性是必要的。任何允许节点将自身标识为高价值中点的度量将允许对手错误地识别自己,导致大量消息通过受损节点路由。因此,中点是随机选择的,而不使用任何环境因素。

算法 2: Fragment Encryption

Notation

       错误!未找到引用源。

       错误!未找到引用源。

$Keychain_A$-Set of Public Keys to which $Node_A$ have access

Nodes use Threshold(k, n) algorithm

       错误!未找到引用源。

       错误!未找到引用源。

       DecKeyset must contain at least k keys of original encKeyset

       错误!未找到引用源。

       错误!未找到引用源。

       错误!未找到引用源。

       错误!未找到引用源。

       错误!未找到引用源。

       错误!未找到引用源。

Trigger -错误!未找到引用源。

Generate random keys〈错误!未找到引用源。〉

for 错误!未找到引用源。do

       错误!未找到引用源。

       Generate new message fragment msgFrag

       / * In this message, include encrypted from of original plaintext and 错误!未找到引用源。* /

       错误!未找到引用源。

       错误!未找到引用源。

       错误!未找到引用源。

       Send msgFrag to 错误!未找到引用源。

end for

Trigger-错误!未找到引用源。

if 错误!未找到引用源。then

       错误!未找到引用源。

       / * At this point 错误!未找到引用源。* /

       错误!未找到引用源。

       Send msgFrag to 错误!未找到引用源。

else

       错误!未找到引用源。

       错误!未找到引用源。

       / * At this point 错误!未找到引用源。* /

       Send msgFrag to 错误!未找到引用源。

end if

Trigger-错误! 未找到引用源。
　　　错误! 未找到引用源。
if 错误! 未找到引用源。then
　　/ * 错误! 未找到引用源。has enough keys to decrypted the message * /
　　错误! 未找到引用源。
　　Messagehas been delivered
end if

9.4　容迟网络认证机制

解决安全问题的主要手段有认证和密钥管理,安全路由和入侵检测等。其中,认证和密钥管理提供对合法用户身份真实性的鉴别,使具有合法身份的用户才能正常通信,是其他安全的基础。现有三种认证系统中,基于公钥基础设施(Public Key Structure,PKI)的认证系统依靠层次化 CA(Certificate Authority)和在线运行的证书库,存在规模化和运行效率的问题;基于 IBC(Identity-Based Cryptography)的认证系统引入了标识解决了规模化的问题,但还必须有第三方的支持;CPK(Combined Public Key)标识认证系统结合标识的组合密钥算法解决了规模化和直接认证两大问题,具有广泛的前景。

一个有效的 DTN 发布/订阅协议应该具有如下的安全机制。

(1) 数据包的完整性:包括兴趣包和内容包都要具有抗篡改的机制,防止恶意节点从中注入恶意代码。用户通过发送兴趣包告诉网络自己的需求,网络根据这些信息来找寻用户所需要的内容包。内容包由发布者发布作为对兴趣包的响应,包括数据负载、发布者信息及用于验证的签名信息等。

(2) 服务的身份验证机制:内容包的数据源必须可信,服务节点必须公开他的身份并让用户节点可以容易地验证他所收到的数据包是否来自于他所信赖的服务。

(3) 兴趣包的匿名验证机制:与服务相对的是用户需要尽可能地隐藏他的身份,但是同时需要有一种机制让转发节点验证兴趣包是否来自于授权的用户,以及防止兴趣包被非法用户篡改。

(4) 兴趣包的有条件可追溯:虽然兴趣对普通的节点匿名,但是网络中的管理员需要有权限打开兴趣包追溯源节点的真实身份。因为有些攻击者可以通过挟持合法用户实施他们的攻击,对此网络的管理员可以追溯他们的身份并采取措施。

下面展开容迟网络认证机制的具体讨论。

9.4.1　基于密钥的认证

PKI 利用公钥技术为网络应用提供加密和数字签名等密码服务以及必需的密钥和证书管理体系。它是一个提供安全服务的基础设施,PKI 技术是信息安全技术的核心,同时也是电子商务的关键和基础技术。

PKI 是一个标准,它包括一些基本的组件,不同的组件提供不同的服务,主要由以下几个组件组成。

(1) 认证中心 CA(证书签发):CA 机构,又称为证书授证(Certificate Authority)中心,是 PKI 的“核心”，即数字证书的申请及签发机关，CA 必须具备权威性的特征，它负责管理 PKI 结构下的所有用户（包括各种应用程序）的证书，把用户的公钥和用户的其他信息捆绑在一起，在网上验证用户的身份，CA 还要负责用户证书的黑名单登记和黑名单发布。

（2）x.500 目录服务器（证书保存）：x.500 目录服务器用于“发布”用户的证书和黑名单信息，用户可通过标准的 LDAP 协议查询自己或其他人的证书和下载黑名单信息。

（3）具有高强度密码算法（SSL）的安全 WWW 服务器（即配置了 HTTPS 的 Apache）：Secure Socket Layer（SSL）协议最初由 Netscape 企业发展，现已成为网络用来鉴别网站和网页浏览者身份，以及在浏览器使用者及网页服务器之间进行加密通信的全球化标准。

（4）Web（安全通信平台）：Web 有 Web Client 端和 Web Server 端两部分，分别安装在客户端和服务器端，通过具有高强度密码算法的 SSL 协议保证客户端和服务器端数据的机密性、完整性、身份验证。

（5）自开发安全应用系统：自开发安全应用系统是指各行业自己开发的各种具体应用系统，例如银行、证券的应用系统等。

传统 PKI 认证模型和适用范围如下。

1. 分层认证模型

分层认证模型是一个倒置的树状结构，树根是信任的起点，即大家都信任的根的 CA，由上到下各树枝部位都有一个 CA，叶子节点是各用户。根 CA 为它的直接后代节点发送证书；中间节点 CA 为它的直接后代节点 CA 发放证书；中间节点 CA 都可以为最终用户发放证书，但为最终用户发送证书的 CA 不能有下一级 CA。

模型中所有节点都信任根 CA，且保存一份根 CA 的公钥证书，任何两用户通信时，为验证对方的公钥证书，都必须通过根 CA 才能实现，可以看出，在分层结构的认证模型中，根 CA 是所有用户的信任中心，如果根 CA 出现信任危机，整个 PKI 体系将出现信任危机。

2. 分布式认证模型

分布式认证模型有多个根 CA 可以信任，而且每个根 CA 是个分层结构认证模型，认证模型也称为森林结构认证模型。该认证最大的特点在于其灵活性，使得信任域的扩展较为方便，也是这种灵活性，使得系统可管理性变差，随 CA 数量增加，认证路径的构建（构造）是一件非常困难的事，可能会出现多条认证路径，还有可能出现死循环的现象，使得证书验证变得困难，从而增加了用户的负担。因此，分布式认证模型适合规模不大、数量不多、地位平等的组织群体共同实施 PKI。

3. 网状认证模型

该模型从 Internet 概念发展而来。在该模型中，预先为用户装入许多 CA 中心的公钥（这些公钥存储在本地统一管理，且可以修改），用户在开始时都信任这些公钥。每个预装入的公钥都代表着一个根 CA，相当于一个用户处在多个认证域中。

该认证模型优点：简单，方便，易操作。缺点：容易受到假冒攻击及目前还没有实用的方法撤销已经预装在浏览器中的公钥，此外，如果采用该种认证模型，让用户管理如此多的公钥增加了用户的负担，对用户的技术水平提出了更高的要求，操作不当就会给攻击者可乘之机。

4. 以用户为中心的认证模型

没有专门的 CA，由用户决定与其他用户的关系。用户通过亲属、朋友等的关系来建立信任网。每个用户向他的亲属和朋友签发公钥证书来建立信任网。

该模型的优点是可操作性强,对用户行为和决策的充分依赖,因此在高技术性和高利害关系的群体中使用是可行的,但对一般群体是不现实的(用户没有相关知识)。另外,该模型在一般公司、政府、金融条件下是不合适的(希望对用户的信任实行某种控制)。

5. 桥认证模型

通过一个桥 CA(BCA)来实现,BCA 提供交叉认证,对每个 CA 根节点来说,BCA 与它们是同级,当一个 CA 与另一个 CA 通过 BCA 建立交叉认证时,就获得了已经和 BCA 建立交叉认证的 CA 相互信任的保证。BCA 在这里的作用类似于一个传递性的中介结构,在该模型中,BCA 不直接向用户发放证书,也不作为一个可信任点供 PKI 中用户使用。

该模型的优点:路径长度固定(一般长度只有两步),而且信任路径唯一,可以适用于比较广的范围。其缺点是:需要一个通信各方面都信任的桥,这在实际应用中比较困难。

9.4.2 基于身份的认证

Boneh 和 Franklin 提出了第一个实用的基于身份的密码学(IBC)方案。采用基于身份密码(Identity Based Cryptography,IBC)的密钥协商机制实现 DTN 中节点双向认证。与传统 PKI 不同,传统 PKI 中,用户从认证机构获得公钥/私钥对,IBC 中的公钥可以是任何字符串,但私钥是从称为私钥生成器(PKG)的可信机构获得的。但是该方法仅能工作于单一私钥生成中心(Private Key Generator,PKG)环境下。由于 PKG 负责用户身份验证、私钥生成及分发等管理工作,在大规模 DTN 中,用户节点数目多、分布范围广,并且链路连通性差,导致单一 PKG 存在系统管理瓶颈,因此该方案不适合大规模 DTN 环境。

为了表述和理解的方便,这里用 Alice 和 Bob 分别表示消息的源节点 S 和目的节点 D,以及分别表示其所在团队的成员,详细步骤如图 9.3 所示。步骤 2 是源节点对其成员的传递,步骤 4 是目的节点成员对目的节点的传递,步骤 3 是团队成员间的传递。

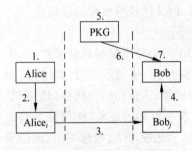

图 9.3　基于 IBC 的安全机制

密钥生成中心 PKG 的公私钥对(P_{PKG},S_{PKG}),Alice 和 Bob 的 ID 分别为 id_{Alice} 和 id_{Bob}(公钥字符串)。

步骤:

(1) Alice 计算消息 msg 的 hash 值: $hash(msg) \rightarrow h$;从密钥生成中心 PKG 得到密钥 S_{Alice},对 h 签名: $Sign(P_{PKG}, S_{Alice}, h) \rightarrow sig$;利用对称密钥 Sk_{AB},对称加密 $E(Sk_{AB}, msg, sig) \rightarrow c$,基于身份的非对称加密 $E_{IBC}(P_{PKG}, id_{Bob}, Sk_{AB}) \rightarrow t$。

(2) Alice 发送密文 c 和信封 t 到 Alice 的团队成员 $Alice_i$。

(3) $Alice_i$ 遇见消息目的节点 Bob 的团队成员 Bob_j,转交密文 c 和信封 t 给 Bob_j。

(4) Bob_j 转交密文 c 和信封 t 到达目的节点 Bob_j。

(5) 密钥生成中心 PKG 生成 Bob 的 IBC 私钥 S_{Bob},$G(P_{PKG}, S_{PKG}, id_{Bob}) \rightarrow S_{Bob}$,对称加密 $E(Sk_{PB}, S_{Bob}) \rightarrow t'$。

(6) PKG 传送 t' 到目的节点 Bob。

(7) 对称解密 $D(Sk_{PB}, t') \rightarrow S_{Bob}$;基于身份的非对称解密 $D_{IBC}(S_{Bob}, t) \rightarrow Sk_{AB}$:对称解密 $D(Sk_{AB}, msg, sig) \rightarrow msg, sig$;验证 Alice 的签名 $D_{IBC}(PKG, id_{Alice}, sig) \rightarrow h$,比较

$\text{hash}(\text{msg})$ 和 h。

利用对称密码对所传递的消息进行加密和解密,利用 IBC 非对称密码把对称密钥加密封装成电子信封 t,保证了对称密钥的安全传输,同时减少了加解密的运算工作量。

采用分级身份的密码机制(Hierarchical IBC,HIBC)实现大规模 DTN 环境下的双向认证与安全传输等方案。HIBC 机制在 IBC 的基础上,允许根 PKG 将密钥管理工作派发给多个低级别的子 PKG,DTN 节点能够到其距离最近的子 PKG 处进行鉴权与私钥申请,从而减少系统管理瓶颈及通信时延。另外,在 HIBC 中所有子 PKG 的公共参数相同(包括 PKG 公钥),相对于采用多 PKG 的 IBC 机制而言,避免了实时查询认证对等方的 PKG 公共参数,因此不需要可信第三方实时在线,能够适应大规模 DTN 覆盖面积广且链路易中断的特点。其中在双向认证方面,Seth A 和 Keshav S 给出一种基于 HIBC 加密算法的认证方案 SK,但是该方案需要节点间进行三次信息交互,并且计算开销随节点层次数线性增加,至少需要三次双线性对运算,方案的通信与计算开销大,因此不适合连通时间短暂的 DTN 链路。

区域:区域是由互相可达的 DTN 路由器构成的集合,由管理策略、通信协议、命名约定或连接类型确定。因特网是单个 DTN 区域。

网关:这是一个 DTN 路由器,其接口在多个区域上。因特网网关是具有至因特网区域的至少一个接口的 DTN 路由器。

保管人:这是一个 DTN 路由器,用作间歇性连接的主机的始终可用的代理。代理人机会主义地从断开的主机接收捆绑包,将它们转发给其他保管人,并且每当接收者连接到网络时将它们递送到接收者。

本地 DTN 路由器:这是与端点直接通信的 DTN 路由器。本地 DTN 路由器也可以是或可以不是保管人。

如图 9.4 所示,分层 IBC 通过建立 PKG 的协作层次来扩展 IBC。顶层 PKG 称为根 PKG,其他 PKG 称为域 PKG,每个 PKG 从其父层继承其公共 ID 的第一部分。

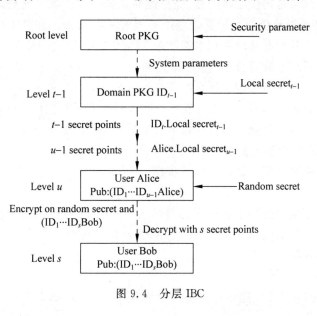

图 9.4　分层 IBC

我们将 HIBC 结合到 DTN 中。如图 9.5 所示,基于管理结构和策略,在 DTN 区域上施加任意的树状层次结构。在其 DTN 因特网区域的分区中,每个提供商维护其自己的顶级 PKG。每个子区域都有自己的域级 PKG;或者,子区域中的位置寄存器应能够向父 PKG 默认路由密钥对请求。用户可以从他最近的区域 PKG(例如,如图 9.5 所示的用户 U1. R1. H1. P 请求公共 ID 和私钥,从子区域 R1. H1. P 中的 PKG 请求其公共 ID),或直接从顶层 PKG 请求公共 ID。我们将在接下来的部分解释获取公共-私有密钥对的过程,并且对于需要 DTN 身份的新用户只需要执行一次。每个 DTN 路由器还为自己维护一个唯一的身份。区域 R1. H1. P 中的 DTN 节点的公共 ID 可以写为 DTN-IPaddress@R1. H1. P。

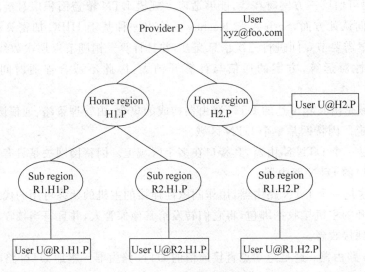

图 9.5　树状层次结构

HIBC 允许创建端到端安全通道:发送器使用接收者的公钥加密所有数据,并且只有接收者可以解密数据。这提供了机密性、完整性和认证访问。除了允许端到端安全通道之外,HIBC 还保护基础设施免受对位置管理子系统的一类攻击。移动主机每当它改变其位置时发送控制消息。我们在移动主机和被更新的位置寄存器之间使用 HIDS,其中移动主机的 HIBC 系统的系统参数背负在消息上。这确保了从制造控制消息,重定向攻击以及通过未经授权更新位置寄存器来创建死端的安全性。最后,DTN 的托管人在托管转让时向终端系统发送消息。我们要求托管 DTN 节点对这些消息签署它们保管的捆绑,以确保安全,防止欺骗。最终用户可以存储这些确认以进行审计。由于 HIDS 方案本身确保了不可否认性,审计日志可以用作保管权移交的证明。

我们系统中的典型通信会话包括以下步骤。

1. 初始设置

当移动主机希望成为由某个提供商托管的 DTN 系统的成员时,它获取软件和该提供商的经销商或分销代理提供的安全参数。这基于当客户从蜂窝公司的网点购买 SIM 卡时蜂窝订阅是如何创建的。

2. 链接关联

当移动主机和移动 DTN 路由器建立机会无线连接时,移动设备尝试在公知端口上连接到路由器。类似地,每当移动主机获得到公共网络的连接时,它尝试连接到其 DTN 保管人或网关。

3. 相互认证

一旦在移动主机和 DTN 路由器之间建立了连接,两者都参与相互认证过程,以确保恶意用户和恶意 DTN 路由器不参与通信会话。

4. 位置管理和路由

DTN 路由器携带来自 DTN 保管人或网关的认证路由和位置管理信息,并把它们交给移动主机。然后,移动台应用特定策略来选择它们的保管人或网关,并且向 DTN 路由器发送适当的控制消息。

5. 数据传输和计费

可以创建订阅计划以启用基于数据的计费。因此,移动主机和 DTN 路由器收集关于在两个实体之间传送的数据量的相互认证的统计。这些统计数据是不可否认的,如果需要,可以在以后核实。

6. 漫游访问

类似于在不同蜂窝网络上提供的漫游接入,可以在由不同提供商托管的 DTN 上实现漫游接入。移动主机和 DTN 路由器交换系统参数,以便能够彼此通信,以及收集可验证的计费统计。

9.4.3 其他认证机制

传统的公钥密码验证机制以及相应的 PKI 证书发布和撤销机制可以提供身份验证服务但不能满足隐私性,因此在网络中需要重新制定隐私保护策略。

用户的兴趣包需满足隐私要求,我们通过建立在群签名上的验证方案来保护数据隐私,因为群签名的一个最大的特点就是可以很好地保护签名人的隐私且同时向传统签名方案一样保证了被签名消息的完整性和真实性。

一个标准的群签名包括以下 6 个算法。

(1) 密钥生成:群管理员通过密钥生成算法 KeyGen,生成 $(vk, gmsk) \leftarrow$ KeyGen(),vk 为公开的验证密钥,以证书的形式发送给网络中所有人,gmsk 为管理员保留的主密钥。

(2) 成员加入协议:如果用户 i 想要加入签名群,则要与群管理员通过成员加入协议 Join 协商密钥生成 (sk_i, Y_i, E_i),sk_i 为用户持有的群成员签名私钥,Y_i, E_i 分别为与 sk_i 相关的追溯因子和撤销因子,为群管理员保留和持有。

(3) 签名:有了签名私钥 sk_i 便可以以群成员的名义"匿名地"对消息 m 进行签名:$\sigma \leftarrow$ Sign(sk_i, m)。

(4) 验证签名:验证方只要持有群的验证密钥 vk 就可以通过验证算法 Vertify(vk, m, σ)验证消息 m 的签名 σ。

(5) 打开签名:管理员可以通过签名打开算法 Open(gmsk, Y_i, m, σ)追溯签名的真实身份。

(6) 成员撤销:管理员可以通过成员撤销算法 Revoke(gmsk, E_i)回收成员 i 的群签名权限。

群签名具有下列性质和优点适合 DTN 环境安全。

（1）不可伪造性：只有群成员可以代表该群签名消息。

（2）匿名性：给定一个合法的签名，除了群管理员之外没人可以在一般的计算能力之内识别出签名人的身份。

（3）不可关联性：给定两个合法的签名，除了群管理员之外没人可以在一般的计算能力之内区别出这两个签名是否是出自同一个人。

（4）有条件地可追溯性：群管理员总是可以通过签名打开算法追溯一个合法签名的签名者身份。

（5）完全可追溯性（Full-traceability or Exculpability）：只要签名密钥没有泄漏，包括群管理员在内的任何人都不可以构造一个以成员 i 为签名者的合法群签名。

（6）维护少量的证书：验证者只需要存储少量的组签名证书，这样可以大大减少证书发放的开销。

9.5 数据隐私保护

9.5.1 数据隐私概述

在 DTN 中的安全问题可以归纳为两类：一类为恶意攻击威胁，攻击者的目标针对整个网络或网络中的服务，其大多以主动的攻击形式出现，典型的有 DoS 或 DDoS 攻击，主要手段为对消息请求的伪造，对消息内容的篡改，以及通过泛洪攻击阻塞网络，并且可以通过伪造发送者的身份隐藏他的攻击。由于 DTN 环境中资源受限，所以更容易受到此类攻击；另一类为隐私泄漏，攻击者的目标为网络中的个人用户，其目的在于通过窃听信道等手段获取用户的个人信息。

在松散的网络结构中，节点的隐私性，应该受到足够的重视。例如，容迟网络不应泄漏用户的数据信息和节点身份等隐私，用于军事的容迟网络节点的位置隐私等。但是由于容迟网络自身的特点，传统的匿名方案无法满足容迟网络匿名通信的要求。

容迟网络中的隐私保护更多地与特定的应用场景密不可分，一般可以分为基于节点上下文的隐私保护、基于数据内容的隐私保护和基于节点社会关系的隐私保护。

对于异构的网络，尤其是容迟网络，网络地址变得没有意义。源节点和目的节点之间的传统通信模式被基于报文内容的传播模式所取代，目的节点被它们共同的"内容"（如感兴趣的信息报文）或"上下文"（如环境、地理位置等）隐性地定义，而不再是被一个显性的地址定义。基于"上下文"和基于"内容"的两种转发模式都给容迟网络的隐私保护问题带来挑战，因为上下文和内容都是隐私数据，需要保持机密性，但中间节点仍需要通过访问报文的"上下文"或"内容"部分来实现容迟网络的有效通信。在安全路由和隐私保护间存在的冲突问题需要全新的方案加以解决，因此针对容迟网络中两种主流的转发模式应该分别设计隐私保护解决方案。

在基于上下文的转发模式中，目的节点不为源节点直接所知，但源节点知道目的节点的上下文属性。由于目的节点的上下文是属于隐私的信息，必须得到有效的保护，不得在网络中公开地发送。Shakifa 提出了容迟网络中的基于上下文和传染转发的隐私解决方案，该方案使用基于身份的加密技术，使用目的节点的上下文属性取代目的节点的身份。在这种转发模式中,中间节点需要将它们的上下文与目的节点的上下文信息进行比较,这就要求中间节点能够发现可以与目的节点相匹配的属性而不获知其他额外的属性信息,从而保证目的节点的隐私。他们将一种基于关键字搜索的公钥加密(PEKS)运用到容迟网络,使中间节点可以搜索匹配的上下文。同时为了要满足容迟网络通信的安全路由需求,需要对 PEKS 的操作模式进行修改,用一个可信第三方取代目的节点,负责提供给每个中间节点与它们上下文有关的信息。可信第三方只需要在节点加入网络之前与之连接一次,而在网络通信过程中一直处于离线状态,这恰好与容迟网络的连接特性相符合。而且允许中间节点计算它们与目的节点的上下文之间的匹配程度,然后转发消息给拥有匹配程度更高的节点,从而解决了基于上下文转发模式的隐私保护问题。

容迟网路的缺点是,除非研究人员采取某些预防措施,任何有无线就绪计算机的人都可以使用他们的网络。这意味着邻居、竞争对手、路人,甚至附近潜伏的黑客,都可以"搭载"研究人员的网络或访问他们计算机上的信息。由于 DTN 的特征和资源稀缺性,安全机制必须设计为保护已经受限的 DTN 基础设施免受未经授权的使用。

9.5.2 数据隐私保护方案

我们可以从以下几个方面来考虑并保证网络的数据隐私。

(1) 使用加密:从入侵者角度考虑,保护无线网络的最有效的方法是通过网络加密或加扰通信。大多数无线路由器、接入点和基站都具有内置的加密机制。

(2) 使用防病毒和防间谍软件和防火墙:无线网络上的计算机需要与连接到 Internet 的任何计算机相同的保护。

(3) 关闭身份广播:大多数无线路由器具有被称为"身份广播"的机制,其应该被关闭。它向邻近的任何设备发出信号,通知其存在——如果使用网络的研究人员/雇员已经知道它在那里,则这种广播是不必要的。黑客可以使用身份广播接入易受攻击的无线网络。

(4) 更改默认路由器上的标识符:路由器的标识符可能是制造商为该模型的所有硬件分配的标准默认 ID。黑客知道默认 ID,并可以使用它们尝试访问网络。将标识符更改为所有者知道的内容,并记住将相同的唯一 ID 配置到无线路由器和计算机中,以便它们可以进行通信。使用长度至少为 10 个字符的密码:较长的密码难以破解。

(5) 更改路由器的预设密码以进行管理:黑客知道允许某人设置和操作路由器的标准默认密码。只有所有者知道,才将它们更改为长密码。

(6) 只允许特定的计算机访问研究人员的无线网络:每个能够与网络通信的计算机都被分配了自己唯一的媒体访问控制(MAC)地址。无线路由器通常具有仅允许具有特定 MAC 地址的设备接入网络的机制。

(7) 不安全的公共"热点"应谨慎使用:许多咖啡馆、酒店、机场和其他公共场所为他们的客户提供无线网络。除非研究人员能够验证这种"热点"具有有效的安全措施,否则应避免通过该网络发送或接收个人身份数据。

(8) 数据隐私设计。

安全体系结构由以下 4 个关键组件组成。

① 管理应用程序(MA):一个便于最终用户获得空间数据的 Web 应用程序。应用程序提供身份验证,授权和问责服务。

② 数据发起者(DO)：DTN 中的空间数据的原始源。这些组件一般认为是可信任的。

③ 最终用户(EU)：空间数据的最终目的地。

④ 可信 DTN 节点(TDTN)：能够传送空间数据集的 DTN 节点的子集。

影响在空间环境中操作的 DTN 基础设施的安全机制的设计和部署的两个主要约束是有限的带宽和节点之间有限的连接。这些约束与 DTN 的机会性数据传输方法相结合导致需要开发混合策略以有效地管理安全性(即底层计算和通信成本)与通信效率之间的权衡。因此，数据路由器必须配备有使安全策略和需求影响的路由决策的功能。

为了支持高效的安全机制，密钥分发包括两个关键阶段。第一阶段涉及计算和通信密集型长期密钥基础设施的建立。这可能涉及 PKI 组件，如数字证书。此外，由于许多设备在空间(包括功率)中可能具有的限制，需要考虑低能量和存储器消耗算法，诸如基于椭圆曲线的 PKI。

第二阶段涉及安全会话建立。会话取决于安全断言和基本情景，用于描述节点需要创建到某些目的地的机密信道的情况(不一定是数据的最终目的地，因为端到端的安全机制不能总是得到保证)。优先考虑单向安全协议。

将使用捆绑安全协议规范来传输密码密钥和密码协议元数据信息。BSP 提供足够的灵活性，以通过 BSP 中规定的扩展安全块(ESB)纳入大量的密钥管理协议。

BSP 也将用于支持完整性服务。空间数据层的完整性主要由捆绑安全协议在可能时提供。在包含安全感知和未感知节点混合的 DTN 路径中，无论何时保管人是能够支持 BSP 的节点，都将验证束层上的完整性。

然而，可能存在这样的情况，其中整个路径是非 BSP 感知的，或者完整性要求更高并且束层完整性策略不足。考虑例如远程固件或操作系统升级的情况，其中传送到深层空间位置的升级指令和固件有效载荷将需要验证其完整性。在这种情况下，将需要由应用程序提供完整性。显然，此时维护需要完整性的数据的范围定义的是 MA。

9.6 位置隐私

9.6.1 位置隐私概述

在 DTN 环境下攻击者通过截获数据包中携带的身份信息不仅可以获取用户数据，还可以据此推断请求节点所在的地理位置。

位置隐私指用户能自由决定是否发布自己的位置信息，将信息发布给谁，通过何种方式，以及发布的位置信息有多详细。若满足这几点，则用户的位置信息是高度隐私的，反之，若出现以下情况：

(1) 用户本不想发布自己的位置信息，但是自己的位置却被他人得知了。

(2) 用户 A 只想将自己的位置信息告诉用户 B，但是这个信息也被用户 C 得知了。

(3) 用户 A 只想公开自己在哪个城市，但是却被他人知道了自己在哪条街道。

在这些情况下，该用户的隐私受到了侵害。

位置隐私的重要性往往被人低估。位置信息的泄漏最直接的危险是信息可能被利用，进而对节点活动进行跟踪，位置信息并非仅是单纯的空间信息，还同时包括用户的身份，以及用户处于该位置的时间。根据位置信息,有时可以推测用户正在进行的活动,发动相应的攻击。

攻击者可能通过以下手段来获取位置信息。

(1) 用户和服务通信商的通信线路遭到了攻击者的窃听。当用户发送位置信息给服务提供商时,就被攻击者得知。

(2) 服务器提供商对用户信息保护不力,服务提供商可能会在自己的数据库中存储用户的位置信息,攻击者通过攻击服务提供商的数据库,就可能窃取到用户的位置信息。

(3) 服务器提供商将信息泄漏给攻击者(如贩卖用户信息给部分企业)。

9.6.2 位置隐私保护方案

保护手段大致可分为以下几类。

(1) 隐私方针:允许用户根据自己的需要来制定相应的位置隐私方针,以此来指导移动设施和服务提供商之间的交互。

(2) 身份匿名:将位置信息中真实身份信息替换为一个匿名的代号,以此来避免攻击者将位置信息与用户的真实身份挂钩。

(3) 数据混淆:对位置信息的数据进行混淆,避免让攻击者得知用户的精确位置。

下面重点介绍身份匿名隐私保护方案。

实际上匿名复杂得多,即使使用了匿名的代号,攻击者仍然有机会将这个代号和用户的真实身份对上号,让匿名变得毫无意义,正如攻击者可以根据时间、地点、身份推断出个人信息。反过来,可以依据时间、地点、已知个人信息推断出对应身份。位置信息的精度越高,推断成功率越高。

因此,简单的匿名并不能解除隐私泄漏的危险。Samarati 和 Sweeney 提出了 K-匿名模型,它要求发布表中的每个元组都至少与其他 $K-1$ 个元组在准标识属性上完全相同,能防止身份暴露(常导致属性暴露)。K-匿名模型的基本思想就是设法切断准标识符与隐私属性之间的一对一关系来保护隐私属性。数据持有者能够识别出可以与外部信息相连接的准标识符,并通过检验原始数据表中在准标识符上相同元组的个数来判断是否会造成隐私泄漏。即要求所发布的数据表中的每一条记录 r,至少有 K 条记录与 r 在准标识符上的投影值相等,称这样的数据表符合 K-匿名约束。K-匿名算法一般要借助第三方的受信任的 Server 来完成匿名过程。

K-匿名算法的分类如下。

(1) Check-in Cloaking(单一签到地点模糊化):加入 $K-1$ 个属性相同的位置点,形成一个区域,进而保护用户的位置隐私。

(2) Sequence Cloaking(填到序列或者查询序列模糊化):要求用户的签到序列(查询序列)至少与 $K-1$ 个用户相同。

在 K-匿名方法的基础上,Giorgos 提出了一种改进的 K^m-匿名方法来保护移动用户的轨迹隐私信息。K^m-匿名方法是一种泛化的隐私保护模型,用于降低交易数据发布中用户身份信息泄漏的可能,其中 K,m 为隐私保护参数,K 表示隐私保护强度,m 表示攻击者已经掌握用户之前访问过的 m 的位置点的相关信息。该方法利用概括法来最小化原始轨迹和匿名轨迹之间的距离。该模型最大的优点是在轨迹数据发布之前不需要了解准表示符属性的详细信息,也不需要区分敏感信息和非敏感信息。

定义 9.1 (支持集 $\sup(s,T)$)T 是一个轨迹集合,s 是 T 的一个子集,$\sup(s,T)$ 表示 T 中包含集合 s 的轨迹数。

当轨迹集合 T 中每个轨迹 t 至少包含 k 个轨迹,且每个支持子集 s 至多包含 m 个位置点时,该轨迹集合 T 实现了 K^m-匿名保护机制,该方法确保一个攻击者掌握一个移动用户的任何支持子集 s 的势不大于 m,也确保不能以高于 $1/K$ 的概率识别出该用户。

例如,在轨迹集合 $T=\{t_1,t_2,t_3,t_4,t_5,t_6\}$ 中,$t_1=\{d,a,c,e\}$,$t_2=\{b,a,e,c\}$,$t_3=\{a,d,e\}$,$t_4=\{b,d,e,c\}$,$t_5=\{d,c\}$,$t_6=\{d,e\}$,轨迹集合 T 满足 2^1-匿名和 1^3-匿名,而不满足 2^2-匿名,因为子集 $\{d,a\}$ 仅包含在 t_1 中,未达到隐私保护度为 $K=2$ 的要求。

K^m-匿名方法引入了 Deqanon 算法,通过最小化原始轨迹和匿名轨迹之间的欧氏距离,利用归纳化的方法实现轨迹信息的匿名化。在上例轨迹集合 T 中,设 $K=2$,$m=2$,即实现轨迹集合 T 的 2^2-匿名化,首先计算出 T 的所有最小支持集 S 如表 9.1 所示,在最小支持集 $\{d,a\}$ 中距离 a 最近的轨迹为 b,因此将 a,b 归纳为集合 $\{a,b\}$ 并分别替代 S 和 T 中的 a 和 b,形成的匿名集如表 9.2 所示,此时 $s=\{a,b\}$,$\sup(s,T)=1<k=2$,不满足 2^2-匿名。算法再次循环计算距离 $\{a,b\}$ 最近的轨迹为 c,因此将 $\{a,b\}$ 和 c 归纳为 $\{a,b,c\}$,然后分别代替 $\{a,b\}$ 和 c,形成的匿名集如表 9.3 所示,此时 $s=\{a,b,c\}$,$\sup(s,T)=k=2$,满足 2^2-匿名。

表 9.1　最小支持集

sup$T$	sup
(d,a)	1
(c,e)	1
(b,a)	1
(a,d)	1
(b,d)	1

表 9.2　匿名集一

id	路　　径
t_1	$(d,\{a,b\},c,e)$
t_2	$(\{a,b\},\{a,b\}e,c)$
t_3	$(\{a,b\},d,e)$
t_4	$(\{a,b\},d,e,c)$
t_5	(d,c)
t_6	(d,e)

表 9.3　匿名集二

id	路　　径
t_1	$(d,\{a,b,c\},\{a,b,c\},e)$
t_2	$(\{a,b,c\},\{a,b,c\},e,\{a,b,c\})$
t_3	$(\{a,b,c\},d,e)$
t_4	$(\{a,b,c\},d,e,\{a,b,c\})$
t_5	$(d,\{a,b,c\})$
t_6	(d,e)

9.7　机　会　网　络

9.7.1　机会网络概述

机会网络(Opportunity Networks,OppNets),如图 9.6 所示,是一种通信经常中断的移动自组织网络,在源和目的节点间即使没有一条完整的路由存在也能通信。该网络利用节点移动形成的通信机会逐跳传递消息,路由模式为"存储-携带-转发"。早期主要用于传感器节点的数据采集,随着车辆自组织网络的兴起,又在其中得到了大量应用。个人移动设施的普及和移动通信的繁荣又进一步促进了该技术的发展。如图 9.6 所示,当移动台与基站之间通信质量不佳时,可通过机会网络借助相邻移动台中继通信使得通信效率得到提升。由得到的数据表明:采用机会网络协同工作后,可减少移动台资源消耗 25% 左右,减少基站资源消耗 15％～25％,同时可提高通信成功率 15％～35％,并有效减少邻接移动台的消耗。

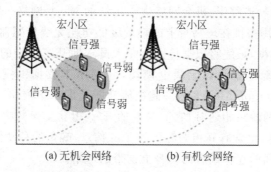

(a) 无机会网络   (b) 有机会网络

图 9.6 利用机会网络协助移动通信

尽管机会网络存在巨大的发展潜力,但目前来看,依然存在许多技术层面的挑战:存储管理,电源管理,安全机制,不同异构网络的互通互连。

由于 MANET 任意节点对之间至少存在一条完整的端到端的通信路径,在安全机制这方面做过大量研究,为机会网络安全机制的设计奠定了良好的基础。机会网络作为移动自组织网络的极端版本,利用机会通信使得移动节点更加不可控制,主要特点如下。

异构性:机会网络不要求网络全通,可使用不同的通信技术且可横跨多个异构网络,这里需要解决的问题有命名问题,同时因节点在不同网络中地址不唯一,必须采用新的认证和信任机制。

移动性:因为机会网络中节点移动,不存在稳定的端到端的路由,取而代之的解决方案是高度动态灵活、不用实现定义的路径。

延迟容忍:因为消息的传送策略,带来了较大的延迟,从安全角度来分析,"存储-携带-转发"的策略无法假设节点间可直接交互,端到端的密钥管理不可实现,且所有依靠在线信任授权机构的安全协议需要重新评估与设计。

基于机会网络的基本思想,研究人员进行了很多有益的探索,特别是在数据采集领域,机会网络可以很好地满足对实时性要求不高、节点稀疏、移动性强的场合,相关应用列举如表 9.4 所示。

表 9.4 机会网络的应用

应 用 名 称	主 要 功 能	平 台 载 体	是否接入广域网
ZebraNet	收集动物数据	动物身上的特制传感器	否
SWIM	收集动物数据	动物身上的特制传感器	否
CarTel	收集车辆数据	车载特制传感器	是
DakNet	区域网络接入	车载移动接入点	是
SNC	区域网络接入	GSM 基站,微波基站与移动台等	是
PSN	区域通信	智能手机等个人手持设备	是
SCS	区域通信(应急通信)	智能手机等个人手持设备	是
Haggle	区域通信分布式计算	Android 移动设施	是

应用具体举例如下。

1. 野生动物追踪

在大范围的野生动物追踪中,机会网络优于传统的 Mesh 网络。Philo Juang 等人设计和实现了 ZebraNet,利用安排在斑马身上的轻量级低功耗无线传感器收集 GPS 数据,利用斑马之间的相遇传递数据,最终将数据传回研究人员定期开车携带的移动基站。该系统包含远距离传输和近距离传输两套无线电模块,分别用于数据洪泛和定向传输。SWIM (Shared Wireless Infestation Model)为一监视海洋鲸鱼的水下网络,嵌在鲸鱼身上的 Tag 周期性的收集数据,当两鲸鱼相遇时,它们身上的 Tag 相互交换数据,这样,每头鲸鱼不仅携带了自身的 Tag 信息,也含有其相遇鲸鱼的 Tag 信息,鲸鱼的移动使得数据不断复制、扩散,直至到达部署在水面的浮标或者海鸟身上携带的基站。

2. 手持设备组网

手机、PAD 等手持设备大量普及,利用手持设备组网来实现数据交换和提供网络服务越来越受到广泛的关注。剑桥大学和 Intel 研究院提出了 PSN(Pocket Switched Network)。PSN 是由手持设备所构成的机会网络,设备即可通过两人的相遇来进行局部通信,也可通过 Wi-Fi 或 GPRS(General Pocket Radio Service)等接入 Internet 进行全局数据转发。当目标节点位于当前节点附近或者不能接入 Internet 或用户要求较高的带宽和较小的延迟时,局部连接优于全局连接。PSN 旨在利用手持设备的各种连接方式为用户提供网络服务。

3. 车载网络

目前配备有短距离无线接口的车辆数目增多,行驶在路上的车辆速度快,密度不均而形成了一个车载机会网络。这种网络在路况检测、交通事故预警、拥塞预报等交通应用中有巨大的潜力。此外,利用车辆与路边其他接入点的通信机会可提供 Internet 访问和商业应用等。

CarTel 是 MIT 开发的基于车辆传感器的信息收集和发布系统,能够用于环境监测、路况收集、车辆诊断和路线导航。安装在车辆上的 CarTel 节点,负责收集处理车辆上多种传感器节点采集的数据,包括车辆运行信息和道路信息等。使用 Wi-Fi 和 BlueTooth 等技术,CarTel 在车辆相遇时交换数据,同时 CarTel 节点也可以通过路边无线接入点将数据发送到 Internet 的服务器上。

4. 偏远地区的网络传输

发展中国家或者偏远地区的贫穷国家往往因基础设施不够完善而不能接入 Internet,使用机会网络可以提供非立时响应,但价格较为低廉,相对可用的网络服务。DakNet 是 MIT 开发的,部署在印度偏远地区的提供互联网服务的机会网络。DakNet 包括:部署在村庄的 Kiosk 设备,公交汽车上的 MAP(Mobile Access Point)设备和部署在城镇的互联网 AP 设备,这些设备间使用 Wi-Fi 接口通信,村民通过 PAD 和 Kiosk 设备交换信息,公交车在经过 Kiosk 设备时,MAP 与 Kiosk 交换数据,公交车返回城镇时,MAP 通过 AP 从互联网上下载或上传数据。类似的系统还有 Saami Network Connectivity 和 Berkeley 和 Intel 研究院联合开发的 Tier 项目。

机会网络与移动传感器网络有一定的相似之处,但与之不同的是,机会网络中节点的运动特征也是网络特征的重要组成部分。

1. 网络结构

机会网络的网络结构可以分为平面网络和层次网络,而层次网络又可进一步分为有向层次网络和无向层次网络两类。

有向层次网络(Directed Hierarchy Network),如图9.7所示,最初用于传感器数据的收集(ZebraNet,SWIM,SCS等),消息流向明确。虽然消息的传输是利用机会传输机制进行交换的,但所有消息的目的均有目标节点(Destination)和摆渡节点(Ferry)收集至目标节点。

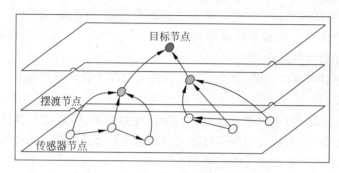

图9.7　有向层次网络

无向层次网络(Undirected Hierarchy Network)在有向层次网络的基础上提供双向的数据传输,如SNC和BakNet,在这些网络中,机会节点将摆渡节点和目标节点当作接入点来使用,利用相遇机会来上传下载数据完成数据传输。底层机会节点可作为目标节点、源节点、中继节点来使用,而摆渡节点仅作为中继节点。

平面网络中,所有节点身份平等,也可作为无向网络。主要用于人与人之间的信息互传模型,如PSN、Haggle、平面网络中,各个节点充当目标节点、源节点、中继节点的身份。

有向层次网络的转发协议设计目标明确,同时不需要考虑机会节点的寻址问题,而无向层次网络中转发协议依然主要考虑优先往上级网络传输,但由于底层网络也可作为目的节点,因而也存在局域寻址。平面网络中,转发协议所要考虑的节点数量多,同时面临全局寻址问题。

2. 节点的移动模型

在机会网络中,节点的移动是一直以来的主要研究方向。比如,具有普适性节点移动模型-随机漫步模型(Random Walk Model):节点速度均匀分布,方向自由运动。随机停留点模型(Random Waypoint Model):在随机漫步模型的基础上,假定每次速度和方向改变时,存在均匀分布的随机间隔。随机方向模型(Random Direction Model):在随机停留点的基础上,强制性假设节点只有在区域边界才会改变速度和方向。概率随机漫步模型(Probabilistic Random Walk Model):各个移动点间概率不相等时的随机漫步模型。无边界区域移动模型(A Boundless Simulation Area Mobility Model):将二维长方形区域映射成三维圆环面,从而消除二维边界。高斯-马尔可夫移动模型(Gauss-Markov Mobility Model):利用高斯-马尔可夫链描述各个节点速度、方向和停留时间的随机漫步模型等。

在特定场景中,节点移动并非完全随机。针对这些场景,又提出了城市区域模型(City Section Mobility Model):依据城市道路、限速等情况限制节点移动。停止信号模型(Stop Sign Model):在城市区域模型的基础上,设置停止信号,使得节点在各个街道前都停留一定的时间,等待其他节点通过后才能通过。随机交通灯模型(Probabilistic Traffic Sign Model)和交通灯模型(Traffic Light Model):利用简化版的信号灯模型和完整版的信号灯模型来代替停止信号模型中节点的限制等待。

对于越来越热的以人类移动作为主要载体的机会网络,也有很多对人类移动行为的建模:Voronoi 图模型(Voronoi Diagram Model):假设网络中存在障碍,人的活动在规避障碍时应做到路线最短。社交网络交互模型(Social Networks Interaction Model):基于人类的社会行为和人类表现出的群体关系,节点移动速度随机,但移动方向遵循社会吸引法则。

除此之外,还有研究学者利用统计学来收集数据,Reality Mining 记录了 100 个使用蓝牙智能手机的用户 9 个月的移动轨迹和相遇数据,得出结论:实际移动数据与使用者的社会属性具有很高相似性的结果。

作为无线传感器网络的一种,机会网络也面临着许多来自网络的恶意攻击,机会网络容易受到的攻击如下。

(1) 路由消息欺诈:攻击者多通过伪造、篡改、重放等形式,发送恶意的路由控制消息,进而影响到路由的建立,增加通信延迟时间或者构造通信环路导致通信失败,这是比较基础的攻击方式,一般作为其他攻击方式的基础。

(2) 选择性转发:对于多跳网络,需要中间节点忠实地执行转发协议,而恶意节点则可选择性地丢弃数据包,这样会导致部分数据包无法到达目的地。这种攻击同时要注意控制丢包数目,防止周围节点认为该数据包路由失败而重新转发。

(3) HELLO 泛洪攻击:在许多协议中,需要广播 HELLO 报文来向周围节点报告自己的地理位置和剩余资源等相关信息。HELLO 泛洪攻击针对此类协议,攻击者大范围广播伪造的 HELLO 报文,伪造节点身份,使得周围节点将数据报文发送给该伪造节点,但因正常节点的发射功率受限(远低于攻击者的发射功率),攻击者并不能收到并分析数据报文。此类攻击的主要目的是影响网络的正常运行而不是窃取数据消息。

(4) 女巫攻击:在该攻击中,单个节点多通过伪造虚假节点身份或是窃取合法节点的身份进而进入网络,且很有可能成为网络路由中的节点,进而增加吸引数据流通过自身的机会。在有些网络中,为了负载均衡,会将任务分摊给不同的节点,女巫攻击便相应伪造多个虚假节点来尽可能多地获取数据流。

(5) 陷洞攻击:在此类攻击中,攻击者的目标是吸引周边节点的数据流,通常攻击者会预先攻下一个正常节点,利用该节点进行路由消息欺诈等活动。该类攻击可能利用获得的数据进行流量分析或者为选择性转发提供便利。

(6) 虫洞攻击:多针对带有一部分防御协议的路由协议攻击,也称为隧道攻击。在该类攻击中,攻击者利用两个距离较远的攻击节点,节点之间共谋建立一条高质量高带宽的私有隧道。攻击者在私有隧道的一端记录数据包或者位信息,并将信息通过该私有隧道传输到另一端。因为该隧道的距离一般远大于单跳路由的无线传输半径,因此数据包多会选择该私有隧道进行数据传输(数据包会比通过正常多跳节点传输更快地到达目标)。

9.7.2 机会网络的安全路由机制

1. 机会网络的数据转发机制

机会网络的网络结构主要分为两种:基于移动的 Ad Hoc 网络和基于基础设施

(Infrastructure)的网络。从转发数据包的副本数来看：主要分为单副本(Single-copy)和多副本(Multi-copy)数据转发机制。单副本转发较为基础,有直接转发和首次相遇转发两种较为简单的方式。

(1) 直接转发机制：源节点携带数据包移动,直至遇到目的节点,通过一跳直接进行转发,该转发机制节约资源,但要求目标节点相遇率较高。

(2) 首次相遇转发：源节点携带数据包移动,将其发送给第一个相遇的节点,再经过两跳的转发,最终到达目标节点。该策略的缺点是：可能错过转发效率较高的中间节点,因此成功率低。

多副本转发机制已经提出多种,例如,广为人知的传染病路由,基于历史信息的预测转发机制和先散发后等待机制。

2. 机会网络的路由协议

因为机会网络的特点,网络中节点不需要获得整个网络的拓扑结构信息,凭借本地所学知识来计算,进而决定下一跳转发点,若节点附近没有发现合适的转发点,该节点将携带信息继续移动直至遇到合适的转发节点。依照如上考虑,机会网络中数据转发问题变成了较为简单的下一跳选择问题。

1) 安全路由

在安全路由中,必须要保证传输数据的机密性和完整性,Asokan 等人研究了身份密码学(Identity Based Cryptography,IBC)在机会网络中的适用性。基于身份的密码技术 IBC 是一种公钥密码体制思想,它以用户唯一身份标识,如电子邮箱、手机号、车牌号等直接作为系统中公钥信息,因而避免了烦琐的数字证书管理。

在路由认证、完整性方面,因中间节点资源有限,要求使用认证机制作为基于策略的路由转发基础,而接收者也要求数据源认证和数据完整性校验来保证数据内容的真实可信性。Seth 等人认为证书废除列表不适合机会网络是因为在连接经常中断的环境中上述列表更新时间过长。而在 IBC 中则不存在此问题。IBC 系统可以周期性地刷新标识符和基本密钥,每个基本密钥在很短时间(如一天)内有效,当前标识符可以由长期标识符与有效时间串接,例如,Alice@example.com：30-08-2011 表示 Alice 可以在 2011 年 8 月 30 日内使用此当前标识符,校验者可以检查消息是否被最近的签名密钥签过名。故基于 IBC 的认证方案只需要接收周期性刷新后的签名密钥即可。

在传统公钥密码中,发布签名密钥的证书也能使用有效期较短的方案(如一天)。签名者要从 CA 周期性地接收新证书,不过需要保证签名密钥本身长期有效,校验者获得合法证书后,可以检查消息是否被正确签名。结论是机会网络中的认证与完整性保护不必完全依赖于 IBC,可以使用传统公钥密码技术。在没有网络连接的条件下,传统的数字签名机制仍然可以实现所有必要的认证和校验。

总之,基于身份密码的 IBC 和传统公钥密码的数字签名作为机会网络的路由认证机制都是可行的,要求发送者能够接收到包含 IBC 签名密钥或证书的消息(从服务器 PKG 或证书授权机构 CA 处获得),而接收者即使在无网络连接时照常可以认证和校验通过机会网络发送的消息内容。在路由机密性方面,如果缺乏到接收者或密钥服务器的连接,则使得获取加密密钥和检查其有效性变得非常困难,导致传统公钥密码方法不再适用。而身份密码 IBC 系统中,发送者只要知道接收者身份和公共系统参数就可以对消息实施加密,即使无网络连接时也不影响其加密。

身份密码学 IBC 在路由机密性方面有优势，因为它不仅对网络连接性无严格要求，而且对服务器的计算开销要求较少，有利于保护数据的机密性。

2）机会网络中典型路由协议

目前正在研究的路由算法主要考虑如下几个方面以限制数据包副本的数量或者用来清理过期的数据包：

（1）利用历史相遇记录；

（2）删除已经成功转发的数据包的副本；

（3）利用移动相遇概率来推测成功转发率大的节点；

（4）使用小概率控制是否复制数据包；

（5）基于网络编码；

（6）利用冗余编码；

（7）限制转发数据包的副本数量等。

其中，较典型的机会网络的路由算法有：Direct Transmission，Epidemic，Spray and Wait，PROPHET，MaxProp 和 PROPICMAN 路由算法。

（1）Epidemic 路由算法

该路由算法本质上是一种洪泛，原理如下：当两节点相遇，交换彼此缺少的数据包，理论上，经过该交换后，每个节点都可获得所有消息的副本，进而确保每个数据包都有转发的机会并进行正常转发。Epidemic 的主要优点是：最大化数据包的转发成功率，降低传输延迟。但对网络资源的消耗极大（因为网络中存在大量的冗余副本，每个节点需要携带大量信息）。

（2）Spray and Wait 路由算法

该路由算法由两个阶段构成：Spray 和 Wait 阶段。

Spray：每个源节点将自己的信息的指定副本复制传送给邻居节点。

Wait：如果 Spray 阶段时中转节点没有遇到目的节点，则携带数据包的节点通过直接转发（Direct Delivery）的方式将消息转发到目的节点。

该路由算法的优点是：在资源消耗上，远远优于 Epidemic 等洪泛路由算法，且传输延迟小，可扩展性好，不管网络规模和节点密度的改变，都可取得良好的性能，原理如图 9.8 所示。

（3）PROPHET 路由算法

PROPHET（Probabilistic Routing Protocol using History of Encounters and Transitivity）路由算法综合了 Epidemic 和相遇预测转发路径算法，用转发预测值来衡量移动节点之间转发成功的概率，移动节点之间的相遇概率随着相遇次数和相遇时间动态地更新。在两个移动节点相遇时，节点彼此更新对方的转发预测值，并依据这个值来决定是否转发数据包。两节点相

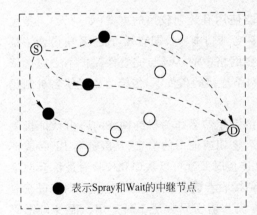

图 9.8　Spray and Wait 路由算法原理

遇越频繁,则它们之间转发预测概率越大。假设节点 a 要将信息 m 传输给目标节点 d,若节点 a,b 相遇,a 会将消息传递给 b(表示将消息从节点 a 传输到节点 b 上的传输概率)。节点间相遇概率计算公式如下:

$$P_{(a,b)} = P_{(a,b)\text{old}} + (1 - P_{(a,b)\text{old}}) \times P_{\text{init}}$$

$$P_{(a,b)} = P_{(a,b)\text{old}} \times \gamma^k$$

$$P_{(a,c)} = P_{(a,c)\text{old}} + (1 - P_{(a,c)\text{old}}) \times P_{(a,b)} \times P_{(b,c)} \times \beta$$

(4) MaxProp 路由算法

原理如下:每个节点都维护一个数据包队列,用于对其进行管理(转发或删除),数据包排序的依据是其到目的节点的转发开销。转发开销是对数据包成功转发到目标节点概率的估算。其允许节点多次携带数据包进行转发。一个移动节点可以不断地将数据包转发给任何其他节点,直到数据包超时或因缓冲区饱和等原因数据包被丢弃。如果分组转发成功率较低,则该节点的优先级也较低,这样它将很难得到转发机会,因此可避免生成低效的数据包副本,提高了网络资源的利用率。

(5) PROPICMAN 路由算法

人类社会生活具有一定的规律性和周期性,而机会网络中组网的节点多是人类随身携带的无线设施,可利用这一特点来分析节点用户的信息等。PROPICMAN 算法就是一个典型的基于节点社会上下文信息的数据转发算法。原理:将移动设施携带者的生活习惯和经常出没的地点等社会上下文信息整理到一个属性列表并存储到节点记录中,若源节点 NS 需要将消息 M 转发目的地节点 ND 时,NS 首先将 ND 的记录合并出消息头 Header(M),并将其转发给两跳以内的邻居节点。收到消息的邻居节点比较自身携带的记录和消息头 Header(M) 中的属性信息,计算出符合程度后发送回到 NS,NS 选择其中符合程度较高的邻居节点作为未来两跳的路由中转,直到该消息被转发到目的节点。

机会网络路由协议的不足有以下几个方面。

(1) 不同于传统的无线传感网络,在机会网络中,每个节点既作为终端节点,又起到路由的功能,需要对数据转发和路由等设施采取特殊的安全认证,此外,机会网络中移动节点资源有限,若存在自私节点,有必要采用激励机制来刺激节点间合作。

(2) 若网络中节点具有多种身份特征,其数据的安全机制也应区别于传统网络的数据安全机制,在确保连接质量的情况下,尽可能高地提高用户数据的安全性。

3. 机会网络中路由协议的性能评估参数

在机会网络中,除了几个主要的性能指标外(吞吐量、带宽、时延),还需考虑以下网络性能指标。

(1) 转发成功率。是指成功转发到目的节点数据包的数量占总共生成数据包的数量的比例。

(2) 平均中转跳数。是指每个成功转发的消息经历的平均中转次数。

(3) 网络负载率。是指网络中所有转发行为与成功转发的数据包的比例,用来评估平均成功转发一个数据包所需的平均网络转发行为的次数。

(4) 消息存储时间。是指每个消息被存储在移动节点中待转发所经历的平均时间。

4. 基于激励的 SIR 算法

机会网络是一种间歇性网络,这种网络具有时延较大,频繁中断,不存在完整的端到端的连接,节点能量、存储能量有限等特性。机会网络的应用通常具有社会移动模型,且具有多种连接率,消息转发利用人们的各种社会活动所带来的机遇性机会传输消息。

现存的路由算法都基于一个基本假设:即中间节点(转发节点)愿意为它们传输数据。但事实是,在大部分具有现实性的网络中,节点表现出一定的社会自私性甚至恶意性。例如,大多数自私节点都是理智的(人类或组织),它们只愿意为与它们有社会关系的节点转发数据,而不愿意浪费资源为无关节点转发消息。机会网络的一些特有结构,给攻击者带来了机会,恶意节点可能故意丢包、篡改数据、监听数据包、破坏数据包。

自私节点、恶意节点的存在为网络性能和连通性带来了极大的威胁。根据机会网络的非连通、分布式特性,抵抗自私节点和恶意节点是一个巨大的挑战。

解决自私节点的一个有效方法是激励算法。当前的激励算法分为如下 4 种:Reputation Based,Bater Based,Credit Based 和 Game Theory Based。

Reputation Based 算法中,每个节点都会有声誉,反映它合作转发的等级,根据声誉选择合适的路由。Bater Based 指节点之间可以交易次要消息和主要消息。Game Theory Based 利用博弈论对数据进行评估,根据评估结果做出交换决策,或者对提出的方案进行理论分析。Credit Based 引入虚拟货币来调节不同节点转发数据报的关系。

但是之前的这些针对 Mobile Ad Hoc 网络的激励算法可能不适用于机会网络,原因如下。

(1) 机会网络不存在端到端路径。

(2) 中间节点动态变化,机会网络的节点难以检测自私节点和预先定义的路由。

(3) 监听消息不容易实现的,因为节点在机会网络中转发消息的时间很短。

为了解决上述问题,提出了基于信誉和 IBC 的安全社会路由激励算法(简称 SIR),用来激励机会网络消息转发过程中节点的合作性。

SIR 将基于信誉的激励方法引入到社会网络中,根据节点的属性划分为不同的社区,将社会上下文作为节点身份对消息进行加密,利用社会关系选择合适的下一跳节点,并利用信誉虚拟货币激励消息转发,引入分层硬币来克服多种攻击。

SIR 算法由 4 部分构成(详见图 9.9):系统初始化,消息的产生,消息的接收和转发,消息支付和回报等阶段。

(1) 初始化阶段:完成机会网络中系统参数的产生和公布以及属性的公/私钥对,并且为每个节点的属性产生公/私钥对和陷门。

(2) 消息的产生:首先对消息进行加密,然后对消息签名并产生分层硬币的基本层。在选择好下一跳邻居集之后,将消息的密文和分层硬币发送给 SETS 中的每个邻居节点。

(3) 消息的接收和转发:当节点收到消息后,首先检查消息是否有效,然后检测是否为目的节点。如果本节点不是目的节点,则对消息进行签名并产生新的支持层,将消息转发给分层硬币的下一跳节点集中。如果是目的节点,则对消息进行解密,之后再在分层硬币上附加一个特殊的层,发送给最后转发的节点。

(4) 消息支付和回报:如果消息发送到目的节点之后,仍然有效,则计算信誉值并且回报那些参与到其中的节点。

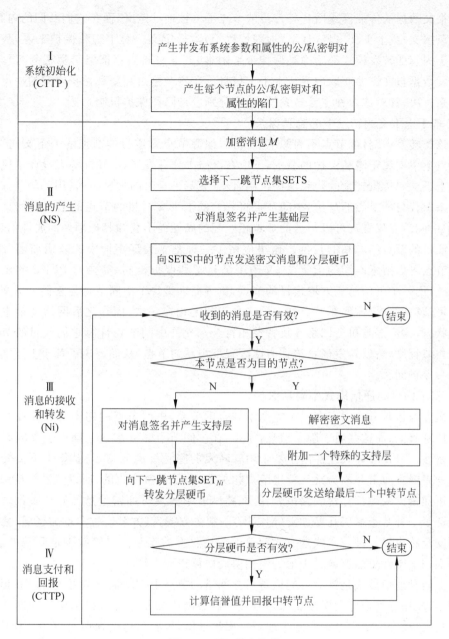

图 9.9　SIR 算法流程

9.7.3　机会网络的隐私保护机制

机会网络中隐私保护一般与特定应用场景相关,可分为:

(1) 基于节点的上下文隐私保护;

(2) 基于数据内容的隐私保护;

(3) 基于节点社会关系的隐私保护。

对于异构网络(以机会网络为代表),网络地址形同虚设。源、目的节点的传统通信模式被基于报文数据的传播模式所代替。目的节点不再被地址定义,而是它们共同的内容(感兴趣的信息报文)或上下文信息(环境、地理位置等)隐形定义。对于隐私保护来说,基于上下文和基于内容的转发模式都给隐私保护带来困难(上下文和内容都属于隐私范畴),但中间节点转发数据报文需要获取内容或上下文信息。在安全路由和隐私保护之间的冲突需要新的方案来解决,针对这两种主流转发模式,应分别设计隐私保护机制。

1. 基于上下文的转发中的隐私保护

在该类转发中,目的节点不为源节点所知,但源节点知道目的节点的上下文属性,由于目的节点上下文属于隐私保护的范围,不应在网络中公开发送,Shikfa 等人设计了机会网络中基于上下文和传染转发的隐私保护机制,该方案基于身份的加密技术,用目的节点的上下文属性来取代目的节点的身份,中间节点将它们的上下文与目的节点的上下文信息进行比较,要求中间节点仅发现可以与目的节点相匹配的属性而不获知其他额外的属性信息,从而达到保证目的节点的隐私的目的。这里应用了一种基于关键字搜索的公钥加密(PEKS),使中间节点可以搜索匹配的上下文,又为了满足隐私保护机制,需要对 PEKS 的操作模式进行修改,用一个可信第三方取代目的节点,负责提供给每个中间节点与它们上下文有关的信息。可信第三方仅需要在节点加入网络之前与之相连一次,而在之后网络通信中一直处于离线状态,这恰好与机会网络连接特性相符合。允许中间节点计算它们与目的节点之间上下文相似程度,然后转发消息给拥有匹配程度更高的节点,从而解决了基于上下文转发模式的隐私保护问题。

2. 基于内容的通信模式中隐私保护

发送方与接收方之间存在一个完全解耦合的关系,中间节点的路由表建立在发送方发布的兴趣基础上,而这些属于隐私信息,于是,在中间节点建立起这些路由表项同时保证了信息机密性。Shikfa 等人还提出了基于内容转发的隐私解决方案,与基于上下文转发不同的是——兴趣本质上并不与某一特定节点相关联,而是频繁变化的,所以关键是使中间节点能够使用加密的兴趣信息建立路由表,并在路由表中实现对加密信息的安全查询。他们设计并验证了一种基于多层互换加密(MLCE)的解决方案,该方案通过多重加密层,使得基于内容的安全路由以一种分布式的方式有效保护接收方的隐私。尽管缺少端到端的连接,但是端到端的机密性仍能够通过本地的密钥协商协议得到保证。

以上两种通信模式是针对可能透露机会网络的节点上下文信息或者内容隐私提出的解决方案,当然还有其他应用层隐私保护方法。机会网络的路由也可以利用社交网络信息进行信息转发,社交网络信息如若不采取特定保护措施,很容易遭受窃听者攻击。Parris 等人分析了基于社交网络路由隐私威胁后,在消息产生阶段对每条消息采用修改和模糊发送者朋友列表的方法来达到增强社交网络路由隐私的目的。通过修改朋友列表引入了似是而非的可抵赖性,使每个发送列表并非真实的朋友列表;而通过模糊朋友列表使得窃听者即使截获了列表也很难读出其原先真实的内容,从而保护了用户社交信息隐私。

他们采用了两种方式,一种是统计社交网络路由 SSNR,发送者对每条即将发送的消息改变其朋友列表,即增加或者删除节点。修改后的列表一定程度上仍然基于真实的朋友列表,故还是可以提供社交网络路由,但任何能看到此列表的节点却无法确定某一特殊节点是否确实是发送者的朋友,修改程度可以由发送者决定。性能评估显示在不同的网络规模与数据集下,即使删除了 40% 的节点,网络仍能保持近乎 90% 的成功递送率。另外一种是模糊社交网络路由 OSNR,它采用了 Bloom 滤波器过滤朋友列表。Bloom 滤波器是一种概率数据结构。能以一定概率查询集合成员,结果为负则不可能出现出错概率,结果为正则出错概率增大。

实际上,Bloom 滤波器可以视为朋友列表的不可逆 Hash 函数,尽管攻击者仍可以通过暴力破解对 Bloom 滤波器进行逆向工程分析,但其必须穷尽节点的所有标识符,并与明文种子串接来测试通过 Bloom 滤波器的匹配情况,这无疑给攻击者增加了巨大的工作量而使得其攻击成本大幅攀升,这种机制可以在路由性能无明显降低的情况下提高用户的隐私保护性能。不同转发模式下的隐私保护方案比如表 9.5 所示。

表 9.5　不同转发模式的隐私方案比较

转发模式	基于上下文的转发	基于内容的转发	基于社会网络的转发
目的节点属性信息	部分或全部上下文属性	部分或全部内容属性	部分或全部社交网络属性
隐私增强机制	公钥加密与密钥搜索(PEK)和基于决策的加密机制(Policy-Based Encryption)	多层累积加密(MLCE)	统计方法的社会网络路由(SSNR)和模糊的社会网络路由(OSNR)
内存与计算损耗	低	高	低
优点	与散列函数相比,有较强的抗攻击能力	与散列函数相比,有较强的抗攻击能力;与群安全机制相比,密钥管理负载较小	能抵抗局部窃听和部分窃听
缺点	需要离线的可信第三方	较高的密钥维护负载	可扩展性不强

小　结

容迟网络是目前研究较为广泛的一个方面,具有高延迟、依赖中间节点、网络资源较为紧张等特点,主要应用于不稳定且需间断传输数据的环境。在这些工作条件下,一般节点所能携带的能量有限,网络资源不充足导致不能保持时刻通畅的连接,因此网络具有高延迟。其在军事部署、偏远地区基础网络设施建设、野生动物监督等方面都有广泛的应用。

在本章中,讨论了容迟网络的路由安全机制,并对基于特殊节点的路由、基于网络先验知识的路由、基于移动模型的路由、基于机会的路由等路由方式进行了详细讨论,对于网络密钥安全管理机制,提出了对称密钥管理、组密钥管理和 MPE 方法。对于容迟网络的认证机制,我们针对三个方面进行了深入的讨论——基于密钥的认证、基于身份的认证和群签名认证方式。针对容迟网络的隐私,我们通过两部分的讨论——数据隐私和位置隐私,对容迟网络可能涉及的用户隐私进行了详细的探讨。在本章的最后,深入研究了机会网络,机会网络与容迟网络既有关联,又有区别。我们同样从路由安全和隐私保护等主要方面进行了研究。并对机会网络的主流算法——Direct Transmission,Epidemic,Spray and Wait,PROPHET,MaxProp 和 PROPICMAN 等路由算法进行了路由过程的描述和算法的核心思想的阐述。针对可能存在的隐私攻击,我们提出了相应的解决方案并比较了它们的优劣。

思 考 题

1. 简述容迟网络的特点。

2. 容迟网络容易受到哪些攻击?

3. 请简要描绘容迟网络有哪些密钥管理方案和各自的特点。

4. 对于容迟网络的隐私保护,有哪几种机制?

5. 机会网络与容迟网络有什么区别?

参 考 文 献

[1] 王佳.机会网络中基于激励的安全路由算法研究[D].大连:大连理工大学,2013.

[2] 刘坐松.基于模糊集合的可信上下文社交网络路由算法[D].大连:大连理工大学,2014.

[3] 史子博.容迟/容断网络中社会性路由算法研究[D].天津:天津大学,2010.

[4] 刘世俊.容迟网络协议及若干安全问题的研究[D].上海:上海交通大学,2013.

[5] 于海征.容迟网络路由协议及可靠性研究[D].西安:西安电子科技大学,2011.

[6] 王路宁.动态社交网络下面向隐私保护的链路预测研究[D].大连:大连理工大学,2016.

附录 A 密码学基础

无线网络技术的飞速发展,给人们的生活带来了各种各样的便利,但是如果被犯罪分子利用,就将危及我们的生活。例如,在当今的美国社会,窃取身份证是增长最快的犯罪方式之一。它之所以盛行,正是因为法律惩罚没有跟上犯罪的步伐,而且这种犯罪很容易实施。这是因为大多数的个人信息缺乏保护。要享受新技术给予的好处,避免陷阱,就必须采用一些保护我们消息传递的方法。如何实现这些,正是本章内容的主题。

密码学是研究编制密码和破译密码的技术科学。David Kahn 在其被称为"密码学圣经"的著作中是这样定义密码学的:"密码学就是保护。通信对于现代人来说,就好比甲壳对于海龟、墨汁对于乌贼、伪装对于变色龙一样重要。"它已经有了好几百年的历史,但它仍然年轻、新颖和令人兴奋。它是一个不断变化而且出现新挑战的领域。

A.1 基 本 知 识

密码技术通过信息的变换或编码,将机密消息变换成乱码型文字,使非指定的接收者不能从其截获的乱码中得到任何有意义的信息,并且不能伪造任何乱码型的信息。研究密码技术的学科称为密码学,它包含两个分支,即密码编码学和密码分析学。前者意在对信息进行编码实现信息隐蔽,后者研究分析如何破译密码。两者相互对立,相互促进。最好的算法是那些已经公开的,并经过世界上最好的密码分析家们多年攻击,还是不能破译的算法。

密码攻击的方法一般分为穷举法和分析法两类。如果在现在或将来,一个算法用可得到的资源都不能破译,这个算法则被认为在计算上是安全的(或者说强的)。

根据生成密文所使用的算法本质,加密法可以进一步分类,如附图 A.1 所示。

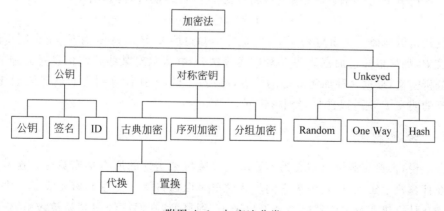

附图 A.1 加密法分类

本章将讨论密码学的一些基本内容，主要包括以下三个方面。

（1）对称密钥密码；

（2）非对称密码；

（3）消息认证。

A.2 对称密码机制

对称密码是一种加解密使用相同密钥的密码体制，也称为传统密码。在对称密码中，主要可以分为两个大类：古典密码和现代密码。古典加密法就是以单个字母为作用对象的加密法，而现代加密法则是以明文的二元表示为作用对象。以这种方式描绘其区别，能更加清楚地明白古典加密法是有其历史原因的，而现代加密法更注重的是实用性。

所谓对称，就是指同一个密钥可以同时用于信息的加密和解密；采用这种加密方法的双方使用同样的密钥进行加密和解密。

对称加密方案主要包含以下5个相关部分。

（1）明文：算法的输入，可以理解的原始消息或者数据。

（2）加密算法：负责对明文进行各种代换和变换。

（3）密钥：也是加密算法的输入。密钥独立于明文。算法将根据所用的特定密钥而产生不同的输出，算法所用的代换和变换也依靠密钥。

（4）密文：算法的输出，看起来完全随机而杂乱的数据，依赖于明文和密钥。对于给定的消息，不同的密钥将产生不同的密文，密文是随机的数据流，并且其意义是不可以理解的。

（5）解密算法：本质上是加密算法的逆。输入密文和密钥可以用解密算法恢复出明文。

根据上面的介绍，我们知道，发送方产生的明文消息 P，一般由英文字母组成。而目前最常用的是基于二进制字符表 1,0 的二进制串。加密的时候，先产生一个密钥 K。一种方案是密钥由信息的发送方产生，需要通过某种安全渠道将其发送到接收方；另一种方案是由第三方产生密钥后再安全地分发给发送方和接收方。

加密算法 E 根据输入的信息 P 和密钥 K 最终生成密文 C，即

$$C = E_K(P)$$

该式表明密文 C 是明文 P 的函数，而具体的函数由密钥 K 的值决定。

拥有密钥 K 的接收者，可以通过解密算法 D 进行转换，以得到明文：

$$P = D_K(C)$$

假设某密码破译人员窃得密文 C，但是并不知道明文 P 以及密钥 K，而企图得到密钥 K 和明文 P，如果他知道加密算法 E 和解密算法 D，并且只对某些特定信息感兴趣的话，那么他将分析密文，根据这种加密算法的特点，将注意力集中在计算明文的估计值 P 上，然后通过计算的明文 P 也可以计算得到密钥 K。

A.2.1 古典密码

广义上说，古典密码可以定义为不要求用计算机来实现的所有加密算法。这并不是说它不能在计算机上实现，而是因为它们步骤简单可以通过手工加密和解密文字。大多数古典加密法在计算机普及之前就已经开发出来了，到目前，它们已经很容易被破解，任何重要

的应用程序都不会再使用这些加密方法,所以在这里仅简单讨论下。

实际上,在古典加密方法中,主要就用到了两种加密技巧:**代换**和**置换**。

代换是将明文字母替换成其他字母、数字或符号的方法。如果把明文看作是二进制序列的话,那么代换就是用密文位串来代换明文位串。

已知最早的代换密码是由 Julius Caesar 发明的 Caesar 密码。它非常简单,就是对字母表中的每一个字母用它之后的第三个字母来代换。例如:

明文:Hello world

密文:khoor zruog

苏托尼厄斯在公元 2 世纪写的《恺撒传》中提到三个位置的恺撒移位,但显然从 1 到 25 个位置的移位我们都可以使用,但是就算 Ceasar 有 25 种可能,也依旧很不安全。通过允许任意代换,密钥空间将会急剧增大。回忆 Caesar 密码的对应:

明码表 A B C D E F G H I J K L M N O P Q R S T U V W X Y Z

密码表 D E F G H I J K L M N O P Q R S T U V W X Y Z A B C

如果密文是 26 个字母的任意置换,那么就有 26! 或者大于 4×10^{26} 种可能的密钥,这比 DES 的密钥空间要大 10 个数量级,应该可以抵抗穷举攻击了。这种方法称为单表代换密码,这是因为每条消息用一个字母表(给出从明文字母到密文字母的映射)加密。例如:

明码表 A B C D E F G H I J K L M N O P Q R S T U V W X Y Z

密码表 Q W E R T Y U I O P A S D F G H J K L Z X C V B N M

明文 F O R E S T

密文 Y G K T L Z

我们可以通过使用字母频度分析法来破解恺撒密码和单表代换加密方法。

尽管我们不知道是谁发现了字母频度的差异可以用于破解密码,但是 9 世纪的科学家阿尔·金迪在《关于破译加密信息的手稿》中对该技术做了最早的描述。

如果我们知道一条加密信息所使用的语言,那么破译这条加密信息的方法就是找出同样的语言写的一篇其他文章,大约一页纸长,然后计算其中每个字母的出现频率。我们将频率最高的字母标为 1 号,频率排第二的标为 2 号,第三标为 3 号,以此类推,直到数完样品文章中的所有字母。然后观察需要破译的密文,同样分类出所有的字母,找出频率最高的字母,并全部用样本文章中最高频率的字母替换。第二高频的字母用样本中 2 号代替,第三则用 3 号替换,直到密文中所有字母均已被样本中的字母替换。

以英文为例,首先以一篇或几篇一定长度的普通文章,建立字母表中每个字母的频度表。再分析密文中的字母频率,将其对照即可破解。

虽然设密者后来针对频率分析技术对以前的设密方法做了些改进,比如说引进空符号等,目的是为了打破正常的字母出现频率,但是小的改进已经无法掩盖单字母替换法的巨大缺陷了。到 16 世纪,最好的密码破译师已经能够破译当时大多数的加密信息。

上面讨论的例子是将明文字母代换为密文字母。与之极不相同的另外一种对称加密算法中常用到的是通过置换而形成新的排列,这种技术称为**置换**。

最简单的例子是栅栏技术,按照对角线的顺序写入明文,而按行的顺序读出作为密文。例如,用深度为 2 的栅栏技术加密信息"john is a programmer"可以写成:

```
j h i a r g a m r
o n s p o r m e
```

加密后的信息可以写成 jhiargamronsporme。

这种技巧对密码分析人员来说实在微不足道。一种更加复杂的方案是把消息一行一行地写成矩阵块,然后按列读出,但是把列的次序打乱。列的次序就是算法的密钥。例如:

密钥:4 3 1 2 5 6 7

明文:j o h n i s a

　　　p r o g r a m

　　　m e r w x y z

密文:horngworejpmirxsayamz

单纯的置换密码因为有着与原始明文相同的字母频率特征而容易被识破。如同列变换所示,密码分析可以直接从将密文排列成矩阵入手,再来处理列的位置。双字母音节和三字母音节分析办法可以派上用场。

A.2.2　序列密码

因为计算机网络的出现,使得信息不论是什么形式,不论数量有多大,都可以不受距离的限制,极为方便地在网络上共享资源。但是,这种变革的代价是使消息完全失去了安全性,可能随时都有第三方在"监听"你的通信。加密成为信息保护的关键,它是确保他人偷听到消息但是无法理解的唯一方案。

但是,由于计算机改变了数据信息的管理方法,它将信息都变成了 0 和 1 的数据流,所以信息的隐藏方法也随之改变。新的加密方法是基于计算机的特征而不是语言结构的了,其设计与使用的焦点放在二进制(位)而不是数字上。本节介绍的序列密码以及下节介绍的分组加密都是基于计算机特征设计的。

序列密码也称为流密码(Stream Cipher),它是对称密码算法的一种。

序列密码具有实现简单、便于硬件实施、加解密处理速度快、没有或只有有限的错误传播等特点,因此在实际应用中,特别是在专用或机密机构中保持着优势,典型的应用领域包括无线通信和外交通信。

1949 年,Shannon 证明了只有一次一密的密码体制是绝对安全的,这给序列密码技术的研究以强大的支持,序列密码方案的发展是模仿一次一密系统的尝试,或者说一次一密的密码方案是序列密码的雏形。如果序列密码所使用的是真正随机方式的、与消息流长度相同的密钥流,则此时的序列密码就是一次一密的密码体制。若能以一种方式产生一随机序列(密钥流),这一序列由密钥所确定,则利用这样的序列就可以进行加密,即将密钥、明文表示成连续的符号或二进制,对应地进行加密。

一个简单的流加密法需要一个"随机"的二进制位流作为密钥。将明文与这个随机的密钥流进行 XOR 逻辑运算,就可以生成密文。将密文与相同的随机密钥流进行 XOR 逻辑运算即可还原明文。该过程如附图 A.2 所示。

附图 A.2　简单的序列加密法

要实现 XOR 逻辑运算很简单,当作用于位一级上时,这是一个快速而有效的加密法。唯一要解决的是如何生成随机密钥流。这之所以是一个问题,是因为密钥流必须是随机出现的,并且合法用户可以很容易地再生该密钥流。如果密钥流是重复的位序列,容易被记住,但不会很安全;而一个与明文一样长的随机序列记忆起来却很困难。所以这是一个两难的问题:如何生成一个"随机"位序列作为密钥流,既能保证易于使用,又不会因为太短以至于不安全。通常的解决方案是,开发一个随机位生成器,它是基于一个短的密钥来产生密钥流的。生成器用来产生密钥流,而用户只需要记住如何启动生成器就可以了。

有两种常用的密钥流生成器:同步与自同步的。同步生成器所生成的密钥流与明文流无关。因此,如果在传输时丢失了一个密文字符,密文与密钥流将不能对齐。要正确还原明文,密钥流必须再次同步。自同步流加密法是根据前 n 个密钥字符来生成密钥流的。如果某个密文字符有错,在 n 个密文字符之后,密钥流可以自行同步。

下面介绍一种运用广泛的序列加密方法。

RC4 是由麻省理工学院 Ron Rivest 开发的。Ron Rivest 同时也是 RSA 的开发者之一。RC4 可能是世界上使用最为广泛的序列加密算法簇。它已应用于 Microsoft Windows、Lotus Notes 和其他软件应用程序中。它使用安全套接字层(SSL)以保护因特网的信息流。它还应用于无线系统,以保护无线连接的安全。之所以称其为簇,是由于其核心部分的 S-box 可为任意长度,但一般为 256B。该算法的速度可以达到 DES 加密的 10 倍左右,且具有很高级别的非线性。RC4 起初是用于保护商业机密的,但是在 1994 年 9 月,它的算法被发布在互联网上,也就不再具有商业机密了。RC4 也被称为 ARC4(Alleged RC4,所谓的 RC4)。

RC4 的大小根据参数 n 的值而变化。RC4 可以实现一个秘密的内部状态,对 n 位数,有 $N=2^n$ 种可能。通常 $n=8$。RC4 可以生成总共 256 个元素的数组 S。RC4 的每个输出都是数组 S 中的一个随机元素。其实现共需要两个处理过程:一个是密钥调度算法(KSA),用来设置 S 的初始排列顺序;一个是伪随机生成算法(PRGA),用来选取随机元素并修改 S 的原始排列顺序。

KSA 开始初始化 S,即 $S(i)=i$(其中 $i=0\sim255$)。通过选取一系列数字,并加载到密钥数组 $K(0)\sim K(255)$。不用去选取这 256 个数,只要不断重复直到 K 被填满。数组 S 可以利用以下程序来实现随机化。

```
j = 0;
for i = 0 to 255 do
    begin
    j = i + S(i) + K(i)(mod 25);
    swap(S(i),S(j));
    end
```

一旦 KSA 完成了 S 的初始随机化,PRGA 就将接受工作,它为密钥流选取字节,即从 S 中选取随机元素,并修改 S 以便下一次选取。选取过程取决于索引 i 和 j,这两个索引值都是从 0 开始的。下面的程序就是选取密钥流的每个字节,加密部分的代码如下。

```
i = i + 1(mod 256);
j = j + S(i)(mod 256);
swap (S(i),S(j));
t = S(i) + S(i)(mod 256);
k = S(t);
```

由于 RC4 算法加密是采用的 XOR，所以，一旦子密钥序列出现了重复，密文就有可能被破解。关于如何破解 XOR 加密，请参看 Bruce Schneier 的 *Applied Cryptography* 一书 1.4 节 Simple XOR，在此不作详解。那么，RC4 算法生成的子密钥序列是否会出现重复呢？由于存在部分弱密钥，使得子密钥序列在不到 100 万字节内就发生了完全的重复，如果是部分重复，则可能在不到 10 万字节内就能发生，因此，推荐在使用 RC4 算法时，对加密密钥进行测试，判断其是否为弱密钥。其不足主要体现在，在无线网络中的 IV(初始化向量)不变性漏洞。

而且，根据目前的分析结果，没有任何的分析对于密钥长度达到 128 位的 RC4 有效，所以，RC4 依旧是目前最安全的加密算法之一。

A.2.3 分组密码

在今天所使用的加密法中，分组密码是最常见的类型。分组密码又叫块加密。它们是从替换-换位加密法到计算机加密的概括。正如其名字所表示的，分组加密法每次作用于固定大小的位分组，而序列密码则是每次只加密一位。分组加密的特点如附图 A.3 所示。

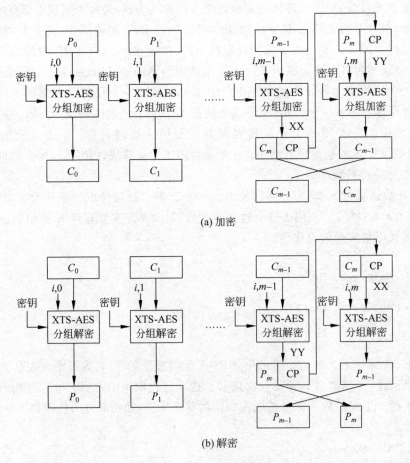

附图 A.3　分组加密的特点

分组加密法将明文分成 m 个分组 $M_1,M_2,\cdots,M_m$。它对每个分组执行相同的变换,从而生成 m 个密文分组 $C_1,C_2,\cdots,C_m$。分组的大小可以是任意数目的位,但通常是很大的数目。在附图 A.3 的例子中,分组加密法以每分组 32 个位的方式接收明文,以一个 32 位的密钥在分组上操作,生成 32 位的分组密文。明文的下一个 32 位分组将映射到密文的另一个 32 位分组。这种加密方法是对整个明文操作的,而不仅仅是字符。

下面介绍具体的分组加密方法。

1. 数据加密标准(DES)

20 世纪 70 年代中期,美国政府认为需要一个功能强大的标准加密系统。美国标准局提出了开发这种加密法的请求。有很多公司着手这项工作并且提交了一些提议。最后 IBM 的 Lucifer 加密系统获得胜利。1977 年,根据美国国家安全局的建议进行了一些修改之后,Lucifer 就成了数据加密标准(或 DES)。二十多年来,DES 都是很多应用选用的加密法。DES 用一个 64 位的密钥来加密每个分组长度为 64 位的明文,并生成每个分组长度为 64 位的密文。DES 是一个包含 16 个阶段的替换-置换加密法。尽管 DES 密钥长度为 64 位,但用户只提供其中的 56 位。其余的 8 位,分别在 8、16、24、32、40、48、56 和 64 位上。结果是每个 8 位的密钥包含用户提供的 7 位和 DES 确定的 1 位。添加的位是有选择的,以便使每个 8 位的分组都有奇数个奇偶校验位。

DES 加密过程一共包括 16 个阶段,每个阶段都是用一个 48 位的密钥,该密钥是从最初的 64 位密钥派生而来的。该密钥要穿过 PC-1 分组(Permuted Choice1,交换选择 1)。PC-1 分组负责取出由用户提供的 56 个位。这 56 份分成左右两半。每一半都左移一或两位,新的 56 位用 PC-2(Permuted Choice2,交换选择 2)压缩,抛弃 8 位后,为某个阶段生成一个 48 位的密钥。其过程如附图 A.4 所示。

PC-1 从密钥中选取 56 位,并按照如下方式重新排列。

```
57 49 41 33 25 17  9   1 58 50 42 34 26 18
10  2 59 51 43 35 27 19 11   3 60 52 44 36
63 55 47 39 31 23 15   7 62 54 46 38 30 22
14  6 61 53 45 37 29 21 13   5 28 20 12  4
```

PC-1 从 C_i 和 D_i 的 56 位中选取 48 位,并按照如下方式重新排列。

```
14 17 11 24  1  5   3 28 15  6 21 10
23 19 12  4 26  8 16  7 27 20 13  2
41 52 31 37 47 55 30 40 51 45 33 48
44 49 39 56 34 53 46 42 50 36 29 32
```

同时,不同阶段左移动的位数也不一样,具体如下。

```
阶段数: 1  2  3  4  5  6  7  8  9 10 11 12 13 14 15 16
左移位数: 1  1  2  2  2  2  2  2  1  2  2  2  2  2  2  1
```

这个是分组加密法的另外一个特征,密钥的操作非常精巧,这是经典加密法所不具备的。在经典加密法中,密钥就是密钥,但在分组加密法中,密钥随着明文的每次置换而不同。这就允许加密法的每个阶段使用不同的密钥来执行替换或置换操作。

DES 的每个阶段使用的是不同的子密钥和上一阶段的输出,但执行的操作相同。这些操作定义在三种"盒"中,分别称为扩充盒 E 盒、替换盒 S 盒以及置换盒 P 盒。在 DES 的每

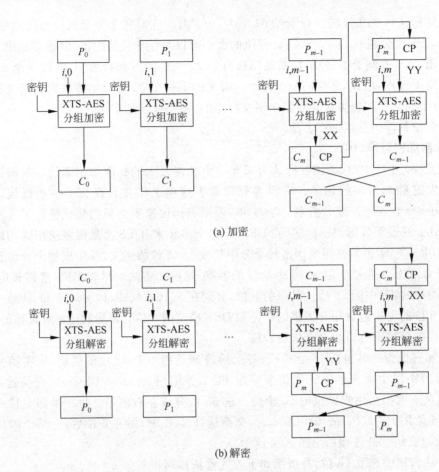

(a) 加密

(b) 解密

附图 A.4　DES 加密过程

个阶段中,这三种盒的运用如附图 A.5 所示。

由于每个阶段都很复杂,我们来看一个 64 位的分组通过 DES 中某个阶段的过程。由于输入分组是已知的,因此我们来看该分组经过 DES 的一个阶段的变化情况。64 位的分组,左边 32 位保留,以用于该阶段的最后一个操作中。右边的 32 位作为 E 盒的输入。

通过复制一些输入位,E 盒将 32 位的输入扩充为 48 位。下一步操作是将 E 盒的输入与 48 位的子密钥进行 XOR 逻辑运算。该操作将输出一个新的 48 位分组,该分组作为 S 盒的输入。S 盒是 DES 强大功能的源泉。这些盒定义了 DES 的替换模式。有 8 个不同的盒,每个 S 盒接收一个 6 位的输入,输出一个 4 位的输出。一个 S 盒有 16 列和 4 行,它的每一个原属是一个 4 位的分组,通常用十进制表示。

例如,如果 S 盒中的第一行第五列为十进制数字 7,其实际的二进制表示为 0111。注意,S 盒的列号为 0～15,而行号为 0～3。每个 6 位的输入分成一个行索引和列索引。行索引由位 1 和 6 给定,位 2～5 提供列索引。

DES 中使用的特殊 S 盒不仅是在其他分组加密法中使用的替换。为 DES 选用这些特殊 S 盒的原因目前仍然是保密的,但是查看 DES 的 S 盒结构,就可以发现一些加密法的特征。如改变一个输入位,至少会改变两个输出位。其影响是,输入发生了小的改变,在输出中将产生更大的改变,这可以认为是加密法的一个有用的特征。

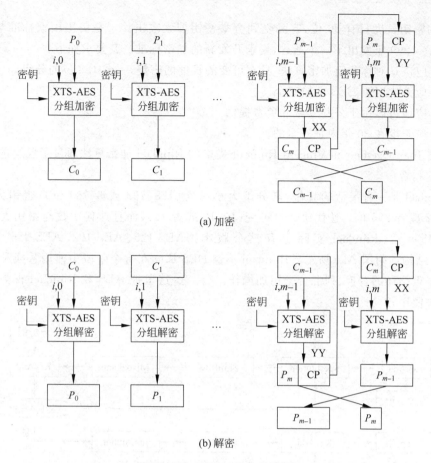

(a) 加密

(b) 解密

附图 A.5 DES 三种盒的运用

E 盒的输出分成多段，每段有 6 位，而且每段作为 8 个 S 盒的一个输入。每个 S 盒的输出由指定的行和列给定，最后得到 32 位的输出。

最后的操作是将初始右半边的 32 位作为左半边，而初始左半边的 32 位与 P 盒的 32 位进行 XOR 逻辑运算，并将运算结果作为右半边的 32 位，这样得到一轮以后的一个输出，再将这个输出作为下一轮的输入。经过 16 个这样的加密阶段，最终得到密文。

DES 解密和加密步骤一致，不同之处仅在于按照反向次序使用密钥。

DES 是一种单钥密码算法，它是一种典型的按分组方式工作的密码。DES 的巧妙之处在于，除了密钥输入顺序之外，其加密和解密的步骤完全相同，这就使得在制作 DES 芯片时，易于做到标准化和通用化，这一点尤其适合现代通信的需要。

DES 经由分析验证被认为是一种性能良好的数据加密算法，不仅随机性好，线性复杂度高，而且易于实现。DES 用软件进行解码需要很长时间，而用硬件解码速度很快。

DES 密钥 56 位，也就是有 2^{56}（约为 7.2×10^{16}）种可能性，所以穷举攻击明显是不太实际的。然而，1998 年 7 月，当电子前哨基金会(Electronic Frontier Foundation，EFF)用一台造价不到 25 万美元的"DES 破译机"破译了 DES 时，DES 终于被清楚地证明是不安全的。随着速度的提高，硬件造价的下降，最终会导致 DES 毫无价值。

2. 高级加密标准(AES)

随着新的密码分析技术的开发，DES 变得不安全了，其中最严重的一个问题是，DES 加

287

附录

A

密码学基础

密算法的密钥长度只有 56 位,容易受到穷举密钥搜索攻击。于是美国国家标准与技术局 (NIST)在 1999 年发出了一个通告,要求开发新的加密标准。其要求如下。

(1) 应该是对称分组加密算法,具有可变的长度的密钥,一个 128 位的分组。

(2) 应该比三重 DES 更加安全。

(3) 应该可以用于公共领域并免费提供。

(4) 应至少在 30 年内是安全的。

最终 Joan Daemen 和 Vincent Rijment 提交的 Rijndael 加密算法通过了层层选拔,成为最终的胜利者。

Rijndael 是一种灵活的算法,其分组大小可变(128、192 或者 256 位),密钥大小可变 (128、192 或者 256 位),迭代次数也可变(10、12 或者 14),而且迭代次数与密钥大小有关。正因为其灵活,Rijndael 实际上有三个版本:AES-128、AES-192、AES-256。常见的 Rijndael 结构如附图 A.6 所示。Rijndael 不像 DES 那样在每个阶段中使用替换和置换,而是进行多重循环的替换、列混合密钥加操作。(注意,这里把 AES 和 Rijndael 视为等价的,可以交替使用。)

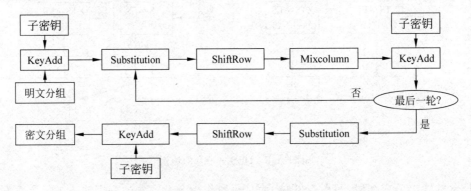

附图 A.6　Rijndael 结构

Rijndael 首先将明文按字节分成列组。前 4 个字节组成第一列,接下来 4 个字节组成第二列,以此类推。如果分组为 128 位,那么就可组成一个 4×4 的矩阵。对于更大的分组,矩阵的列相应地增加。用相同的方法也将密钥分成矩阵。Rijndael 替换操作使用的是一个 S 盒。Rijndael 的 S 盒是一个 16×16 的矩阵,列的每个元素作为输入用来指定 S 盒的地址:前 4 位指定 S 盒的行,后 4 列指定 S 盒的列。由行和列所确定的 S 盒位置的元素取代了明文矩阵中相应位置的元素。

Rijndael 的 S 盒实际上是执行从输入到输出的代数转换。其矩阵的表示形式如下。

$$
\begin{bmatrix} b_0 \\ b_1 \\ b_2 \\ b_3 \\ b_4 \\ b_5 \\ b_6 \\ b_7 \end{bmatrix} = \begin{bmatrix} 1&0&0&0&1&1&1&1 \\ 1&1&0&0&0&1&1&1 \\ 1&1&1&0&0&0&1&1 \\ 1&1&1&1&0&0&0&1 \\ 1&1&1&1&1&0&0&0 \\ 0&1&1&1&1&1&0&0 \\ 0&0&1&1&1&1&1&0 \\ 0&0&0&1&1&1&1&1 \end{bmatrix} \begin{bmatrix} a_0 \\ a_1 \\ a_2 \\ a_3 \\ a_4 \\ a_5 \\ a_6 \\ a_7 \end{bmatrix} + \begin{bmatrix} 1 \\ 1 \\ 0 \\ 0 \\ 0 \\ 1 \\ 1 \\ 0 \end{bmatrix}
$$

字节 a 与给定的矩阵相乘,其结果再加上固定的向量值 63(用二进制表示)。

接着对 S 盒的输出进行移位操作。其中,列的 4 个行螺旋左移,即第一行左移 0 位,第二行左移一位,第三行左移两位,第四行左移三位。这样,通过这个操作,使得列完全进行了重排,即在移动后的每列中,都包含未移位前的每个列的一个字节。接下来就可以进行列内混合了。

列混合是通过矩阵相乘来实现的。经移位后的矩阵与固定的矩阵(以十六进制表示)相乘,如下所示。

$$
\begin{vmatrix} c_0 \\ c_1 \\ c_2 \\ c_3 \end{vmatrix} = \begin{vmatrix} 02 & 03 & 01 & 01 \\ 01 & 02 & 03 & 01 \\ 01 & 01 & 02 & 03 \\ 03 & 01 & 01 & 02 \end{vmatrix} \begin{vmatrix} b_0 \\ b_1 \\ b_2 \\ b_3 \end{vmatrix}
$$

通过列混合操作保证了明文位经过几个迭代轮后已经高度打乱,同时还保证了输入和输出之间的关联极大减小。这就是该算法安全性的两个重要特征。解密操作所使用的是不同的举证。

最后一个阶段是将以上的结果和子密钥进行 XOR 逻辑运算,这样,AES 的一次迭代完成了。

通过上面的分析可以看到,AES 算法的各个阶段都是精心选择的,步骤简单的同时又能打乱输出。总之,该算法完成了一项令人惊奇的工作。

AES 被认为是目前可获得的最安全的加密算法。AES 与 DES 算法的差别在于,如果一秒可以破解 DES,则仍需要花费 1 490 000 亿年才可破解 AES;对于线性攻击,AES 加解密算法的 4 轮变换后的线性轨迹相关性不大于 2^{-75},8 轮变换后不大于 2^{-150};对于差分攻击,AES 算法的 4 轮变换后的差分轨迹预测概率不大于 2^{-150},8 轮变换后不大于 2^{-300}。目前针对 AES 的破解思考主要有以下几种方法:暴力破解、时间选择攻击、旁道攻击、能量攻击法、基于 AES 对称性的攻击方法等。

A.2.4 分组加密工作模式

在前面的章节中,详细讨论了 DES 的加密过程,实际上,对于分组加密法,各种不同的加密方法有不同的加密模式,但是主要有下面三种标准模式,任何分组加密法(这样的加密法很多)都可以以这三种标准模式之一使用:电子编码簿模式、加密-分组-链模式、密文反馈模式。实际应用中不止这三种模式,但这三种是最为普遍的模式。事实上,一些新的模式正在吸引人们更多的注意,如下面会介绍到的 CTR 模式。

电子编码簿模式(ECB)是最简单的模式。它是将一个明文分组然后通过加密算法加密成一个个密文分组;其中一个明文分组对应加密成一个密文分组。其典型应用是单个数据的安全传输(如一个加密密钥)。整个过程如附图 A.7 所示。

加密-分组-链模式(CBC)的实现更加复杂,这主要是为了增强安全性。由于更加安全,因此它是世界上使用最为普遍的分组加密模式。在这种模式中,来自上一分组的密文与当前明文分组做 XOR 逻辑运算,其结果就是加密的位分组。其典型应用是面向分组的通用传输、认证。附图 A.8 演示了这种模式的操作。在该图中,第一个明文分组与 0 向量做 XOR 逻辑运算,这是 CBC 加密最早的方法,但是不安全。CBC 更安全的使用方法是使用初始向量(IV)。

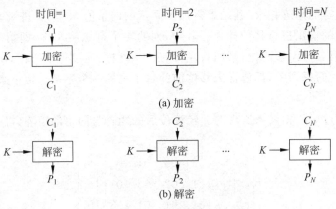

(a) 加密

(b) 解密

附图 A.7　ECB 工作模式

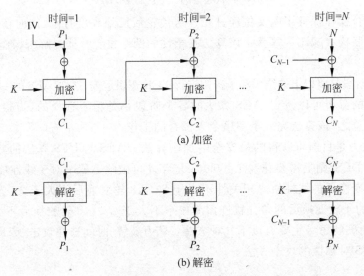

(a) 加密

(b) 解密

附图 A.8　CBC 工作模式

如果为每个消息传输选取不同的 IV,那么两个相同的消息即使使用相同的密钥,也将有不同的密文,这样大大提供了安全性。但是问题是:接收端如何知道所使用的 IV 呢? 一种方法是在一个不安全的通道上来产生该 IV。在这种情况下,IV 只使用一次,且永不重复。另外一种更加安全的方法是基于唯一数的概念。唯一数是一个唯一的数字,永不重复使用相同的密钥。它不一定必须保密,它可以是消息的数目等。用分组加密法将唯一数加密后生成 IV。如果唯一数附加到了密文的前面,接收端就可以还原 IV。

密文反馈模式(CFB)可将分组密码当作序列密码使用,序列密码不需要将明文填充到长度是分组长度的整数倍,且可以实时操作。其典型应用是面向数据流的通用传输、认证。CFB 的具体过程如附图 A.9(加密)和附图 A.10(解密)所示。

尽管 CFB 可以被视为序列密码,但是它和序列密码的典型构造并不一致,典型的序列密码是输入某个初始值和密钥,输出位流,这个位流再和明文位进行异或运算,而 CFB 模式里,与明文异或的位流是与明文相关的。

输出反馈模式(OFM)使用分组加密法来为流加密法生成一个随机位流。密钥和分组加密法的初始输入启动这个加密过程,其典型应用是噪声信道上的数据流的传输(如卫星通

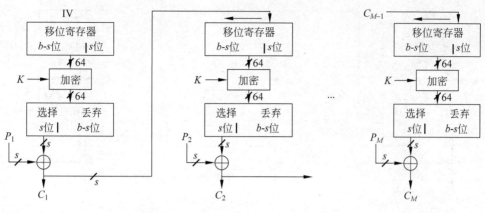

附图 A.9　CFB 工作模式——加密

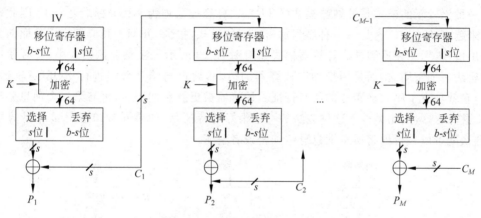

附图 A.10　CFB 工作模式——解密

信）。如附图 A.11（加密）和附图 A.12（解密）所示，通过将分组加密法的输出反馈给移位寄存器，为流加密法提供了附加的密钥位。

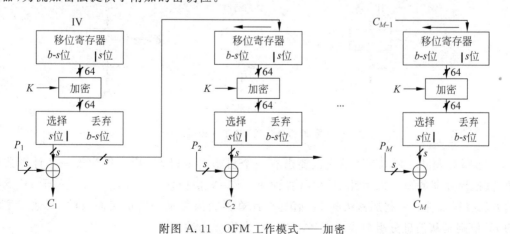

附图 A.11　OFM 工作模式——加密

以上三种分组加密模式是三种经典的操作模式。最近人们又开发了多种其他的分组加密模式来代替这三种经典的操作模式。

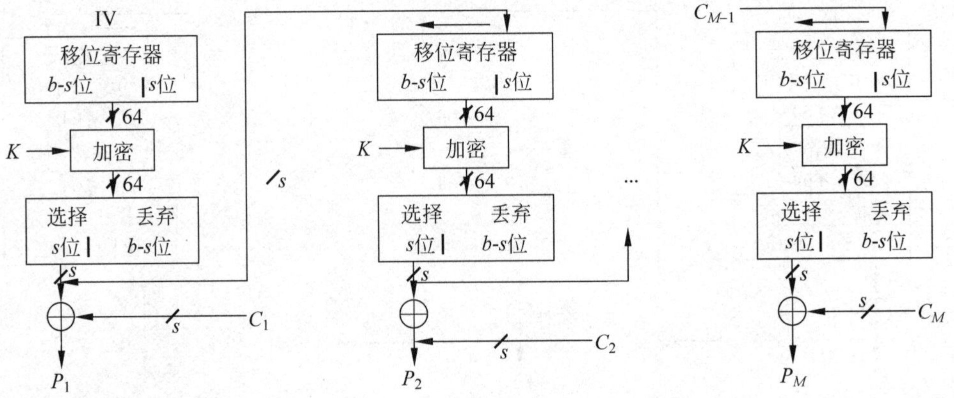

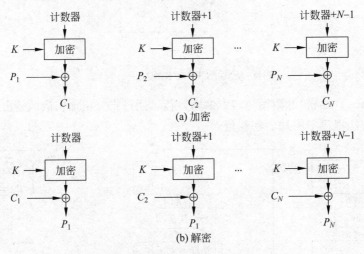

附图 A.12　OFM 工作模式——解密

　　一种比较新的模式是**计数器模式**（CTR），它已经被采纳为 NIST 标准之一了，因此正受到越来越多的关注。这是另一种序列加密实现的模式，很像 OFM。其典型应用是面向分组的通用传输，用于高速需求。计算器模式如附图 A.13 所示。注意在该模式中，没有使用分组加密法去加密明文，而是用来加密计算器的值，然后再与消息分组进行 XOR 逻辑运算，这样，它就具有了序列加密法的所有特征。计算器被更新和加密后，再与第二个消息分组做 XOR 逻辑运算，以此类推。这种方法的一个很好的特征是，如果同时知道了 m 个计算器的值，那么就可以并行地将所有消息分组加密或者解密。

附图 A.13　CTR 工作模式

　　与 CBC 模式一样，CTR 模式也要求有一个初始向量（IV），用它作为第一个计算器的值，其他计算器的值可以由此 IV 值计算而来。该 IV 值应该是一个唯一数。关于 IV 选择的方法有很多种。一些加密法的 IV 值是将计算器的值与唯一值链接而成的，其他加密法的 IV 值则是从消息分组数或者循环计算器中获取而来的。

　　用于面向分组的存储设备的 XTS-AES 模式，扇区或者数据单元的明文组织为 128 位的分组，分组标记为 $P_0, P_1, \cdots, P_m$。最后的分组也许是空的，也许含有 $1 \sim 127$ 个位。换句话说，XTS-AES 算法的输入是 m 个 128 位分组，最后一个分组可能是部分分组。对于加密和解密,每一个分组都独立处理。过程如附图 A.14 所示。

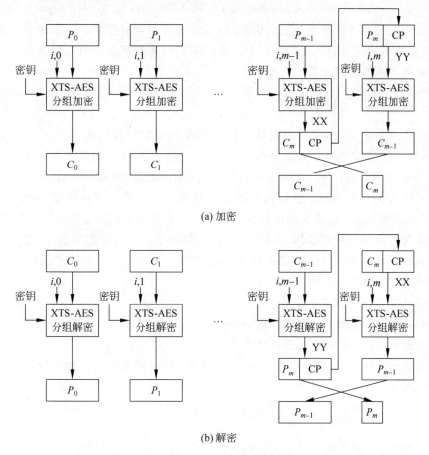

(a) 加密

(b) 解密

附图 A.14　XTS-AES 工作模式

因为没有链接,多个分组可以加密或解密,该模式包括一个时变值(参数 i)以及一个计数器(参数 j)。

A.3　公钥密码算法

在已经介绍过的所有加密算法中,一个主要的问题是密钥。它们在加密和解密过程中都采用同一个密钥。这看上去既实用也方便。但问题是,每个有权访问明文的人都必须具有该密钥。密钥的发布成为这些加密算法的一个弱点。因为如果一个粗心的用户泄漏了密钥,那么就等于泄漏了所有密文。这个问题就引出了一个新的密码体制——非对称密码体制。非对称密码体制提供的安全性取决于难以解决的数学问题,例如,将大整数因式分解成质数。公钥系统使用这样两个密钥,一个是公钥,用来加密文本,另一个是安全持有的私钥,只能用此私钥来解密。也可以使用私钥加密某些信息,然后用公钥来解密,而公钥是大家都可以知道的,这样拿此公钥能够解密的人就知道此消息是来自持有私钥的人,从而达到了认证作用。

非对称密码是 1976 年由 Whitfield Diffie 和 Martin Hellman 在其 *New Directions in*

密码学基础

Cryptography 一文中提出的。但是,正如来自英国密码术权威的报告所显示的(J. H. Ellis, *The Possibility of Secure Non-Secret Digital Encryption CESG Report*, 1970),早先可能已经提出并检验了一种很相似的机制,但是却被英国当局保密着。无论事实源自什么(这种开发总是构建在以前开展的工作上),非对称密码体制概念的引入以及后来在各种特定系统中的改进都是非常重要的发展。

A.3.1 公钥密码算法简介

用抽象的观点来看,公钥密码就是一种陷门单向函数。我们说一个函数 f 是单向函数,即若对它的定义域中的任意 x 都易于计算 $y=f(x)$,而当 f 的值域中的 y 为已知时要计算出 x 是非常困难的。若当给定某些辅助信息(陷门信息)时则易于计算出 x,就称单向函数 f 是一个陷门单向函数。公钥密码体制就是基于这一原理而设计的,将辅助信息(陷门信息)作为秘密密钥。这类密码的安全强度取决于它所依据的问题的计算复杂度。

每个人都有自己的一把私钥,不能交给别人,而每个人还有一把公钥,这把公钥是可以发给所有你想发信息的人。当信息被某一公钥加密后,只有对应的私钥才能打开,这就保证了信息传递的安全性。

公钥密码体制有以下 6 个组成部分。

(1) 明文:算法的输入。可读信息或数据。

(2) 加密算法:用来对明文进行变换。

(3) 公钥和私钥:算法的输入。一个用来加密,一个用来解密。加密算法执行的变换取决于公钥或私钥。

(4) 密文:算法的输出。它依赖于明文和密钥,对给定的消息,不同密钥产生的密文也不同。

(5) 解密算法:该算法接收密文和相应的密钥,并产生原始的明文。

实现公钥有很多种方法和算法。大多数都是基于求解难题的。也就是说,是很难解决的问题。人们往往把大数字的因子分解或者找出一个数的对数之类的问题作为公钥系统的基础。但是,要谨记的是,有时候并不能证明这些问题就是真的不能解决。这些问题只是看上去不可解决。因为经历了许多年之后仍然未找到一个简单的解决办法。一旦找到了一个解决办法,那么基于这个问题的加密算法也就不再安全或者有用了。

A.3.2 RSA

最常见的公钥加密算法之一是 RSA。它是基于指数加密概念的。指数加密就是使用乘法来生成密钥。其过程是首先将明文字符转换成数字,即将明文字符的 ASCII 二进制表示转换成相等的整数。计算出明文整数值的 e 次幂,再对 n 取模,即可计算出密文。RSA 实验室对 RSA 密码体制的原理做了如下说明。

用两个很大的质数 p 和 q,计算它们的乘积 $n=pq$; n 是模数。选择一个比 n 小的数 e,它与 $(p-1)(q-1)$ 互为质数,即除了 1 以外, e 和 $(p-1)(q-1)$ 没有其他的公因数。找到另一个数 d,使 $(ed-1)$ 能被 $(p-1)(q-1)$ 整除。值 e 和 d 分别称为公共指数和私有指数。公钥是这一对数 (n,e);私钥是这一对数 (n,d)。

RSA 算法采用乘方运算,对明文分组 M 和密文分组 C,密钥产生过程如附图 A.15 所示,加密、解密过程分别如附图 A.16 和附图 A.17 所示。

密钥产生	
选择p, q	p和q都是素数, $p \neq q$
计算$n = p \times q$	
计算$\phi(n) = (p-1)(q-1)$	
选择整数e	$\gcd(\phi(n), e) = 1; 1 < e < \phi(n)$
计算d	$d = e^{-1}(\mathrm{mod}\phi(n))$
公钥	PU = \{e,n\}
私钥	PR = \{d,n\}

附图 A.15　RSA 算法密钥产生过程

加密	
明文:	$M < N$
密文:	$C = M^e \mathrm{mod}\ n$

附图 A.16　RSA 算法加密过程

解密	
明文:	C
密文:	$M = C^d \mathrm{mod}\ n$

附图 A.17　RSA 算法解密过程

知道公钥可以得到获取私钥的途径,但是这取决于将模数因式分解成组成它的质数。这很困难,通过选择足够长的密钥,可以使其基本上不可能实现。需要考虑的是模数的长度;RSA 实验室目前建议:对于普通公司使用的密钥大小为 1024 位,对于极其重要的资料,使用双倍大小,即 2048 位。对于日常使用,768 位的密钥长度已足够,因为使用当前技术无法容易地破解它。保护资料的成本总是需要和资料的价值以及攻破保护的成本是否过高结合起来考虑。RSA 实验室提到了最近对 RSA 密钥长度安全性的研究,这种安全性是基于在 1995 年可用的因式分解技术。这个研究表明用 8 个月的努力花费少于一百万美元可能对 512 位的密钥进行因式分解。事实上,在 1999 年,作为常规 RSA 安全性挑战的一部分,研究人员用了 7 个月时间完成了对特定 RSA 512 位数(称为 RSA-155)的因式分解。

请注意,密钥长度增加时会影响加密/解密的速度,所以这里有一个权衡。将模数加倍将使得使用公钥的操作时间大致增加为原来的 4 倍,用私钥加密/解密所需的时间增加为原来的 8 倍。进一步说,当模数加倍时,生成密钥的时间平均将增加为原来的 16 倍。如果计算能力持续快速地提高,并且事实上非对称密码术通常用于简短文本,那么在实践运用中这将不是问题。

当两个用户开始相互发送消息时,他们唯一关心的问题是密码分析人员是否能够读取消息内容。为了防止别人能够读取他们之间的交流信息,他们使用长达 56～256 位长度的密钥,并且,即使使用十六进制表示(4 个位使用一个符号),这些密钥也很长,并且没有助记意义。因此就产生了这个结果:两个密码通信人员倾向于在某个东西上写下密钥,并把它保存在他们的计算机的附近。很明显,管理密钥已经成为一个问题。

在第二次世界大战时期,德国人为了避免密码被破解,他们避免一而再地使用同一个密钥。理论上讲,这是一个好策略;但是,在现实中,这又造就了盟军能够利用的另一个弱点。他们的观念是正确的,不重复使用密钥,但是他们在为每次传输简历唯一共同密钥时采用了错误的过程。这现在依然是密码学上的一个问题,如何在人们之间安全地共享新的密钥。

现在已经有几种密钥交换算法可以使用,其中绝大多数是基于公钥系统。最先开发的算法称为 Diffie-Hellman 密钥交换系统。

A.3.3　Diffie-Hellman

Diffie-Hellman 协议做了充分描述。它允许两个用户通过某个不安全的交换机制来共

密码学基础

享密钥,而不需要首先就某些秘密值达成协议。它有两个系统参数,每个参数都是公开的,其中一个质数 p,另一个通常称为生成元,是比 p 小的整数;这一生成元经过一定次数幂运算之后再对 p 取模,可以生成从 1 到 $p-1$ 之间任何一个数。

Diffie-Hellman 算法的主要流程如附图 A.18 所示。

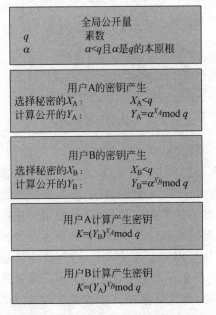

附图 A.18　Diffie-Hellman 密钥交换算法

在实际情况,可能涉及以下过程。首先,每个人生成一个随机的私有值,即 a 和 b。然后,每个人使用公共参数 p 和 g 以及他们的特定私有值 a 或 b 通过一般公式 $g^n \bmod p$（其中 n 是相应的 a 或 b）来派生公共值。然后,他们交换这些公共值。最后,一个人计算 $k_{ab} = (g^b)^a \bmod p$,另一个人计算 $k_{ba} = (g^a)^b \bmod p$。当 $k_{ab} = k_{ba} = k$ 时,即是共享的密钥。

这一密钥交换协议容易受到伪装攻击,即所谓的中间人攻击。如果 A 和 B 正在寻求交换密钥,则第三个人 C 可能介入每次交换。A 认为初始的公共值正在发送到 B,但事实上,它被 C 拦截,然后向 B 传送了一个别人的公共值,然后 B 给 A 的消息也遭受同样的攻击,而 B 以为它给 A 的消息直接送到了 A。这导致 A 与 C 就一个共享密钥达成协议而 B 与 C 就另一个共享密钥达成协议。然后,C 可以在中间拦截从 A 到 B 的消息,然后使用 A/C 密钥解密,修改它们,再使用 B/C 密钥转发到 B,B 到 A 的过程与此相反,而 A 和 B 都没有意识到发生了什么。

为了防止这种情况,1992 年,Diffie 和其他人一起开发了经认证的 Diffie-Hellman 密钥协议。在这个协议中,必须使用现有的私钥/公钥对以及与公钥元素的相关数字证书,由数字证书验证交换的初始公共值。

A.4　密码学数据完整性算法

A.4.1　密码学 Hash 函数

Hash 函数在密码学中扮演着越来越重要的角色,它在很多密码学应用中是一个非常重要的密码学原语,许多密码学原语和协议依赖于密码学 Hash 函数的安全。其本质是被用于压缩消息,这个压缩不需要保留消息的原始内容。消息的 Hash 值被看作数字指纹。也就是说,给定一个消息和一个 Hash 值,可以判断此消息是否和 Hash 值相匹配。此外,类似于在嫌疑犯数据库里比较一系列犯罪现场出现的指纹一样,人们可以从有限的消息集合中检验某些 Hash 值与哪些原始的消息相匹配。但是,对于给定的 Hash 值不能恢复出原始消息。

按照实现过程中是否使用密钥,Hash 可分为不带密钥的 Hash 函数和带密钥的 Hash 函数两大类。基于实际应用的需要这里将详细考虑这两种类型的 Hash 函数。

不带密钥的 Hash 函数只有一个输入参数（一个消息）。在不带密钥的 Hash 函数中最重要的一类称为修改检验码（MDC），其主要是用于数据的完整性检验。目前受到广泛攻击的正是这一类 Hash 函数。按照所具有的性质的不同，MDC 又可进一步划分为两类：单向 Hash 函数（OWHF）和抗碰撞的 Hash 函数（CRHF）。

带密钥的 Hash 函数有两个功能不同的输入参数，分别是消息和秘密密钥。这类 Hash 函数主要用于认证系统中提供信息认证（数据源认证和数据完整性认证），在带密钥的 Hash 函数中最重要的一类称为消息认证码（MAC）。

附表 A.1 列出了密码学 Hash 函数的安全性需求，若一个 Hash 函数满足表中的前 5 个要求，就称其为弱 Hash 函数，若也满足第 6 个要求，则称其为强 Hash 函数，强 Hash 函数可以保证免受通信双方一方生成消息而另一方对消息进行签名的攻击。

附表 A.1　密码学 Hash 函数的安全性需求

需　　求	描　　述
输入长度可变	H 可应用于任意大小的数据块
输出长度固定	H 产生定长的输出
效率	对任意给定的 x，计算 $H(x)$ 比较容易，用硬件和软件均可实现
抗原像攻击（单向性）	对任意给定的 Hash 码 h，找到满足 $H(y)=h$ 在计算上是不可行的
抗第二原像攻击（抗弱碰撞性）	对任意给定的分块 x，找到满足 $y \neq x$ 且 $H(x)=H(y)$ 的 y 在计算上是不可行的
抗碰撞攻击（抗强碰撞性）	找到任何满足 $H(x)=H(y)$ 的偶对 (x,y) 在计算上是不可行的
伪随机性	H 的输出满足伪随机性测试标准

Hash 函数在密码学中比较广泛的应用是消息认证和数字签名，其余还被用于产生单向口令文件、入侵检测和病毒检测以及构建随机函数或用作伪随机数发生器等。

1. MD5

MD4 是较早出现的 Hash 函数算法，它使用了基本的加法、移位、布尔运算和布尔函数，其运算效率高，设计原则采用了 MD 迭代结构的思想。在 MD4 算法公布后，许多 Hash 算法相继提出来，它们的设计都来源于 MD4，因此，我们将这些 Hash 函数统称为 MD4-系列。MD4-系列包括三个子系列：MD-系列、SHA-系列和 RIPEMD-系列。

MD-系列主要包括 MD4、MD5 和 HAVAL 等。Message Digest Algorithm MD5（中文名为消息摘要算法第 5 版）为计算机安全领域广泛使用的一种 Hash 函数，用以提供消息的完整性保护。它是由 Rivest 在继提出 MD4 后一年提出来的，它继承了 MD4 的很多设计理念，在效率和安全性之间更侧重于安全性。

MD5 接收任意长度的消息作为输入，并生成 128 位消息摘要作为输出。对于给定的长度为 L 的消息，建立算法需要三个步骤。第一步是通过在消息末尾添加一些额外位来填充消息。填充是绝大多数 Hash 函数的通用特性，正确的填充能够增加算法的安全性。对于 MD5 来说，对消息进行填充，使其位长度等于 448 mod 512（这是小于 512 位一个整数倍的 64 位）。即使原始消息达到了所要求的长度，也要添加填充。填充由一个 1 后跟足够个数的 0 组成，以便达到所要求的长度。例如，如果消息由 704 位组成，那么在其末尾要添加 256 位（1 后面跟 255 个 0），以便将消息扩展到 960 位（960 mod 512 = 448）。

第二步,将消息的原始长度缩减为 mod 64,然后以一个 64 位的数字添加到扩展后消息的尾部。其结果是一个具有 1024 位的消息。

第三步,MD5 的初始输出放在 4 个 32 位寄存器 A、B、C、D 中,这些寄存器随后将用于保存 Hash 函数的中间结果和最终结果。

一旦完成了这些步骤,MD5 将以 4 轮方式处理每一个 512 位分组。这个 4 轮过程如附图 A.19 所示。每一轮都由 16 个阶段组成,每一轮都实现针对该轮的功能(F、G、H、I),对于消息分组部分做 32 位加法,对数组 T 中的内置值做 32 位加法,移位计算,最后做一次加法和交换运算。它真正打乱了所有位。

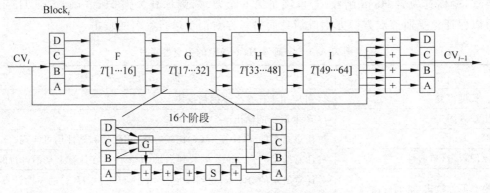

附图 A.19　MD5 的 4 轮处理分组过程

特定轮功能接收 32 位字作为输入,并使用按位逻辑运算产生 32 位输出。

512 位输入分组被划分为 16 个 32 位字。在 4 轮的每一轮内部,16 个字的每一个字精确地只使用一次;但是,它们的使用次序是不同的。对于第一轮来说,输入分组的 16 个字依次使用,也就是说,$block_i(j)$ 加到寄存器 A 上,这里 j 为当前的阶段。在第二轮,$block_i(k)$ 加到寄存器 A 上,这里 $k = (1+5j) \bmod 16$,其中 j 为当前的阶段。在第三轮,$block_i(k)$ 加到寄存器 A 上,这里 $k = (5+3j) \bmod 16$,其中 j 为当前的阶段。在第四轮里,$block_i(k)$ 加到寄存器 A 上,这里 $k = 7j \bmod 16$,其中 j 为当前的阶段。

之后寄存器 A 中的新值模 2^{32} 与数组 T 中的常量元素相加。之后,A 的结果值左循环移位,与 MD5 中的其他操作一样,循环移动的移位量在轮与轮之间和阶段与阶段之间都是变化的。最后将寄存器 B 加到寄存器 A 上,并进行寄存器置换。

在完成所有 4 轮之后,A、B、C、D 的初始值加到 A、B、C、D 的新值上,生成第 i 个消息分组的输出。这个输出用作开始处理第 $i+1$ 个消息分组的输入。最后一个消息分组处理完之后,A、B、C、D 中保存的 128 位内容就是所处理消息的散列值。

2. SHA 和 SHA-1

SHA 是一种数据加密算法,该算法经过加密专家多年来的发展和改进已日益完善,现在已成为公认的最安全的散列算法之一,并被广泛使用。该算法的思想是接收一段明文,然后以一种不可逆的方式将其转换成一段(通常更小)密文,也可以简单地理解为取一串输入码(称为预映射或信息),并把它们转化为长度较短、位数固定的输出序列即散列值(也称为信息摘要或信息认证代码)的过程。

安全散列算法(Secure Hash Algorithm,SHA)是美国国家标准和技术局发布的国家标准 FIPS PUB 180，最新的标准已经于 2008 年更新到 FIPS PUB 180-3。其中规定了 SHA-1，SHA-224，SHA-256，SHA-384 和 SHA-512 这几种单向散列算法。SHA-1，SHA-224 和 SHA-256 适用于长度不超过 2^{64} 二进制位的消息。SHA-384 和 SHA-512 适用于长度不超过 2^{128} 二进制位的消息。

SHA-1 是一种数据加密算法，该算法的思想是接收一段明文，然后以一种不可逆的方式将它转换成一段（通常更小）密文，也可以简单地理解为取一串输入码（称为预映射或信息），并把它们转化为长度较短、位数固定的输出序列即散列值（也称为信息摘要或信息认证代码）的过程。

单向 Hash 函数的安全性在于其产生散列值的操作过程具有较强的单向性。如果在输入序列中嵌入密码，那么任何人在不知道密码的情况下都不能产生正确的散列值，从而保证了其安全性。SHA 将输入流按照每分组 512 位（64B）进行分组，并产生 20 个字节的被称为信息认证代码或信息摘要的输出。

该算法输入报文的长度不限，产生的输出是一个 160 位的报文摘要。输入是按 512 位的分组进行处理的。SHA-1 是不可逆的、防冲突，并具有良好的雪崩效应。通过散列算法可实现数字签名，数字签名的原理是将要传送的明文通过一种函数运算（Hash）转换成报文摘要（不同的明文对应不同的报文摘要），报文摘要加密后与明文一起传送给接收方，接收方将接收的明文产生新的报文摘要与发送方发来的报文摘要解密比较，比较结果一致表示明文未被改动，如果不一致表示明文已被篡改。MAC（信息认证代码）就是一个散列结果，其中部分输入信息是密码，只有知道这个密码的参与者才能再次计算和验证 MAC 码的合法性。

3. SHA-1 与 MD5 的比较

因为二者均由 MD4 导出，SHA-1 和 MD5 彼此很相似。相应地，它们的强度和其他特性也相似，但仍有以下几点不同。

（1）对强行攻击的安全性。最显著和最重要的区别是 SHA-1 摘要比 MD5 摘要长 32 位。使用强行技术，产生任何一个报文使其摘要等于给定报文摘要的难度对 MD5 是 2^{128} 数量级的操作，而对 SHA-1 则是 2^{160} 数量级的操作。这样，SHA-1 对强行攻击有更大的强度。

（2）对密码分析的安全性：由于 MD5 的设计，易受密码分析的攻击，SHA-1 显得不易受这样的攻击。

（3）速度：在相同的硬件上，SHA-1 的运行速度比 MD5 慢。

A.4.2 消息认证码

消息认证是指通过对消息或者消息有关的信息进行加密或签名变换进行的认证，目的是为了防止传输和存储的消息被有意无意地篡改，包括消息内容认证（即消息完整性认证）、消息的源和宿认证（即身份认证 0），及消息的序号和操作时间认证等。它在票据防伪中具有重要应用（如税务的金税系统和银行的支付密码器）。

消息认证所用的摘要算法与一般的对称或非对称加密算法不同，它并不用于防止信息被窃取，而是用于证明原文的完整性和准确性，也就是说，消息认证主要用于防止信息被篡改。

消息内容认证常用的方法：消息发送者在消息中加入一个鉴别码（MAC、MDC 等）并

密码学基础

经加密后发送给接收者(有时只需加密鉴别码即可)。接收者利用约定的算法对解密后的消息进行鉴别运算,将得到的鉴别码与收到的鉴别码进行比较,若二者相等,则接收,否则拒绝接收。

在消息认证中,消息源和宿的常用认证方法有以下两种。

一种是通信双方事先约定发送消息的数据加密密匙,接收者只需要证实发送来的消息是否能用该密匙还原成明文就能鉴别发送者。如果双方使用同一个数据加密密匙,那么只需在消息中嵌入发送者识别符即可。

另一种是通信双方实现约定各自发送消息所使用的通行字,发送消息中含有此通行字并进行加密,接收者只需判别消息中解密的通行字是否等于约定的通行字就能鉴别发送者。为了安全起见,通行字应该是可变的。

散列涉及将任意的数据字符串转换成定长结果。原始的长度可能变化很大,但结果将总是相同长度,在密码使用中通常为 128 位或 160 位。散列广泛用于填充用来快速精确匹配搜索的索引;在技术上有各种 Hash 函数,但概念上从密码编码角度是完全相同的。当使用散列来构造索引项时,需要在工作系统中预计索引项的密度和可能的冲突(即,不同的项返回同一散列值)之间寻求平衡。除非索引很大且填充得很疏松,否则将一定会有冲突,但在创建索引中这些问题很容易解决,比方说,与空值链接,然后在返回结果前检查那些具有相同散列值的原始项。但是,当在密码体制中使用散列时,这种做法是不现实的,相应的算法需要尽可能地消除冲突。但是,因为可能的消息数目是无限的,所以冲突一定是可能的(并且实际上,数量是无限的)。另外,在任何构造良好的密码散列算法中,两个不同消息产生同一散列值的可能性是极其微小的,对于所有实际用途,可以假设不会发生冲突。

Hash 函数只能单向工作,对于检索明文的目的,它毫无作用。然而,它提供了一种数字标识,这种数字标识仅特定于一个消息,如果纯消息文本有任何更改(甚至包括添加或除去一个空格)该标识也将更改,Hash 函数在这方面确实做得很好。前面段落中给出的告诫对它也适用,这意味着可以使用一个适当的 Hash 函数来确认给定的消息未被更改。这个散列值称为消息摘要。消息摘要对于给定消息来说是很小的并且实际上是唯一的,它通常用作数字签名和数字时间戳记中的元素。

如果可能生成冲突,则可能伪造摘要,然后发送欺诈的消息。这样做的一种方法是使用称为"生日攻击"的一类蛮力攻击,"生日攻击"这个名称的由来是根据这样一个事实:23 个人的一组中有两个或多个人的生日在同一天的概率大于 1/2 这一惊人的结果。

想伪造消息的人首先创建一条欺诈消息并获取一条被攻击对象要签名的消息。然后,他使用任意密钥及适当散列算法来生成被攻击消息的 $2n/2$ 个变体以及相同数量的欺诈消息的变体,n 是消息摘要的位数。即使最微小的更改也会产生不同的消息摘要,至少在理论上可能创建仅在较小细节上不同的消息。根据生日理论,被攻击消息的一个变体与欺诈消息的一个变体的散列值相匹配的概率大于 1/2。伪造者让没有产生怀疑的目标对象对所选的被攻击消息签名,然后适时地将其换成欺诈消息,该欺诈消息的摘要与被攻击消息的签名者创建的新摘要完全相同。使用这种方法,在生成消息摘要时不必知道目标对象所使用的密钥。

小　　结

本章详细介绍了在无线网络安全中可能要用到的各种加密方法和方式。在对称加密方法中，又重点介绍了序列加密和分组加密两大加密模式。这两种加密方式也是现在无线网络安全中的主要加密方法，使用十分普遍。对于之后介绍的包括 MD5、SHA 等信息摘要方法，在无线网络安全中也有广泛的运用，希望读者通过本章的学习，对无线网中可能会使用到的加密方式方法有较好的理解和掌握，为后面的学习打好基础。

思　考　题

1. 加密算法都有哪些？如何分类？
2. 对称密码中"对称"是指什么？
3. 简述 RSA 加密算法过程。
4. 简述 MD5 算法过程。

参 考 文 献

［1］　［美］William Stallings. 密码编码学与网络安全——原理与实践［M］. 5 版. 北京：电子工业出版社，2012.
［2］　陈兵. 网络安全与电子商务［M］. 北京：北京大学出版社，2004.
［3］　杨波. 密码学 Hash 函数的设计和应用研究［D］. 北京邮电大学，2008.
［4］　陈黎震. AES 密码算法的性能研究与实现［M］.

密码学基础

图书资源支持

感谢您一直以来对清华版图书的支持和爱护。为了配合本书的使用，本书提供配套的资源，有需求的读者请扫描下方的"书圈"微信公众号二维码，在图书专区下载，也可以拨打电话或发送电子邮件咨询。

如果您在使用本书的过程中遇到了什么问题，或者有相关图书出版计划，也请您发邮件告诉我们，以便我们更好地为您服务。

我们的联系方式：

地　　址：北京海淀区双清路学研大厦 A 座 707

邮　　编：100084

电　　话：010－62770175－4604

资源下载：http://www.tup.com.cn

电子邮件：weijj@tup.tsinghua.edu.cn

QQ：883604(请写明您的单位和姓名)

用微信扫一扫右边的二维码，即可关注清华大学出版社公众号"书圈"。

资源下载、样书申请

书 圈